俊秀青年书系

策划人 郝宁

压力心理学

从大脑、个人成长到心理健康

李世佳 著

谨以此书献给与肺癌斗争了 11 年之后不幸离世的父亲，我很荣幸地继承了您的正直和不屈，这是您给我的最宝贵的财富；

也献给在这段漫长的与疾病抗争的道路上一直陪伴和悉心照料父亲的母亲，我很荣幸地继承了您的善良和毅力，这是您给我的最宝贵的财富。

序一

　　压力是我们日常生活的重要组成部分，它像一个形影不离的"朋友"，常常陪伴着我们。这个"朋友"大部分情况下并不会惹麻烦，相反，它让我们更加专注，对威胁更警觉，同时能更好地调动身体机能，表现得更好。但这个"朋友"偶尔也会"发脾气"，压力过大而失控时，我们往往会大脑一片空白，内心焦躁不安，感到无所适从。更重要的是，我们需要时不时地关注它，如果长期忽视它，它就可能掀起更大波澜，给我们的身体健康和心理健康带来严重的后果。在这一意义上，学会与压力相处是当前所有人都面临的一个重要课题。

　　每个人都在用自己的方法与压力相处。事实上，我们的身体本身就通过演化获得了一套特殊的机制，用来应对环境中的威胁和改变。譬如，当我们走在路上，突然有一条恶犬出现，我们的身体会迅速释放肾上腺素，刺激心脏快速泵血，向重要器官提供能量，从而快速作出"战或逃"的反应。这一套应对机制浑然天成，极大地提升了个体的生存概率。然而，在现代社会，我们遇到这类压力的可能性已经越来越小了，取而代之的是经济上的压力、工作的压力、健康的压力、关系的压力、学习的压力等。演化生成的压力应对机制显然并不是为应对这些挑战准备的。在"硬件"没有更新换代的情况下，升级"软件"或者说学习一些有效的压力管理和适应策略，可能是应对多变环境和生活中的各种压力的最佳选择。

　　心理学研究压力已有百年历史。对于压力的本质、作用过程和应对策略等，心理学家已累积了大量的知识和证据。但实验室的数据、期刊上的学术论文和人们的日常实践之间还有很大的鸿沟。这本书希望系统整理有关压力的心理学最新研究成果，以尽可能通俗的方式呈现给读者，使读者更好地了解压力这个特殊的"朋友"，找到有效的方式，与其和谐共生。

　　李世佳博士是华东师范大学心理与认知科学学院的青年教师，同事们喜欢称她为"压力博士"。之所以有此称号有几方面原因：一是她的跨学科背景。世佳博士最初学习生物学，攻读博士学位和博士后期间转向心理学研究，先后在德国奥尔登堡大学和马格德堡大学开展压力和抑郁症方面的研究工作，这样的学科背景与压力研究完美契合。我们知道，压力既包含心理的主观感受，也包含身体和生理的反应，只有将二者结合才能全面、准确地理解压力。二是世佳博士的研究团队始终坚持进行压力方面的研究，在这一领域有很好的研究积累。她们与国际上顶尖的压力研究实验室始终保持密切合作关系，对压力研究的最新进展有清晰的认识。上述两点保障了本书内容的科学性和前沿性。除此之外，世佳博士还是一位非常活跃的科普作家，她擅长将艰深、枯燥的研究数据和科学理论转化成易于理解的观点，指导日常生活实践。她同时是践行压力管理的行动派。高校青年教师（"青椒"）是近年来备受关注的高压力群

序一

体,世佳博士也承担着繁重的教学科研任务,但她一直坚持举铁、练战绳、攀岩等,找到很好的与压力相处之道,这在很大程度上验证了这本书的可读性和实用性。

相信这本书的出版可以帮助大家更好地理解压力的心理和生理机制,找到适合自己的压力应对方式,从而以更"优雅的姿态"面对这个"焦虑时代"。

刘俊升
心理与认知科学学院教授
2021年3月于华东师范大学

序二

"内卷"让很多民众、很多行业陷入困境。从大自然到人类社会,有竞争的地方就会有"内卷"。在现代社会,人类无法逃离"压力"这样一种人人都需要面对的挑战。压力可能给我们的身心健康带来损害,但如果我们能够采用有效的应对策略,它也会帮助我们成长。从这个角度来说,不仅学术界需要一部具有专业水准的压力心理学专著,大众也需要一本有科学基础的压力方面的心理学指引图书。因而,李世佳博士的这本《压力心理学:从大脑、个人成长到心理健康》的问世让我满怀期待。

一口气看完李世佳博士的力作,心里泛起一阵喜悦和激动。这本书内容丰富,深入浅出,集深刻和有趣于一身,这是我通读这本书后最直观的印象。它融会了现代心理学的基础理论,书中的每一个细节都建立在稳妥的科学理论之上,这使它能够帮助研究者全面了解压力的生理机制和心理机制。特别之处是,它虽然阐述深刻的理论,阐述方法却非常简洁、易懂,使普通读者也可以轻松阅读。它为大众准备了与压力有关的有趣话题和常见误区,提供了最先进的理念以及有趣的案例,还规划了一套实用的压力管理方案,帮助正在承受压力的人摆脱痛苦,获得成长。这些使这本诚意之作成功地规避了多数压力心理学书籍枯燥乏味的问题，在专业性、实用性和趣味性方面独具魅力。

李世佳博士是华东师范大学应激心理学组的骨干成员，受过严格的科学训练，有扎实的理论基础，活跃在研究的第一线，又常年努力为大众提供压力方面的专业科普。可以说，她在压力领域深耕多年。在这本书中，她引用了一些自己的研究团队提出的研究结果，充分展示了她在压力的神经生理学方面的造诣。同时，这些成果留有她本人的人生痕迹，带着她对生活的思考和对大众的关心，尤其是最易承受压力的青少年群体和其他职业人群，她为他们提供了一系列指导，将自己的热情和人文关怀都倾注在这本书中。我为此而高兴，这本书值得所有青年和职业人群仔细阅读，我也相信不同的读者都能有所收获。

如果您是一位研究压力的研究者，这本书会给您提供一个系统的理论框架；如果您是一位困扰于压力的普通读者，这本书会解答你的疑惑和迷思。相信读者在阅读的过程中，不仅可以感受到心理学研究的独特魅力，也能有幸体会到人类追求真理的努力尝试和无限乐趣。

我诚挚地向大家推荐这本书，也在此祝愿每位读者在了解有关压力的知识之后，能够自如地应对压力，最终成为生活的强者。

甘怡群

北京大学心理与认知科学学院教授

2021 年 5 月

自序

这本书初稿完成的时候，2020年元旦刚过，我刚刚结束在意大利西西里岛的度假回到荷兰。此时是农历猪年的尾声，国内的家人和朋友都已经作好迎接一个新的甲子年的准备。一切都很平静、自然，从2019年跨越到2020年，似乎只改变了书写落款时的年月日以及需要制定新一年的工作计划。然而，这一切都因为一种新型冠状病毒的出现被永久改写。

在这本书的撰写过程中，我写过多个版本的前言。我想过用诗意的咏唱来强调压力的积极力量，我想过引用先哲的语录来证明压力如何发人深省。但在亲身经历过新冠肺炎疫情之后，我深深感受到文字能描述的内容甚至不及现实压力感的万分之一。疫情爆发以来，我们可能常常听到或者自己也不禁感叹的一句话就是，"天天都在见证历史"。我第一次听到这句话的时候，正是武汉封城的消息刚刚发布时，身在德国的武汉籍好友把消息转发给我，只说了一句话——"我们见证了历史"。转眼三个多月已经过去，这段记忆依然历历在目，我至今还能感受到当时的静默和百感交集。2月初我按照原定计划回国的时候，荷兰连一个确诊病人都没有，国内的防疫形势却无比严峻；现在，总人口连中国百分之一都不到的荷兰，确诊数字已经快要接近中国的一半了，每天还在持续新增，而国内已经在有序控制下复工复产。刚回国的时候，留学时曾对我照顾有加的80岁高龄的德国房东还专门给我写电子邮件，问候我和家人在疫情中是否安好；仅仅过去了一个月，德国疫情爆发，又换成我写电子邮件问候他们。一直对网课持否定态度的两位德国恩师也不得不开始学习网课教学，甚至还向我请教网课经验。就我自己的经历来说，有时候难免会有种强烈的不真实感，因为环境变化实在太快了。

环境变化就意味着我们必须作出相应改变。压力感源于我们自身的能力和资源无法满足环境变化的需求；这种落差越大，压力感就越强。虽然压力感往往伴随着沮丧、抑郁、焦虑等消极情绪，但压力感本身更像一种身体的警示信号，提醒我们在当下没能很好地适应环境：要么努力的方向不对，要么所处的环境过于苛刻，要么自身的能力和资源还有待提高。总之，我们应该想办法做点什么，如果我们不改变，伴随这种警示信号而来的消极情绪和生理负担就会将我们淹没。

新冠肺炎疫情的全球化大流行也是这样一种压力，它不仅影响了地球上的每一个人，也影响了所有的社会和国家，逼着我们不得不面对这样一个现实问题：应对这种全球化公共健康危机，我们真的做好准备了吗？我们有足够的能力和资源来努力适应这种环境变化吗？在漫长的疫情应对过程中，我们日常生活中很多带来压力的问题逐渐暴露——健康问题、家庭关系问题、经济问题、社会问题……面对这么多种压力源，我们有足够的物质资源和心理资源来

自序

保护自己、保护家人吗?

这也是我作为一个多年从事压力研究的心理学家在这场危机中反复思考的问题。现实告诉我们,每一个人在面对自然灾难时都是渺小无助的;但现实也告诉我们,即使只有一个人去努力行动,环境也是可以改变的。我亲眼见证了在荷兰的留学生如何自发组织,出款出力,以"人肉"背行李的方式在疫情初期为武汉多家医院送去宝贵的防护物资;我亲身经历了国家层面和高校层面组织的多种面向疫情重灾区的心理援助行动;我们都看到了疫情暴发时祖国各地的医护人员主动请缨奔赴湖北,从事高危、高压的一线救援工作;我们也听说了武汉"快递小哥"汪勇自发组织志愿者团队,接送医护人员上下班,为医护人员送餐、送物资的故事。当然,在这个过程中,我们同样看到、听到了很多负面事件——压力就像一面放大镜,在危机中不仅人性的善良会被放大,人性的黑暗也会被放大。但我对未来充满信心,因为应对压力的最好办法始终是团结一致,努力调动资源,解决问题,积极行动,守望相助,这一切我们都做到了。

疫情仍然没有结束,我们依然面临着种种压力。这场漫长的疫情对社会的影响非常广泛,几乎每个人都无法置身事外,很多人的经济状况、健康、工作都受到了很大的威胁和打击,这些都会对我们的心理产生深远影响。

首先,我们无法准确预测明天或者将来会是什么样子,这种不可预测会让我们感觉自己无法控制生活。虽然我们有信心疫情终将结束,但它究竟什么时候结束,我们需要付出多少代价,疫情结束之后的社会生活乃至世界局势会有什么样的改变，都充满着未知。压力有两个重要的维度，一个是不可预测，即我们掌握的信息和知识储备不足以让我们对未来作出准确预测；一个是不可控制，即我们的个人能力和复杂的现实环境让我们感觉自己的力量有限，无法控制自己的生活。这种情况很可能让人们感到沮丧，充满挫折感。未来导向的思维方式有时候能够带给我们希望，让我们的想法更积极。我们常常会说，山重水复疑无路，柳暗花明又一村，就是说哪怕眼下是困难的，但只要我们坚持不懈，就一定能够看到出路。如果眼下的环境也充满变数，我们很可能会放弃这种未来导向的积极思维方式，只盯着眼前的困难和烦恼，这会反过来增强我们此刻的压力感。这就需要我们清楚目前困扰我们的压力都有哪些，如何想办法解决它们。本书的第一章详细介绍了生活中的多种压力，尤其是面对创伤压力和重大生活改变压力时会有哪些心理特点，也讲解了慢性压力对职业表现可能产生的负面影响。

其次，慢性压力和隔离的生活对生理状态也会有影响，而生理上的不适会进一步加剧心理上的负担。当人处在慢性压力下，很多生理机能都会受到影响。首当其冲的就是心血管功能：心血管系统高度激活，出现血压增高、心跳加快等生理反应。本书的第二章详细介绍了压力对心脏、肠胃和大脑的影响——这些身体的警告信号往往意味着会出现比较严重的健康问题，需要引起我们的警觉。

再次，疫情压力和健康感知很可能导致我们重新定义自己和人生。我很认可心理学家本雅米尼（Yael Benyamini）在《牛津健康心理学手册》(*The Oxford Handbook of Health Psychology*，2012

年在线发布）中的观点："我们渴望生活是连续和充满意义的，但实际上生活的意义只能由我们自己赋予。"当突发的疾病威胁降临时，生活很可能变得意义不明。我们无法理解为什么这场灾难会突然降临到自己头上，原本安宁的生活方式被打破，所有人都必须重新思考我们为什么活着，能够做什么，以什么样的方式生活才有意义。现在疫情已经基本得到控制，开始逐渐复工和复产，我们需要重新适应眼下的新环境，需要重新寻找生活的意义，为自己的人生赋能。每个人的"自我"都是在成长中屡次经历挫折，不断跌倒并爬起之后逐渐发展和完善的。虽然"自我"的概念抽象而复杂，但我们总能看到压力的影子。本书的第三部分"在爱与挫折中成长"（第七章到第九章）就详细介绍了成长过程中压力与自我的关系。

  最后，在这次疫情中，我们目睹或者耳闻了很多悲剧和痛苦，甚至很多人就是受害者或其家属；而发达的网络又将这些悲剧和痛苦进一步传播给更多的人，让全社会都感同身受。这次的疫情相比十几年前有两个非常不同的特点：一是疾病的传播特别快，这与发达的全球化交通网络有关；二是与疾病相关的消息传播得特别快，这与发达的互联网和智能手机系统有关。原本，当国内的疫情被控制后，我们以为可以开始疗愈伤口，负重前行，但病毒的世界大流行让噩梦一般的二月在其他地方重演。这些不断重复的噩梦会加剧我们的痛苦，减缓我们的心理疗愈过程。漫长的心理创伤经历会带来很多病理性后果，最突出的就是应激后创伤综合征和抑郁症。本书的第二部分"压力与心理健康"（第五章到第六章）详细介绍了这两种疾病的可能发病机理、症状表现和心理治疗方法。

压力心理学：从大脑、个人成长到心理健康

或许，我们应该用"适应力"这个词来取代"压力"。当我们感到"压力山大"的时候，其实并不是那个看不见、摸不着的压力太大了，而是我们应对环境变化的适应力太弱了。适应本身是双向的，在一个健康的人类社会里，个人应该努力去适应环境，社会环境也应该努力适应个人的需求，保障每位社会成员的利益最大化。压力，尤其是创伤压力，带来的伤害是一种警醒，激励我们想尽办法去避免它再次出现。如果我们能够及时注意到这个警示信号，积极主动地改善环境和改变自己，就能够适应环境压力，压力就能成为促进个人成长、人类进步的动力。我们不需要畏惧压力本身，应该畏惧的是原本可以避免压力的出现或者减轻压力的伤害，我们却什么也没有做。本书的第三章、第四章和第十章介绍了压力的规律（对学习记忆和决策的影响）和压力应对的基本建议，希望读到这些知识的你能够更理性地看待压力这位人类的"老朋友"。

我期望这本书能够带领你重新认识自身的压力，更重要的是，重新认识关于自己的一切，这也是心理学的魅力所在。希望这本书能够帮助你在这场漫长的疫情中更好地适应变化的现实，帮助和关爱所爱的人；也期望你能够将获得的知识和方法分享给关心的人。

当我们能够用一种更科学、更积极的视角看待生活中的压力，我们就能够更积极地对待生活。

李世佳

2020年5月

目录

1　第一部分　你真的懂压力吗?

2　第一章　压力的一千张脸
2　我们为什么要解读压力?
5　为压力画像
9　压力的一千张脸
11　创伤性事件:那张最狰狞的脸
17　离别之痛:那张最悲伤的脸
23　重大生活改变:那张最无奈的脸
32　职业倦怠:那张最疲惫的脸
41　同情倦怠:那张最麻木的脸
52　日常烦心事:那张最抓狂的脸
60　自测:困扰你的压力有哪些?

64　第二章　压力的生理烙印
66　"压力之父"和"黄油手"
70　战或逃:危机下的"生死时速"
78　慢性压力:心脏不能承受之重

82	啤酒肚和胃溃疡：都是压力惹的祸！
89	压力"黑"进了我的大脑？
96	照料和结盟：有福同享，有难同当
103	如何科学地"压力山大"？

112　第三章　压力与记忆：水能载舟，亦能覆舟

112	从小鼠到人类
116	压力：你的"记忆面包"
121	仿佛大脑被掏空？你被压力"打劫"了！
126	"是谁在我眼前遮住了帘，忘了掀开？"
131	警惕压力的"行为僵化"陷阱
137	过于舒适的坏处

143　第四章　"压力山大"时，你能选对吗？

143	理性还是感性？这是个问题
147	最佳选择：数字说了算，还是直觉说了算？
151	压力让奖励更诱人，还是让惩罚更可怕？
156	破釜沉舟，还是步步为营？
159	金钱重要，还是公平重要？
163	"杀一人救一船人"的难题
171	压力再大，也不要放弃思考

目录

177　第二部分　压力与心理健康

180　第五章　创伤性记忆：无法摆脱的梦魇
180　创伤与应激相关障碍
185　创伤下的记忆：哪里出了错？
192　创伤如何改变我们的大脑
196　治疗创伤：了解你的选择

200　第六章　抑郁症：谁偷走了我的快乐？
202　抑郁症：灵魂的黑夜
209　我的大脑"结了冰"
219　快感缺失：谁偷走了我的快乐？
227　"凡杀不死我的，必使我强大"
235　双相障碍：从《呐喊》到《向日葵》
243　题外话：心理障碍的研究展望

249　第三部分　在爱与挫折中成长

251　第七章　原生家庭真的是无法摆脱的魔咒吗？
251　哭泣：最早的压力应对策略
257　父母之爱："乳汁"与"蜂蜜"
262　"我为什么总是没有安全感？"
266　认识我们的"天性"

271	"3岁看小,7岁看老",果真如此吗?
273	被忽视的产前压力

278	**第八章 "唯我独尊"的幻灭与自我的重建**
278	"我是谁?"
281	那些幼稚的"小错误"
285	在情绪互动中成长
289	心理理论:子非鱼,安知鱼之乐?
293	共情:安得广厦千万间
299	"我是一个有价值的人吗?"
305	童年期创伤:一个不应该回避的话题
311	创伤对大脑发育的危害

319	**第九章 "少年不识愁滋味"吗?**
320	"进击"的荷尔蒙
327	颜值究竟有多重要?
333	厌食、贪食和肥胖
339	前额叶的战争
345	理想与现实的交锋
352	完成属于自己的人生拼图
359	道德两难:药神有没有错?
367	拯救性别刻板印象
378	青春问题手册

目录

385　**第四部分　压力时代，你准备好了吗？**

386　**第十章　压力的"共生法则"**
390　提高心理韧性
396　重新解读压力
401　控制你的人生
407　选择正确的应对策略
415　在自律中成长
422　跳出消极思维的死循环
427　先爱自己，再爱别人

434　参考文献
458　术语中英文对照
473　结语

第一部分

你真的懂压力吗?

第一章　压力的一千张脸 ①

> 我们宁愿被毁灭，也不愿改变。
> 我们宁愿在自己的恐惧中死亡，
> 也不愿爬上当下的十字架，
> 让自己的幻想消逝。
>
> ——奥登

我们为什么要解读压力？

"压力"这个词对所有人来说都不陌生，在生物学、心理学和医学的研究中，人们常用"应激"这一专业术语取代它。在我们的一生中，压力是我们最忠诚的伴侣：自呱呱坠地，它就与我们形影不离，直到生命终结。

我们与压力有如此亲密的关系，这位忠实的"朋友"却名声不佳——它的出现总伴随着焦虑、威胁、挫败等消极情绪，也难怪多数人避之不及。英国诗人奥登（Wystan Hugh Auden）在1948年获得普利策奖的长诗《焦虑的时代》(*The Age of Anxiety*)中感慨，"现在正是焦虑的时代"，随后"焦虑"这个词成为20世纪

---

① 在阅读开始前作简要说明：部分表格和详细内容放在网络平台上，可扫封底二维码查看，在书中也用脚注做了标注。网络平台上的内容将陆续更新，会增加一系列科普文章和知识讲解小视频，为读者提供更丰富的内容。此外，为了不影响阅读体验和方便查核，专业术语的中英文对照以附录形式附在了最后。

第一章 压力的一千张脸

的主题。半个多世纪转瞬即逝,这份时代的焦灼感并未减轻,制造焦虑的压力也从不曾远离——它只是换了新的表现形式。世界卫生组织认为压力是"21世纪危害健康的流行病"。仅仅在美国,在1983—2009年的26年间,人们感受到的压力水平就上升了10%—30%,而超过50%的美国人认为压力对自己的工作效率有消极影响。在中国,"压力山大"这个网络用词一问世便广为流传,直到今天依然被大多数人挂在嘴边。无论是否愿意承认,我们都已被卷入压力时代的洪流中。

我们确实应该畏惧压力,因为压力直接或间接地与发达国家十种主要致死原因中的七种相关,它们分别是排在第一位的心脏病、排在第二位的癌症、排在第三位的中风、排在第四位的受伤、排在第六位的自杀或谋杀、排在第九位的慢性肝部疾病和排在第十位的肺气肿—慢性支气管炎。即使抛开与这些致死威胁的关系不谈,压力同样是发达国家中人们的痛苦和重负的主要制造者之一,并且很有可能是许多常见的精神疾病(如抑郁症)的导火索或触发器。在西方,压力常常被称为"生命之辛"或"死亡之吻"。

但压力绝非只有坏处,在中国的文化中,压力常常被解读为前进的动力。流传甚广的《警世贤文》中说道:"有田不耕仓廪虚,有书不读子孙愚。宝剑锋从磨砺出,梅花香自苦寒来。少壮不经勤学苦,老来方悔读书迟。"如果没有压力,剑永远都是钝器,人也永远只是一条"咸鱼"。压力也常常被当作彰显真性情的工具,无论是于谦《石灰吟》中的千古名句"粉骨碎身浑不怕,要留清白在人间",还是郑燮《竹石》中的"千磨万击还坚劲,任尔东西南北风",都说明压力是很多积极品质的试金石。

在心理学领域,20世纪末期心理学家开始更关注压力的积极作用。精神病理学家维兰特(George Eman Vaillant)是这类研究的领军人物,他在1977年出版的《适应生活》(Adaption to Life)一书中指出,成功地适应压力保障了我们的生存,也让我们生活得富足和繁荣。随后,塞利格曼(Martin Seligman)沿着这条道路不断钻研和实践,提出了著名的习得性乐观理论,即可以通过后天的学习和训练变得乐观、坚韧。塞利格曼最终开创了积极心理学这个在21世纪炙手可热的心理学领域。当我们注视着人性的光辉时,我们往往会提到人性的力量、人心的包容、人类的潜能,而这些都离不开积极的压力所提供的舞台。达尔文的适者生存的自然生存法则背后隐藏着一股悄无声息的庞大力量,它的名字就是压力。

压力同样为社会的发展提供了动力。在沐浴着新世纪曙光的2000年,泰勒(Shelley Elizabeth Taylor)从社会心理学的角度重新审视压力的作用,提出了照料和结盟模型。在当今社会,压力的表现形式更隐蔽:它往往没有实体,对着它大喊大叫、挥舞拳头必然是白费力气,想逃离它的阴影也是难上加难,依靠自己的力量面对它只会束手无策,该怎么办?"聚沙成塔,集腋成裘",2300多年前的《慎子·知忠》就已道出答案。面对来势汹汹的压力,我们需要联合一切能够团结的力量,无论是借助他人的才能、资源还是情报,结盟总比单打独斗更有胜算。所以,压力让我们更团结,让社会结构更稳固。在普遍的社会规则中常常承担着照料下一代任务的女性，会更懂得寻找社会支持的重要性，因此，泰勒认为，照料和结盟的压力应对方式在女性中更普遍。

至此，压力的正反两种力量已经越来越清晰。2005 年，勒平（Jeffery A. Lepine）等人正式为这两种压力命名，一种是让我们苦恼、忧郁，感叹人生多舛的阻碍性压力，一种是让我们激流勇进，不断战胜自我的挑战性压力。仿佛一个代表黑暗，一个代表光明，而光明和黑暗的转换往往只在一念间。

这就是压力，它既是横立在我们前进的道路上，给我们制造各种艰难困苦、阻碍前行的拦路虎，又是悄然站立在我们身后，不断推动我们前行，告诫我们奋斗之路永无止境的良师。它亦敌亦友，面目多变，时而狡黠、圆滑，时而阴险、固执，难以捉摸。但有一点可以肯定，随着我们不断加深对压力的了解，尤其是当我们学会用科学的眼光看待它，用科学的方法和它相处，它就会收起致命的獠牙。

为压力画像

科学认识压力的第一步，自然是搞清楚压力到底长什么样，什么才是压力。

与压力相关的科学研究最早可以追溯到著名生理心理学家坎农（Walter Bradford Cannon）于 1915 年发表的著作《疼痛、饥饿、恐惧和愤怒时的身体变化：关于情绪兴奋功能的近期研究》(*Bodily Changes in Pain, Hunger, Fear, and Rage: An Account of Recent*

Researches into the Function of Emotional Excitement)。在这本书里,坎农提到,当我们的身体面对疼痛、饥饿、恐惧和愤怒等多种来自环境的挑战时,会激发身体的应急响应——这个概念在后来的修订版中被改为战或逃反应或应激响应。战或逃反应是我们面对外界威胁时最基本的响应,无论这个威胁是有形的生命危险(如丛林里突然出现一只凶猛的老虎),还是恶劣的环境变化(如温度骤降),我们都需要迅速评估形势,打得过就打(扛得住就扛),打不过就跑(扛不住就赶紧加衣服)。很显然,这种对压力的迅速响应是我们生存的基本策略,对于适应环境有十分积极的意义。

在心理学家津津乐道于压力对人类的交感神经系统(即触发情绪反应和身体兴奋的器官)的作用时,内分泌学家谢耶(Hans Selye)逐渐注意到压力对人类内分泌系统(即分泌激素的器官)

图 1-1 面对突然出现的猛兽,你选择战斗还是逃跑?

第一章 压力的一千张脸

的作用,并将压力和一系列临床上与适应不良相关的疾病联系在一起,他也因此被称为"压力研究之父"。1936 年,29 岁的谢耶在《自然》(Nature)杂志发表文章,首次对压力下了科学的定义——压力是身体对任何需求的非特异性反应。谢耶观察到,对于很多病人,无论造成他们就医的原因是感染、中毒、外伤、肌肉疲劳、冷热还是辐射,这些来源和性质完全不同的刺激总会激起他们身体的一系列广泛的反应,如出汗、皮肤表面长出"鸡皮疙瘩"、心跳加快、呼吸急促、肠胃蠕动减缓、血流加快等。这些身体反应在短期内会让人们更警醒,血流加速也带来了更多的能量,能够快速应对环境中的变化。但是久而久之,如果这些刺激反复出现或者十分强烈,慢性压力就很有可能引发心脏病、哮喘、头痛、胃溃疡、关节疼痛等多种疾病。

在其后的半个世纪中,两位研究压力的专家——坎农和谢耶,对压力的定义进行了长时间的讨论和争辩。坎农认为谢耶过分夸大了压力的负面影响,毕竟,作为医生,谢耶接触更多的是病人,而不是正常人。谢耶后来修改了自己的理论,将环境的需求补充为两类:一类是令人愉悦的需求,这种需求会带来良性压力;另一类是令人反感的需求,这种需求会导致恶性压力。即使做了修正,在这两位心理学大咖的争论中,也有一点东西被遗漏了——不论是引起战或逃反应,还是造成各种慢性疾病,关注点似乎总聚焦在身体的反应上,但当压力发生的时候,我们的大脑在做什么呢?

1966 年,拉扎勒斯(Richard S. Larazus)在《心理压力和应对过程》(Psychological Stress and the Coping Process)一书中,

首次把压力应对和大脑认知过程加入压力的概念中。他认为压力应该是一种组织概念，用于理解在人类和动物对环境的适应过程中出现的具有重要意义的各种现象。1985年，他在《压力、评估和应对》(Stress, Appraisal, and Coping)一书中这样总结道：我们在日常对话中常常很随意地使用"压力"这个词，意指我们所面对的任何一种情境——无论这种情境是不幸失业，跌入谷底，还是升职加薪，登上人生巅峰，我们都会感觉"压力山大"。

2000年，神经内分泌学家麦克尤恩（Bruce McEwen）基于大量对环境压力和心理压力的研究，为压力画像：压力就是被解释为对个人具有威胁性，并且会引发生理和行为反应的事件。压力等于威胁，听起来很符合我们心目中压力的形象。

2002年，金（Jeansok J. Kim）和戴蒙德（David M. Diamond）提出了压力的三元素，分别是兴奋性（指可以通过仪器或者行为学表现测量到的身体兴奋和唤醒）、可觉察的厌恶、不可控性。无论面对何种压力，都可以将这三个元素作为切入点进行解读。

2009年，神经内分泌学家芬克（George Fink）在《神经科学百科全书》(Encyclopedia of Neuroscience)的"压力：定义和历史"章节中，采众家之长，对压力进行了比较全面的描述。简言之，压力具有以下特点：

- ◆ 被感知为威胁，导致焦虑不安，情绪紧张，很难适应；
- ◆ 当环境需求超出个体所认为的自己的应对能力时，压力就会产生；
- ◆ 在一个团体中，如果缺乏组织规划或失去了目标，"团体对

第一章　压力的一千张脸

　　环境需求的应对变得困难甚至不可能",压力就会产生;
- 对社会学家来说,压力就是社会失衡,也就是人们生活其中的社会结构的动荡;
- 从生物学的角度来看,压力就是任何能够激活体内的多种神经和内分泌系统的刺激。

　　现在,我们终于隐隐约约看到了压力的实体。站在个体的角度,压力是我们的实际能力(或者我们自认为的实际能力)无法满足环境需求时的产物;站在公司的角度,压力就是毫无成效的领导带领下的如同一盘散沙的团队;站在社会的角度,压力就是一个社会或者一个国家失去维持其正常运行的机构之后的混乱状态。有时候,同一种压力会给个体、公司和社会等都带来深远影响,如2020年席卷全球的新型冠状病毒肺炎疫情。

压力的一千张脸

　　看过美剧《权力的游戏》(Game of Thrones)的人一定对电视剧中一个叫作"千面神殿"的地方记忆深刻。这个地方的人尊奉着一位"千面之神",传说他有上千张不同的面孔,因此,在神殿的四壁上高悬着无数面容各异的人皮面具。当侍奉千面之神的"无面者"执行任务时,他们会选择其中一张脸,化身为一个全新的人。只有一个名字,却有一千张脸。

　　压力也是这样的存在。压力的狡黠之处在于它千变万化,行踪诡异,难窥全貌。当我们的老祖宗还在山洞里茹毛饮血时,压力是吃人的猛兽，是食不果腹的饥饿，是夏日的骄阳，是冬日的苦寒。几千年过去了，进化的人类用钢筋水泥的森林把这些旧日压力隔绝在城市之外，压力却摇身一变，成为付不清的账单、买不起的房子、谈不顺的恋爱、养不好的孩子、加不完的班……信息时代崛起，当多媒体和网络技术不断更新迭代，人与人的距离感逐渐模糊，而信息的快捷获取也导致我们每天都要面对大量的信息轰炸。在这样的时代背景下，我们不仅会被自己的压力纠缠，而且会为他人的压力而烦恼——明明只是个路过的"吃瓜群众"，一不留神就被卷入激烈的网络争论中。压力和环境需求紧密相关，而环境和社会在不停变化，对个体的需求也在不停改变，于是压力的"面具"越来越多。

面对这个不停"变脸"的对手，心理学家进行了长达百年的研究，试图找到这"一千张脸"的共性和特性。《孙子兵法·谋攻篇》提醒我们，"用兵之法，十则围之，五则攻之，倍则分之，敌则能战之，少则能逃之，不若则能避之。"先对压力的实力进行正确的评估，我们才能分而治之，各个击破。

让我们先来到产生压力的源头。虽然环境中的任何风吹草动都有可能产生需求，带来压力，但我们还是可以把制造压力的"罪魁祸首"，也就是压力源，粗略分成两大类：一类是创伤性事件，一类是慢性生活方式。

随手捡起最常见的六张压力的"脸"，前两张属于创伤性事件，后四张属于慢性生活方式，让我们看看它们都长什么样。

第一章　压力的一千张脸

创伤性事件：那张最狰狞的脸

2019年4月15日，当地时间晚上接近7点，一场突如其来的大火席卷了世界闻名的巴黎圣母院，举世震惊。就在半年前，巴西也同样遭遇了令人心痛的浩劫，记录了美洲历史的两千万件藏品随历史悠久的巴西博物馆一起付之一炬。如果说这两场灾难性大火是对人类文明的无情嘲弄，2019年4月21日发生在斯里兰卡的一系列爆炸就是对人类生命的残暴践踏。随着互联网时代的兴起和智能手机的技术更迭，全球的资讯可以在一瞬间来到每一个人的面前，它不仅带来了地球各个角落的人们的多彩生活，也让我们时刻目睹来自全世界的苦难。除了那些让我们不断对人性产生怀疑的人为灾难，更有频发的地震、台风、海啸等各种自然灾难。人类文明的进程已经推进了几百万年，在天灾和人祸面前，我们却几乎与智慧刚刚启蒙的老祖先一样，深感迷茫和无助。

灾难事件的发生往往十分突然，它毫无差别地突袭每一个受害者，卷走受害者自己或亲人的生命或财产。这个过程无疑充满压力，但更可怕的是，它不仅在事件刚发生和发生过程中为受害者带来严重的生理和心理后果，事件结束后它的影响力也可以持续很长的时间。

2008年，中国汶川发生了里氏8.0级大地震，根据官方公布的数字，这次灾难共造成超过6.9万人死亡，超过37万人受伤，将近1.8万人失踪。2019年，中国科学院心理研究所和深圳大学的方若蛟等人对 1196 名汶川地震幸存者进行了追踪调查，他们发现，即使在灾难发生五年半后，仍有 13.8% 的幸存者表现出创伤后应激障碍（第五章将详细介绍）的症状，如消极的情绪、创伤性记忆的纠缠、对有关创伤的信息的主动回避等，而年长者、文化程度较低者、曾目睹支离破碎尸体的人和有家庭成员因地震死亡的人受到的心理伤害更严重，持续更久。

如果说上述这些灾难性事件距离大多数人比较遥远，2020 年的新冠肺炎疫情就使生物灾难的阴影笼罩了全世界所有人。这场突发灾难的持续时间之长、影响范围之广，在整个人类历史上都是罕见的，几乎所有人的生活都因此发生了永久性改变。对于疾病幸存者和遇难者家属，疫情创伤压力带来的心理伤口可能需要更长的时间来慢慢抚平。在我和我的团队于 2020 年发表的文献综述和参与编写的《重启生活：疫后心理重建指导》中关于创伤压力的相关章节里，我们详细整理了与恶性传染病相关的心理学研究，包括疾病幸存者、医护人员、警察、军人和社会工作者等不同人群的主要心理压力与疾病后果，以及相应的心理干预方案。文献调研发现，恶性传染病发生之后，高达 30%—50% 的幸存者会报告出现严重的抑郁和焦虑等心理问题，随着时间的流逝，其中有相当一部分人可能发展为创伤后应激综合征等心理障碍患者。所幸，在这场应对疫情的战争中，从一开始就有大批精神科医生和心理咨询工作者以援鄂或在线访谈的方式，积极参与对患者和一线医护人员的心理干预和救助工作，全国的心理学工作者也一直在通过写公众号文章、开设科普讲座和写书的形式参与其中，这些努力缓解疫情压力

第一章　压力的一千张脸

的举措应该能够发挥一定的积极作用。可以预见的是，由于疫情全球大流行导致抗疫时间不断延长，心理干预和治疗的工作依然任重道远。

大自然对人类的惩罚已经如此残酷，雪上加霜的是，人类自己也制造了一系列灾难。根据霍尔（Molly J. Hall）在2002年的定义，"人祸"即由"人类的恶意"引起的，通过制造恐惧和危险达到破坏社会这一目的的灾难性行为。最典型的人祸就是恐怖袭击，恐怖袭击的幸存者往往在灾难发生数月之后依然表现出强烈的压力反应症状，如惊恐、情绪低落或情绪激动、失眠等。人祸造成的危害在某种程度上甚至比自然灾害更严重，因为自然灾害的发生往往难以预测，也无法避免，对大自然表达愤怒于事无补；但人祸发生后，人们可以找到迁怒的对象——某类人，还有负责规范和控制人们的行为的社会。因此，人祸会导致或加剧我们对他人和社会的不信任与不满，这不但会对个人的"三观"和基本信念产生影响，而且会影响对社会职能机构的评价和社会的稳定，这类影响很有可能降低个人适应社会的能力，造成更大的压力。

1986年，社会心理学家格林伯格（Jeff Greenberg）提出恐惧管理理论，能够帮助我们更好地理解在面对死亡威胁后，人们如何启动心理防御机制，通过心理和行为上的一系列改变缓解死亡焦虑。在自然法则面前，人和其他生物一样，都会将生存作为首要目标。但拥有着高级智慧的人类同样清楚死亡是不可避免的，既然无法避免生命的终结，生存的意义又是什么？这种存在困境几乎是所有人都会面临的矛盾。死亡的威胁产生焦虑，消除这种焦虑的唯一方法是实现永生，但千百年来对这一终极解决方法的追寻都以失败告终。因此，人类发展了一系列心理防御机制来缓冲这种焦虑，以确保自己无须在惶惶不可终日中度日如年。其中最重要的缓冲机制就是文化世界观，人们以一个有意义、有秩序的体系生活在一起，如文明、国家、社会等，个人固然会消亡，体系却会代代传承，于是自我得到了超越，实现了象征意义上的永生。按照恐惧管理理论的说法，恐怖袭击不仅使切实的死亡威胁提前出现，更毁灭了人类之间的信任感，破坏了社会和文明，也就是弱化了缓冲机制，增强了死亡焦虑。恐怖袭击发生时，他人的死亡增强了对自我所面临的死亡的恐惧和忧虑，为了更好地保护自己，我们发展出一些重要的心理防御机制，如对自我价值的渴求和对自我价值观的肯定。

对于幸存者，来自他人的恶意造成的心理创伤往往强于自然灾难造成的心理伤口，进而诱发巨大的心理压力。不过，精神创伤并不仅仅是经历恐怖袭击、上过战场或者住过难民营这种极端经历的产物。精神科医生范德科尔克（Bessel van der Kolk）在2016年出版的《身体从未忘记：心理创伤疗愈中的大脑、心智和身体》（*The Body Keeps the Score: Brain, Mind, and Body in the Healing of Trauma*）中提到了一组数字："美国疾病预防与控制中心的研究表明，1/5的美国人在儿童时期被性骚扰；1/4的人被父母殴打后身上留下伤痕；1/3的夫妻或情侣有过身体暴力；1/4的人与有酗酒问题的亲戚相伴长大；1/8的人曾目睹母亲被打。"2019年3月，中国少年儿童文化艺术基金会和北京众一公益基金会共同发布了一份《2018年性侵儿童案例统计及儿童防性侵教育调查报告》，统

第一章 压力的一千张脸

计了2013—2017年每年全年媒体公开报道的性侵儿童（14岁以下）案例分别是125起、503起、340起、433起、378起。其中2018年公开报道的性侵儿童（18岁以下）案例317起，受害儿童超过750人（表述为多人受害但没写具体人数的，按3人计算）。在已曝光的这些案例中，女童占95.74%，年龄最小的仅为3岁，12—14岁儿童占31.87%，熟人作案（师生、家庭成员、邻里、网友等）占66.25%。性侵犯，尤其是发生在生命早期的性侵犯，往往会在受害者的生命中留下或大或小的伤痕，这些伤痕会影响受害者的心智和情感，影响其体验快乐和安全的亲密关系的能力，甚至会影响其大脑和机体免疫系统。这些伤痕会在整个生命过程中不时泛起波澜，制造难以控制的情绪回响，也很可能是抑郁症、创伤后应激障碍等多种精神疾病的主要诱因。

图1-2 拒绝家庭暴力

创伤性压力事件有可能诱发精神疾病，这一点已经在美国精神病学会出版的《精神障碍诊断与统计手册》(Diagnostic and Statistical Manual of Mental Disorders，简称DSM）第五版（DSM-5）中得到了确认。在DSM-5的分类中，创伤及应激相关障碍是独立于抑郁症、焦虑症等其他精神疾病的特定心理障碍，按照不同的发病原因和发病程度分为适应障碍、创伤应激障碍（包括急性应激障碍和创伤后应激障碍）。创伤性事件是创伤应激障碍的主要诱因，它（与下面会提到的其他压力）也可能导致适应障碍（详见本书第五章）。

创伤性事件像一把突如其来的利刃，在没有任何防备的情况下撕开我们的心理防御机制，让我们性格中最柔软的部分暴露在外，直面大自然的残酷和人性的黑暗。这一过程不但直接威胁我们自己与所爱之人的生命和健康，而且让我们持续思考生命与人生的意义。

创伤后的心理恢复是我们的人生观、世界观、价值观重新塑造的过程，这一过程艰难而复杂，绝不像很多人设想的那样——越坚强的人恢复得越好。实际上，很多在自然灾难或者战场上目击过亲人或朋友死亡的幸存者，很难做到真正"放下"。遗忘一段创伤性记忆本身就十分困难，更特别的是，创伤性事件的画面和生命消逝的画面定格在一起，遗忘了这些事件就意味着遗忘了那一个个曾经鲜活的生命。这是一个活着的悖论，却也体现了人性中柔软的一面。在这样的故事里，并不是我们被压力所困，而是我们主动选择了痛苦，只为了保存生命的意义。

第一章　压力的一千张脸

离别之痛：那张最悲伤的脸

人类作为社会性动物已经存在了上百万年，没有人是生命的孤岛，每一个生命都因为与其他生命的联系和绑定而得以存活和延续。那些以"爱"这种复杂情绪的名义与我们绑定在一起的鲜活生命一旦消逝，情感上的空洞和心理上的悲恸所带来的压力是难以承受的。

1967年，精神病学家托马斯·霍姆斯（Thomas Holmes）和拉厄（Richard Rahe）考察了五千余名临床病人在过去两年内经历过的可能导致压力的事件，探究压力生活事件和疾病的关系，最终确定了43种与疾病有密切关联的压力生活事件。根据每种生活事件带来的压力大小，他们为每种事件标定了一个生活变化单元得分（又名压力指数），从11分到100分不等，然后制定了在临床领域被广泛使用的《社会再适应评定量表》（Social Readjustment Rating Scale），又名《霍姆斯和拉厄压力量表》（The Holmes and Rahe Stress Scale）。在所有压力事件中，压力指数最高（100分）的压力生活事件就是配偶的死亡。排在前五位的其他压力生活事件同样与亲密关系中的丧失有关，它们分别是离婚（73分）、婚姻失败/分居（65分）、家庭亲密成员死亡（63分）和监禁（53分）。

亲密关系的丧失往往让我们陷入悲恸（grief）的漩涡中。这种悲恸并不是简单的悲戚和忧伤，而是一种令人痛苦的情绪复合体，融合了伤心、愤怒、无助、后悔、自责和绝望等多种消极情绪。当

图1-3 丧失爱人之痛

我们全身心沉浸在这种百味杂陈的消极情绪混合体中，我们的思想也随之改变。

帕克斯（Colin Murray Parkes）自2001年以来发表过一系列关于爱和悲恸的文章，他认为爱与悲恸是一枚硬币的正反两面，我们不可能只享受爱的滋润而不承担悲恸的风险。只有理解了爱的本质，我们才能理解悲恸对我们的深远影响。反过来，丧失挚爱的经历也能够教导我们更多爱的本质。在根据英国文学家托尔金（John Ronald Reuel Tolkien）的小说改编的同名电影《魔戒》(The Lord of the Rings)中，精灵王国领主爱隆迟迟不同意女儿亚玫与人类皇族后裔阿拉贡的爱情，正是因为对寿命几近永恒的精灵来说，人类的寿命转瞬即逝，选择了爱情就等于选择了死亡。《魔戒》毕竟只是浪漫的奇幻故事，有着稳定寿命的人类可以选择爱情且无法避免死亡，但至少我们拥有"白首不相离"和"生而同衾，死亦同穴"的坚贞。

悲剧发生后，我们对生命的核心假设很可能发生变化，同时，我们将不得不重新适应这个已经改变的现实。丧失所爱之人威胁着我们的安全感，让我们对自己驾驭生活的能力产生怀疑。戴维斯（Christopher G. Davis）在1998年发表的文章中提到，在大多数情况下，当人们重新适应时，为损失赋予意义和从经历中获利是常常采取的两种方式。"这是命中注定"式的天命论，他/她的牺牲换来更多人的生存，他/她常年糟糕的生活习惯导致了既定的结果，这类认知都是为损失赋予意义；所谓的"获利"则包括丧亲之痛让生者更珍惜生命，更小心呵护亲密关系，或者为了完成逝者的遗愿更努力地生活，等等。通过这些不同的适应方式，我们的身份（自我评价）和对未来的计划很可能发生了永久性改变。

并不是所有人都能适应这种永久性生活改变。事实上，很多人无法从哀伤中走出，陷入慢性的长期悲恸并严重损害了生活。2015年发布的《国际疾病分类》(International Classification of Diseases，简称ICD）第11版中列出了一种叫作"延长哀伤障碍"的心理疾病，指在丧失关系亲近的人6个月之后，人们对逝者的思念和哀伤依然弥漫到生活的各个方面并严重损害个体的社会功能。延长哀伤障碍最早于2009年由普里格森（Holly G. Prigerson）等人提出，患有这种障碍的人往往每天至少被以下三种心理压力中的一种所折磨：

◆ 无法停止的对失去的亲密关系的回忆（侵入式想法）；

- 感受到失去亲密关系所引发的强烈的痛楚、悲哀和内心剧痛；
- 对逝者的怀念和渴望。

长期承受这些心理压力，人们的认知、情绪、行为都可能发生改变，如：

- 对自己在生活中扮演的角色感到困惑，或者对自我的感受减弱（如感受到自己的一部分生命已经随逝者消亡）；
- 很难接受损失事件的发生；
- 刻意回避有可能提醒损失事件发生的人、事、物或地点；
- 在损失事件发生后，逐渐失去信任他人的能力；
- 对损失事件本身的怨恨或愤怒；
- 无法开始新的生活（如无法结交新的朋友，远离原有的兴趣爱好等）；
- 在损失事件发生后，情绪逐渐麻木；
- 在损失事件发生后，感到生活是不圆满的、空洞的、无意义的；
- 因损失事件导致的晕眩、茫然和震撼。

如果人们在很长一段时间内都表现出以上九种症状中的五种以上症状，就很可能被诊断为延长哀伤障碍。需要说明的是，与挚爱永久性分别所导致的悲恸是人之常情，沉浸在这种悲恸之中也是人性使然；心理障碍的诊断并不是为了给人贴上疾病的标签，而是客观判断某些持续性心理状态是否已经严重干扰了正常生活，帮助人们决定自己或身边的人是否需要得到额外的帮助。

第一章 压力的一千张脸

有一些悲恸可以通过时间的流逝缓慢疗愈，这取决于人们面对压力所采取的不同应对策略，以及是否获得了有效的社会支持和帮助。吉尔伯特（Kathleen Rose Gilbert）在 1996 年的一篇名为《我们的损失相同，悲恸却为何相异？》(*We've Had the Same Loss, Why Don't We Have the Same Grief?*）的文章中说，哀伤是面对重大生活改变时的一种正常、健康的适应过程，这一过程并不存在所谓的"正确的"方式或者"正常的"时期。

每个人都有带着强烈个人印记的应对方式。心理学家将其中最常用的应对策略归为两类，一类策略是闭合，也就是试图将死亡带来的不完整解读为完整，强行为事件画上句号。但这一策略并不能减轻悲恸中混杂的后悔情绪，这种强行完结的做法反而会招致更多的后悔。一些研究悲恸的心理学家建议采取整合的策略：生命中每一次无法避免的损失都会成为自我经历的一部分，被珍藏在大脑里储存着有意义事件的记忆库中，即使不去刻意地回想，这些和失去的亲人相关的画面、情感和思维依然会牢牢地保存在脑海里，触手可及，成为我们生命的重要组成部分。默里（Judith Murray）对整合策略进一步作出解释：即使丧亲事件发生在生命的早期，这种经历也会卷入我们面对生活挑战时重构生命意义的过程中，整合在我们的基本心理功能里。这种整合过程带有强烈的个人色彩，非常私密，甚至常常伴随着孤独的体验。

恐惧管理理论同样能够帮助我们理解悲恸带来的各种复杂情绪和思想变化，无论是创伤还是悲恸，我们面临的终极压力仍然是死亡本身。拥有悠久历史的中国，在对死亡的敬畏和超越上一直拥有超前的思想理念。从孔子的"杀身成仁"到孟子的"舍生取义",儒家思想一直用对至高的理想和道德境界的追求来淡化对死亡本身的恐惧,这正是中国古典哲学中为损失赋予意义的至高形式之一。道家理论则强调达观淡泊、物我两忘的境界,认为生死是自然规律,以精神上的"逍遥游"来"齐死生",从而达到思想境界的永恒。与大自然的和谐相处,清静无为,同样可以理解为与大自然的整合,与生命的整合。这是中国文化所定义的对待死亡的理想状态,也是千百年来中国知识分子能够依靠的与生死和解的工具。但是,工具始终代替不了普通人的真情实感。无论是面对自己的死亡威胁,还是面对至亲至爱之人的逝去,都是极端痛苦的过程,很少有人能够幸免,也没有所谓的应对哀伤的"标准答案"。

尽管每个人都有不同的面对丧亲之痛的处理方式,在这个过程中适当的独处是必要的,但这并不意味着我们都必须独自承受这种强烈的心灵之殇。恰到好处的社会支持对于减轻悲恸带来的压力有极大帮助。默里建议,当我们身边有人经历这种丧亲之痛,而我们可以提供一定程度的帮助时,应该遵循尊重—理解—赋能的三步走原则。

第一步,要尊重对方的世界观。

第二步,要深刻理解丧亲之痛已经瓦解和破坏了对方的世界观和安全感。

第三步,尝试帮助对方在恐惧和痛苦中重新建立控制感,能够让对方感受到安全感的话语或行为在任何时候都是一个有益的开始。

不要尝试去干扰或侵入对方的世界，当对方邀请你加入他尝试适应丧亲的经历时，不要带着拯救者的姿态，而应当保持谦逊——允许他人进入悲恸的隐秘内心世界，本身就是对破碎的世界重拾信任和安全感的一个信号，它需要我们小心呵护。

戈德曼（Linda Goldman）在她出版于 20 世纪末的《打破寂静：一本帮助儿童面对复杂悲恸的手册》(Breaking the Silence: A Guide to Helping Children with Complicated Grief) 中讲述了一个颇有画面感的故事：

一天晚上，一名男子在海边散步，他看到成百上千的海星被海浪冲到岸边。一个小男孩捡起一个海星，将它扔进海水中，然后捡起另一个海星，又扔回去，周而复始。男子走向小男孩，问他："你在做什么？你为什么要这么做？这么做有什么意义吗？"小男孩此时已经捡起下一个海星，在月光中将它高高举起，准备扔向大海。他一边送这个海星回归大海，一边回答："这对它有意义。"

重大生活改变：那张最无奈的脸

《社会再适应评定量表》列出了 43 种给人们的生活带来巨大压力的事件，如丧失挚爱、离婚等。但并不是只有消极的事件才会带来压力，很多时候原本应该令人快乐的事件也会让人倍感压力，如结婚（50 分）、怀孕（40 分）和增加家庭成员（39 分），几乎与严重的受伤或疾病（53 分）和性行为困难（39 分）所带来的压力相同。有意思的是，在《社会再适应评定量表》的压力程度评定上，结婚的压力评分甚至要高于被解雇（47分）、婚姻和解（45分）和退休（45分）。所以，只要生活发生了改变，且这种改变包含着一些个人难以完全掌控的因素，压力就会降临。

婚姻和家庭的压力

1988年，卡罗琳·帕佩·考恩（Carolyne Pape Cowan）和菲利普·A.考恩（Philip A. Cowan）对47对初为父母的夫妻在妊娠后期、产后6个月和18个月进行了评估，让他们完成包含36个项目的《家庭分工问卷》并调查了其自尊水平、育儿压力和婚

图1-4 养育孩子的压力

第一章 压力的一千张脸

姻满意度,同时比对了这些夫妻的回答和 15 对尚未决定要生孩子的夫妻的回答。他们发现,从怀孕到育儿早期,无论是从个人层面还是从夫妻关系层面,夫妻双方对生活的适应程度都发生了消极的改变——伴随着伴侣压力水平的上升、家庭分工的纠纷和休闲时间的减少,夫妻双方的婚姻满意度都下降了。他们在 1995 年发表的论文中说:"我们可以放心地得出结论,过渡到父母身份对相当多的新手父母来说是一个充满压力的时期,有时甚至是适应不良的时期。"

这种压力很可能是多方面因素引起的。休斯顿(Ted L. Huston)和埃琳·霍姆斯(Erin K. Holmes)在 2004 年出版的《家庭沟通手册》(Handbook of Family Communication)中"成为父母"这一章里提到,在之前的研究中,初为父母的夫妻的婚姻满意度可能低于没有子女的夫妻,这很可能是以下几种原因造成的:

- ◆ 他们在生孩子之前就对婚姻不满意;
- ◆ 孩子的存在成为他们离婚的障碍,并非婚姻不满的导火索;
- ◆ 拥有孩子的夫妻相处的时间很可能比没有孩子的夫妻相处的时间更长;
- ◆ 以往研究中拥有孩子的夫妻和没有孩子的夫妻之间的其他差异。

因此,并非所有新手父母都会承受养育孩子的压力:在有些研究中,甚至有 1/3 或 1/2 的夫妻在生孩子之后提高了婚姻满意度,且夫妻关系更稳定,恩爱程度也增加了(Shapiro et al., 2000; Belsky & Hsieh, 1998)。卡尼(Benjamin R. Karney)和布拉德伯里

（Thomas N. Bradbury）于1995年提出的脆弱性—压力—适应模型也许提供了一个比较合理的解释。在这个模型中，夫妻关系质量的变化可以理解为三个相互关联的因素的影响：持久的脆弱性、压力事件和适应性过程。个人和夫妻双方的持久的脆弱性（如受教育程度有限和同居经历等）增加了他们将经历过的事件解读为压力的概率，也增大了他们适应这些事件的难度。此外，尽管研究样本中的所有夫妇都经历了几乎相同的潜在压力事件（第一个孩子的出生），但这种压力事件的性质在不同夫妇之间可能有很大差异。婴儿出生的顺利程度、出生的时机（如计划外怀孕），甚至婴儿的性别，都可能对人际关系造成不同的影响。最后，夫妻有不同水平的适应性过程（如沟通、承诺等），可以帮助他们应对分娩后夫妻关系中的压力。

多斯（Brian D. Doss）在2009年的一项为期8年的前瞻性研究中详细探究了这个模型，他们验证了第一个孩子的出生确实对新手父母的夫妻关系产生中度的消极影响，这种影响往往至少持续到孩子出生后的第四年；母亲更易受初次生育的影响。脆弱性—压力—适应模型的三个因素对于预测父母身份过渡后的夫妻关系满意度十分有效。

这些关于父母身份的过渡和婚姻家庭压力的研究是否适用于中国社会，或许是个值得思考的问题。尤其是允许生育二孩后，脆弱性—压力—适应模型能否预测生育第二个孩子后的夫妻关系，或者说如果生育第一个孩子后婚姻满意度已经下降，第二个孩子的出生是会加剧这种消极影响还是会有其他作用，仍然需要更多的研究去证实。不过，对于这种生活压力，最好的适应方法还是尽早准备。如果能够从物质上和精神上都拥有足够应付这些改变的资源（如足够的经济收入、足够的知识和经验），消极影响就能降到最低——毕竟，父母的压力同样可以影响新生儿的发育（参考第九章最后一小节关于产前压力的内容）。

大学生的压力

《社会再适应评定量表》并非一直是测量压力生活事件的黄金标准，对它的批评从未停止：不严谨的措辞；积极事件和消极事件之间缺乏区分（伴侣停止工作或者开始工作都归在一个条目下，也只有一个评分）；重大事件的特点已经跟不上时代；无法解释在事件解读或真实性方面的个体差异，等等。其中一个批评尤为尖锐：《社会再适应评定量表》类问卷要求被调查的人通过回忆确定过去发生的压力事件，但研究显示，人们在回忆此类事件时表现不佳，要确定这类事件发生时自己的实际压力感就更困难了。因此，研究者在不断尝试改善和修订问卷。

1993年，克兰德尔（Christian S. Crandall）等人修订了大学生版的《常见压力生活事件表》，列举了82种对大学生来说较为常见的压力生活事件，大到家庭成员或朋友的死亡，小到打印文件时打印机没墨或者今天剪了一个糟糕的发型，可作为这类修订的示例。①

环境的改变就是一种压力源。对大学生来说，大学生涯的第一年是最需要适应和调整的时期。无论是生活环境的改变（离开家，到外地上学），还是人际关系的改变（告别高中的交际圈，重新结

---

① 扫封底二维码，可查看详细表格。

交大学的伙伴），抑或生活方式的改变（不得不与陌生同龄人分享生活空间）以及角色的改变（从青少年变为要为自己负责任的成年人），大学新生如果不能迅速适应这种转变，就可能被压力击倒。在科洛尼亚克（Karen Rambo Chroniak）的《大学新生第一年过渡中的应对和调整》(Coping and Adjustment in the Freshman Year Transition，1998) 一书中，作者总结了新生压力的三个发展阶段：

◆ 体验新角色、新环境和新社会关系所带来的震撼和兴奋；
◆ 既要面对严肃的工作，又要面对平凡、乏味的学术生活的幻灭与纠结；
◆ 感到幸福感提升，人生的可能性增加。

博尔杰（Melinda Ann Bolger）认为，大学生活有一定的规律，所有学生在每个学年都会经历特定的压力模式，而压力高峰往往出现在每个学期的开始、中期和结束。

无论是难以适应新环境的大学新生，还是在学习生活中无法良好、独立应对巨大压力的大学老生，都不需要独自面对压力的折磨。拥有几个值得信任的朋友，一起分享压力经历，共同寻找解决方案或者发泄情感，都对释放压力十分有益。学校通常也设有专门的心理健康中心，能够为学生提供专业建议。

失恋的压力

在克兰德尔改编的大学生版本的《常见压力生活事件表》中，很多事件并不涉及"重大"的生活改变，但依然可能给我们带来很大的压力。比如打印机没有油墨本来并不是什么大不了的事情，但是如果正好在最后一刻提交论文时发生了这种事，真会有种被命运

第一章 压力的一千张脸

图 1-5 学生的压力

诅咒的感觉。还有分手,虽说"天涯何处无芳草",但对有些人来说,失恋带来的压力甚至大于死亡压力。

归根究底,失恋最让人介怀的是被拒绝的羞辱感。尤其是"被分手"的那一方,被拒绝不但让人悲伤,而且会产生一种被遗弃的屈辱感。被羞辱不仅体现为地位的丧失(从"撒狗粮的一方"变成"吃狗粮的一方"),而且体现为对自尊和个人价值感的打击("我到底哪里不好?")。如果长时间陷于这种复杂的情绪,同样会增加患抑郁症的风险。

失恋的压力其实并不好分类,因为从损失的角度来讲,它属于个人的丧失;从被拒绝的角度来讲,它属于社会压力;从环境变化的角度来讲,习惯了有人相伴的生活后突然不得不重新适应一个人生活,它就是比较重要的压力事件。2012 年,罗巴克(Boyan

Robak）和格里芬（Raul Griffin）调查了162名与前任交往了3个月以上但最后分手的大学生，以问卷的形式检测了他们的自尊水平、被拒绝敏感性、亲密关系程度、生活满意度和悲恸程度。① 结果有些出乎意料，无论是谁先提出分手，无论是男性还是女性，失恋的症状都没有显著的差异。不过，建立回避型依恋方式（生命早期和养育者的互动方式，详见第九章）和高自尊的人在失恋后受到的负面影响更小一些。

斯洛特（Erica B. Slotter）等人在2010年研究了分手的经历对人们的自我概念的影响，发现不但自我的内容（如外表、价值观、信念等）发生了改变，自我概念的清晰性也丧失了，如对自我感到困惑，对自我的感受更卑微。斯洛特等人提出了分手—自我概念改变—情绪困扰模型，以解释分手带来的排斥感所导致的自我概念清晰度的降低，这正是产生悲伤和抑郁的重要原因。

就连失恋造成的"心痛"也是真实的。2011年，克罗斯（Ethan Kross）等人进行了一项脑影像实验，招募了6个月以内刚刚分手的志愿者，比较他们躺在磁共振成像仪里看前任的照片（与朋友照片作对比），以及经历真实的痛觉（左前臂遭受略微疼痛的热刺激，与温和刺激作对比）时大脑的活动情况。前任的照片激活了与痛觉几乎相同的大脑回路，包括背侧前扣带皮层、脑岛、丘脑

---

① 问卷包括《罗森伯格自尊量表》（Rosenberg Self-Esteem Scale）、《拒绝敏感性量表》（Rejection Sensitivity Scale）、《亲密关系量表修订版》（Experiences in Close Relationship Scale Revised）、《生活满意度量表》（Satisfaction with Life Scale）和《德克萨斯悲恸量表修订版》（Texas Inventory of Grief Revised）。

和顶叶岛盖（如图1-6）。这项研究显示，包括失恋在内的社会排斥正是通过激活与身体痛觉相同的大脑通路才给我们留下了深刻"印象"。与其说分手让人"心如刀割"，不如说真相是失恋让我们"脑如刀割"。

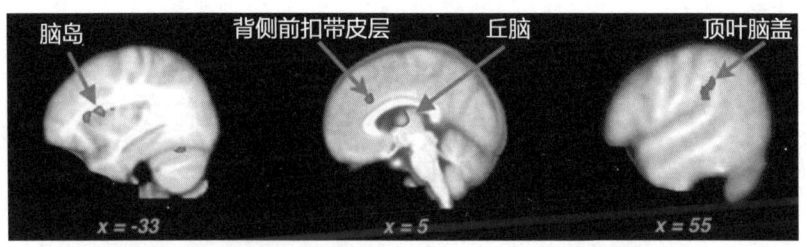

图1-6 失恋的"痛"和身体的"痛"在大脑中激活了相同的区域

为什么屈辱和拒绝让我们感觉如此糟糕？进化心理学尝试从我们的祖先身上寻找答案——人类一直是群居性生物，要想在恶劣的自然环境中生存，必须获得族群的接纳，而社会排斥往往意味着被族群流放和死亡。被拒绝的压力正是一种警告，说明我们采取了降低社会适应性的行动（如建立一段并不融洽的亲密关系），或者我们目前的能力不足以良好地适应环境，需要继续努力。能够正确理解这种压力警告的祖先可能更易获得族群的接纳，提高了生存概率，其基因也得以遗传下来。

不过，刚刚分手的人往往会经历一种"强迫性思考"：持续不断地回想与前任在一起的场景，想着对方的一颦一笑，回忆常去约会的公园、饭店，等等。这个过程不断循环，有时候人们感觉能够控制住自己的情绪和思想，有时候又不由自主地被分手的负面情绪淹没，只想用一些不理智的事情麻痹自己，就像吸毒成瘾一样。2010 年，海伦·E. 费舍尔（Helen E. Fisher）等人用磁共振成像仪扫描刚刚分手的男女观看前任照片时的大脑活动，发现与药物成瘾有关的伏隔核和眶额皮层有显著激活，而这些参与者也描述自己在观看前任照片时仍然想念前任，渴望与前任重新建立情感联系。

恋爱让人上瘾，失恋让人疼痛。无论人们在感情中是否幸福，一旦失去它，都会让人像瘾君子渴望毒品一样渴望将它找回。理解了这一生理和心理机制，我们就更能理解那一首老歌："给我一杯忘情水，换我一生不伤悲。"或许只有彻底的遗忘，才能真正摆脱这种压力。

职业倦怠：那张最疲惫的脸

2015 年晚春，一封辞职信引发网络热评，信上只有 10 个字："世界那么大，我想去看看。"这封"史上最具情怀的辞职信"也入选了"2015 年度十大网络用语"，在互联网上广为流传。这短短的几个字之所以引起人们的广泛关注，也许正是因为在大多数情况下，辞职常常是工作压力超过了负荷的结果，它伴随着无奈和痛苦，却少有如此的率性和洒脱。

对于工薪阶级，工作压力是生活中最常见的压力，甚至可以说是"万压之源"。不得不天天面对的复杂人际关系，无处不在的社会比较，对升职加薪的无尽渴求，日复一日的重复劳动，自己的工作随时可能被他人替代的威胁感，加班已经加到生无可恋还

第一章　压力的一千张脸

遭到老板"996"理论的当头棒喝……这就是"打工人"压力的真面目。

工作自然会带来不同程度的工作压力，这原本是很正常的事情，但如果工作压力积累到一定程度还得不到纾解，其负面影响会越来越严重，最终导致职业倦怠。倦怠综合征的概念最早在1974年由弗罗伊登伯格（Herbert Freudenberger）提出，他用一系列症状来描述倦怠，包括工作过度导致的疲惫和诸如头痛、失眠等躯体症状。在需要高强度人际互动的职业中，职业倦怠最常发生，如医生、教师、社会工作者。但即使是传统意义上的非职业人群，如大学生和家庭主妇，也有可能出现倦怠的典型症状。

在1999年库珀（Cary L. Cooper）主编的《组织压力理论》（*Theories of Organizational Stress*）一书中，马斯拉赫（Christina Maslach）提出了职业倦怠的多维理论。职业倦怠是对慢性人际关系压力源的延长反应，具体症状包括情绪疲倦、身体疲劳和认知厌倦。

职业倦怠有三个关键的维度，其中最典型的就是压倒性疲倦，上班时总是有身体被掏空的感觉；其次是工作效率低下和失败感，失去工作动力的代价就是丧失工作效率；还有一个后果具有隐蔽性，那就是玩世不恭，有的人总是一副无所谓的样子，对工作的态度十分消极，得过且过。工作上玩世不恭的人会以"这就是我的生活方式"为借口，实际上，这正是丧失了工作理想的典型表现，所以也属于职业倦怠的表现。

职业倦怠对个体的人际功能和社会功能有较大的伤害。尽管有些人最终因为受不了这种压力而辞职，但大多数人为了养家糊口还是会留在工作岗位上，只是失去了干好工作的动力，得过且过。工作质量的降低不仅影响公司或企业的运作，而且对个体的生理和心理健康产生十分严重的影响——不仅仅指向职业倦怠者本人，也会对工作环境中所有需要与其互动的人产生消极影响。

情绪疲惫是指感到自己在情感上过度消耗和耗尽自己的情感资源，主要根源是工作负担过重和工作中的个人冲突。情绪疲惫者常常感到筋疲力尽，却没有任何帮助重新振作的补充资源。他们缺乏足够的精力去面对另一个工作日或另一个工作中需要帮助的人。情绪耗竭成分代表了职业倦怠的基本个人压力维度。

工作效率低下和失败感即个人成就感的降低，是指工作能力和工作效率的下降。这种自我效能感的降低与抑郁症以及无法应付工作要求有关，而缺乏社会支持和专业发展机会会使情况恶化。工人越来越缺乏足够的能力来帮助客户，这会导致他们对自己的评价越来越低，造成恶性循环。个人成就成分代表了职业倦怠的自我评估维度。

玩世不恭实际上就是去人格化，是指对他人的消极、愤世嫉俗或过分孤立的反应，通常源于丧失了理想。它常从过度的情绪疲惫发展而来，起初表现为一种自我保护式（即超脱关注式）情绪缓冲，但这种超脱有非人性化的风险，人们长期使用这种思考模式，可能会逐渐失去对自我和他人的人道主义关怀。去人格化成分代表了职业倦怠的人际关系维度。

职业倦怠的一般模型如图 1-7 所示。

第一章　压力的一千张脸

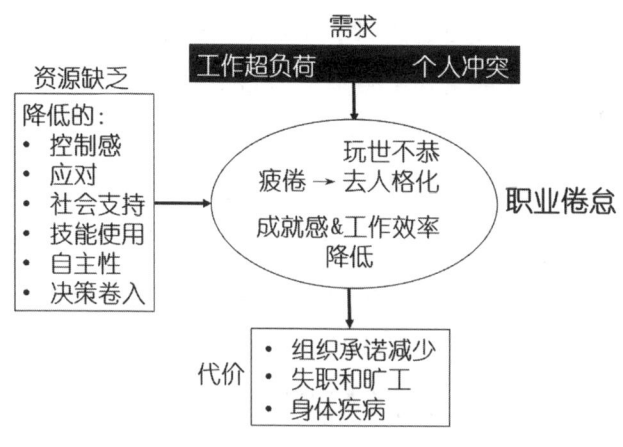

图 1-7　职业倦怠的一般模型

工作环境中的职业倦怠情况常常使用《马斯拉赫职业倦怠量表》(Maslach Burnout Inventory)和《奥尔登堡职业倦怠量表》(Oldenburg Burnout Inventory)来测量。但测量并不是目的，研究职业倦怠的最终目的是预防和干预职业倦怠。

如果说工作的阴暗面是职业倦怠，那么其光明的一面就是工作投入。一个工作投入的人会感觉自己是有意义的工作环境的一部分，在这种工作环境中，自己的贡献能够得到重视，会收获公平的奖励。与职业倦怠的三个维度相对应，工作投入也有三个维度：精力充沛、高效和参与程度高。对职业倦怠进行干预，最终目标就是为了实现工作投入。

哪些因素造成了职业倦怠？换句话说，哪些因素妨碍了我们实现工作投入？

当我们讨论压力的定义时，我们提到环境的需求和个人能力的不匹配正是产生压力的直接原因，而工作压力就是一个最好的例证。早在 1962 年，小弗伦奇（John R. P. French, Jr.）和卡恩（Robert L. Kahn）就提出工作—个人适合度的概念。事实上，职业倦怠的产生并不完全是个人的问题，它在很大程度上也属于企业管理的问题——虽然人可以挑选工作，但最终工作岗位归属于哪个人还是由公司或单位决定的。把不合适的人放在错误的工作岗位上，公司或单位并不能完全推卸责任。要想深入探讨产生职业倦怠的原因，首先我们必须找到是什么原因导致了"工作—个人搭配不当"。

马斯拉赫认为，"工作—个人搭配不当"具体可以表现在六个方面：

第一，工作超负荷。当工作需求超出个人的极限，就会发生工作超负荷。人们必须在太短的时间内用太少的资源做太多的事情。如果超负荷是一种长期的工作状况而不是偶发的紧急情况，人们几乎没有机会休息和恢复，也就无法维持身体平衡。

第二，缺少控制。死板的政策和严格的监控，或者工作条件混乱，就会让人们对自己所做的工作几乎没有控制权。这种缺乏控制会阻碍人们解决问题、作出选择，以及为实现成果付出必要的投入并为此承担责任。

第三，奖励不足。对工作缺乏适当的奖励不仅让工作者贬值，而且会让工作本身贬值。工作奖励最突出的部分是外部奖励，如薪水和福利，但是内部奖励的损失（如做重要的事情并做得好，因而感到自豪）也可能是这种失衡的关键原因。

第四，社区崩溃。当人们失去与工作场所中其他人的积极联

第一章 压力的一千张脸

系,社区就会崩溃。有些工作使人们彼此隔离,或让社交接触变得缺少人情味。对社区最有害的是与工作中的其他人之间存在的长期的、未解决的冲突,这种冲突使人不断产生挫败感和敌对情绪,同时减少了获得社会支持的可能性。

第五,公正缺席。当缺乏在工作场所保障相互尊重的司法和公正系统时,就会出现公正缺席的情况。不公平通常指薪酬和工作量不均衡,或者有欺骗行为,或者对评估和晋升处理不当。如果申诉程序或争端解决程序不允许双方都有发言权,这也是一种不公平。

第六,价值冲突。当工作的要求和人们的个人原则不匹配时,就会发生价值冲突。在某些情况下,人们可能会因从事不道德和不符合自己价值观的事情而感到被束缚。如他们可能不得不以撒谎或其他方式蒙骗他人,或拒绝接受真相。在其他情况下,当所声明的崇高与实际操作之间存在差异时,或者当组织经历重大变革时,人们可能会陷进组织的相互矛盾的价值观里。

马斯拉赫和戈德堡(Julie Goldberg)在1998年提出了针对职业倦怠的干预建议。从组织的层面,企业和单位有责任选择合适的岗位责任人员,创造一个公正、稳定、灵活、充满人情味、薪酬奖励合理并且能够增加员工价值感的工作环境。但是,很显然,一个庞大的机构要发生改变并不是一朝一夕的事情,所以针对个人的干预往往更有效。首先,倦怠的根源通常更多地指向员工,而不是工作环境。马斯拉赫在论文中提到,"倦怠不是仅由压力大的工作环境造成的,更重要的是个人对这种工作环境的工作狂式反应"。其次,无论职业倦怠的根源是什么,解决问题的首要责任人都会被假设为人们自己，而非企业或单位。"虽然组织可以并且应该承担工作场所内压力管理的某些责任，但让单个员工放弃所有与倦怠作斗争的个人责任是不恰当和不现实的。员工必须承担起责任，首先是认识到自身内在的压力，其次是采取适当步骤来减轻和/或管理这种压力。"

听起来似乎有点冷酷，但事实往往如此。毕竟求人不如求己，当职业倦怠的压力不断蚕食人们的健康和生活质量时，与其指望环境发生改变，不如先改变自己。常用的个人干预方法有两类：一类针对个人与工作的关系，如改变工作模式，发展预防和应对的技能，利用现有的社会资源；另一类着重于增强人的内部资源，以增强应对工作场所压力源的心理韧性，如发展更轻松的生活方式，改善健康状况，进行自我剖析，等等。

应对职业倦怠的具体个人干预建议有六点：

第一，改变工作模式。防止工作倦怠的基本建议之一是减少工作量。永久性减少每周的固定工作时间是一种方法，而其他的建议是，一旦倦怠开始出现，应该主动减慢工作节奏，切忌过度加速或者更努力地工作。其他变化包括定时下班休息和避免加班，这些干预方法的关键原则并不是不工作，而是适当平衡工作和休息。

第二，发展预防和应对的技能。通过发展预防和应对的技能，个体可以减少压力源对自己的消极影响。具体的策略首推认知重组，如降低期望，以积极的方式重新诠释身边人的行为和态度，澄清价值观取向，想象新的目标和计划"下一步"。认知重组能够让人们以全新的视角认识自己和自己的工作。除此之外，情绪的分享

第一章　压力的一千张脸

和传递也是一种很有效的方法，不仅可以减轻压力，还可以借此理清导致挫折或困扰的真正原因。增加时间管理和解决冲突的能力可以辅助改变个体的工作方法，从而降低出现职业倦怠的风险。

第三，利用社会资源。同事的专业支持、上司的有效指导和支持、家人和朋友的个人支持，这些都是个人应对工作压力时可以利用的有效资源。它们不仅能够提供直接的帮助，而且能提供情感安慰、看问题的新视角、个人情绪奖励和社会认可。寻求社会支持的过程也是对抗社会隔离的最有效方法之一。

第四，发展轻松的生活方式。高强度的压力往往让人精神和生理都倍感紧张，而放松是一种很有效的对抗方式。从冥想到按摩，再到热水浴，有多种技术和方法可以减少身体的高唤起状态，恢复平静。一些时间较短、操作较简单的方法可以在工作时间使用，如冥想和瑜伽，工作结束后的放松也很重要。培养与工作无关的业余爱好同样是一种十分有效的放松方式。

第五，改善健康状态。良好的心理和生理健康能够降低出现职业倦怠的风险，因此，大多数干预建议也包括营养和运动方面的建议。实际上，拥有健康、合理的饮食和运动习惯可以让人们在面对生活中大部分压力时能够更好地保护自己。

第六，自我剖析。人们需要对自己的个性、需求和动机有更全面、准确的理解，在充分理解自我的前提下，人们能够找到适合自己的生活和工作方式，不太可能会在工作领域感到筋疲力尽。比较有效的自我剖析策略包括"现实的自我评估"，人们需要正视自己的"自恋"问题，如渴望被别人欣赏的欲望如何导致自己过度劳累；也需要分析家庭教育的潜在影响，如在孩童期父母的过高期待或者忽视如何影响人们渴望出人头地的潜在欲望，人们需要意识到自己的人生并不是为了向父母"证明"任何事。人们还需要调整不切实际的个人标准和期望，减少自我施加的心理压力，准确表达自己的价值观和道德准则，并评估自己的理想与抱负是否契合工作场所的条件和要求。很多时候，当人们无法独立完成自我剖析时（毕竟当局者迷），家人与朋友的帮助、工作场所提供的社会支持团队或教育培训都可以帮助人们增加自我理解，寻找专业人士如心理咨询师的建议也是一条途径。

实际上，有效预防职业倦怠的最好方法还是尽早进行职业生涯规划，了解自己的长处和短处，知道自己适合什么样的职业，避免做心有余而力不足的工作。要达到这个目的，就需要将职业规划课程纳入教育体系中，这样才不至于让年轻人毫无准备地投身职场。理想状态下，个人和职业应该是双向选择，而不该让个人丧失所有选择的权利，只能默默忍受职业倦怠蚕食生活中的全部快乐。

从理论上讲，至少有三种激励因素会促使我们工作，也就是说，工作需要至少满足以下三种需要中的一种：

◆ 成就感：我需要实现自己的人生抱负。
◆ 归属感：我需要获得工作环境的认可和接纳。
◆ 权力感：我需要充分发挥自己的管理才能。

在踏入工作岗位之前，了解真正需要满足的是哪一种（或哪几种）需要，能够帮助我们更好地进行职业规划。

第一章 压力的一千张脸

个人应该成为有意义的工作环境的一部分，只有在这种环境中，员工的贡献才能被重视并得到公平的回报，因而长久保持工作热情。

同情倦怠：那张最麻木的脸

如果问起哪个群体是中国现在压力最大的职业群体，相信很多人会回答是医护人员。事实也确实如此，医护人员、社工群体、心理咨询工作者等职业人群不仅因为需要进行高强度的人际互动而容易产生职业倦怠，更因为长期直接面对人们生理或心理上的痛苦而更容易遭受另一种慢性压力——同情倦怠的折磨。

我相信2020年的新冠肺炎疫情让很多人都深深感受到同情倦怠引发的心理折磨，即使大多数人并没有经历武汉封城初期物资缺乏所导致的混乱和绝望，但单是从社交媒体上看到各种负面信息就已经让人难承重负，更何况那些一线工作者曾亲历其境，自己的身体健康也遭受威胁。在菲格利（Charles R. Figley）2002年主编的"心理社会压力系列丛书"的《治疗同情倦怠》（Treating Compassion Fatigue）一书中，同情倦怠通常指医学和心理专业人士以及照料他人者所经历的情感疲惫状态，他们常常因为感受到过大压力而表现得麻木或无动于衷。同情倦怠有很多别名，如继发性伤害、继发性创伤压力、替代性创伤等。情绪传染也和同情倦怠有关，是指人们近距离接触或观察到他人的遭遇后，也会经历与他人的实际或期待的情绪相同或相似的情绪反应。

表 1-1　同情倦怠压力的临床诊断标准

（继发的）同情倦怠压力
A. 通过帮助那些经历过创伤的人，间接经历被帮助对象的原发的创伤性压力；高发群体有护士、社会工作者、强奸受害者的咨询师或其他相关者。
B. 创伤性事件以如下一种（或多种）方式被持续重温： （1）和客户/事件有关的反复出现和具有干扰性的痛苦回忆，包括画面、想法或感受等； （2）和客户/事件有关的反复出现的痛苦梦境； （3）表现得或感觉上好像创伤性事件在重复发生一样（包括不断体验与客户及客户的故事保持联系的感觉，只是为了解决难题并帮助客户）； （4）暴露在与帮助他人的工作有关的内部或外部线索中，因而感受到强烈的困扰； （5）因为帮助他人的身份暴露在与创伤相关的线索中，并导致生理反应。
C. 持续避免与创伤有关的刺激，并且出现（创伤前并不存在的）总体反应麻木，常表现为以下三个或更多症状： （1）努力避免与客户的创伤相关的想法、感受或对话； （2）努力避免引发对客户的创伤性回忆的活动、场所或人员； （3）在概念化和治疗创伤案件的判断中存在错误； （4）明显减少了对重大活动的兴趣或参与； （5）感到与他人隔离或疏远； （6）受限的情感范围（如无法从个人角度了解客户或者有救世主情怀）； （7）未来被提前终结的感觉（如并不期待或想要一个长久的工作）。
D. 出现了（创伤前并不存在的）持续的身体唤醒的增加，常表现为以下两个或更多症状： （1）入睡困难或极易醒来； （2）容易激怒，容易爆发愤怒情绪； （3）很难集中注意力； （4）高度警觉； （5）夸张的惊吓反应。
E. 持续 30 天。出现临床上明显的压力困扰或社会、职业及其他重要职能领域的严重功能损害，包括工作冲突增加、旷工、对客户需求不敏感、创伤造成的持续困扰、社会支持减少、压力应对方法不佳等。

注：来自菲格利，2002 年。

第一章 压力的一千张脸

具体来说，同情倦怠在认知、情绪、行为、精神、个人关系、生理和工作表现这七个层面上对个人都有严重影响（表 1-2）。

表 1-2 同情倦怠的症状表现

认知	注意力难以集中；自尊降低；冷漠；死板；迷失方向；完美主义；最小化（认知扭曲的一种，总是将积极的结果最小化）；过度关注创伤；自我伤害或伤害别人的念头
情绪	无能为力；焦虑；负罪感；生气/愤怒；幸存者罪恶感；自闭；麻木；恐惧；绝望；悲伤；抑郁；情绪剧烈起伏（情绪过山车）；耗尽；过度敏感。
行为	没有耐心；烦躁；退缩；喜怒无常；退行（防御机制的一种，成年人表现出与年龄不符的行为以保护自己）；睡眠障碍；做噩梦；食欲改变；过度警觉；夸张的惊吓反应；事故易感性（更容易由于自身的原因而发生事故）；丢东西。
精神	质疑人生的意义；缺少目标；无法自我满足；无处不在的绝望；对上帝/神明感到愤怒；质疑自己的宗教或信仰；失去对更高权力的信心。
个人关系	社交退缩；对亲密行为或性行为兴趣较低；不信任；与他人隔离；过度保护孩子；把愤怒或责备情绪投射到别人身上；无法忍耐；孤独感；人际冲突增加。
生理	休克；出汗；快速心跳；呼吸困难；疼痛；晕眩；医学疾病的数量和严重程度增加；其他身体方面的问题；免疫系统受损。
工作表现	士气低落；缺乏动力；逃避任务；对细节过分执着；冷漠；消极；无法欣赏他人；情绪抽离（无法在情绪水平跟他人建立联系）；缺乏工作担当；员工冲突；旷工；倦怠；易怒；在同事面前退缩。

注：来自菲格利，2002 年。

医护人员的同情倦怠

对于医护人员，同情倦怠产生的初衷也许只是为了避免自己过度暴露在病人或客户的创伤中，或是为了让自己尽可能少受消极情绪的影响，但是久而久之，这会使医护人员不由自主地产生情感退缩，过度沉默，对病人或客户的倾诉表现得过分漠然。当沉默反应或情感退缩成为一种常态，医护人员的工作表现就会大打折扣，引发恶性循环，甚至会导致职业倦怠。医护人员自身也会深受困扰，出现一系列同情倦怠的症状。

2012年，布塔尼（Jaikrit Bhutani）等人用问卷调查了印度的60名临床医生，使用《职业生活质量量表》(Professional Quality of Life Scale）评估他们的职业倦怠、同情倦怠和同情满足（同情倦怠的反面）状况，结果发现，工作条件差的临床医生有较高的职业倦怠和较低的同情满足，私人执业者比公立医院的临床医生有更高的同情满足。

2013年，内维尔（Kathleen Neville）等人对社区医院的护士群体进行调查，他们发现对护士的同情满意程度有最明显的积极促进作用的是精神成长，它不仅仅涉及宗教信仰，还包括"关于生命、爱、希望、死后的生活，以及与自己、他人和生活目的之间的联系的生存信念"。他们将其与2010年的研究作对比，发现护士的同情倦怠水平快速提高，这可能是因为护理患者的复杂性增加以及护士在日常实践中面临不断变化的需求。

贝洛利奥（Fernanda Bellolio）等人于2014年调查了急诊科住院医师的同情倦怠状况，发现每周工作超过80个小时且主要工作都是值夜班的医师有较高的职业倦怠和同情倦怠的风险。已经为人父母的医师出现同情倦怠的风险更高，受到的生理影响和情绪压

第一章 压力的一千张脸

力也更大,这可能是因为看到病人遭受创伤和痛苦使其担忧家人的健康和安危。

照料者的同情倦怠

除了我们熟悉的医护人员,很多以照顾他人为职业的社会工作者同样是同情倦怠的高发人群。除此以外,即使不以此为生,我们每个人到了人生的某个阶段都会不得不面对照顾家人的难题,尤其是在中国,照料长者的责任更多地落在每个家庭成员的肩上。

按照普遍接受的定义,65岁以上人口占比达到10%就属于老龄化社会。2018年,我国65岁以上人口占比达11.9%,0—14岁人口占比降至16.9%。2019年8月22日国家统计局发布报告,提到随着老年型年龄结构初步形成,中国开始步入老龄化社会。中国目前已经形成大量"421"家庭,即4个祖父母和外祖父母、2个父母和1—2个子女,构成一个大家庭,"80后"夫妇往往需要照料4位老人,同时还要抚养1—2名年幼子女,照料者的责任空前重大。

韩国的一个电视节目采访了一个特殊的家庭,采访对象是一位叫李宗权的85岁老人,他已经照顾了同时患有老年失认症(即老年痴呆症)、帕金森病和心绞痛等多种疾病,现在无法认出任何人的80岁妻子安敬爱整整8年。在妻子的健康状况恶化之前,两位老人一起照顾了不到30岁就因车祸变成植物人的小儿子15年之久。同一个房间里,住着不知道母亲存在的儿子,不知道儿子存在的母亲,和夹在两人中间十分难过的老爷爷。像这样的家庭肯定还有千千万万,而像李宗权老人这样承受着人世间难以承受之重的悲哀，却依然笑着坚持下去的照料者，也需要得到更多的关注和帮助。

在芬克主编的《应激手册：概念、认知、情绪和行为》(*Stress: Concepts, Cognition, Emotion, and Behavior*) 第一版中，芬克介绍了一个十分详细的照料者的压力过程模型。首先，照料者面临的压力是双重的，既包括被照料者的生理和心理的痛楚带来的压力，也包括自身的压力。这些压力给照料者的情绪健康带来很大的危害，导致一系列负面情绪反复出现，进而影响照料者的生活质量。糟糕的情绪和行为很可能会相互影响，使情况更严重。在照顾他人的初期，照料者还有能力逐渐调整和适应，但是当压力逐渐积累之后，照料者开始出现多种适应不良的症状，患慢性疾病的风险也会增加，如心血管问题和认知问题等。如果这些问题长期得不到解决，照料者自身患病和死亡的风险就会增加（图1-8）。

莱格特（Amanda N. Leggett）等人2015年对照料者的研究发现，在接受调查的8天里，照料者平均每天报告5.67个行为和心理问题，都和护理有关。接受调查的照料者大多数是60岁以上的年长者，正在经历与照顾患失认症的伴侣相关的慢性压力，大多出现了皮质醇钝化现象，即皮质醇缺乏症，这是一种由慢性压力直接导致的生理问题，常常与身体的疲倦和缺乏唤起度相关。照料者的皮质醇钝化模式很可能导致他们缺乏控制愤怒爆发的认知和情感资源，使他们更难以管理情绪。

2018年，刘寅（Yin Liu，音译）等人调查了美国165名失认

第一章 压力的一千张脸

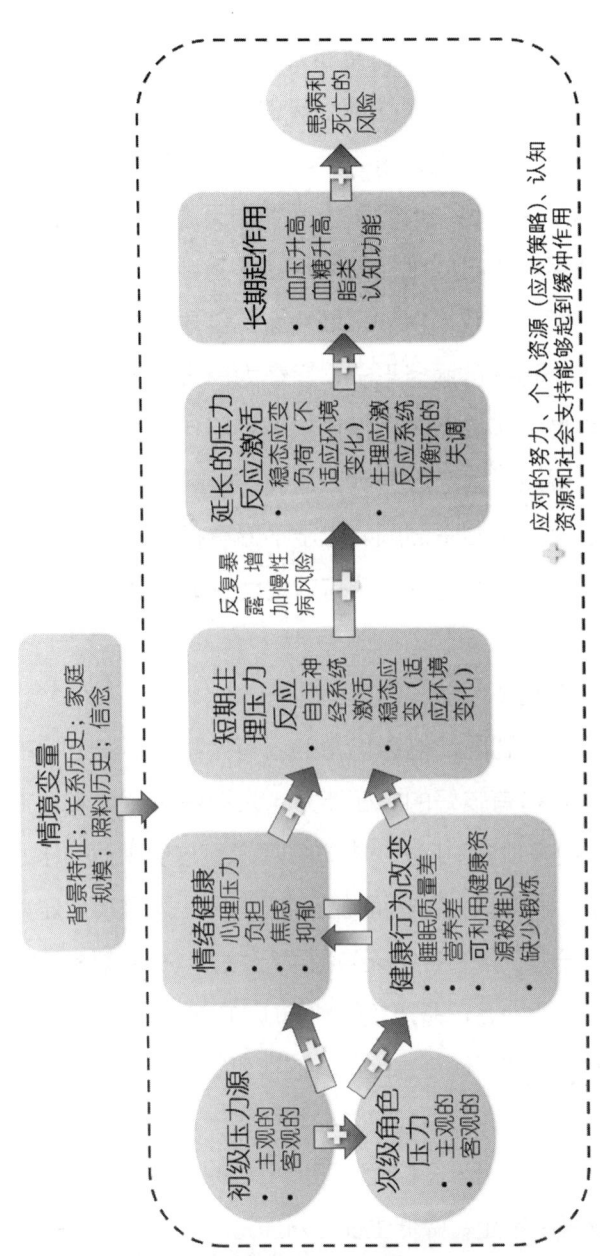

图 1-8 照料者的压力过程模型
（图来自芬克，2017 年）

症患者的照料者,对他们的日常压力、积极事件、睡眠质量和成人日间服务使用情况进行了为期8天的追踪,结果发现照料者的压力激素(皮质醇)的变化很大,证明他们都表现出较为强烈的压力反应,情绪变化也很大程度上受到每天遭遇的不同压力事件的影响。但使用成人日间服务的照料者的各种压力反应都得到了一定程度的缓解,有效地保护了照料者的健康。成人日间服务是在美国推广的一种社区服务形式,旨在为白天需要帮助或监督的老年人(尤其是失认症患者)提供护理和陪伴,包括监护、娱乐和社交活动、餐点、医疗服务等。这样,照料者可以在白天安心上班,晚上把家人接回来照顾。对于不愿意将家人送往养老院的照料者,成人日间服务能够十分有效地缓解他们面临的主要生活压力。

警察的同情倦怠

同样有可能受到同情倦怠伤害的还有警察。事实上,由于警察的入职要求就是有较好的抗压能力,人们往往会先入为主地认为,警察理应更好地应对压力,却忽视了警察这份职业的压力比其他职业高很多。通常认为警察面临三种压力——严重事件压力、同情倦怠和组织压力。警察在每天与犯罪行为的对抗中都有可能承受严重事件带来的压力,这是直接的创伤压力;他们也需要面对犯罪行为的受害者,详细了解受害经历,这很可能导致同情倦怠;而在没有犯罪案件的时候,警察和普通公司员工一样,需要应对各种组织管理行为和行政事务,同样面临职业倦怠的威胁。此外,轮班通常会导致警察睡眠不足,降低生理上对压力的抵抗力;家庭关系可

第一章 压力的一干张脸

能会因轮班工作时间和工作强度而变得疏远;警察也需要承担民众丧失对执法部门的信任而带来的风险〔详见维奥兰蒂(John M. Violanti)等人发表于2017年的综述〕。

当人们长期暴露在创伤性压力下,很可能出现两种典型的心理症状——情绪沮丧和侵入性想法。马歇尔(Ellen K. Marshall)2006年调查了积累的压力对警察的影响,发现74%的人报告曾经经历过对创伤性事件的反复回忆,62%的人经历过与创伤性事件有关的反复出现的想法或脑中画面,54%的人常常逃避有可能回忆起创伤性事件的人与事物;47%的人经历过这些创伤性事件细节的闪回。

对警察而言,同情倦怠很可能比严重事件压力的危害更大,因为通常情况下,警察系统对于严重事件压力已经有了一定预期,也比较重视这类压力的应对;相对地,却很容易忽视同情倦怠的影响,因为人们总是默认警察都有能力处理好这种压力。但是,就像同情倦怠对医护人员和照料者的长期危害一样,长期暴露在这种压力下的警察,同样可能出现身体的高度唤醒和高度警觉现象。为了应对这些压力而耗费了大量精力、情绪和认知资源的警察,也很可能患上抑郁症。达克斯伯里(Linda Duxbury)和希金斯(Christopher Higgins)在2012年调查了加拿大警察的工作与生活的平衡情况,发现30%的警察出现了高水平的抑郁情绪,40%的警察则表现出中等水平的抑郁情绪。

在菲格利的同情倦怠理论中,暴露在创伤性刺激中的人会开始改变他们的世界观、情绪和心理需求、信仰系统和认知,这一过程会随着时间的流逝不断加深。马歇尔的研究也证实了这一点：96%的警察报告他们对他人的看法改变了，92%的警察表示他们无法再信任他人，82%的警察认为这个世界并不安全，88%的警察经历了在他们执行警察工作之前从未遇到过的偏见。

勒纳（Melvin J. Lerner）和米勒（Dale T. Miller）1978年提出的公正世界理论也许可以更好地解释这种改变：一般情况下，人们认为自己只对可预见的世界中的事物有影响，一个符合人们正常价值观的可预见的世界应当遵循"善有善报，恶有恶报"的原则，所以人们相信，只要做一个好人，就不会受到负面影响。但这些假设在警察工作中破灭了：在警察接手的案件中，无论是被无差别杀人狂虐杀的无辜路人，还是遭到残暴对待的无辜儿童，遭殃的几乎总是好人。生活在一个不可预测的、混乱的世界里是很可怕的，如果因果报应变成好人被折磨，坏人逍遥法外，就像蝙蝠侠所生活的哥谭市一样，就没有人再有能力和意愿去当一个好人，所有人都会成为越来越多的创伤的受害者。

维奥兰蒂等人于2009年和2017年的研究进一步揭示了这些压力对警察的生理状态的影响。表现出创伤后应激障碍的警察每天清醒的时候体内有高于普通水平的皮质醇（意味着更高程度的身体唤醒），到了一天结束的时候则伴随着突然下降的皮质醇水平。由于皮质醇与身体的唤醒直接相关，这种强烈的皮质醇变化也意味着警察在日常情况下的过度警觉和体内环境的失衡。警察的创伤相关症状越明显，他们的皮质醇水平就越高，说明他们总是处在一种类似"惊弓之鸟"的状态中。在格森（Robyn R. M. Gershon）等人

第一章 压力的一千张脸

2002年的研究中,压力对年纪比较大的警察的健康的影响是很明显的,包括下腰痛(45%)、高血压(42%)、心脏疾病(16%)、偏头痛(14%)和失眠症(13%)。

过大压力也会导致一系列行为问题,即使是"钢筋铁骨"的警察也不例外。维奥兰蒂在2014年出版的《为工作而死:警察的工作暴露与健康》(Dying for the Job: Police Work Exposure and Health)一书中提到,规模较小的警察部门中人员的自杀率明显高于大型部门。在达克斯伯里为加拿大警察部门所做的报告中,51%的警察因为健康问题,28%的警察因为心理或情绪倦怠,27%的警察因为照顾孩子而不得不请假,暂离工作岗位。实际上,工作的需求越高,压力水平就越高,旷工的可能性也随之增高。除此之外,也有报告揭示警察在高压下会限制他们的社会角色(即全身心投入警察工作中,减少了作为朋友、家人或其他社会角色的时间),与家人疏远,甚至出现自杀行为。在《重启生活:疫后心理重建指导》这本书里,我和我的团队也总结过相关文献中报告的创伤压力带给刑警、消防员和驻海外军人的心理困扰,如汶川地震发生后三个月内消防员的创伤后应激障碍发生率高达35.3%,"9·11"恐怖袭击发生后纽约消防部门有近7%的医务人员和消防员报告可能患有创伤后应激综合征,19.4%的人报告可能患有抑郁症。

在理想情况下,从事医护和警察这样的职业的人,一开始都是对"救人"秉持崇高的信念和使命感的。毕竟,和大多数其他职业相比,这些职业不仅强度高、压力大,而且需要满足很高的专业技能要求才能达成"救人"的初衷。但是,"当你在凝视深渊的时候,深渊也正在凝视着你",同情倦怠最能体现这种生活的危险和无奈。要救人,就必须直面众生的苦难,但是仅仅保持着"我不入地狱谁入地狱"的舍生精神是不够的,医者往往无法自医,因为我们毕竟不是神佛,只是芸芸众生中的普通一员。

职业压力大的群体需要一个健全、周到的职业系统,能够从组织内部保护从业人员。更重要的是,我们需要生活在一个可以预测的世界里,在这个世界中,拯救别人的行为能够得到嘉奖,伤害别人的行为可以被及时惩罚。而要建造这样一个社会,需要所有人共同的信念和努力,这样的努力是不可能一蹴而就的。社会和国家作为这个世界的一部分和群体的集合,也有责任为这种努力保驾护航,从制度层面给予个人更坚定的信心和保障。

当面临不可预测的迷茫时,或许《JOJO的奇妙冒险》里的思考方式更能让人拥有面对现实的勇气:

我并不仅仅在寻求"结果"……如果只为了寻求"结果"的话,人是容易走捷径的;在走捷径时,也许就会迷失真实,连满腔的热忱也会逐渐丧失。我认为重要的是"寻求真实的意志",只要有了这种向真实前进的意志,即使这次失败了,我也终于会达到目标,因为我仍在继续前进……这是不会错的!

日常烦心事:那张最抓狂的脸

虽然墨菲(Edward A. Murphy)本人跟心理学一点关系都没有,但脍炙人口的"墨菲定律"总被冠以"心理学效应"之名。这

第一章　压力的一千张脸

个充满了讽刺性的事实恰恰是对墨菲定律的最好证明:"任何可能出错的事情都会发生。"尽管科学界普遍认为,所谓的"墨菲定律"不过是一句诙谐的格言,从心理学角度来讲,它甚至就是一种典型的"证实偏差"(人们倾向确认自己相信的信念,忽视现实的真相)。但就影响力而言,这句格言的知名度是无与伦比的,尤其是当人们排着队,却发现自己的队伍永远移动最缓慢的时候。在某种程度上,真正成就了"墨菲定律"的并不是一直都在暗潮涌动的"丧"文化,而是压力。确切地说,是日常烦心事压力中最常见的形式——等待的压力。

日常烦心事指引起轻微烦躁或沮丧的情况、困扰我们的关系等小烦恼日复一日地出现,如钥匙忘在家里了,上班迟到了,手

图1-9　等待让人"压力山大"

机屏幕摔裂了，咖啡不小心泼到了衣服上，手机不小心掉进了马桶里，开车堵在了高速公路上，等等。日常烦心事带给人的压力负担和感受并不如其他种类的压力那么强烈，但这些烦心事发生的频率很高，且短时间内可能发生多种烦心事，压力导致的消极情绪很容易积累，最终成为"生命不能承受之重"。尤其是涉及人际纠纷的烦心事，真是躲也躲不掉。俗话说，"福无双至，祸不单行"，日常烦心事很容易像滚雪球一样，让我们的压力越来越大。

诗人布科夫斯基（Charles Bukowski）大概是最了解这种压力的人，他在《鞋带》(*The Shoelace*) 一诗里说：

让人发疯的并不是大事，

而是一连串持续不断的小悲剧；

不是挚爱之人的死亡，

而是赶时间时鞋带的突然断裂。

压力研究的先驱拉扎勒斯及其同事在20世纪80年代开始的伯克利压力与应对项目中，尝试对人们日常生活中可能遇到的各种烦心事进行记录和分类。他们在1981年首次使用了包含117个条目的《日常烦心事量表》(The Hassles Scale; The Daily Hassles Scale)，以测量人们的日常压力情况。人们在9个月的时间里，每个月都要对列表中条目的出现情况打钩，然后研究者统计9个月中每种烦心事的出现频率。以下就是人们最常遇到的10种烦心事：

◆ 对体重的担心（52.4%）；

第一章 压力的一千张脸

- 某个家庭成员的健康状态（48.1%）；
- 日常消费品涨价（43.7%）；
- 房屋保养（42.8%）；
- 太多事情要做（38.6%）；
- 东西丢了或者放错了地方（38.1%）；
- 院子里的工作或户外维修（38.1%）；
- 财产、投资或税务（37.6%）；
- 犯罪（37.1%）；
- 外貌（35.9%）。

拉扎勒斯等人在1985年又重新给这些日常烦心事分类，提出8种主要的日常烦心事类型，包括家务烦恼、健康烦恼、时间压力烦恼、内心忧虑带来的烦恼、环境烦恼、财务责任烦恼、工作烦恼和未来安全烦恼，每种类型又包含很多具体的项目。①

显然，由于东西方文化的不同，中国人面对的日常烦心事也与欧美人不同，如家务烦恼中的"院子里的工作或户外维修"对大部分在一线城市生活的人来说，委实过于奢侈。此外，研究日常烦心事的方法并不仅仅局限于上述问卷。在应激与心理健康的研究领域，《每日压力量表》(Daily Stress Inventory)、《每日事件评估清单》(Assessment of Daily Events Checklist)、《日记访谈》(Daily Diary Interview)、《每日压力事件量表》(Daily Inventory of Stressful Events)和《日常重建法》(Day Recostruction Method)等量表也

---

① 扫封底二维码，可查看完整表格。

很常用。

卡马克（Thomas W. Kamarck）等人2011年在《应激科学手册：生物、心理和健康》(The Handbook of Stress Science: Biology, Psychology, and Health) 一书中，使用生态瞬时测量法测量了心理社会压力，这种方法区分了封闭式和开放式压力源评估方法。封闭式方法通常直接询问压力源，要么是普遍压力源（如"在过去的30分钟里，是否发生了问题？"），要么是具体压力源（如"在过去的10分钟里，你是否主动努力工作？"）。对于这些问题，参与者要么以二元的方式回答"是"或"否"，要么以序数的方式作出回答（确实是/是/不是/确实不是）。与之相反，开放式方法会提供一定的提示，举例说明："今天在家的时候，孩子或家庭中的其他人出过什么问题吗？工作中或者其他地方呢？"之后，参与者会被要求提供一个关于事件的自由反应报告，以供后期编码。卡马克等人认为，就对事件的消极影响及与皮质醇的相关关系而言，封闭式压力源评估方法足够用了。这种方法操作比较简单，对参与者和研究者而言负担较小，但它很容易受主观因素的影响，所以有时候也推荐结合开放式压力源评估方法，一起用于评估参与者的日常压力。

的确，日常烦心事的出现频率与压力心理症状相关。但是，生活中既有风雨，也有彩虹——每天不仅有烦心事，也有开心事。既然烦心事与压力的增加有关，开心事是否也与压力的减少有关？拉扎勒斯等人在同一个研究中使用了有135个条目的《日常开心事量表》(Daily Uplifts Scale)，调查每天发生的令人快乐的事情的出

第一章 压力的一千张脸

现频率。这个量表的条目比《日常烦心事量表》还多了18个条目（这是不是预示着开心事比烦心事要多？）。他们同样列出了9个月以内出现频率最高的10件开心事：

- ◆ 与配偶或恋人关系融洽（76.3%）；
- ◆ 与朋友关系融洽（74.4%）；
- ◆ 完成了一个任务（73.3%）；
- ◆ 感到很健康（72.7%）；
- ◆ 睡眠充足（69.7%）；
- ◆ 外出就餐（68.4%）；
- ◆ 履行了职责（68.1%）；
- ◆ 拜访、致电或写信给某人（67.7%）；
- ◆ 花时间和家人相处（66.7%）；
- ◆ 家里（的陈设或氛围）令人舒适（65.5%）。

图1-10 与家人关系融洽最令人开心

博尔特（Martin Bolt）在《心理学教师资源》(Instructor's Resources for Psychology，第 6 版，2001）一书中，也列出了对大学生来说比较频繁出现的 10 种烦心事和开心事（表 1-3）。

表 1-3 大学生的烦心事与开心事

烦心事	开心事
1. 对未来的困扰性想法；	1. 完成一个任务；
2. 睡眠不足；	2. 与朋友关系融洽；
3. 浪费时间；	3. 送出一件礼物；
4. 不礼貌的吸烟者；	4. 玩得快乐；
5. 外貌；	5. 收获爱情；
6. 太多事情要做；	6. 献出爱心；
7. 丢东西或放错地方；	7. 别人的拜访，接到电话，送出一封信；
8. 没有足够的时间去做必须做的事；	8. 笑得开心；
9. 为了达到高标准而忧虑；	9. 娱乐；
10. 孤独。	10. 音乐。

毫不意外，日常开心事发生的频率越高，参与者感受到的压力就越小；在同一个月中，参与者报告日常开心事发生得越多，日常烦心事就发生得越少，看来好心情是所有烦恼的解药并不完全是心灵鸡汤。

研究日常烦心事的出现频率并不是真的要探讨哪种烦心事带给人的压力最大，毕竟每个人的生活都是不一样的；同样，非要给日常开心事的"减压"程度评个级也毫无意义。尤其是日常烦心事或开心事与压力只具有相关关系，并非互为因果。也就是说，日常烦心事很可能只是一种间接证据，我们生活中之所以总是麻烦不

第一章 压力的一千张脸

断,有可能是因为我们不能够获得足够的社会支持来帮助我们避免或解决麻烦,或者单纯就是因为个人能力不足以应对生活中的种种危机,而这些才是让我们"压力山大"的真正原因。同样,日常开心事越多,其实也意味着我们目前选择的道路是正确的,一切都步入了正轨,我们正在有序地前进,享受着生活的乐趣,自然不会被压力拖住脚步。当然,有些时候是因为"一叶障目"的消极思维习惯,总是把注意力放在那些琐碎的烦心事上,忘记了生活中其实还有更多值得高兴的事情。

如果日常烦心事已经带给你太多的压力,不妨换个角度,尝试关注每天发生的日常开心事。也许看完这些每一天都可能发生在我们身上的好事,就能够获得治愈的感觉。如果你是一名大学生,梅伯里(Darryl Maybery)等人在2006年编订的《大学生积极事件(开心事)量表》可以帮助你回忆过去的一个月里积极事件(主要是人际方面的开心事)的发生频率,这些事件包括友谊、工作、社会事件、课程、与恋人/伴侣的关系、与父母(或配偶父母)的关系、工作时的互动等,如果我们能够从这些常见的社会关系中获得支持,我们就无须惧怕生活中的烦恼。[①]

美剧《西部世界》第一季中有一句被女主角多洛莉丝反复念起的台词:"在这个世界上,有些人选择看到丑恶和混乱,但我选择看到美好。"

虽然生活中确实充满了各种烦恼与无奈,但这个世界最终在我

---

① 扫封底二维码,可查看完整量表。

们大脑中映射成什么模样，却由我们最终选择注视的那些微小的细节决定。

自测：困扰你的压力有哪些？

现在，我们已经简单介绍了生活中最常见的那些压力，无论是瞬间带给我们剧痛的创伤性压力事件，还是水滴石穿般让我们的生活千疮百孔的日常烦心事；无论你是学生，是教师，是医生，还是警察；无论你是压力事件的亲历者，还是被别人的压力事件深深感染的聆听者，我们都不可避免地在活着的每一分每一秒都承受着压力的不同程度的影响。

用短短的一个章节为拥有一千张脸的压力全部画像是不现实的，我们也不需要了解这么多。最重要的是，我们要知道所有的压力都有固定的源头，我们需要首先知道自己是否真的"压力山大"，然后科学地抽丝剥茧，寻找到让自己感受到压力的生活事件，再想办法解决这些让我们产生困扰的生活难题。

要确定我们的压力程度，无须填写那些动辄上百道题的详细的压力事件调查。1983 年，谢尔登·科恩（Sheldon Cohen）及其同事（包括前文提到的卡尔马克）编订了一份仅有 10 道题目的《压力知觉问卷》(Perceived Stress Scale)，用来测量人们在过去一个月内的总体压力感知情况（表 1-4 并非原始问卷，仅供参考）。[①]

---

① 扫封底二维码，可查看完整量表。

第一章 压力的一千张脸

表1-4 压力知觉问卷

请你仔细回忆，在**过去的30天里**，自己如下的感受和想法出现的频率。
1. 过去一个月中，你有多经常因为发生了一些意料不到的事情而感到心烦？
2. 过去一个月中，你有多经常感到不能控制自己生活中重要的事情？
3. 过去一个月中，你有多经常感到紧张或有压力？
4. 过去一个月中，你有多经常感到自己没有信心处理好个人问题？
5. 过去一个月中，你有多经常感到事情不是按照你预想的方式进行的？
6. 过去一个月中，你有多经常发觉你不能妥善处理所有自己必须做的事情？
7. 过去一个月中，你有多经常不能控制自己生活中的恼人事情？
8. 过去一个月中，你有多经常觉得所有事情都不在你的掌控之中？
9. 过去一个月中，你有多经常因为事情超出自己的控制而气愤？
10. 过去一个月中，你有多经常感到困难重重，不能一一克服？

这份自测问卷并没有标准答案，仅仅是帮助大家评估最近一段时间的压力感受。如果在多个问题上，你的答案都是比较频繁或十分频繁，说明最近一个月你确实承受了比较大的压力，应该稍微放慢脚步，看看生活中的问题到底出现在哪里。

该如何找出问题？日常烦心事往往能够给我们提供最好的线索。德隆吉斯（Anita DeLongis）、福克曼（Susan Folkman）和拉扎勒斯在1988年的研究中整合了日常烦心事和日常开心事，制成一个包含53道题的《烦心事与开心事量表》（Hassles and Uplifts Scale），可以帮助人们每天进行自我检查，思考自己在生活中究竟做得如何，寻找压力的根源。本书也准备了一个自查表的模板，列举了其中 10 种常见的压力源，供读者自查使用。

表 1-5 烦心事与开心事量表

中间列举的这些事情**今天**对你来说是烦心事还是开心事？根据具体情况，在项目内容的左右两边打钩。		
烦心事？	项目内容	开心事？
	1. 你的孩子	
	2. 你的父母（或配偶的父母）	
	3. 其他亲戚	
	4. 你的配偶	
	5. 与家人相处的时间	
	6. 家庭成员的生理或心理健康情况	
	7. 性	
	8. 亲密关系	
	9. 与家庭有关的义务	
	10. 你的朋友	

如果真的有一天，你觉得自己倒霉极了，仿佛什么事情都不受自己控制，用自查表一点点寻找答案也许是最好的办法。其实，日常生活中的很多烦心事往往有原因，也许是不久前同事间的一场误会，也许是工作繁忙，不自觉地疏远了家人，也许是"拖延症"和"懒癌"发作，让桌子上的工作越堆越多……每一次压力的爆发其实都是来自生活的一种警告：我们的人际关系、生活习惯、工作和学习出现了需要解决的问题，不能再坐视不理了！

想象你自己是一名骑手，正手握缰绳骑在一匹飞驰的骏马上。如果你的骑术足以驾驭这匹骏马，你就能够享受策马狂奔、潇潇洒

第一章 压力的一千张脸

洒的快乐。可若是骏马失去了控制，你必然会心惊胆战，手足无措——这就有了压力。生活就像这匹骏马，只要我们拥有足够的控制力，我们就能够游刃有余；反之，我们就会被压力吞没。

当然，要完全控制生活是不可能的，生活中总有太多的无可挽回之事，甚至会天降横祸，要去控制这些不可控制之事反而会带给我们更大的压力。但在大多数情况下，在风平浪静甚至单调到无聊的日常生活中，我们感受到压力未必是坏事。在下一章，我们会看看压力对我们的身体和大脑产生了什么样的影响。

第二章　压力的生理烙印

相信很多人都去过游乐园。游乐园里最受欢迎的项目，除了云霄飞车，可能就是鬼屋了。不管是 360 度的令人晕头转向、尖叫不止的快速旋转，还是在漆黑、恐怖、阴森的角落里突然伸出来一只鬼爪，都能让人的身体一瞬间分泌大量肾上腺素，随后引发强烈的身体唤醒。血管、心脏、汗腺、咽喉……这些平常几乎感觉不到的身体器官，此时会纷纷强调自己的"存在感"。同时，你的感官会前所未有地敏锐，注意力也会前所未有地集中（当然，此时你可能只顾着尖叫了）。最近几年在年轻人中十分流行的密室逃脱也有异曲同工之妙。这个过程是一种享受吗？我相信与舒舒服服地躺在五星级酒店的床上相比，它绝对不算舒适，但是为什么人们依然趋之若鹜呢？

图 2-1　惊险和刺激的体验也会带来压力反应

第二章 压力的生理烙印

如果你是一个武侠电影迷，你一定熟悉这样的场景：主人公侠客终于找到了幕后黑手，可惜幕后黑手武功太高，主人公最终被打倒在地，奄奄一息。然而，这个大坏蛋不但不急着杀死主人公，反而生怕自己苦心构建的阴谋不为人知，将来龙去脉娓娓道来，尤其是自己如何设计和陷害主人公的家人和爱人，害得他们惨死的各种细节。听到这一切的主人公刚刚还是垂死的模样，此刻却仿佛从巨大的悲恸中获得奇迹般力量，从地上一跃而起，干净利落地将大坏蛋一拳打倒。正义最终得到了伸张，反派则死于话多。是什么赋予了主人公超人般的能量呢？

已经是凌晨两点了，你明明凌晨一点就上了床，却在床上辗转反侧，怎么也睡不着。你的心跳声在这寂静的夜晚无比喧哗，"砰！砰！砰！……"捂住耳朵也无济于事，你依然能够感受到心脏在胸膛里剧烈跳动着。"早上还有个重要的会议，我现在必须睡着，明早才有精神。"你这样对自己说着，努力尝试忽略兴奋的心脏，想象一些能够让你放松的画面来转移注意力。山川、河流、小溪、梦想中的花园别墅……然后你想到现在的房价依然很高，以目前的工资根本买不起满意的房子，房租每年都在上涨，小孩也快要上学了，上不上课外补习班呢？明天的会议上上司会说些什么呢？今年有可能升职吗？你越想越焦虑，一看表，已经凌晨三点了……你依然没有丝毫睡意。为什么你又困又累，却无法入眠？

要回答这些疑问，让我们先讲讲发生在20世纪30年代北美的一个医学实验室里的故事。

"压力之父"和"黄油手"

1929年，22岁的谢耶在布拉格获得了医学和化学的博士学位，先后在美国的约翰斯·霍普金斯大学、加拿大的麦吉尔大学和蒙特利尔大学深造。那时他的一位同事刚刚从卵巢中分离出一种作用不明的物质，谢耶决定在小鼠身上做实验，探究这种物质的具体功能。标准的实验程序是每天给小鼠注射固定剂量的该物质，过一段时间后比较小鼠注射之前和之后的身体变化。原本是个很简单的实验，但不知道哪里出了问题，谢耶居然出现了"黄油手"①——小鼠在注射过程中从他的手中挣脱，开始在实验室里四处乱窜。谢耶显然并不擅长捉小鼠：他花了大半天的时间在实验室里追逐小鼠，甚至用上了扫帚。这种"猫和老鼠"的大戏上演了几个月以后，谢耶终于完成了实验。他惊喜地发现：这些老鼠都出现了胃溃疡、肾上腺肥大和免疫组织萎缩的症状，难道这就是那种卵巢中不明物质的作用吗？

当然，没有对照组的科学实验都是"耍流氓"。谢耶的实验中也有对照组的小鼠，它们每天接受同等剂量的生理盐水的注射，而谢耶的"黄油手"显然也是无差别的，这些小鼠同样没有逃过例行的实验室大逃亡。让谢耶百思不得其解的是，这些只注射了对身体毫无危害的生理盐水的小鼠居然也出现了胃溃疡、肾上腺肥大和免疫组织萎缩的症状。

---

① "黄油手"是对经常扑球失误的足球守门员的戏称，意思是手上像抹了黄油一样，拿不稳球。

第二章 压力的生理烙印

谢耶陷入沉思。两组小鼠被注射了不同的药物，却表现出同样的病理性症状，那么导致病变的必然应该是它们的相同经历，而不是药物。两组小鼠身上有哪些条件是相同的呢？它们每天都在同样的时间被抓出笼子，然后腹腔被注射药物——但所有的药物实验都这么做啊，为什么偏偏这批小鼠得了胃溃疡等病症？他突然想起自己因为"黄油手"而闹出的实验室追逐战。

大侦探福尔摩斯曾经说过："排除一切不可能的，剩下的即使再令人难以置信，那也是真相。"

为了证实他的想法，谢耶在冬天把一些小鼠放在大楼的屋顶，另一些放在热气腾腾的锅炉房，还有一些每天强迫它们运动，其余的则接受十分疼痛的手术。他的假设得到了验证：所有这些生活在充满压力的环境中或遭遇了巨大压力的老鼠，都增加了患胃溃疡、肾上腺肥大和免疫组织萎缩的概率。①

之后，"压力"这个概念正式登上了医学、生物学和心理学的舞台。谢耶将压力原理归纳为两点：

- ◆ 身体对各种压力源都有一套非常类似的反应（即压力是身体对任何需求的非特异性反应）；
- ◆ 某些情况下，压力会导致疾病。

虽然在这个定义下，无论是冷、热、疼痛、饥饿、疾病，还是第一次约会时的忐忑不安，只要外界发生了改变，需要身体作出相对的反应，都可以包含在压力的定义里，但压力绝不是大乱炖。所

---

① 这段轶事记载在生物学家萨波斯基（Robert M. Sapolsky）1994年出版的《为什么斑马不患胃溃疡》（Why Zebras Don't Get Ulcers）一书中。

有的压力源不论是物理性的（如冷热）、病理性的（如疾病），还是心理社会性的（如紧张不安），身体的反应都有一个共同特点：迅速将能量从储存处转移出来，倾尽全力给负责救命或应对当前环境变化的器官和组织供能。想象你的身体是一个国家，你的大脑是国家首脑，当面临大面积的自然灾害或外敌入侵，国家需要迅速把所有能够调动的资源都送到抗击灾害或入侵的前线，同时取消一些当前并不重要的功能——如可以暂缓种田，所有人都去打仗（身体不再积蓄能量），终止娱乐活动（消化系统和生殖系统的功能被抑制）。这就是我们的身体对压力的快速反应。

1936年，在总结了实验室和临床的大量证据之后，谢耶提出了一般适应性综合征的概念。他认为，对身体的任何威胁（有害刺激）都有两类影响，一类是刺激本身的特殊影响（如寒冷让人哆

图2-2　偏头痛是慢性压力最常见的后果之一

第二章 压力的生理烙印

嗦,炎热让人出汗),另一类则是激起身体对压力的普遍的非特异性反应。这种非特异性反应通常是有帮助的,能够让我们的身体在极短时间内迅速积聚力量,应对环境的变化,但是如果这些刺激长期、反复出现,导致长期的压力反应,则会引发诸如心脏病、哮喘、偏头痛、胃溃疡、关节炎在内的一系列疾病。

谢耶的一般适应性综合征包括三个阶段。第一个阶段是警报阶段,此时身体迅速探测到压力源的存在,快速分泌大量的压力激素以保持高度唤醒状态,保障有足够的资源应对眼前的危机。如果在较长的时间内(如好几天)压力源依然存在,机体会进入第二个阶段——抵抗阶段。这个阶段又叫"适应期",身体尽全力调动压力反应的资源,忍耐并抵抗长期压力给身体带来的伤害,努力维持机体的平衡。当长期处于慢性压力之下(如两三个月),机体的平衡已经很难维持下去,就会进入第三个阶段——疲惫阶段。谢耶也把这个阶段叫作"油尽灯枯"期,他相信人体不可能无穷无尽地制造能量,再丰富的储备也有弹尽粮绝的时候。当人们为了应对持续不断的压力不断消耗能量,而储存能量的速度又赶不上的时候,人们就会生病。事实上,在他早期的动物试验中,有一些小鼠三个月内就因多种身体器官衰竭而死去。

不过,萨波斯基质疑了"油尽灯枯"的说法。他认为人体内重要的能量很少有真正耗尽的时候,但人长时间处在一种高度兴奋的状态下,身体保持唤醒的阈限会提高。事实上,每天都保持高度的唤醒状态是有代价的,人们就像惊弓之鸟,生活中一有风吹草动就会如临大敌,于是能量好不容易储存了一点,马上就被用掉了。人们总是觉得很疲倦，却不得不一直保持紧张，与身体唤醒有关的心血管系统长期处于高负荷运转的状态，而与压力的紧急应对关系没那么密切的消化系统和生殖系统长期得不到足够的能量，累的累死，饿的饿死，身体自然就会生病。

谢耶的一般适应性综合征模型已经提出了八十多年，直到现在医学上还在广泛使用这一理论来解释压力和疾病的关系。凯梅尼（Margaret E. Kemeny）在 2003 年的论文中提到，大量后来的研究显示，并非所有压力都会触发神经内分泌系统作出完全相同的反应，谢耶也对自己的理论进行了改进，如区分了符合预期的令人快乐的环境改变（良性压力）和不符合预期的令人不快的环境改变（恶性压力）。不可否认，这位"黄油手"的压力研究先驱让我们第一次真正从生物、心理、医学的角度去审视压力，也让压力的科学研究成为可能。谢耶在 1949 年首次获得诺贝尔生理学或医学奖的提名，并在此后一共获得 17 次提名，却最终没能走上斯德哥尔摩的领奖台。

战或逃：危机下的"生死时速"

你的面前悄无声息地出现了一把枪，黑洞洞的枪口正指着你的额头，距离很近，近到连枪口的纹路都看得一清二楚。四周很安静，你能够听到自己沉重的、小心翼翼的喘息声，你的心脏疯了一般狂跳着，好像要从胸口夺路而逃。你下意识的第一反应也是逃跑，扭头就跑，跑得越远越好。但你知道自己跑不过子弹，残存的

第二章　压力的生理烙印

理智让你的双脚像灌铅一样，牢牢定在原地——或者，这根本与理智无关，你只是被吓傻了。有那么一瞬间，你思考过空手夺枪的可能性，但这明显是个比逃跑更愚蠢的自杀式方案。

战或逃？这似乎是危机降临时人们面临的第一个艰难选择。虽然持续不断的慢性压力更为人熟知，它带来的身体负担和病变也是我们最担忧的，但现实生活中我们同样经常遭遇急性压力——未必是前面提到的被枪口指着，更有可能是突然被叫到讲台上进行即兴演讲，或者是骤冷骤热的温度突变。无论是何种情况，我们的身体在短时间内的反应都是类似的。

坎农在一个世纪前最早提出了"战或逃"反应，而他为人们熟知的还有内稳态理论。外界环境的变化，无论是物理性的、生物性

图 2-3　面对话筒和黑压压的听众，你选择"战"还是"逃"？

的还是心理社会性的，都打破了身体的内稳态。此时，为了在变化的环境中尽快恢复内稳态的平衡，身体在紧急情况下开始了一系列资源调动和能量分配，激发了强烈的身体唤醒。这些反应在短期内是适应性的，但如果长期处于这样的内稳态失衡—恢复平衡—失衡—恢复平衡的波动之中，就会变得有害。

迪克森（Sally S. Dickerson）和凯梅尼在 2004 年的论文中指出，在急性压力出现后很短时间内，身体先后有两套反应系统发挥作用：一套系统（压力响应的第一阶段）在几秒钟之内就会激活并迅速释放肾上腺素，另一套略微延迟释放糖皮质激素但可以维持较长时间。

压力响应的第一阶段主要涉及自主神经系统和肾上腺髓质系统。人体内的自主神经系统又称"植物神经系统"或"内脏神经系统"，包括交感神经系统和副交感神经系统。前者主要负责调动身体的资源来应对环境中的压力，后者的功能与前者互补，这两套系统共同控制体内各主要脏器的活动，包括眼球转动、面部活动、心脏跳动、血管收缩、腺体分泌、胃肠蠕动等。这些维持人类生命所需的神经活动基本上不需要意识的参与，所以被叫作"自主神经系统"。坎农认为，人体的内稳态主要是靠交感神经系统和副交感神经系统的功能来维持的。

自主神经系统中首先发挥作用的是交感神经，其中肾上腺髓质位于肾上腺的中心部分，其主要分泌细胞（嗜铬细胞）可以快速分泌儿茶酚胺类激素，如肾上腺素和去甲肾上腺素，它们能够在几分钟时间内改变身体的多种状态，包括从体内储存能量的部位释放糖分和脂

第二章 压力的生理烙印

肪来增加血液中的能量水平（增加血糖和血脂），刺激心脏快速收缩（增加心率和血压），将血液快速运输到肌肉、大脑和其他应对压力的重要器官（为其提供能量），打开肺中的小气道以增加肺里的氧气，扩大瞳孔（视野变窄，但精度增加），增加感觉器官的敏感度（感觉增强），增强身体的新陈代谢，等等。此时，消化器官和生殖器官的活动被抑制，因为能量都转移到了其他系统上。在短短几分钟之内作出如此巨大的全身性改变之后，肾上腺素和去甲肾上腺素不再发挥作用，它们"挥挥衣袖，不带走一片云彩"，悄然谢幕。可不要小看了这短短的几分钟时间，经过这一系列变化，我们的身体获得了短暂的生理、心理和情绪适应能力的提升，它让我们的警觉性提高，对威胁的探测能力更强，身体肌肉和脏器也获得了额外的能量，变得更有力量和更敏捷——此时的我们，仿佛"超人"一样。

但危机并不总是在几分钟之内就消失了。在压力响应的第一阶段发挥作用的同时，压力响应的第二个阶段也开始了运作，这个阶段的主角就是大名鼎鼎的下丘脑—垂体—肾上腺轴（HPA 轴）。HPA 轴承载了一个级联式反应，这个反应从位于大脑的下丘脑和垂体，一直延伸到身体侧腰位置的肾上腺，是一条比较长的反应通路。急性压力和快反应系统释放的信号首先触发了下丘脑的激活，随后下丘脑释放出促肾上腺皮质激素释放激素（CRH），进一步激活垂体的活动，促使垂体释放促肾上腺皮质激素（ACTH）。当这一系列名字比较长也有点拗口的激素到达肾上腺皮质（肾上腺外层）后，可以促使肾上腺皮质释放糖皮质激素到血液中。在人体中，最主要的糖皮质激素就是皮质醇。除了糖皮质激素（由肾上腺皮质的束状带分泌）以外，肾上腺皮质的球状带还释放盐皮质激素（可影响体内盐和水的平衡）。皮质醇是人体内最主要的压力激素，对身体有强烈的调控作用，并且持续的时间更持久，往往能够在产生压力之后的 0.5—1 小时内依然发挥作用。

生理学家德克洛埃（E. Ron de Kloet）等人在 2005 年描绘了一个基于小鼠模型的更详细的压力反应系统（图 2-4），诠释了在这套压力系统中发挥重要作用的分子机制。

压力的快速反应模式涉及 CRH 驱动的交感神经系统和战或逃反应，这一过程受到 CRH1 型受体①（CRHR1）的介导。CRHR1

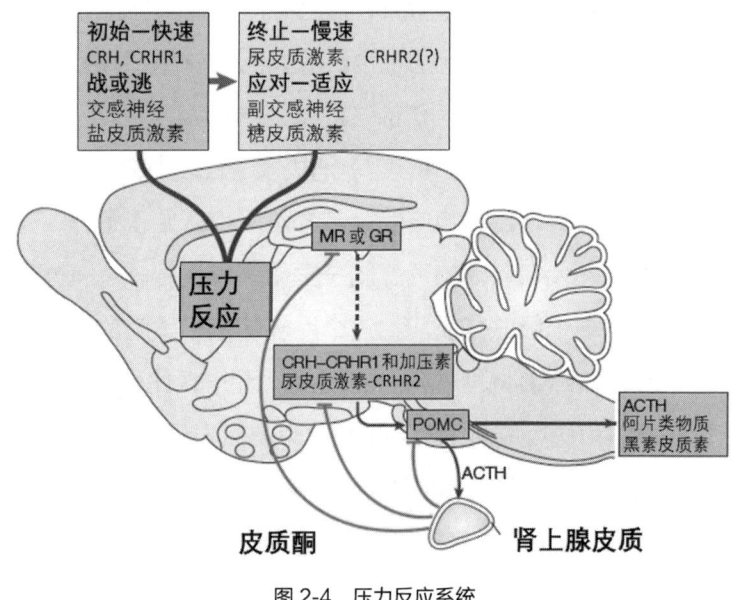

图 2-4　压力反应系统
（图来自德克洛埃等人，2005）

---

① 受体是与相应神经递质结合以发挥作用的蛋白质。

第二章　压力的生理烙印

同时激活 HPA 轴，使 HPA 轴中下丘脑室旁核的神经元释放 CRH 和加压素（AVP）。这些被释放到血管系统中的激素到达垂体后，会激活垂体前叶的促阿片-黑素细胞皮质素原（POMC）的合成，然后 POMC 被加工成 ACTH、阿片类物质和其他黑素皮质素等。ACTH 刺激肾上腺皮质分泌皮质醇（人类）和皮质酮（人类、小鼠和大鼠）。多种压力的传输通道都可以激活下丘脑，例如心理压力源激活的大脑情绪通路（如边缘系统），感觉器官接收到的感觉信息传入脑干系统，内脏系统传入的信号到达脑干系统，等等。

除此之外，人体内还有一种与压力应对/适应功能相关的慢速反应模式，主要由尿皮质激素第Ⅱ型和第Ⅲ型控制，这一过程受 CRH2 型受体（CRHR2）的介导。CRHR1 和 CRHR2 这两种受体在大脑中分布的区域有一定重合。

两种不同的应激模式分别与两类不同的皮质类固醇有关，分别是前面提到的糖皮质激素和盐皮质激素，而这两类激素又通过其相应的受体——糖皮质激素受体（GR）和盐皮质激素受体（MR）发挥作用。蛋白质受体通过与对应的蛋白结合，激活相应的代谢功能。盐皮质激素受体和应激反应的发生有关，参与对压力的评估过程，负责与压力有关的神经通路的维护，并且与感觉信息的评估和整合有关。糖皮质激素受体需要大量的皮质类固醇激活，能够调动所需能量以终止压力反应，促进身体的恢复过程，维持内稳态；糖皮质激素还能够促进记忆的存储，为将来发生的事件作准备（详见第三章）。因此，两个压力系统形成相互作用的信号网络，组成环境适应的基础——从对不熟悉的刺激的评估到记忆的存储和提取。

它们还参与了能量代谢控制的各个方面——从食欲到营养的选择，再到能量的分布和储存。

在一个常见的急性压力反应周期（大约 2 小时）中，我们的身体在分子水平、细胞水平和行为水平上都发生了改变。图 2-5 简单总结了急性压力产生后随着时间流逝发生的快速和慢速身体变化。

当压力发生以后，HPA 轴被激活，体内皮质类固醇水平暂时升高，随着时间的推移到达顶点，然后逐渐下降，2 小时后恢复正常。在压力反应的早期阶段，当皮质类固醇水平升高时，诸如儿茶酚胺类激素、神经肽和包括皮质酮自身在内的快速反应剂有助于对压力源作出适当反应，提高警觉性、敏捷性、身体的唤醒程度和注意力。渐渐

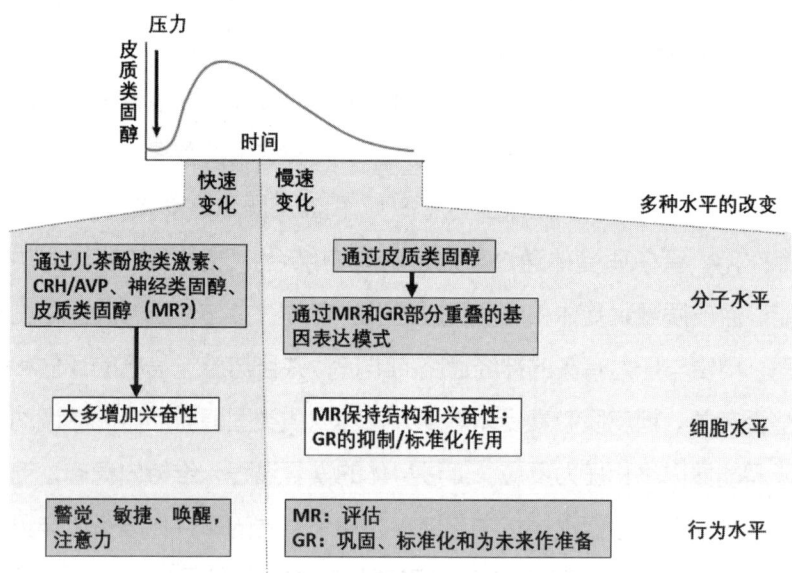

图 2-5　急性压力发生后的身体变化

（图来自德克洛埃等人，2005 年）

第二章 压力的生理烙印

地,基因介导的皮质类固醇效应通过盐皮质激素和糖皮质激素的受体接管了特定基因的转录调控,这会影响带有这些受体的细胞的功能。

当然,无论在细胞和基因水平上发生了怎样强烈的变化,我们最关心的还是在可以察觉的身体变化层面,压力到底对我们造成了什么样的改变。现在,让我们回到肉眼能够观察到的层面,看看全身整体的压力反应变化和特定的压力反应变化(表2-1)。

表2-1 全身的压力反应变化

全身的整体压力反应变化	
被增强的	被抑制的
◇ 感觉器官(视觉、听觉、嗅觉、味觉和触觉); ◇ 新陈代谢(增加能量); ◇ 血液循环(增加能量传输); ◇ 血液凝结活性。	☹ 免疫系统和疼痛反应; ☹ 胰岛素的敏感性; ☹ 睾酮的分泌(降低性欲); ☹ 消化系统; ☹ 生长系统; ☹ 睡眠。
全身的特定压力反应变化	
被增强的	被抑制的
◇ 大脑边缘系统(情绪功能); ◇ 对消极和有威胁性的情绪刺激更敏感; ◇ 扩大瞳孔(吸收更多的视觉信息); ◇ 肌肉的紧张度(耐损伤,保护身体内部结构,增加敏捷性); ◇ 排汗(通过皮肤减少体内水分,因为此时肾脏功能已经被抑制); ◇ 鸡皮疙瘩(维持体温); ◇ 呼吸(获得更多的氧气,消除新陈代谢增加产生的废气); ◇ 心率(运输氧气和其他能量); ◇ 血压(将血液运往需要的器官和组织); ◇ 血糖和血脂(快速将存储的糖原和脂肪转换为能量并释放到血液中); ◇ 肾素分泌(调节血压等)。	☹ 前额叶皮层(执行功能); ☹ 对中性或快乐情绪的敏感度降低; ☹ 外围视野缩小(专注于威胁刺激,减少干扰); ☹ 泪腺(减少泪液分泌和唾液分泌,增加视觉感知并减少消化); ☹ 听力(减少干扰); ☹ 消化(减少胃液分泌和胃肠蠕动); ☹ 胰腺减少胰岛素分泌(不会减少能量); ☹ 收缩括约肌,放松膀胱; ☹ 抑制性唤起。

慢性压力：心脏不能承受之重

2017年有一个网红段子，一位家长在一篇谈家庭辅导的文章下留言："陪儿子写作业到五年级，然后心梗住院了，放了两个支架，想来想去命重要，作业什么的就顺其自然吧。"上学的时候被逼着面对家庭作业，谁曾想好不容易告别学校，为人父母后依然要面对（孩子的）家庭作业。真是风水轮流转，苍天饶过谁……

因为孩子做不出家庭作业而生气，真的有可能增加患心脏病的风险吗？很遗憾，是的。心理压力造成的身体负担中，心血管系统首当其冲。如果眼前确实有危机发生，如突然遇到一条疯狗，上一节提到的那些快速改变的心血管系统（心跳加快、血压升高等）能够为肌肉提供更多的血液和能量，让我们及时拔腿就跑或者抓起地上的木棒自卫。这时候，血液中积攒的额外能量是可以及时通过"战或逃"的反应消耗掉的。但如果你只是坐在写作业的孩子面前，看着寄托厚望的孩子连一道简单的数学题都做不出来，再想象一下孩子成绩垫底自己在家长会上有多丢脸，内心焦虑万分；或者，你像印度电影《起跑线》里那对中产阶级夫妇，仅仅因为孩子家庭作业中一道题做错了，就瞬间脑补了无数可怕的未来——"孩子进不了好的小学就进不了好的中学，进不了好的中学就考不上好的大学，考不上好的大学就不能进入跨国公司找到一个好工作，这样孩子就会被同伴撇下，那孩子就会崩溃，最后孩子就会学坏然后吸毒……"眼前的压力和脑补的未来压力让你呼吸急促，陷入恐慌，

第二章 压力的生理烙印

你的身体以为眼前出现了可怕的危机，赶紧让心血管系统提速，将更多的血液送往四肢。但这些能量无处释放，反而会让你越来越愤怒，越来越焦虑。勤勤恳恳的心脏误读了这些情绪信号，以为你需要更多的能量来解决危机，于是更卖力地输送血液。如果这样的情形每天重复，你可怜的心脏就好像每天都过着"996"的加班生活，久而久之必然会受到损伤。

这种加班生活如何损害心血管系统呢？萨波斯基在书里进行了详细的描述。首先，人体内的血管是网状的，大血管不断产生分支，形成小血管，而小血管又分成更小的血管，以此类推，最终是小到可以给细胞传递能量的微血管。在这张密布全身的大网中，最薄弱的部分就是连接不同血管管道的血管分支的血管壁，因为它要承受血流的撞击。压力导致血压持续上升，血管壁承受的撞击力也在持续上升，血管分支就很容易受伤，就像不停遭受激流冲刷的墙面，即使墙面是石头做的，也难免逐渐变得斑驳和凹陷，更何况现在承受这些的是由柔软的细胞组成的血管壁。血管壁一旦受损，在血液中流动的脂肪酸和葡萄糖就会进入血管内层并堆积起来，导致血管内层不断增厚，血管中间可供血液流动的区域就相对减小了，相当于河道变狭窄。其次，损伤的血管内壁会形成泡沫状细胞，也会导致血小板堆积，压力下兴奋的交感神经系统还会使血液变黏稠，就好像河流中裹挟着大量泥沙，使得原本就变狭窄的河道更难通行。所以，长期处于慢性压力之下，血管更容易受到伤害，更容易产生动脉阻塞，其中最常见的就是动脉粥样硬化。

生物学家海特（Timo Heidt）等人 2014 年在实验室小鼠身上

诱导产生了为期 6 周的慢性压力，然后对比控制组小鼠和压力组小鼠的动脉粥样硬化情况。动脉粥样硬化是一种慢性炎症疾病，硬化斑块由胆固醇沉积物和白细胞浸润组成，炎性白细胞释放的蛋白酶会造成斑块的破裂，让血液中斑块的坏死核心和凝血因子接触，促使形成局部血栓，从而危及心脏和大脑的氧气供应。海特等人在小鼠模型（图 2-6）中发现，暴露于慢性压力中 6 周后，压力组小鼠心脏部分斑块的蛋白酶水平明显高于控制组小鼠，说明慢性压力确实会加重小鼠动脉粥样硬化斑块的炎症。

控制组　　　　　　　　　压力组

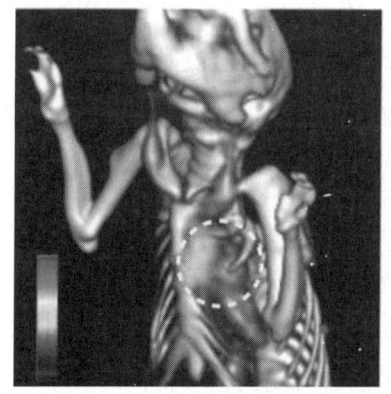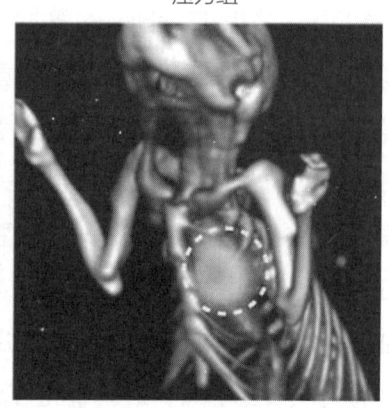

图 2-6　慢性应激会加重小鼠动脉粥样硬化斑块的炎症
（图来自海特等人，2014 年）

2019 年，天津医科大学的姚博晨（Bochen Yao，音译）等人综述了慢性压力在动脉粥样硬化中扮演的关键角色。概括来说，慢性压力会激活炎症反应，影响脂类代谢，改变激素，影响免疫系统中的主要战斗力——巨噬细胞等，这些原因很有可能共同造成对心

第二章 压力的生理烙印

血管系统的伤害，导致动脉粥样硬化。

在刚刚遭遇压力的时候，免疫系统也和循环系统一样被激活，斯拉维奇（George M. Slavich）等人 2010 年已经证实，在即兴演讲中，人们的细胞因子水平会显著提高。但是慢性压力会导致炎性细胞因子水平一直较高，相当于免疫系统一直在过度激活，身体始终处于炎症状态，久而久之反而会损害免疫系统，造成免疫力降低。承受慢性压力的大鼠，其血清总胆固醇、甘油三酸酯、低密度脂蛋白胆固醇等的水平都会升高，致动脉粥样硬化的指数也会随之升高。慢性压力还会促进内脏脂肪的蓄积，这更危险：肥胖既会提高脑血管疾病的发病率，又会增加身体其他脏器的负担，反过来还会对心血管系统造成负面影响，使病情进一步恶化。

如果血管里形成大量的动脉阻塞，而这种阻塞发生在通往心脏的动脉中，人们就会患上冠心病和心肌梗死等可能致命的疾病。如果是通往大脑的血管发生阻塞，人们则可能突发脑溢血，即中风。一旦这些情况发生，人们抵抗压力的能力就会更低下，因为身体内部可以输送血液的通路已经千疮百孔，而突发的压力带来身体的高度唤醒，血管里的血压陡然升高，却无法将血液输送到该去的地方，整个血液循环系统大崩溃的概率就会大大提高。

很多心理因素也会加剧慢性压力对身体的危害，最典型的例子就是 A 型人格。在漫长的执业生涯中，心脏科医生弗里德曼（Howard S. Friedman）和布斯-基利（Stephanie Booth-Kewley）发现了一个有趣的现象，他们的等候室里的椅子总是比其他椅子更容易损坏，尤其是椅子的边缘，总是有十分严重的磨损，他们猜测，这也许是因为冠心病病人更急躁和不耐烦等待。在对35—59岁的健康男性进行了长达 8 年的研究之后，弗里德曼和基利发现，有一类具有特定性格和行为表现的人群患冠心病的风险十分大。在发表于 1987 年的论文中，他们把这类人群具有的人格命名为 A 型人格，偏 A 型人格的人更有好胜心，组织性和纪律性强，做事积极主动并关心时间管理，有野心，更容易不耐烦和焦虑，很容易暴躁和愤怒。和 A 型人格相对的则是 B 型人格，偏 B 型人格的人更放松，神经质程度更低，极少歇斯底里和暴跳如雷，更能容忍，承受的压力也较小。虽然弗里德曼和基利坚信冠心病和 A 型人格存在显著的相关关系，但质疑始终没有停止过，毕竟，对 A 型人格的描述也界定了一种更有可能遭遇高强度压力的生活方式，可是这种程度的压力是否会损害我们的心血管系统，取决于我们看待压力的方式和方法（详见第十章）。但有一点可以确定，我们的心理状态确实会直接影响身体健康，所以压力下的心理调节对于维持身体健康十分重要。

啤酒肚和胃溃疡：都是压力惹的祸！

当人们面临压力的时候，消化系统是被抑制的，但是我们也都有这样的经历："压力山大"时，我们无法克制大快朵颐的欲望，尤其是那些平时为了减肥努力克制食欲，尽量避免的高热量的蛋糕和点心，此时不管三七二十一，只想吃个爽！

当我们因为即将发生的压力事件而紧张的时候（例如上台演讲

第二章 压力的生理烙印

图 2-7 压力越大,越想变成"沙发上的土豆"

或表演节目之前),我们也可能忍不住想上厕所,排泄的需求陡然急迫起来。还有些人在巨大的压力(如突发的死亡威胁,或者在毫无预警的情况下看到十分恐怖的场面)来临时,甚至会吓得大小便失禁。

负责进食和排泄的消化系统不是被抑制了吗?这些令人尴尬的事情是怎么发生的?

压力越大就越想吃东西,在心理学上叫作"情绪化进食",是指人们用进食的方式缓解情绪负担和压力。进食的过程使人愉悦,尤其是高热量的"垃圾食品",往往更能够刺激人的味觉,带来极大满足感,在一定程度上抵消压力引发的消极情绪。进食行为本身也可能刺激大脑产生一些令我们感到愉悦的化学物质,例如内啡肽。此时食物实际上满足的是我们的情绪,而非我们的胃。事实上，情绪化进食之后人们可能因为吃了很多"垃圾食品"而感到内疚，导致情绪更低落。

情绪化进食就像恶魔专门给人们设下的"甜蜜陷阱"。压力抑制了消化系统的功能，又导致情绪化进食，吃下的食物还大多是高热量的，这样怎么可能不变胖？套路真是太深了！

压力下我们的食欲如何改变？萨波斯基解释道，压力刚出现时，我们通常会感到口干舌燥（唾液分泌减少），胃肠活动停止，这时我们的食欲一定是被抑制的。抑制食欲的激素主要是促肾上腺皮质激素释放激素和肾上腺皮质激素释放激素，它们在压力产生后的几秒内就会被大量释放出来，我们对食物的渴望会马上终止。但当肾上腺皮质激素释放激素到达肾上腺之后，糖皮质激素被释放出来并参与较长时间的压力反应时，故事的走向发生了变化——糖皮质激素是刺激食欲的。所以，身处压力中时，我们是否有食欲完全取决于具有相反作用的这些激素哪个更占上风。通常情况下，在压力反应的早期，糖皮质激素还没有释放出来，食欲是完全被抑制的；在压力反应的中期，所有激素同时存在；到了压力反应的后期，糖皮质激素完全占了上风，消化功能恢复，食欲恢复，以便补充应对压力时消耗的能量。这么看来，当我们出现情绪化进食时，真正指挥我们作出决定的不一定是大脑，也有可能是糖皮质激素。

除了抑制消化道的功能，改变食欲，压力还控制着我们对食物的消化能力。要理解压力的这个作用，我们得先从胰岛素讲起。胰岛素是胰脏分泌的一种激素，是我们体内唯一能够降低血糖的激

第二章　压力的生理烙印

素，同时还能够促进糖原、脂肪、蛋白质的合成。我们吃进嘴里的食物最终由各种酶分解为蛋白质、淀粉／糖类、碳水化合物和脂肪，而这些物质在血液中运输时需要由胃肠道中的酶将其分解成更小的小分子形式，如氨基酸、葡萄糖、脂肪酸和甘油。当这些能量物质被血液输送到需要的身体部位时，就需要靠胰岛素将这些基本小分子材料转化成蛋白质、肝糖（即糖原）、三酸甘油酯，然后储存在相应部位。

压力产生的时候，储存的能量被快速转换成氨基酸、葡萄糖、脂肪酸、甘油和酮体这些小分子物质，然后随着血液快速传输。假如接下来身体真的要消耗能量以应对危机，这些小分子物质也会随之消耗；而如果出现的是心理社会压力，问题就来了：额外的能量消耗不了，能够将它们储存起来的胰岛素又被抑制了。更致命的是，能量的取用和运输的每一个过程其实也在消耗身体的能量，这让我们很容易疲惫不堪。假如这些消耗的能量都花在刀刃上也就罢了，可对于慢性压力，每天这样的压力反应就好像"烽火戏诸侯"，血管辛辛苦苦冒着动脉粥样硬化的风险把这些小分子能量送来了，却根本用不上；再运回去吧，还得再付一次"路费"，干脆把"货物"扔在地上不管了，或任由它们在身体内部四处游荡吧！长期的社会压力会导致脂肪在身体的固定部位（如肩背和腹部）过度积累，出现向心性肥胖（即以心脏、腹部为中心发展的肥胖）——这很可能是因为腹部是身体的核心部位，压力下的很多战或逃反应都会首先调动腹部的肌肉群以牵动全身肌肉来应对，同时也需要收缩腹部以抑制消化道的运动，所以能量会被首先运输到腹部。一旦这些能量不能马上通过剧烈运动释放出来，就会积累下来，造成肥胖。这真是一个悲伤的故事……如果长久处于压力状态，人们还可能出现糖尿病的症状。因为胰腺分泌胰岛素的功能长期被抑制，细胞吸收葡萄糖和脂肪酸的能力会受到很大干扰，细胞会长期处于"饥肠辘辘"的状态。那些在身体内部四处游荡的葡萄糖和脂肪酸并不都是"良民"——上一节里我们讲到，一旦血管内壁受损，就会有葡萄糖和脂肪酸见缝插针地附着上去，形成动脉斑，进一步堵塞血管。

在长期压力下被抑制的消化系统会带来一系列问题，首当其冲的就是患胃溃疡的风险增加。最常见的胃溃疡是十二指肠溃疡，是指在胃和小肠交接的地方，胃壁上出现了破洞。谢耶那些天天在实验室里被追逐的小鼠所患的最常见疾病就是胃溃疡。急性压力可能在很短几天内就让人患上胃溃疡，但慢性的胃溃疡主要是由幽门杆菌感染引起的——生物学家马歇尔（Barry J. Marshall）把自己当作实验小白鼠，直接服用试管里的细菌而感染胃溃疡，最终证明了这个事实，在 2005 年和另一发现人沃伦（Robin Warren）一起获得了诺贝尔生物学或医学奖。但在感染幽门杆菌的人里，只有 10% 左右的人会出现溃疡（马歇尔应该是个例外，毕竟试管里菌种的纯度比自然界菌种的纯度高太多了），而有 15% 的胃溃疡患者并没有感染幽门杆菌。

大量研究显示，溃疡很容易发生在焦虑、沮丧或承受严重生活压力的人身上。萨波斯基分析，很可能是因为长期压力下胃酸分泌减少，消化作用受到抑制，长期闲置的胃决定开始"摸鱼"，比如

第二章　压力的生理烙印

胃壁不再维持一定的厚度，对胃壁有保护作用的物质的分泌也减少了。恰好，如果这段时间被慢性压力折磨得痛苦不堪的人们决定给自己好好放个假，来一顿美食慰劳自己的胃，而依然处在"摸鱼"状态的胃却没有准备好面对这顿盛宴，悲剧就会发生。

当然，我们不应该过分苛责胃的怠工，因为压力之下血液和能量都从消化系统转移到其他地方，这一方面意味着，胃没有足够的能量去努力工作，另一方面也意味着，如果胃分泌了大量的酸液，就没办法让多余酸液被血液带走，这对胃本身而言也是十分危险的。

造成胃的艰难处境的另一个罪魁祸首是化妆品广告里常常提到的氧自由基。我们体内吸收的氧气有大约 2% 会变成氧自由基，它十分活跃，可以和细胞内的多种物质发生作用，引起一系列对细胞具有破坏作用的反应。抗氧化剂能够去除这些氧自由基，通常情况下胃能够制造足够的抗氧化剂来保护自己。但在压力状态中，只有较少血流通过胃，胃获得的氧气较少，就没办法制造抗氧化剂。压力消失之后，血流不再临时改道，于是携带着大量氧气回到胃部的血管里，同时也带来了大量的氧自由基。毫无准备的胃却懵了——"我没有足够的抗氧化剂啊！你，你，你们不要过来啊！"于是悲剧又发生了……

除此之外，慢性压力还会抑制免疫系统，让我们在幽门杆菌侵袭时更束手无策。糖皮质激素会抑制前列腺素的合成，导致身体缺乏足够的前列腺素来修复胃壁。压力下胃的缓慢收缩也可能造成胃壁的机械性伤害——这些都是慢性压力直接或间接引发胃溃疡的原因。

　　看到这里，你是不是已经开始猜测：感受到强烈的压力刺激时大小便失禁，也是因为消化系统被抑制，排泄系统随着一起"摸鱼"导致的？是，但也不全是。消化系统被抑制是无法解释为什么我们在有一定预期的情况下，眼瞅着危机即将降临，却满脑子都在纠结要不要趁着这几分钟时间赶紧去上个厕所这种现象的。真相其实很简单，甚至有一点可笑：它与我们最原始的战或逃的反应有关。无论是战还是逃，我们的身体都需要足够灵活，所以提前去掉身体里那些可能让我们变得笨拙的累赘是十分有必要的。这些累赘是什么，你们说呢？

　　我们常说的"被吓得屁滚尿流"也是同样的道理，都是身体在强烈的压力下为逃跑所做的准备。拉肚子则是因为肠道内的水分还没来得及被肠壁充分吸收，就和"累赘"一起被排出体外。压力同样可能造成便秘，这是因为压力下小肠和大肠的反应不同：当小肠对压力更敏感，其活性被过度抑制，就会出现便秘；反之，如果大肠对压力更敏感，就会拉肚子。

　　如果你是一个习惯在有压力的时候放纵自己的口腹之欲的人，也许是时候改变生活习惯了。情绪化进食是一个甜蜜的陷阱，要摆脱它的诱惑需要很强的自制力，但为了不给被迫"摸鱼"的消化系统造成额外的负担，就应该努力解决制造压力的问题，或者通过放松和日常锻炼的方法减少压力和增加身体对压力的抵抗力，相比放纵饮食有百利而无一害。

第二章 压力的生理烙印

压力"黑"进了我的大脑?

现在我们知道压力会给全身带来不同程度的影响,它让一些器官格外兴奋,却让另一些器官不得不沉默,一切的变化都是为了让身体准备好去应对即将到来的危机。但压力仅仅影响我们的身体吗?当我们面临压力的时候,我们还能够像平常一样冷静地思考问题吗?当身体紧张地调动资源的时候,我们的大脑在做什么?毕竟,不管是快速还是慢速的压力反应,各种激素的调控都是从大脑开始的。所以,压力会改变我们的大脑吗?

答案是肯定的。在急性压力下,大脑的部分功能被抑制,部分功能被增强——这就是我们在压力下往往控制不住自己的根本原因。阿恩斯滕(Amy F. T. Arnsten)2010 年详细描述了这一过程:大脑最前端靠近额头的区域也是在进化上最发达的区域,叫作"前额叶",我们通常认为它负责最高级的认知能力。前额叶与其他大脑区域广泛连接,共同调节我们的思想、行为和情绪。前额叶还在工作记忆中发挥重要作用:工作记忆使我们能够短暂记住刚刚发生的事情,同时从大脑存储的长期记忆中提取信息,再通过快速和粗略地对比过往经历,决定眼下的工作策略并相应地调节行为。在这一过程中,外源或内源的干扰信息都可能破坏工作记忆,前额叶就负责保护它可以正常执行,并通过自上而下的调控抑制与任务无关的行为,促进与任务相关的操纵。但前额叶不是一个顽固不化的独裁者,它不断监控错误信息,评估环境变化,一旦当下的策略不再奏效，就会及时转换策略，将注意力转移到新刺激上，或者通过对结果的预估改变决策。

前额叶可以划分为不同的区域，分别与其他大脑皮层或皮层下的区域建立联系，从而行使不同的功能。例如，背外侧前额叶主要负责对注意力和想法的从上而下的控制（如以特定预设的目的为指引的注意力和想法），这一区域与感觉皮层、运动皮层有广泛的联系；右下侧前额叶主要负责抑制不恰当的行为；腹内侧前额叶与皮层下的结构（如杏仁核、下丘脑和伏隔核）有广泛的联系，产生情绪反应和情绪习惯，因此调控情绪；背内侧前额叶则负责真实性检验和错误监控。这些前额叶的区域广泛连通，以规范更高级别的决策，并组织和计划未来。

前额叶还与脑干有直接或间接的连接，而脑干往往是身体产生的各种激素和神经递质访问大脑的第一站。例如，脑干中的蓝斑是去甲肾上腺素（NA）的"驿站"，而黑质和腹侧被盖区是多巴胺（DA）的"落脚点"。当环境中没有威胁性压力时，前额叶向这些中脑区域发出信号，保障投入最佳水平的儿茶酚胺类物质，这些激素也能反过来增强前额叶的调节功能，形成积极的循环，如图2-8所示。

在有心理压力的情况下，一切都发生了改变。此时前额叶的调控功能被破坏，成为一个被架空的司令部，原本受到管制的杏仁核开始肆无忌惮地激活下丘脑和脑干的压力反应通路，释放高浓度的去甲肾上腺素和多巴胺，削弱前额叶的监管能力并增强杏仁核的功能，从而形成恶性循环。注意力调节从有目的、有组织、有纪律的

第二章 压力的生理烙印

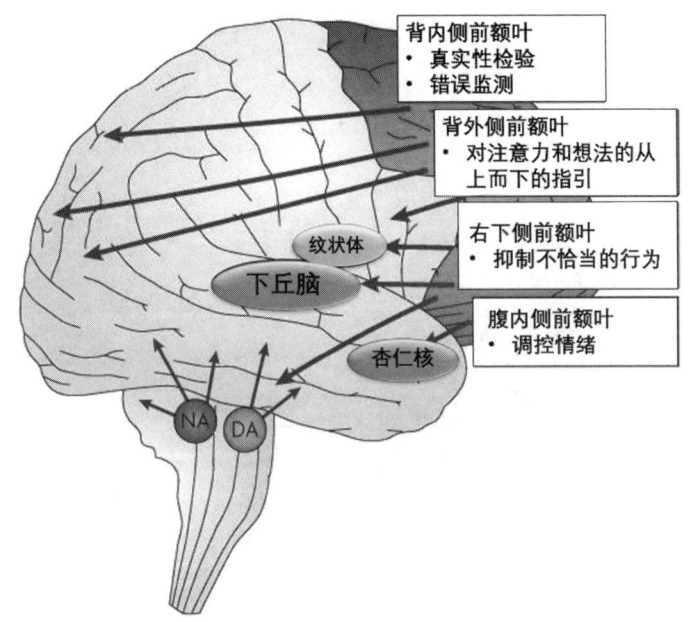

图 2-8 环境中不存在压力时前额叶的调控功能示意图

（图来自阿恩斯滕，2010 年）

前额叶的自上而下的控制，切换到感觉皮质的自由散漫、什么最抓眼球就关注什么的自下而上的反应。杏仁核也使我们更偏向习惯性运动反应，而非灵活的空间导航。

在压力期，杏仁核从前额叶手中成功"夺权"，大脑反应模式从缓慢的、深思熟虑的前额叶调节，转换为杏仁核与相关皮层下区域的反射和快速情绪反应（图 2-9）。这意味着，压力下的我们很可能更依赖感性体验，而非理性决策。

快速压力反应下产生的儿茶酚胺类激素对前额叶功能的影响遵循"倒 U 形"的规律，也就是说，太多或太少的去甲肾上腺素和

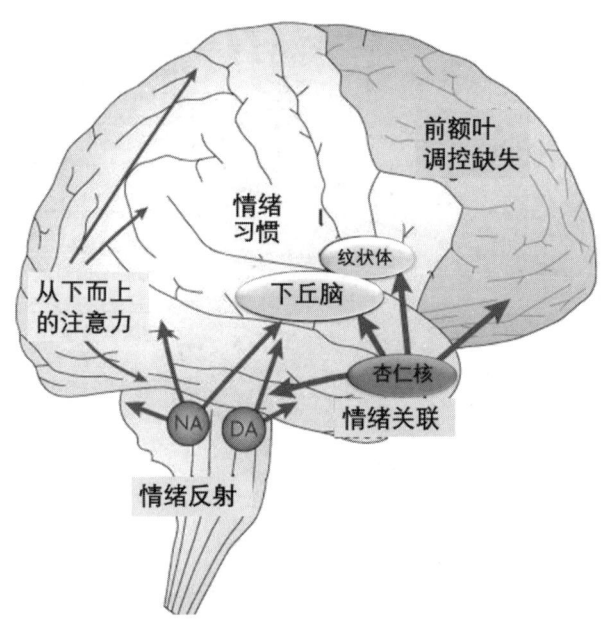

图 2-9 压力条件下杏仁核的"篡位"
(图来自阿恩斯滕,2010 年)

多巴胺都会损害前额叶的功能。在能够正常发挥作用的浓度区间,两种激素都能够保证前额叶具有一定的兴奋性,进入清醒状态,从而更高效地处理和交换信息。

自 2010 年以来,随着大规模脑网络理论的兴起,神经认知学家越来越倾向把大脑看作多个离散网络的集合体,而不仅仅是单独大脑区域的叠加。梅农(Vinod Menon)在 2011 年总结了前人的研究结果并提出,每个大脑网络中都有特定的节点,分别对应固定的大脑区域,它们在大脑中的分布未必接近,但靠着功能连接联系在一起,共同执行相同的功能。在众多大脑网络中,有三个网络常

第二章 压力的生理烙印

常在与压力相关的研究中被提及,即显著网络、默认网络和中央执行网络。[1]

显著网络响应各种显著刺激(如具有视觉冲击力的、有趣的、对个人来说很重要的刺激)并在情绪处理过程中被激活,使得注意力转向内部或外部的显著信息。显著网络的核心区域包括前脑岛、背侧前扣带皮层、杏仁核和颞极,其他区域还包括腹侧纹状体、下丘脑、丘脑、黑质、中脑、颞顶叶联合区和中央前回。

默认网络最早是在静息态功能磁共振扫描中发现的。志愿者没有特定任务,在扫描仪里保持清醒,安静地平躺 10—20 分钟,这时候往往会进入一种心智游移的状态,意识不自觉地开始构建一些内部思维、想象或体验。当志愿者意识到自己进入这种状态时,大脑已经游移了一段时间,大量研究发现这种自发的内部思维状态往往会激活同样的大脑区域,这些区域的激活在志愿者开始做具体任务(如果当前任务不需要用到这些区域)时反而减弱了,认知心理学家因而将其命名为"默认网络"。默认网络涉及很多心理过程,涉及自发的和自主产生的思想。它通常分为以内侧前额叶为中心的前侧部分和以后侧扣带回和楔前叶为中心的后侧部分:前侧默认网络涉及与自我相关的信息处理、情绪调节,后侧默认网络则更多地卷入意识和记忆过程中。默认网络的核心区域除了前面提到的这三个脑区以外,还包括顶下小叶(这个区域还包含缘上回和角回,它们也在颞顶叶联合区中)。除此之外,次级前扣带回、海马体和海

---

[1] 扫封底二维码,可观看这三个网络的相关视频解说。

马旁回也与默认网络关系紧密,并在早期研究中被划归到默认网络中,但目前仍存在不一致的报告。

中央执行网络是在任务进行时与默认网络争夺资源并占了上风的网络。它在高阶认知任务中最活跃,活动范围很广——从注意力到工作记忆的维护,直到决策。中央执行网络的核心区域包括背外侧前额叶、后侧顶叶、额叶眼动区和部分背内侧前额叶。此外,辅助运动皮层和前额岛盖也与中央执行网络紧密联系,共同发挥作用。

这三个重要的大脑网络与压力有什么样的关系?范奥尔特（Jasper van Oort）等人总结了前人的大量相关研究后,2017年提出急性应激的三重网络模型。首先,在急性压力状态下,这三个网络内部的连接方式明显发生变化。显著网络相当于大脑中的"过滤器",负责过滤掉不重要的信息,留下重要的信息,然后根据这些信息的要求相应激活或抑制其他的大脑网络。在急性压力出现后,感觉区域的活动增加,显著网络和感觉区域的连接增强,这会导致过度警觉。显著网络在压力下调整了显著信息的优先级,此时消极情绪的优先级上升（跟威胁关系更密切）,积极情绪的优先级下降。显著网络内部的连接增强以紧急优先处理显著信息,而默认网络内部的连接也增强,以处理与自我相关的信息及调控情绪;中央执行网络通常没有什么变化。其次,压力的诱导很可能导致显著网络与默认网络的连通水平提高,以处理消极的与自我相关的信息和进行冗思,如果此时中央执行网络还在执行与眼前的压力无关的任务,这个过程就会被干扰。

第二章　压力的生理烙印

简单来说，想象你的大脑是一台联网的电脑，急性压力则是一个手段高超的黑客，它在很短时间内通过前面提到的种种生理改变，迅速改写了大脑的功能。原定的程序被改写后，你变得对外界刺激更敏感，对"重要性"的定义甚至也发生了改变——消极的信息此刻对你来说更重要，因为它很可能暗示着危机。不知不觉中，你变得对环境中的刺激过度警觉，更注意那些消极的信息，而消极的信息也更容易对你的意识和情绪产生影响，使你更容易陷入自我剖析中，努力思考自己拥有的对抗威胁的资源。这种改变对于短期的压力适应是有益的，但久而久之，大脑很容易发展为两种极端情况——要么如惊弓之鸟，惶惶不可终日；要么深陷自责和抑郁的深渊，无法自拔。严重情况下，心理障碍可能随之发生（详见第七章和第八章）。

与急性压力相比，慢性压力对大脑的改变则更深远和彻底。不过，如果你坚持读到现在，相信那些生僻的大脑区域名词已经给你的大脑造成了很大的压力，你的大脑功能连接很可能已经发生了改变，再也无法接受过量的信息轰炸了，就让我们说说简单的结论吧。神经科学家波波利（Maurizio Popoli）等人2011年在一篇十分详细的综述中，总结了急性压力和慢性压力对神经元突触、神经元和大脑不同区域的影响。在海马体和内侧前额叶区域，轻微、短期的压力对神经元活动有积极的促进作用，但当压力增加并演变成慢性压力之后，压力就会压抑神经元的活动，甚至产生兴奋毒性，这会导致神经元的损伤和萎缩，也会抑制成年人产生新的神经元。但杏仁核和眶额皮层在慢性压力下反而出现了神经元的生长，神经元用来接收信息的树突变得更发达了。这也许可以解释为什么处于慢性压力下人的记忆力和决策能力往往会下降,并且越来越难以控制情绪。

照料和结盟:有福同享,有难同当

在"重大生活改变"这一部分,我们曾经提到,针对性拒绝带来的压力原本是为了促使人们更珍惜良好的人际关系,保障人类作为群居性生物安全地生活在社会群体之中。所以,压力对身体的改变绝不仅仅是为了面对危险时产生战或逃的反应,站在群体和社会的角度来看,压力与人际关系也密切相关。

历史早就证实了这一点。无论是小到一个社区,还是大到一个国家,群体内部最团结的时候,往往是面临最严重的外部压力的时候。在没有压力的时候,群体成员可能是一盘散沙,外敌当前却能够众志成城,这就是压力的积极作用。即使只有两个人,压力同样能够使人际关系更亲密——为什么谈恋爱的时候总喜欢一起看恐怖片呢?因为恐惧(压力)能够让两个人的物理距离和心理距离都更接近。

泰勒的"照料和结盟"模型正是对压力的这一作用的最好诠释。她认为,与男性不同,女性由于荷尔蒙的作用以及后代的主要照料者的身份,在照顾后代的同时很难对压力产生"战或逃"的反应——毕竟带着孩子(可能还不止一个),打是肯定打不过的,逃也未必逃得掉,寻求社会支持来应对威胁才是更可行的压力应对策略。

在福克曼主编的《牛津压力、健康和应对手册》(The Oxford

图 2-10　女性往往担任着主要照料者的角色

Handbook of Stress, Health, and Coping, 2010）中，泰勒详细描述了亲和与压力的关系。她发现，亲密接触和社会支持可以减少急性压力的心理和生物学影响。如在执行压力较大的任务时，支持者的存在可以减少心血管和 HPA 轴对压力的反应，无论这个支持者是伴侣、朋友还是陌生人，参与者只要知道自己不是孤身一人，压力感就会降低。

催产素很可能在这个过程中发挥重要作用。催产素又叫"缩宫素"，一般由垂体后叶分泌，在雌性哺乳动物生产时大量释放，扩张子宫颈和收缩子宫，促进分娩。分娩后也会促进乳汁产生，有利于哺乳和建立母婴之间的情感联结。但催产素并非只与生产有关，事实上，男性体内同样有一定量的催产素。当人类和实验室动物对压力进行快速响应时，在某些压力条件下，催产素的快速释放也是压力反应的起点，它还与交感神经系统、HPA 轴对压力的响应降低有关。多种研究显示，催产素可以增强镇静和放松功能，减轻焦虑，降低交感神经的活动。吸入外源催产素的大鼠的应激反应明显降低，血压、疼痛敏感性和皮质类固醇水平也降低了。催产素还能够抑制人类肾上腺皮质激素和皮质醇的分泌。

迪特里恩（Courtney E. Detillion）等人 2004 年报告了催产素在伤口愈合中的作用。暴露在压力下的受伤的西伯利亚仓鼠由于体内皮质醇浓度较高，伤口的愈合延迟了，但这一现象只出现在社会隔离的仓鼠身上。孤独果然会雪上加霜，使状况变得更糟糕。不过，当这些被隔离的仓鼠获得外源性催产素之后，压力诱导的皮质醇增加被消除了，伤口开始愈合。相应地，如果对拥有社会关系的仓鼠注射催产素拮抗剂，使它们体内的催产素减少，其伤口愈合就会延迟。这很好地说明了催产素对 HPA 轴的抑制能够保护机体免受压力的不利影响。

泰勒在 2006 年提出了压力下的亲和反应模型。简单来说，在一段积极的社会关系中，当血浆中催产素的浓度升高，人们会越来越关注人际距离。距离的疏远让人们感到不适，人们就开始为恢复积极的社会联系而努力（亲和努力）。在这个过程中，大脑中阿片类物质、多巴胺系统和催产素的结合可能减少压力反应，同时削弱交感神经系统和 HPA 轴的活动。但消极的社会交往会加剧这种压力的消极作用，带来相反的效果，如图 2-11 所示。

在自闭症患者身上催产素的作用的研究也印证了"照料和结盟"的模型假说。2012 年，山末英典（Hidenori Yamasue）等人

第二章 压力的生理烙印

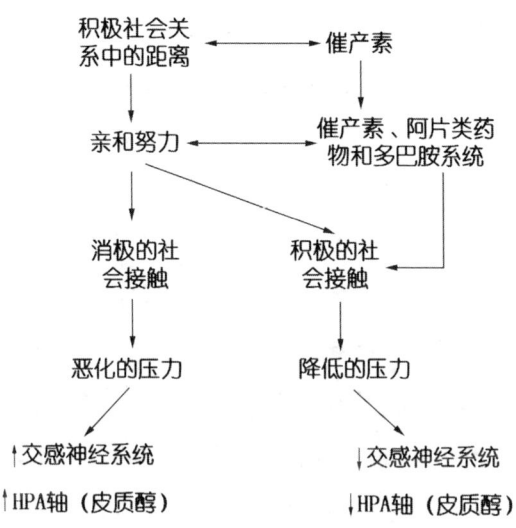

图 2-11 压力下的亲和反应模型
（图来自泰勒，2006 年）

在其专题综述《使用催产素增强亲社会行为的综合方法：从动物和人类的社会行为到 ASD 的社会功能障碍》(Integrative Approaches Using Oxytocin to Enhance Prosocial Behavior: From Animal and Human Social Behavior to ASD's Social Dysfunction）一文中提到，在动物中，催产素能够促进社会联系和依恋行为，控制恐惧和压力反应；而在人类中，鼻腔内单次给予（24—48 国际单位）的催产素喷雾对于多种社会经济和社会认知任务中的行为反应都有益。这些任务涉及人际信任与合作、慷慨行为、社会认知记忆、社会强化学习和情绪共情、评估面部吸引力和信任度、自我感知等。不过，也有一些研究显示，催产素并非总是促进亲社会行为，尤其是当它应用于研究一些比较复杂的社会情绪时，例如，它还可能促进嫉妒、幸灾乐祸和种族主义行为（包括偏见、仇外心理、种族歧视和外群体贬抑）等。当然，这个结果也可以解释为催产素有可能通过锐化对种族外的敌视来加深种族内部的社会联系。此外，对于有不安全感和焦虑感的个体，催产素也可能阻碍信任与合作，导致孕产妇护理和亲密关系中的消极偏见。总之，催产素确实可能通过减轻焦虑和增加对社会性信息的显著性感知来影响人类的认知和行为，也因而在治疗自闭症方面有一定的积极意义。

山末英典等人因此提出使用催产素增强亲社会行为的"整合和转化"模型。首先，催产素相关基因的遗传决定了某种个体差异，如人类催产素受体基因 OXTR 和 CD38[①] 基因在不同人体内基因型不同，就会在神经水平上（边缘系统和旁边缘系统）形成个体差异。这些大脑功能和结构的个体差异产生从正常到极端的多种行为变化，如各种社交行为，既包括伴侣关系、父母关怀、伴侣保护、选择伴侣的偏好、一夫一妻制、共情、信任、种族中心主义，也包括社交焦虑、社交退缩和自闭症等社交功能障碍，详见图 2-12。尽管人类和动物的研究并不相同，但与催产素有关的遗传因素和神经行为表型在各个水平上都是同源的。

除了催产素以外，泰勒认为其他激素也有可能在压力下在社会支持方面有促进作用，如血管升压素、去甲肾上腺素、5-羟色胺和催乳激素。

泰勒和同事艾森伯格（Naomi I. Eisenberger）等人 2007 年进

---

① 一种跨膜糖蛋白，可以催化钙离子通道信号分子的形成。

第二章 压力的生理烙印

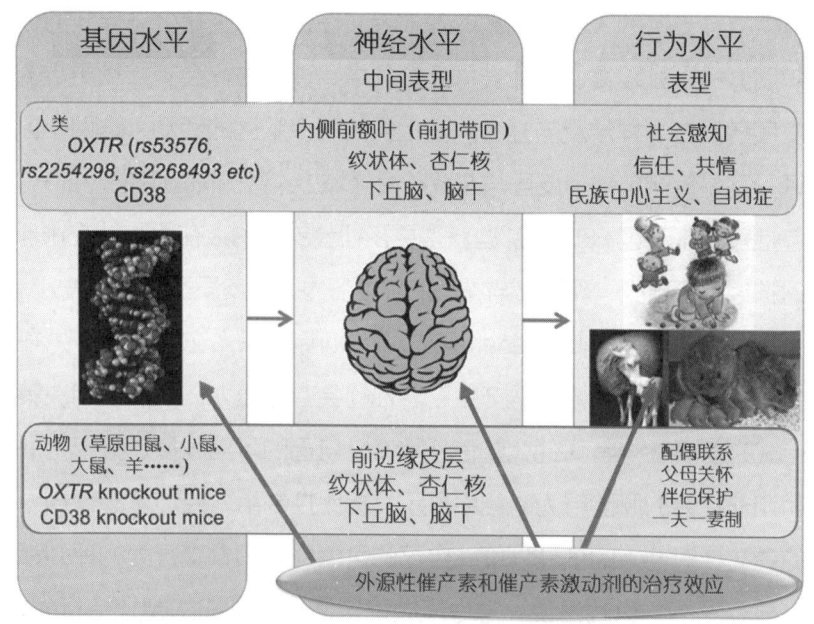

图 2-12 使用催产素增强亲社会行为的"整合和转化"模型

（上半部分显示人类的基因—神经—行为水平，下半部分显示动物的基因—神经—行为水平。图来自山末英典等人，2012 年）

行了一个脑成像实验以探究社会支持和压力的神经机制。他们让参与者写日记，记录社交互动中获得的社会支持，然后使用磁共振成像仪扫描一个社会排斥任务（网络掷球任务[①]）下参与者大脑活动的情况。参与者还会在实验室接受急性社会压力的诱导实验（详见下一小节），在这一过程中他们的生理变化会被记录下来，之后通过测量唾液皮质醇的方法来测量 HPA 轴的活动情况。结果显示，每天与

---

① 一个虚拟的传球游戏。参与者在电脑中模拟和另外两位玩家传球，但在大多数情况下，这两位玩家只会互相传球，从而造成参与者遭遇社会排斥的情景。

提供社会支持的人定期互动的参与者,在诱导产生社会排斥压力后皮质醇的上升较慢。在社交排斥任务中,更多的社会支持和更少的皮质醇反应同样涉及与社会隔离相关的两个脑区的活动,这两个区域分别是背侧前扣带皮层与布罗德曼区域8(背侧前额叶的一部分,包括额叶眼动区FEF)。那些获得更多社会支持的人在面临社交排斥时神经反应更少,而这又与减少的急性压力下的皮质醇水平有关。

冯·达万斯(Bernadette von Dawans)等人2012年首先在招募的男性参与者中诱导产生了急性社会心理压力,然后使用决策范式来衡量参与者对他人的信任程度、自己的可信程度、分享、惩罚和非社会的风险行为。结果显示,相比控制组,经历了心理压力的参与者对他人的信任程度、自己的可信程度和分享行为的评判都有显著提高,也就是说,急性压力确实增加了人们的亲社会行为,如图2-13。

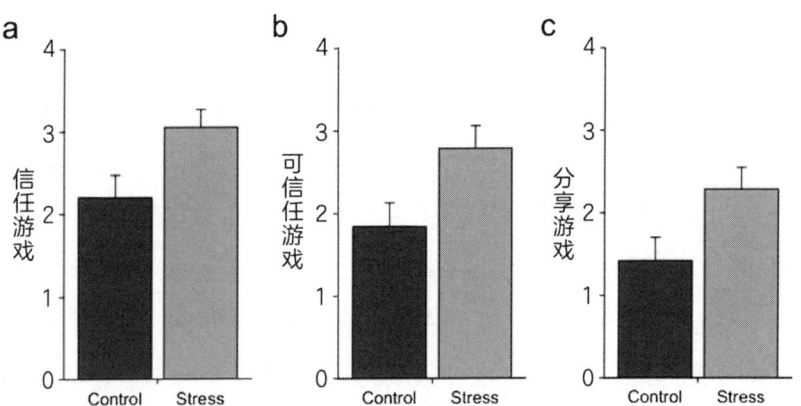

图2-13 在信任游戏(a)、可信任游戏(b)和分享游戏(c)中,
压力组(灰色)的得分都比控制组(黑色)的得分高

(图来自冯·达万斯等人,2012年)

拉波萨（Elizabeth B. Raposa）等人 2016 年采用日记记录的形式研究参与亲社会行为能否缓冲自然产生的压力源对情绪健康的消极影响。日记评估时间是每天晚上九点半，由智能手机预设的程序自动提醒参与者完成。通过分析每天被试自我报告的压力清单、亲社会行为清单和积极/消极情绪量表，拉波萨等人发现，在某一天出现高于正常水平的亲社会行为的参与者，其当天的压力对整体心理健康的消极影响得到了缓解。可见，作出亲社会行为很可能是减少压力对情绪的消极影响的一种有效策略。

相较流行了一个多世纪的"战或逃"模型，"照料和结盟"模型的提出时间只有 20 年，这个假说依然不断被检验和证实着。现在我们通常不再认为"战或逃"和"照料和结盟"是两种具有性别特异性的压力应对模式——无论是男性还是女性，都会从社会支持中受益，但女性从中获得的益处确实更多。压力的存在无时无刻不在提醒我们，人类畏惧孤独，需要来自家人、爱人、朋友，甚至陌生人的关注和鼓励。"念天地之悠悠，独怆然而涕下"的生命悲歌固然感天动地，又怎比得上"明月清风常作伴，高山流水永相知"呢？

如何科学地"压力山大"？

虽然生活中有很多因素可以制造压力，但心理学家最关心的还是心理社会压力源。与常见的物理压力源（如冷、热、疼痛）、生物压力源（如病菌感染）不同，心理社会压力源往往来自人际关系问题，如一段并不和谐的亲密关系、一个很难满意的上司等。这种压力源在很多情况下是无解的，它并不像天冷加衣服或生病了吃药那样简单，人们在很多时候根本意识不到它的存在，因为总是会先入为主地认为人与人之间难免会有摩擦，所以只能默默忍受压力带来的负面影响；在更多时候，即使意识到压力的存在，也找不到妥帖的方法去解决。为了更科学地了解心理社会压力对人们的影响，心理学家除了以发放问卷和访谈等形式调查现实生活中的压力情况外，也常常在实验室中诱导压力产生，以便研究压力下和压力消除后人们的心理与生理变化情况。访谈、观察和问卷等手段中有太多无法控制的影响因素，实验室方法反而更具有可控性和客观性，因而能更深入地研究压力的影响。

特里尔社会压力测试诞生于 1993 年，28 年过去了，它依然是心理社会压力研究的金标准和最常用的范式，而最早发表这个实验范式的论文已有超过 4500 次的引用率。其开发者是克尔什鲍姆（Clemens Kirschbaum）、皮尔克（Karl-Martin Pirke）和已故的心理内分泌学家哈勒默（Dirk H. Hellhammer），这个范式巧妙地利用了人们在努力维护"社会自我"这一过程中会自然而然激发压力反应的原理，建立了一个长度适中、流程简便且十分现实的压力诱导规范。我们在日常生活中常常会遭遇这种"社会自我"受到威胁的场景，如他人对我们自认为重要和有价值的方面给予负面评价——换句通俗的话，就是"丢面子"。当这种场景是不可控制、不可预测时尤为明显，如在面试过程中面对面试官的冷漠和突如其来的冷场，即使再尴尬也要硬着头皮坚

第二章 压力的生理烙印

持下去,这时候我们体内的皮质醇水平就像坐过山车一样开始飙升。

在实验开始时,实验者将参与者带进一个精心布置的房间里,花大约2分钟进行实验指导,让参与者想象自己已经申请了"梦想中的工作"(但必须是现实中存在的工作),现在他们被邀请参加工作面试。随后实验者离开房间,留下参与者站在房间正中央的落地式麦克风前,面对正襟危坐的2—3名身着白大褂的面试官(图2-14)。

一个标准的特里尔社会压力测试流程包括三个连续的阶段:

第一,准备阶段(3分钟),参与者可以用事先准备好的纸笔写下与面试相关的笔记,但他们被事先告知,正式面试时不可以看这些笔记。

第二,自由演讲任务(5分钟),参与者通过自我介绍来证明他们是所期待的岗位的最佳人选,面试官偶尔会打断他们的陈述并提出一些预设的问题。

图2-14 特里尔社会压力测试的设置与面试官的特写
[图来自弗里希(Johanna U. Frisch)等人,2015年]

第三，心理算术任务（5分钟），参与者从一个四位奇数中依次减去一个二位奇数（如3023减去19），如果计算速度太慢或者发生错误，参与者必须从头开始算起。

面试官通常由一男一女组成，有时候也会设置三位面试官。参与者被事先告知这些面试官都是心理学家，将会对他们的面试表现进行行为评估，而面试官全程都不会提供面部表情反馈（保持"扑克脸"）或口头反馈；此外，参与者的全程表现会被录制视频，之后会通过软件对这些视频进行评估和语音分析。

弗里希等人在2015年的综述中详细总结了特里尔社会压力测试在压力诱导有效性方面的证据。与无压力的控制组相比，70%—80%的参与者在经历了测试之后皮质醇水平上升2—3倍，心血管参数也会发生变化（如血压更高，心跳更快），唾液中的α-淀粉酶有所增加；测试还会影响免疫学参数（如白介素），并导致自我报告的高水平的压力和焦虑感（即可以通过问卷来追踪测试实施前后的情绪变化）。

为了与压力情况作对比，两种无压力的特里尔社会压力测试的变体先后被开发出来。赫特（Serkan Het）等人2009年开发了安慰剂版特里尔社会压力测试，参与者在没有面试官和摄像机的情况下大声谈论电影、小说或假日旅行（5分钟），并进行简单的数学计算任务（5分钟）。魏默思（Uta S. Wiemers）等人2013年开发了友好的特里尔社会压力测试，面试官没有穿白大褂，举止友善并给出积极的反馈。这两种测试都不会诱发皮质醇水平的显著上升。

第二章　压力的生理烙印

2011年，冯·达万斯和克尔什鲍姆一起开发了团体特里尔社会压力测试，允许在最多6个参与者组成的小组中同时引发社会压力，它的诞生进一步降低了压力诱导的时间和人力消耗。从2007年开始，凯利（Owen Kelly）等人（2007）、詹森（Peter Jönsson）等人（2010）、施班（Youssef Shiban）等人（2016）和齐默（Patrick Zimmer）等人（2019）尝试使用虚拟现实技术取代面试官，这种使用头戴式显示器或投影模拟真实情境的技术能够大幅度减少模拟面试过程中的主观性，让实验过程更可控，但压力诱导的效果仍然强烈取决于3D建模的真实性，同时参与者明确知道虚拟现实中面试官并非真人，无论环境看起来多么逼真。

1997年，布斯克-克尔什鲍姆（Angelika Buske-Kirschbaum）等人（包括克尔什鲍姆和哈勒默）为7—14岁的儿童开发了儿童特里尔社会压力测试。在这个测试中，儿童自然不会参加工作面试，而是被告知一个故事的开头，要求他们接着补完这个故事，要"尽可能地比其他小朋友的故事精彩和有趣"。2007年，在库迪尔卡（Brigitte M. Kudielka）、克尔什鲍姆和哈勒默合写的《社会神经科学》（Social Neuroscience）一书的相关章节中，他们还提到了面向年长（退休）人群的测试范式，其中的工作面试更改为申请兼职工作（如照顾孩子或家政服务）。有意思的是，经历了儿童特里尔社会压力测试的孩子的皮质醇反应反而降低了30%—50%。特里尔社会压力测试的一些主要变体见图2-15。

2018年，沃斯（Olivier Vors）等人实施了单人和团体的特里尔社会压力测试，在结束后还针对每个参与者的压力反应做了持续时

特里尔社会压力测试（TSST）的变体

团体TSST

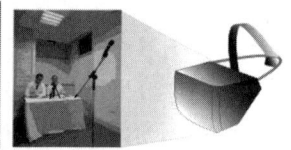
虚拟现实TSST

儿童TSST

每种变体的相对好处

-增加参加者数量
-降低成本（时间和人力）

-降低成本（时间和人力）
-增加可信度/降低影响因素（因为控制了参与者和面试官的互动）

-年龄适宜的压力挑战

图2-15　特里尔社会压力测试的主要变体示意图（上）与每种变体的相对好处（下）

[图来自艾伦（Andrew P. Allen）等人，2017年]

间分别为40分钟和70分钟的访谈，以进行质性研究。参与者各9位，他们整理了各阶段中的典型经验（表2-2），我们可以很清晰地看到不同人在面对相同压力时的不同感受和体验。

表2-2　参与单人的特里尔社会压力测试的9位参与者的典型经验

	处境	序列	感受	行动	意图
工作面试任务	进入房间，听指导语和解释。	探索，调查。	惊讶，普遍感受到紧张的气氛。	我在听；我在观察。	尝试理解。
	3分钟准备阶段。	准备。	时间压力。	我在组织我的语言。	寻找和选择思路；保证时间。
	5分钟面试阶段。	（1）背诵。	放心去做计划的事情。	我在背诵。	重复准备好的自我介绍。
		（2）扩展思路。	因为迟疑和记忆的失误而感受到压力。	我在拓展计划外的思路。	提取已经准备好的思路，尝试说服面试官。
		（3）时间压力。	急着想看还剩下多少时间。	我在看倒计时。	想知道我已经做了多少了。

第二章 压力的生理烙印

续表

处 境	序 列	感 受	行 动	意 图
心理算术任务 — 5分钟面试阶段。	（4）失去控制：无话可说。	感到被观察和被评判；对于想到什么就说什么的自己感到不安；感到时间似乎是无限的。	我没办法再多想了；我正在混乱地思索；我在迟疑；我开始口吃了；我脑中一片空白；我不断地偷瞄还剩下多少时间。	填补时间；避免沉默带来的尴尬；寻找支持。
	（5）放弃，打退堂鼓。	感到自己很弱小；感到自己看上去很弱小。	我失去了控制力；我在做无用功；我保持沉默。	等待一切结束。
	（6）解离。	认识到这并不重要。	我在笑；我在笑话我自己。	尝试让自己放心。
	（7）矛盾的解放。	听到倒计时结束时的提示音；解脱；挫败感。	我感到轻松；我在集中精力准备下一个任务。	自我评估；担忧，不知道面试官会怎样看待自己。
听指导语和解释。	探索，调查。	压力增加；感到任务相对简单。	我在听指导语。	尝试理解。
5分钟计算阶段。	（1）计算被干扰。	处在时间压力下；因为在一个简单任务中出错而感到羞愧。	我做得很快，但也犯了很多错误。我感到困惑；我不得不从头开始很多次。	不要犯错；尽可能快速。
	（2）负面漩涡。	感到脑子里乱糟糟的；认识到自己的消极想法。	我没办法再算下去了；我总是犯同样的错误。	不要看起来很弱小。

续表

处境	序列	感受	行动	意图
心理算术任务	5分钟计算阶段。	（3）寻找解决方案。	想自我逃避。	我在寻找解决策略。	寻找解决方案；不要丢脸。
		（4）放弃，打退堂鼓。	忍无可忍，我受够了；觉得这一切太过分了。	我已经无话可说；脑子里出现什么我就会说什么。	让时间赶紧过去。
		（5）重复成功。	只想着这些数字。	我在集中注意力；我在逐个说出正确答案。	不要犯错，不要从头开始。
		（6）矛盾的解放。	听到倒计时结束时的提示音；解脱；挫败感。	我感到轻松。	自我评估，离开。

这个质性研究也解释了单人和团队的特里尔社会压力测试的不同主要表现在压力波动、时间性和同伴的存在这三点上。简单来说，团体参与者在整个过程中承受的压力要比单独参与者承受的压力大得多，压力波动受其他参与者表现的影响，社会比较带来的额外压力也十分强烈。

除此以外，实验室也常用冰水结合社会评估的范式，如施瓦布（Lars Schwabe）等人2008年设计的社会评估冷压试验和施密茨（Tom Smeets）等人2012年设计的马斯特里赫特急性压力实验。也有单纯使用社会比较和时间压力来诱导压力的蒙特利尔图像压力实验，由杰多维奇（Katarina Dedovic）等人2005年始创。在2009年的一个与压力相关的实验中，秦绍正等人也使用了带有压力情节（而非恐怖情节）的电影片段。2014年，范德维格（Benny

第二章 压力的生理烙印

van der Vijgh)等人还尝试使用电脑游戏诱导和控制压力状态,这种方法被命名为"通用自动压力诱导和控制应用"。

总之,心理学家为了更好地了解压力,不得不把实验室变成"万恶的社会压力工厂",尽量科学而安全地诱发压力,以揭开压力的神秘面纱。也正是因为这些严格控制的实验程序,我们才能够清晰地认识到压力如何影响我们的记忆、决策、情绪,压力又如何与心理疾病联系在一起。在接下来的章节里,我们会详细了解压力对我们的思想、行为和生活到底造成了什么样的后果。

第三章　压力与记忆：水能载舟，亦能覆舟

小时候，老师总喜欢用"头悬梁，锥刺股"的典故来教导我们勤奋学习。"头悬梁"出自《太平御览》卷三百六十三引《汉书》："孙敬字文宝，好学，晨夕不休，及至眠睡疲寝，以绳系头，悬屋梁。""锥刺股"出自《战国策·秦策一》："（苏秦）读书欲睡，引锥自刺其股。"

不管是把头发挂在房梁上，还是更极端的用尖锥刺大腿，都是让人非常"压力山大"的学习方法，这样做真的有效吗？在上一章里，我们曾经简短提到急性压力有助于巩固记忆，你是否一直半信半疑？今天，就让我们谈谈压力与记忆的"恩怨情仇"。

从小鼠到人类

时间回溯到 2009 年的春季。那时，即将完成分子神经生物学研究生阶段的我下定决心不再做动物研究，转向同样是研究大脑的奥秘但不需要再屠杀"参与者"的认知心理学。同时，我决定到海外继续深造，去亲眼看看书里、电影里的那个世界——此生第一次坐飞机，竟然就飞越了半个地球。

机缘巧合之下，我联系到德国波鸿—鲁尔大学的沃尔夫（Oliver T. Wolf）教授，他的实验室专门研究压力与学习记忆的关系。沃尔夫的博士导师正是开发特里尔社会压力测试的克尔什鲍姆和哈勒默。虽然对人类的压力研究一无所知，但我在转基因小鼠

第三章　压力与记忆：水能载舟，亦能覆舟

模型上进行过学习与记忆的实验，也研究过抑郁样和焦虑样的行为，更重要的是，沃尔夫告诉我，他和德国奥尔登堡大学的提尔（Christian M. Thiel）教授正准备合作开展一项脑成像研究，探索急性社会压力对记忆提取的影响的神经机制。如果我感兴趣，他们可以作为我的共同博士生导师。从此之后，我就和压力结下了不解之缘——不仅仅是作为研究对象，更是作为伴随我始终的忠实"好友"，彼时全新的科研内容（所有的知识和技能要从头学起）、全新的外语（提高英语水平的同时学习德语）、陌生的文化、思念故土的亲友和美食让我倍感压力，但这种充满压力的生活也让我在研究之外对压力有了更多的认识。我对这些压力充满感激，正是因为努力和这些压力共存，不断地提高自己的能力以适应环境，我才能够成为现在的自己。

我依然能够清晰地记得过去的生活中那些充满压力的场景，或许这正好体现了压力对记忆的增强作用，但压力并不总是对记忆有利。当你因为工作太忙而忘记了爱人的生日，这说明压力会损害记忆；但你很可能一直牢记童年时期被邻居家养的恶狗追了十条街的悲惨经历，这又说明压力能够增强记忆。压力和记忆到底有什么样的关系？

压力影响记忆的观念在临床心理学上已经有很长的历史，最早可以追溯到弗洛伊德（Sigmund Freud）的创伤相关记忆抑制的假说。但在很长一段时间里，学习与记忆的机理研究都不太关注压力的影响，因为压力往往是研究者在实验中希望去除的因素。2020年初离世的美国神经内分泌学家麦克尤恩（Bruce Sherman

McEwen）是萨波斯基的导师，他一直关注糖皮质激素对大脑的影响，并在1993年提出稳态负荷的概念，代表了个人承受反复或长期的压力而积累的身体磨损。麦克尤恩和同事1968年发现，糖皮质激素能够与海马体中的特定受体结合，从而对记忆产生影响，这一发现推动了压力和记忆的研究。神经生物学家麦克高（James L. McGaugh）是另一位在压力和学习记忆研究中有重要地位的科学家，他和同事深入研究了与压力相关的激素（如皮质醇和肾上腺素）如何影响了情绪唤醒，并对记忆巩固的过程发挥作用。

沃尔夫从1996年开始从事压力对人类学习记忆的影响研究，我进入他的课题组学习时他的研究工作已持续了12年。那时他刚刚发表了一篇总结过去研究的综述性文章《人类的压力和记忆：十二年的进步？》(Stress and Memory in Humans: Twelve Years of Progress?)，阅读这篇文章成为我步入心理学研究领域的第一个"充满了压力"的任务。

在沃尔夫1996年的研究中，参与者来到实验室后，首先接受特里尔社会压力测试以诱导产生急性压力，在短暂的延迟后，参与者需要学习一段单词列表，随后以自由回忆的形式测试他们对这些陈述性记忆的记忆情况。陈述性记忆又叫"外显记忆"，是可以有意识回忆的记忆，通常包括对事实和事件的记忆。与它相对的记忆叫非陈述性记忆，又叫"内隐记忆"，是指与技巧和操作方式相关的无意识记忆，如系鞋带、打篮球或骑自行车等。研究结果显示，压力产生后，皮质醇水平越上升，参与者能够回忆出的词语就越少。为了验证皮质醇和记忆的这种关系，后续的研究让参与者直接

第三章 压力与记忆：水能载舟，亦能覆舟

服用皮质醇或安慰剂，然后用单词列表记忆、空间记忆和词干补全启动范式分别研究其陈述性记忆与非陈述性记忆。结果表明，服用皮质醇会导致与语言和空间相关的陈述性记忆受到损伤，但对非陈述性记忆没有显著影响，如图 3-1 所示。

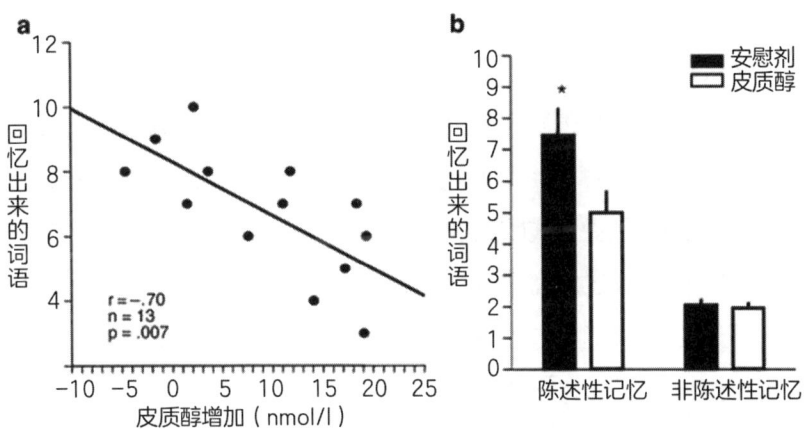

图 3-1 （a）皮质醇水平越上升，记忆越差；（b）皮质醇只对陈述性记忆有影响
（图来自克尔什鲍姆等人，1996 年）

问题在于，一个典型的记忆过程是阶段性的，压力是否对记忆的所有阶段都有相同的作用？一般情况下，记忆通常分为编码阶段、存储/巩固阶段和提取阶段。以背英语单词为例，编码阶段相当于刚开始接触单词表，正努力把单词装进大脑的阶段；存储/巩固阶段相当于不断重复这一记忆过程，以保证单词背得滚瓜烂熟的阶段；提取阶段则是英语考试时，努力想把这些记在大脑中的单词回忆出来，好找到正确答案的阶段。如果考完后不再使用这些单词，记忆的第四个阶段——遗忘阶段就登场了。假如压力发生在记忆的不同阶段，我们的记忆会何去何从？如果压力下人们的情绪状

态会发生改变，如果学习材料本身就带有一定的情绪信息，记忆又会受到怎样的影响？

压力：你的"记忆面包"

小时候看动画片《机器猫》，机器猫胖乎乎的小手从次元口袋里掏出来的最让我羡慕的宝贝就是"记忆面包"了。只要把书上的字印在面包上，然后吃下面包，书里的内容就全部装进大脑里了。长大以后终于接受了残酷的现实：教科书变得越来越厚，就算真的有记忆面包，我也没有那么大肚量全部吃下去。不过，即使没有这种科幻道具，我们身边也确实有一种"神奇的力量"能够帮助我们巩固记忆——没错，它就是压力。

早期的压力和记忆研究在动物模型和人类模型上存在较大的不一致性。糖皮质激素类物质对于动物的学习有促进作用，但人类暴露在压力下往往会出现记忆的损害。在比较了人类和动物的实验过程之后，沃尔夫认为，这很可能是因为压力发生的时间点有差异。如鲁曾达尔（Benno Roozendaal）和麦克高等人 2006 年的研究，在大鼠刚刚学习了新的知识之后，在很短时间内注射压力激素皮质醇（对大鼠来说就是皮质酮，它对记忆有促进作用），然后在 24 小时后进行记忆测验。当急性压力出现在记忆测验前 30 分钟内，大鼠在水迷宫空间任务中的表现受损；但当急性压力出现在记忆测验 2 分钟前或 4 小时前，大鼠体内的压力激素要么还来不及升高，要么压力反应已经结束了，记忆力就不会改变（de Quervain,

第三章 压力与记忆：水能载舟，亦能覆舟

Roozendaal, & McGaugh, 1998）。所以，压力或上升的皮质醇水平很可能在记忆巩固阶段是有益的，而在记忆提取阶段是有害的。但人类的学习实验往往在参与者学习了知识后不久就进行记忆检测，压力的诱导即使发生在学习材料之前，也无法很好地将记忆的编码、巩固、提取等阶段区分开。

另一个问题则出在学习材料上。佩恩（Jessica Payne）等人2006年发现，在压力下或服用皮质醇后，带有强烈情绪信息的记忆被巩固，不带有情绪信息的记忆却受到了损害。压力的强度和皮质醇的剂量有不同的影响，通常压力程度高或皮质醇剂量高会对记忆造成比较严重的破坏。

施瓦布和沃尔夫等人在2010年的综述中详细讨论了压力对记忆形成（编码）阶段的记忆的质和量的影响。可以肯定的是，在人类参与者身上，压力（或压力激素）对陈述性记忆的编码和巩固有增强作用。这意味着，如果伴随着适度的压力增加和体内皮质醇水平的升高，学习时新知识会得到更好的编码，之后在大脑需要不断重新激活学习阶段编码记忆时激活的神经通路时，已经学到的知识也能够得到较好的巩固，获得更佳的学习效果。

这么神奇？难道是忽悠人也去吊头发、刺大腿？别急，让我们了解一下背后的原理。

首先，由于大脑中的某些区域富含糖皮质激素和盐皮质激素的受体，如果这些大脑区域同样在某种记忆系统中起关键作用，这种记忆系统就更容易受压力的影响。德克洛埃、奥兹尔（Melly S. Oitzl）和乔尔斯（Marian Joëls）1999年在一篇综述中做了总结：

海马体中的神经元既包含糖皮质激素受体，又包含盐皮质激素受体，而大多数其他大脑区域的细胞主要包含糖皮质激素受体。由于盐皮质激素受体的高亲和力（大约是糖皮质激素受体的 10 倍），这些受体会优先和皮质醇结合，即使在没有压力的情况下，它们也做好了被激活的准备，会在压力情况下（皮质醇水平显著升高后）变得完全活化。同时，盐皮质激素的激活可以保障神经元放电的稳定性，有助于主动发挥维持体内内稳态的作用。当海马体优先激活之后，参与学习信息整合过程的就是糖皮质激素——激活糖皮质激素受体似乎是加强学习信息合并的先决条件，所以急性压力才会对记忆的编码和巩固有益。

确实，压力和压力激素对海马体的活动和海马体依赖的记忆类型都有显著影响，而压力是增强还是削弱海马体的功能，取决于压力源出现的时机。

在学习与记忆的神经机制研究中有一个重要的概念——长时程增强，它可以简单理解为在大脑的神经信号传递中，前一个神经元对后一个神经元的沟通的增强。假如我们把神经元细胞想象成一个个小人，小人们手拉着手，重要的信息从小人 A 的嘴里传到小人 B 的耳朵里，然后再由小人 B 的嘴里传到小人 C 的耳朵里，以此类推。如果小人 A 说话的声音响一些，小人 B 的耳朵就能够更快、更准确地捕捉到信息，信息传递的效果就会更好，也就是神经元之间的沟通增强了，即长时程增强。已经被传递过一遍的信息，在第二次和第三次重复传递时的效率也会更高。如果同样的记忆被反复回忆，其记忆通路就会形成相对稳定的记忆痕迹，保存在我

第三章　压力与记忆：水能载舟，亦能覆舟

们的大脑中。早在 1894 年，诺贝尔奖获得者、神经解剖学家卡哈尔（Santiago Ramóny Cajal）已经提出通过加强现有神经元之间的突触联系来提高记忆沟通效率的假说，神经网络之父赫布（Donald O. Hebb）也在 1949 年提出了著名的赫布理论，进一步阐释了细胞之间的网络通信对于记忆编码的重要性。长时程增强现象的正式发现始于神经科学家勒莫（Terje Lømo）在 1966 年进行的一系列针对麻醉兔子的神经生理学实验，自从在兔子海马体中发现了长时程增强现象后，在包括大脑皮层、小脑、杏仁核等在内的多个大脑区域都发现了这一现象。

压力和记忆的研究都显示，海马体内糖皮质激素水平的增加如果与长时程增强同时发生，就能够有效地增强这一现象。但在大约 60 分钟后，这种增强会被逆转，此时高浓度的糖皮质激素反而会损害海马体中的长时程增强。蒂默曼（Steven Timmermans）等人在 2019 年的论文中解释道，之所以糖皮质激素会在不同时间点发挥了几乎相反的作用，是因为大脑中的下丘脑—垂体—肾上腺轴（HPA 轴）会受到糖皮质激素的基因组和非基因组两种方式的负反馈调节。在前面的章节中，我们已经介绍过 HPA 轴是主要的压力反应通路，但它并非只受压力的影响。在没有压力的情况下，昼夜节律也会导致血液中肾上腺素的释放，激活 HPA 轴的活动，这个活动在早晨（起床后不久）达到高峰。

当昼夜节律调节、情绪压力、物理压力等信息传递到大脑并激活下丘脑时，下丘脑室旁核和垂体中的糖皮质激素受体、糖皮质激素结合，引发基因组的反馈调节，从而抑制促肾上腺皮质释放激素

（CRH）、CRH受体蛋白1（CRH-R1）和促阿片-黑素细胞皮质素原（简称阿黑皮素原，POMC）基因。POMC基因编码阿黑皮素原激素，它是促肾上腺皮质激素（ACTH）的前体。糖皮质激素受体与糖皮质激素阴性反应元件（nGREs）结合后，CRH、CRH-R1和POMC基因的表达就会被抑制。此外，糖皮质激素受体也能够在物理上与POMC基因的启动子上的Nur77蛋白结合，阻止基因转录过程的发生，从而抑制POMC基因的功能。

顾名思义，糖皮质激素的非基因组调节是通过直接与蛋白/激素发生作用从而调节HPA轴的活动，并不涉及基因层面的改变。如通过从CRH神经元释放内源性大麻素抑制谷氨酸（大脑内主要的兴奋性神经递质）的释放，或通过在CRH神经元的抑制性突触中释放γ-氨基丁酸（大脑内主要的抑制性神经递质）抑制CRH的释放。洛瓦洛（William R. Lovallo）等人在2010年的功能性磁共振成像研究中证实，压力产生30—60分钟后，正是糖皮质激素的基因组调控的产生使得海马体的长时程增强受损，压力对记忆的增强作用因而被逆转。

当急性压力发生在学习之前很短时间内或在学习期间，它能够增强随后的记忆力，尤其是当学习材料带有一定情绪唤醒功能，如学习者觉得很有趣的信息或对其来说意义重大的信息。糖皮质激素还和去甲肾上腺素协同作用，将海马体转变成记忆编码模式，这样就能够创造对压力经历的持久记忆——这种机制对生存有利，能够避免类似压力经历的再次发生，或者为将来的类似情况作好准备。我们已经介绍过，在急性压力情况下，人们的注意力更狭窄和集中，躯体的唤醒程度更高，学习内容也更容易被记忆，压力就成为我们的"记忆面包"。

在记忆新知识之后，我们也需要将这些记忆提取出来，在需要的时候用它们帮助我们。如果压力发生在记忆提取的时候，又会出现怎样的情况？

仿佛大脑被掏空？你被压力"打劫"了！

经历过学生时代的人或多或少有过这样的记忆：期末考试的时候，你正埋头奋笔疾书，后背突然有一种异样的感觉，你不用回头也能马上意识到——监考老师悄悄站在了你的背后。巨大的压力突然冒出来，心脏剧烈跳动，你发现自己的大脑也变得一片空白，需要花费很多努力才能将注意力重新集中到面前的试题上……

人们对记忆往往有一种误解，以为如果想不起来就是没记住，但事实并非如此。人脑在某些时候确实很像计算机，记东西就好比在电脑硬盘里保存文件，有时候即使我们很清楚文件已经储存起来了，但因为完全不记得保存在哪个路径下，也会找不到这个文件。从最终结果来说，如果保存好的文件怎么也找不到，与一开始就没有保存是等效的。记忆也是如此。当我们怎么也想不起来需要的知识时，也许是这些知识一开始就没有储存在大脑里，也许是缺乏有效的"关键词"将它们从大脑存储库里提取出来。费尽心思学到的知识，到了关键时刻却想不起来，多半是记忆提取出现问题。

记忆的提取是一个比较精细的过程，它同样需要海马体的参与。在这个时候，海马体需要完成角色的转换，根据记忆编码时留下的各种记忆线索，将保存的记忆提取出来，放入意识中。假如把记忆比作修建房屋，在记忆编码阶段，海马体的工作就像建筑工人负责将记忆的砖石砌成高楼大厦。在记忆提取阶段，记忆大楼已经搭建好，此时需要一位熟悉大楼内部构造和房间分布的管理员，能够迅速帮助新住客和访客找到房间和相应的设施。在我们的大脑中，建筑工人和大楼管理员的职责都由海马体承担，如果它在本该行使大楼管理员职责的时候依旧执着于当一位建筑工人，大楼的管理工作自然会出现问题。记忆提取时承受压力，会迫使海马体进入记忆编码模式，这种模式能够让作为建筑工人的海马体能量倍增，更快、更牢地修建大楼，却也让海马体更忘我地投入修建工作，忽略了管理员的职责。大楼管理员迟迟无法上岗，遗忘就自然而然地发生了。

当我开始进入压力与学习记忆研究的领域，我接手的项目正是证实急性社会压力对记忆提取的影响的项目。我们设计了一个实验，首先让参与者观看100张欧洲人的面孔，其中一半面孔展露恐惧情绪，另一半面孔则展露中性情绪，参与者一边观看一边按下按键，判断看到的面孔是男性面孔还是女性面孔（事实上，答案并不重要，按键的目的是让参与者将足够的注意力放在面孔上）。随后，参与者在一间安静的房间里休息1个小时，结束休息后我们使用特里尔社会压力测试诱导产生急性社会压力（或者非压力控制条件）。压力诱导结束后，参与者会观看150张欧洲人的面孔，也是

第三章 压力与记忆：水能载舟，亦能覆舟

一半展露恐惧情绪，另一半展露中性情绪。其中有 100 张面孔是参与者之前看到过的，50 张是新面孔。参与者同样需要按键，判断这张面孔之前是否看到过（图 3-2）。

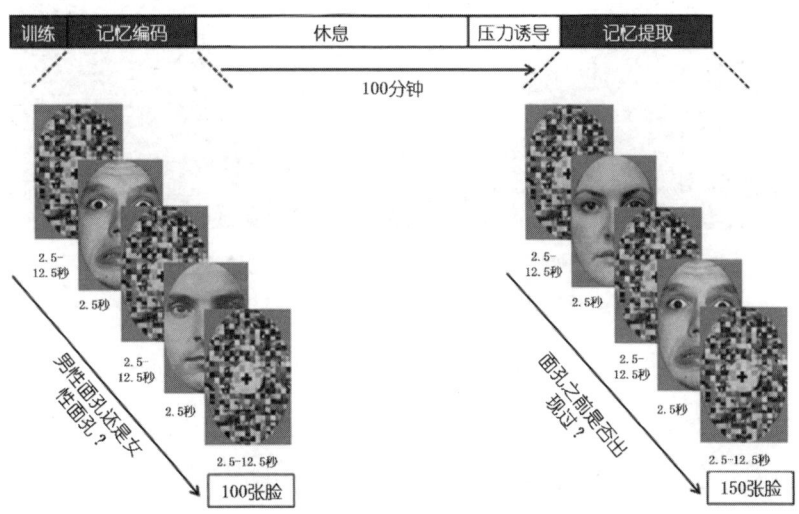

图 3-2 急性社会压力下的情绪性面孔再认实验流程示意图
（图来自李世佳等人，2014 年）

我们发现，急性压力确实损害了参与者对情绪面孔的再认（记忆）能力（Li et al., 2013），压力的存在严重干扰了记忆提取阶段左侧前额下叶和海马体的负激活（Li et al., 2014）。我们的研究也证实了压力下的记忆提取会导致大脑实施一种恐惧情绪优先的记忆分配模式，在这个过程中，前额下叶、海马体、脑岛、杏仁核和梭形脑区（面孔识别的主要脑区）都参与其中，分别发挥不同的作用（图 3-3）。前额下叶和海马体在记忆提取中的作用至关重要，两者都会在压力下针对恐惧情绪刺激改变激活程度。

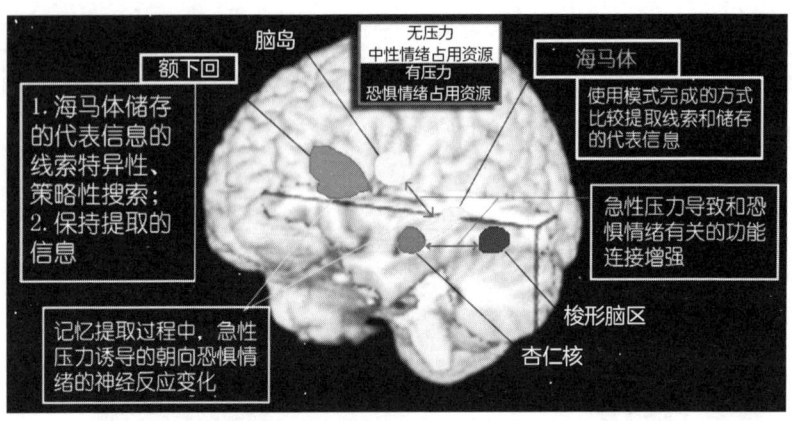

图 3-3 急性压力对情绪面孔再认的影响的神经机制示意图
（图来自李世佳，2014 年，博士毕业论文）

2017 年，希尔兹（Grant S. Shields）等人在一项元分析中整合了 113 项人类研究（包含 6216 名志愿者）的数据，发现当压力发生在记忆编码之前的很短时间内或记忆编码过程中，或者学习材料与压力源直接相关，压力就会改善记忆效果（沃尔夫在 2019 年的综述中称其为"学习环境中的压力"或"内在压力"的有益影响）；反之，如果压力发生在记忆编码之前的较长时间内，或记忆提取之前和提取过程中，记忆都会受到损害，如图 3-4 所示。

大脑的这种设计看上去似乎合情合理。当我们专注于记忆全新的知识时，我们需要对外部的刺激更敏感，所以需要尽可能地减少来自大脑内部的干扰。记忆的提取在此时就是这种干扰——一边努力背单词一边沉浸在对上一次生日派对的回忆中可不是件好事。无论是记忆的形成还是巩固，都需要尽量抑制记忆提取过程，压力的出现激化了这种抑制作用。遗憾的是，压力并不会挑时间，它对记

第三章 压力与记忆：水能载舟，亦能覆舟

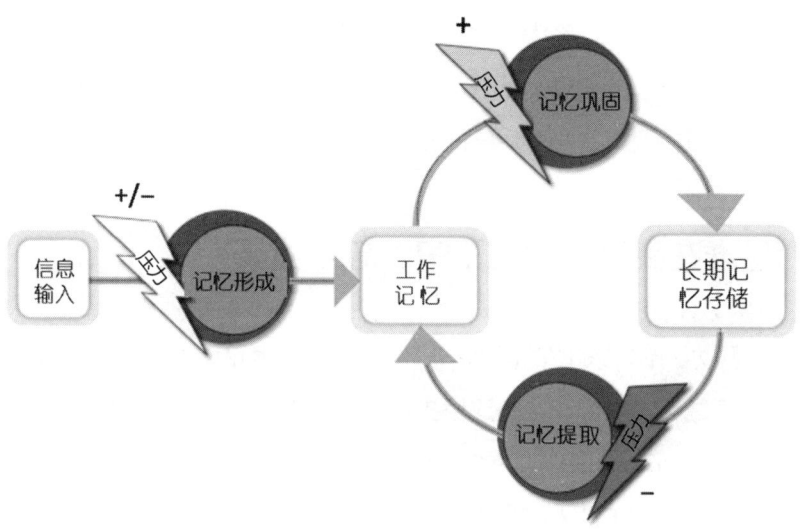

图 3-4 压力对长期记忆的相位依赖性影响

（+/- 代表增强或减弱效果，+ 代表有益影响，- 代表有害影响；图来自沃尔夫，2019 年）

忆提取的嫌恶在记忆提取过程中终于变成了一把双刃剑，让我们在期末考试中深刻感受到，越紧张，大脑越会被掏空。

这种大脑被掏空的无奈时刻在口试和即兴演讲中尤其常见，因为此时我们需要面对面试者或观众，可以立刻获得消极的社会反馈，这种社会评估威胁会进一步增强压力，我们体内不受控的压力激素明显被激活。

当你站在面试官面前或讲台上，感到口干舌燥，面红耳赤，大脑中一片空白——不要慌，你只是被压力挟持了。越着急，压力就会越大，就会离正确答案越远。这时候最好的选择是深吸几口气，让情绪缓和一下，尽量降低身体的唤醒度，放松身体，讲两个轻松的笑话暖暖场，或者喝口水让自己冷静下来。越平静，就越能够回想起之前遗忘的信息。记住，此时的你需要的是一个沉着冷静的大楼管理员，而不是一个疯狂的建筑工人。

"是谁在我眼前遮住了帘，忘了掀开？"

压力对记忆提取的影响不只是让我们在考试时表现不佳。在法证学领域，学者们开始关注目击证人证词的可信度与压力的关系。

克里斯蒂安森（S.-Å Christianson）在1992年的综述中提及这个问题。目击证人的相关记忆往往是充满了压力的经历，如血腥的谋杀现场，而他们也常常需要在充满压力的环境中回忆这些经历，如在警察局里和法庭上。在明知他们的记忆提取会在压力下受损的情况下，这些证词到底有多少可信度呢？克里斯蒂安森提到两个值得被关注的假说：一个是耶基斯—多德森定律，最初由耶基斯（Robert M. Yerkes）和多德森（John Dillingham Dodson）于1908年发现，是指在一定范围内，动机的强烈程度与表现的好坏成正比，但当到达峰值后，动机强度越高，表现反而越差；另一个是伊斯特布鲁克（J. A. Easterbrook）的线索—利用假说，指随着唤醒程度的增加，注意力的焦点会缩小，这一过程会首先排除无关的环境线索，但如果唤醒程度足够高，有关的环境线索也可能被排除掉。当然，目击证人证词的研究需要考虑大量因素，不能单纯因为压力对记忆提取有损害作用就认为目击证人的证词是完全不可信的；不过，相关人员在考量目击证人证词的可信度时需要考虑更多

第三章 压力与记忆：水能载舟，亦能覆舟

的可能性，如这两种假说提到的压力对动机的放大作用和对注意力的选择作用。

压力对注意力的选择作用并没有听起来那么深奥——简单来说，当我们突然被一个黑洞洞的枪口指着鼻梁的时候，我们的全部注意力很可能都在那个枪口上，会忽视近在咫尺的罪犯的长相。沃尔夫的实验室改动了经典的特里尔社会压力测试，以一种很简单的方式验证了这个现象（Wiemers et al., 2013）。在经典的特里尔社会压力测试中，两位面试官面前的桌子上零星放着一些办公用品，如订书机、水杯、印章等（图 3-5）。在面试过程中，面试官以预先设计好的标准化方式使用了桌上一半的办公用品（如使用订书机装订纸张），这些物品被称作"中心物品"，代表它们与压力源的中心（即面试官）有关，没有被使用的物品则被称为"外围物品"。在进行压力测试后的第二天，参与者被突击提问他们能否回忆起昨天桌上有哪些办公用品，他们需要从诸多干扰物品中识别出正确的

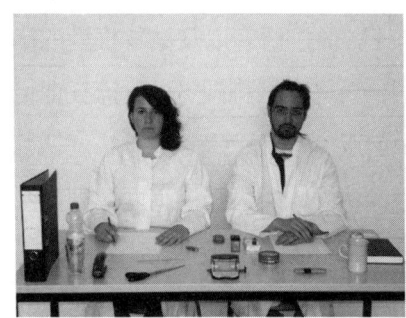

图 3-5 经典的特里尔社会压力测试情境（左图）和
友好的特里尔社会压力测试情境（右图）
（图来自沃尔夫，2019 年）

物品和面试官的面孔。在友好的特里尔社会压力测试中，参与者要面对的也是两名面试官，但与上一个情境中面试官冷淡而保守的态度不同，这次他们的态度友好而开放，能够提供积极的反馈，参与者也不再需要进行工作面试，而是自由谈论他们简历中的内容（如兴趣爱好、热爱的电影等）。面试官同样以预设的标准化方式使用桌上一半的办公用品。

不出所料，暴露在压力测试情境下的参与者能够更准确地认出更多的中心物体，对外围物体的记忆也不受压力的影响。同样的现象在沃尔夫实验室随后的多个相关实验中都被重复验证（Wiemers et al., 2013; Herten, Otto, & Wolf, 2017），当参与者佩戴便携式眼动仪参与实验后，沃尔夫等人也证实了在压力诱导过程中参与者确实花费了更多的时间去注视中心物体。

急性压力使我们对与压力源高度相关的中心物体的注意力和记忆都增加了，这个现象也许可以用情绪绑定模型来解释，该模型由尤内利纳斯（Andrew P. Yonelinas）和里奇（Maureen Ritchey）2015年提出。对人类的病理和神经影像学研究以及动物模型的研究都揭示了海马体、周围神经皮层、海马旁回和视觉处理流在记忆过程中起重要作用。视觉处理流源自双流假说，是一个被广泛认可的视觉信息神经处理模型。这一假说认为人类大脑拥有两套视觉系统：当视觉信息从枕叶（即视觉皮层）传出后经由两条路径传递，其中参与物体识别的腹侧流进入颞叶，而参与空间位置信息处理的背侧流最终进入顶叶。腹侧流因而又被称为"内容通路"，背侧流又被称为"空间通路"。

第三章　压力与记忆：水能载舟，亦能覆舟

在大脑的记忆系统中，这些脑区分担着不同功能：海马体通常占据功能金字塔的最顶端位置，参与对与特定事件相关的项目和上下文的绑定和提取（如将某个特定的人和特定的地点或时间联系起来）；周围神经皮层主要负责处理从腹侧流（内容通路）接收的关于项目的信息；海马旁回则负责处理从背侧流（空间通路）接收的关于上下文的信息。假定某个事件由海马体进行编码，这种编码就需要链接与事件的不同组成成分相关的各种皮层（如周围神经皮层的项目和海马旁回的上下文）。也就是说，项目的呈现（如某个人的脸）可能导致海马体绑定的重新激活，进而促使与上下文相关的信息（如某个地点）的重新激活（如与某个人的会面发生在某个地点）。同样，上下文相关的信息可以促使与项目相关的信息的重新激活——在某个地点遇到了某个人。因此，对某段记忆的提取同时涉及内侧颞叶的这三个区域的共同激活。情绪绑定模型更进了一步，即杏仁核可以将特定的情绪和记忆中的项目绑定在一起，而这种绑定会使该项目（记忆）更缓慢地被遗忘，因此，带有强烈的情绪色彩的记忆会更依赖杏仁核的功能，如图 3-6 所示。

沃尔夫认为，这种情绪绑定模型能够解释与压力有关的中心物体被更牢记住的现象。一方面，急性压力增强了参与者自身的情绪唤醒，如在面试中感受到尴尬、窘迫、愤怒等消极情绪，这些情绪与压力源（面试官）手中的互动物体（项目）绑定在一起，让它们更不容易遗忘；另一方面，压力下变得狭窄的注意力也让参与者更关注压力源本身提供的视觉线索，更容易忽略周边的视觉线索。

当然，情绪和记忆的联系十分复杂，情绪绑定模型只是其中一

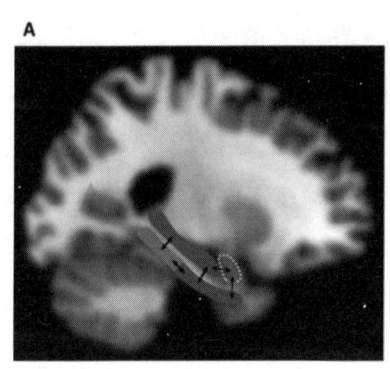

图 3-6　情绪绑定模型示意图

[图 A 标注了海马体（较深的长条形状）、杏仁核（虚线框出的位于海马体顶端的椭圆形状）、海马旁回和周围神经皮层（海马体下侧的长条形状）；图 B 示意了内侧颞叶模型（记忆模型）和情绪绑定作用之间的关系。图来自尤内利纳斯和里奇，2015 年]

个假说（我们将会在第五章更深入地探讨压力和情绪的关系）。那些被打上情绪烙印的记忆线索即使微如游丝，也能够一瞬间激发我们关于旧时的各种回忆，当然，这些回忆因注意力等原因不足以精确到成为呈堂证供。就像在那首我们很难遗忘的老歌《昨日重现》

第三章　压力与记忆：水能载舟，亦能覆舟

（*Yesterday Once More*）里，卡朋特（Karen Carpenter）那清冷而富有磁性的声音所咏唱的：

当我小时候 / 聆听收音机 / 等待着我最喜欢的歌曲

当歌曲播放时我和着它轻轻吟唱 / 我脸上洋溢着幸福的微笑

那时的时光多么幸福 / 且它并不遥远

我记不清 / 它们何时消逝

但是它们再次回访 / 像一个久无音信的老朋友

所有我喜爱万分的歌曲 / 每一个 shalala，每一个 wo'wo

仍然光芒四射……

警惕压力的"行为僵化"陷阱

人的记忆可以分成多个系统——你有可能记忆单词和数学公式并不在行，但能栩栩如生地向别人描述生日派对上发生的各种有趣的事情。上文提到的陈述性记忆和程序性记忆就是最典型的两个并行的记忆系统，它们同属长期记忆，即可以通过编码和巩固在大脑中保留较长时间（数十年甚至一辈子），且可以随时被提取出来的记忆。和长期记忆相对的就是感觉记忆和工作记忆，过去也被叫作"短期记忆"。虽然记忆由多个系统组成的想法最早可以追溯到 19 世纪哲学家和心理学家的著作，如哲学家德比朗（Pierre Maine de Biran）和心理学家詹姆斯（William James），但直到 1972 年和 1980 年，才由图尔文（Endel Tulving）、尼尔·J. 科恩（Neal J. Cohen）和斯奎尔（Larry R. Squire）通过对遗忘症病人的大量研究，总结出如今我们熟知的详细的多重记忆系统（图 3-7）。

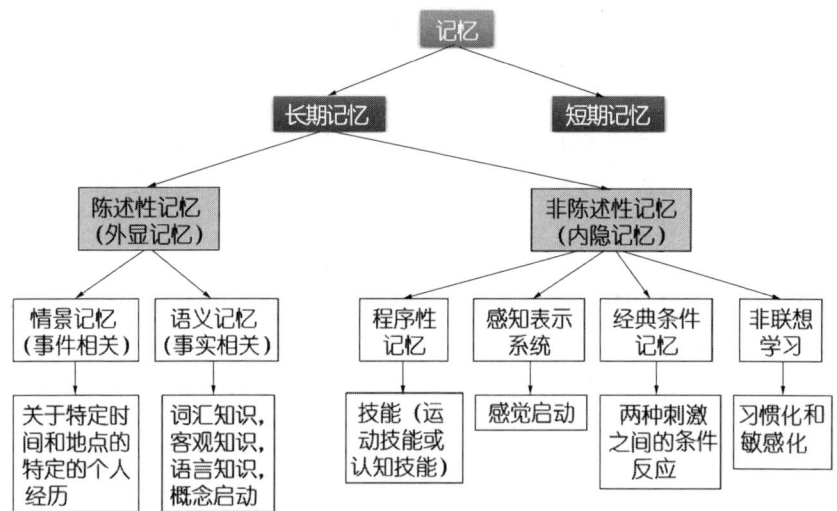

图 3-7 多重记忆系统示例图

1972年,图尔文提出了存储有关我们生活中经历的事件的情景记忆、这个世界的事实(如语言、概念、客观知识等)的语义记忆、与技能相关的程序性记忆,并指出情景记忆、语义记忆和程序性记忆是有区别的。1980年,尼尔·J.科恩和斯奎尔将陈述性记忆界定为"知道是什么",将程序性记忆界定为"知道如何做"。现在我们已经知道,陈述性记忆主要包括情景记忆和语义记忆。而除了程序性记忆以外,非陈述性记忆还可以分为很多种,如受到感知觉和情绪潜在影响的感知觉表示系统、与经典条件反射相关的经典条件记忆和最基本的非联想学习。正因为不同类型的记忆储存在不同的记忆系统中,我们才会看到电影里因为意外失去了"记忆"的主人公除了不记得自己是谁,经历过什么事情(情景记忆)以外,依然拥有对这个世界的基本常识(语义记忆,如知道桌子、椅子的用途),

第三章 压力与记忆：水能载舟，亦能覆舟

也拥有曾经学习过的技能（程序性记忆，如骑自行车）。

虽然我们可以把记忆概括为这些独立的系统，但实际上这些记忆系统是高度相关的，其相互作用也十分复杂。金（Jeansok J. Kim）和巴克斯特（Mark G. Baxter）2001年将这些系统之间的关系概括为竞争、协同和独立性。沃曼斯（Nicol C. Voermans）、费尔南德斯（Guillén Fernández）等人于2004和麦金太尔（Christa K. McIntyre）等人于2003年提出记忆系统之间的协作作用，一个系统还可以补偿另一个系统的功能退化。

即使我们暂不考虑记忆系统之间的多种相互关系，当我们讨论"压力如何影响记忆"这个问题时，更准确的问题应该是："什么程度的压力，在记忆的哪个阶段，影响了何种记忆系统？"

在动物模型上，常用莫里斯水迷宫的实验来测试压力对不同记忆系统的影响。在人为制造的浑浊的圆形水池中，有一个隐藏在水面下的小平台。被放进水池的大鼠（或小鼠）无法攀爬水池光滑的四壁，只能在水池中不停游动。当它们游到小平台附近时，会爬上平台获得喘息的机会。如果大鼠记住了这个平台在水中的位置，下一次将它们放进水池里时，它们会径直游向平台。2001年，在金等人的实验中，水池中的平台变得可见，此时大鼠在任务中的表现既可以体现依赖海马体的空间记忆（即认知记忆，属于陈述性记忆），又可以体现依赖新纹状体（或纹状体）的刺激—反应记忆（即习惯记忆，属于非陈述性记忆）。通过将平台定位到新的位置，然后记录大鼠的不同反应，可以判断这两个记忆系统的贡献程度：迅速游到原来的平台位置可以解释为空间记忆在起作用，迅速游到新的平

台位置则代表着刺激—反应记忆占优势。如果在训练之前诱导产生压力，大鼠会增加刺激—反应策略的使用，减少对空间记忆策略的使用。

施瓦布等人2007年尝试研究在人类身上压力是否也有相同的作用，他们设计了一个在模型房间里找牌的游戏。模型房间如图3-8所示，它是由可以移动的墙壁围成的，还可以转动，体积大约是50厘米×50厘米×50厘米。模型房间的中央是一张正方形桌子，桌子的四个角放着四张相同大小的卡片（空白面朝上），其中一个角上还放着一株绿植。每面墙上都有一个可以用作空间线索的物体——门、窗、图画或时钟，都位于墙的正中。椅子放在房间的一个角上。桌上的四张卡片中有一张写着"赢"，另外三张则写着"没有赢"。参与者坐在模型房间前面，用手指指向他们认为写着"赢"的卡片，如果猜对了，将会获得少量的金钱奖励。每一轮猜完之后，参与者要闭上眼睛，由实验者转动模型房间，并移开另一面墙，这样，参与者每一轮都可以以不同的视角观察房间里的物体。在所有实验中，赢卡都在同一个位置，但是这个信息并没有提前告知参与者。参与者可以通过绿植的位置来判断赢卡的位置（绿植在哪边，赢卡就在哪边，即刺激—反应记忆策略），或通过墙面上的空间线索来判断（赢卡在门和窗之间，即空间记忆策略）。在前12轮游戏中，虽然参与者的观察视角一直在变化，房间的布局却保持不变，直到第13轮，桌面上的绿植被移到另一个桌角。如果参与者使用的是空间记忆策略，他们就能够找到真正的赢卡；如果参与者使用的是刺激—反应记忆策略，他们必然会指向错误的卡

第三章 压力与记忆：水能载舟，亦能覆舟

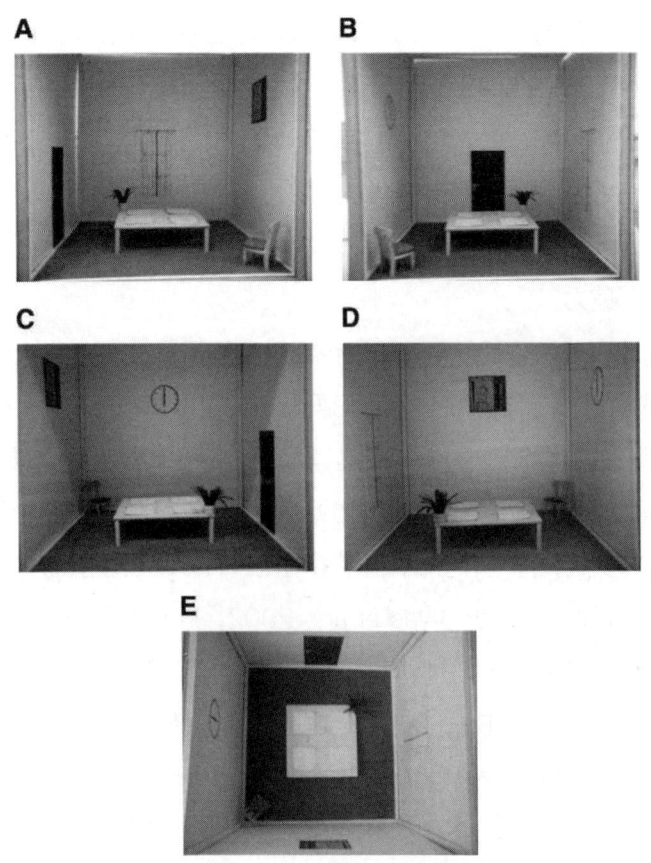

图 3-8 人类的双系统记忆测验

（图中所示为模型房间的布局，A—D 是从四种不同空间线索的视角观察，E 是俯视下的整体布局。图来自施瓦布等人，2007 年）

片（即绿植旁边的卡片）。有意思的是，如果提前诱导产生了急性压力，相对于没有压力的控制组，压力组有更多的参与者会使用刺激—反应记忆策略。可见，压力诱导确实有利于基于新纹状体的刺激—反应记忆，付出的代价则是基于海马体的空间记忆。

施瓦布和沃尔夫在 2009 年还发现，压力同样会在工具学习中调节多种记忆系统的使用。在工具学习中，人们有可能发展由两种不同系统引导的行为，一种是与前额叶皮层功能密切相关的目标—定向学习系统，另一种是依赖背侧纹状体的习惯学习系统。同样，急性压力会促进习惯学习系统，减弱目标—定向学习系统在工具学习中的影响力。

施瓦布等人 2008 年的研究也证明，不仅急性压力有这样的作用，慢性压力同样导致小鼠在空间任务中更倾向使用刺激—反应记忆策略，在测试前几个月中具有高压力的健康人亦然。事实上，慢性压力导致的后果也许能够更好地解释这个结果：慢性压力会使前额叶皮层和海马体萎缩，纹状体和杏仁核却会变得肥大（Dias-Ferreira et al., 2009; Vyas et al., 2002; Popoli et al., 2011）。施瓦布和沃尔夫等人 2012 年的研究还发现，这种压力的影响甚至可以追溯到出生之前——如果母亲在怀孕期间经历过重大压力生活事件，成年之后在虚拟导航任务中同样会更高频地使用依赖新纹状体的习惯记忆。从认知记忆（陈述性记忆，空间或目标导向）到习惯记忆（非成熟性记忆，刺激—反应导向），记忆系统的这种转变可能是源于压力对认知记忆系统的损害，或压力对习惯记忆系统的增强，或在损害认知记忆系统的同时增强了习惯记忆系统。

在 2013 年的一篇综述中施瓦布和沃尔夫总结道，人们在压力大时从认知记忆系统向习惯记忆系统的转变可能是适应性的，因为习惯记忆系统占用较少的认知资源，效率更高，这种转变能够使人更快地作出反应，避免犹豫和延迟，节省应对持续压力源所需的大脑资源。证据之一就是使用药物阻止这种压力引起的记忆系统改变反而会损害学习效果（Schwabe, Wolf, & Oitzl, 2010），因为压力出现后认知系统是受到抑制的，如果此时还依赖已经受损的大脑功能，必然得不偿失。

长期依赖这种"不需要太多思考"的记忆系统，虽然当前对环境可能是适应的，却很可能要以长远的环境适应性（即行为灵活性）为代价，这种拘泥于旧有习惯和记忆的策略可能会阻碍适应新情况和不断变化的环境。这种思维和行动上的僵化甚至可能成为一些心理疾病，如抑郁症、创伤后应激障碍或成瘾等的主要诱因。

过于舒适的坏处

这是一个风和日丽的清晨，你早早被闹钟叫醒，洗漱后，你感到大脑格外清醒，决定趁机好好背一下单词。你在沙发上找了一个十分舒服的位置斜躺上去，翻开了单词表，"abandon, abandoned, abbreviate..."，然后你迷迷糊糊地睡了过去。

又是一个风和日丽的清晨，你早早被闹钟叫醒，洗漱后，你突然想起下午就是英语考试。你的心脏飙车般狂跳了一分钟之后，决定死马当作活马医，能背多少单词就背多少。你赶紧在书桌前坐下，抓起单词表开始死记硬背，不管是邻居家的狗在打架，还是家里的猫咪跑过来撒娇，你统统无视。现在的你就是一台没有感情的背单词机器人。

这样的场景虽然略显夸张，但相信大多数人都有相似的经历和体验。当我们感叹自己的拖延症已无药可救时，却又坚定地相信最后一刻自己总能"大力出奇迹"。截止日的最后一天总是充满了压力，而这一天的效率又总是出奇得高。虽然这种现象的发生很大程度上是因为孤注一掷，实现了自我约束，但压力似乎也在其中发挥一定的作用。

2006年，库尔曼（Sabrina Kuhlmann）和沃尔夫做了一个实验，研究测试环境对糖皮质激素和人类记忆力的影响。参与者上午学习单词表，下午测试对单词的记忆。一部分参与者口服了皮质醇，剩下的服用了安慰剂，实验采用双盲设计[①]。在参与者服用了皮质醇或安慰剂，等待药物发挥作用的时间里，参与者会待在一个比较舒适的环境里（如实验者的办公室），不时可以与实验者攀谈几句。而在之前（库尔曼和沃尔夫2005年的两个实验）的实验中，参与者通常需要独自坐在走廊中或者实验准备室里，直到时间到了，实验者才叫他们进入实验室。实验结果显示，在宽松的测试条件下，皮质醇对记忆的提取并没有明显影响——这和之前的服用皮质醇影响了记忆提取的实验结果并不相同。研究者意识到，皮质醇对记忆提取的影响至少需要适度的身体唤醒，因为过于宽松的测试环境很可能会抑制皮质醇的作用。

鲁曾达尔和麦克高等人2006年在大鼠身上的研究也许能够解释这个现象背后的神经机理。有一种常见的"新物体识别测试"的记忆实验，是利用动物天生有探索新物体倾向的原理设计的。在自

---

① 双盲设计中，实验的研究者和参与者都不知道参与者服用了什么，排除了执行实验的双方的预期对实验的影响。

第三章　压力与记忆：水能载舟，亦能覆舟

由活动状态下，动物会被摆放在活动空间里两个固定位置上的新鲜玩具 A1 和 A2 吸引注意力，这两个玩具一模一样，只是摆放位置不同。随后玩具被拿走，动物对玩具的记忆进入巩固阶段。过了一段时间后，动物进入相同的活动空间，原本放着 A1 和 A2 的位置摆上了两个新玩具 A3 和 B。A3 与 A1、A2 一模一样，B 则与这三个玩具不同。如果动物对原有的玩具记忆深刻，它们应该很快分辨出玩具 B 是一个全新的、值得一探究竟的东西，就会在玩具 B 附近停留更多时间。

在动物行为学实验中，动物往往需要在一个新的实验笼里完成实验；而为了减少动物对新环境的恐惧，一般在实验开始前一周，实验者会每天在固定时间（通常是之后做实验的时间）把动物放入实验笼里熟悉环境，同时也能让动物对实验者更熟悉。鲁曾达尔等人将大鼠分为两组，一组按照常规有 7 天的熟悉环境过程，另一组则没有熟悉环境的过程，直接开始实验。皮质醇[①]的注射在训练阶段结束，也就是大鼠已经玩够了玩具 A1 和 A2 之后马上进行。为了研究糖皮质激素剂量的影响，每组大鼠又分成四个不同剂量组，分别是控制组、低剂量组（0.3 毫克 / 千克皮质醇）、中剂量组（1.0 毫克 / 千克皮质醇）、高剂量组（3.0 毫克 / 千克皮质醇）。有意思的是，没有经历熟悉环境过程的大鼠，如果在记忆开始巩固的时候注射中剂量和高剂量的皮质醇，在第二天的记忆测试中，它们会在玩具 B 身边花更多的时间，这说明中剂量和高剂量的皮质醇确实强

---

① 大鼠体内应该是皮质酮，为了便于记忆，此处写作皮质醇。

化了它们的记忆巩固。但事先已经熟悉了环境的大鼠没有从皮质醇的注射中获益,说明皮质醇发挥作用也需要环境的参与——一个完全陌生的、令鼠警醒或者令鼠不快的环境,而不是一个熟悉的、令鼠感到安全的环境,更有利于升高的皮质醇浓度对记忆系统发挥作用。

鲁曾达尔等人推测,这应该是因为大鼠在陌生环境中的身体高度唤醒发挥了作用。为了验证这个推测,他们又进行了新的药物实验。由于身体唤醒和肾上腺素有关,假如给没有熟悉环境的大鼠注射肾上腺素阻断剂,压抑大鼠的身体唤醒,同时给有熟悉环境(没有身体唤醒)的大鼠注射肾上腺素激动剂,提高大鼠的身体唤醒,它们的记忆会发生什么变化呢?

普萘洛尔是一种非选择性 β-肾上腺素受体阻断剂,常用于治疗高血压、心律不齐、甲状腺功能亢进等疾病,能够有效地降低肾上腺素的活动,减少身体的唤醒。育亨宾是 α2-肾上腺素受体阻断剂,但是由于 β-肾上腺素受体和 α2-肾上腺素受体的功能正好相反——前者促进肾上腺素的活动,后者抑制肾上腺素的活动,所以阻断了 α2-肾上腺素受体的功能反而会使肾上腺素的活动增强,提高身体的唤醒度。和预期的一样,人为降低了身体唤醒度(注射普萘洛尔)的大鼠不再保持中剂量和高剂量皮质醇所带来的记忆优势,人为提高了身体唤醒度(注射育亨宾)的大鼠却在注射了中剂量皮质醇后获得了记忆优势(图 3-9)。

我们都知道,学习的时候需要适度的压力,压力也是一种自我鞭策。无论是悬梁刺股的训诫,还是囊萤映雪的典故,抑或"寒窗

第三章　压力与记忆：水能载舟，亦能覆舟

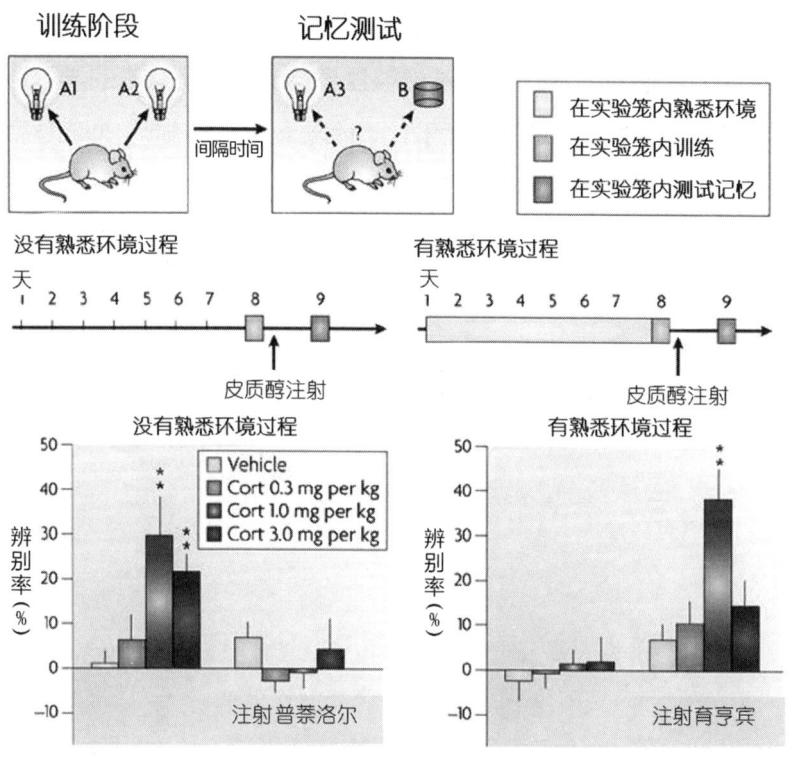

图 3-9　皮质醇对物体识别训练的记忆巩固作用需要肾上腺素带来的身体唤醒
（图来自鲁曾达尔等人，2009 年）

苦读"这种诗词里屡屡出现的读书场景，都有压力的影子。我们现在还知道，能够让压力发挥积极作用的也应该是一个能够让身体保持足够唤醒度的环境，而不是过于舒适、让人昏昏欲睡的环境。这么看来，在闹市读书以磨炼自己意志的传闻，没准儿也有一定科学根据——闹市虽然干扰物很多，但能够保障身体足够的唤醒度。

当然，我并不是提倡大家都到闹市去读书，而是说我们应该创造专属于自己的有轻微压力并能够让身体保持唤醒状态的学习环境。一段有提神作用的背景音乐，一杯清茶或一杯咖啡，抑或适度健身，都能够让我们保持清醒，也能够让压力更好地帮助我们集中注意力。

第四章 "压力山大"时，你能选对吗？

2019年9月30日，以2018年5月14日四川航空3U8633号航班所经历的空中劫难为蓝本的电影《中国机长》上映，再次唤醒人们对这个近乎传奇的事件的记忆。

在近万米的高空中，机组成员突然遭遇了驾驶舱玻璃破损、驾驶舱失压、副驾驶半个身子被吸出舱外、舱内温度骤降到零下40多度的险象环生的情景。在如此重压之下，机长的每一个决定都是致命的——不仅仅关乎自己的性命，更关乎另外8名机组成员和119名乘客的性命。我们很难想象，此时的刘传健机长如何努力保持着冷静和理智，作出一个个关键的选择，最终平安将客机降落在成都机场上。不是所有人都会面临如此的重压，但我们的生活经验在不停告诉我们，在压力下进行抉择真的太困难了。毫无疑问，在那一刻，这位中国机长临危不惧的勇敢和久经锻炼的职业素养拯救了所有人，他是一个当之无愧的英雄。

压力下的决策到底有多难？当面临压力的时候，如何保证自己的选择是理性的？

理性还是感性？这是个问题

社会心理学家海特（Jonathan David Haidt）曾经在他2006年的畅销书《象与骑象人》（*The Happiness Hypothesis: Finding*

Modern Truth in Ancient Wisdom）中，用象和骑象人来比喻人性中的非理性和理性之争。非理性的大象充满蛮力，桀骜不驯，而骑象人努力用理性的缰绳控制着这头大象。

在人类古老的哲学和心理学文献中，常常可以见到对人类这两种不同的思维方式的描述：一种是快速的直觉思维方式（象），另一种是慢速的审慎思维方式（骑象人）。在社会心理学和认知心理学的领域里，这种双通道理论一直是研究的关注焦点，会涉及推理和更高的认知过程（如判断和决策）。双通道理论的起源最早可以追溯到1974年沃森（Peter Cathcart Wason）和埃文斯（Jonathan St. B. T. Evans）发表的论文《推理中的双重过程？》（*Dual Processes in Reasoning?*），文中首次提出，在推理过程中，行为和意识思维之间至少存在某种形式的双重处理。

2013年，埃文斯和斯塔诺维奇（Keith E. Stanovich）发表了一篇综述，详细总结了高级认知功能中的双通道理论的进展和挑战。由于双通道的假说在心理学的多个领域都很流行，而不同领域中的相关理论都是独立发展的，这导致了相关的批判，所以近些年来越来越多的研究尝试将这些理论整合起来：这个广泛的双系统理论包括直觉（系统1）和反思（系统2）这两套特征鲜明的系统（表4-1）。

系统1无须费力即可快速、自动运行，它激活了我们对刺激的先天和本能反应。例如，当人们发现面前有一条蛇，或感觉到草丛里可能有一条蛇，就会本能地感到恐惧，无须过多考虑就会迅速回避，这种遗传学上的联系反应可以增强我们应对重大环境挑战的能

第四章 "压力山大"时,你能选对吗?

表4-1 双系统理论

系统1过程(直觉)	系统2过程(反思)
定义功能	
不需要工作记忆 自动的	需要工作记忆 认知解耦:心理模拟
典型相关	
快速 高容量 并行 无意识的 带有偏见的响应 与情境相关的 自动的 联想的 基于经验的决策 与认知能力无关的	慢速 容量受限 串行 有意识的 规范的响应 抽象的 控制的 基于规则的 基于结果的决策 与认知能力相关的
系统1(旧的心智)	系统2(新的心智)
进化较早 与动物认知相同 内隐知识 基础情绪	进化较晚 人类独有的 外显知识 复杂情绪

力。长时间的实践和经验也会使人产生直觉性行为或习惯。

系统2运行缓慢、费力,且需要复杂的计算。这种计算主要用来比较每种选择的优缺点,直到可以作出最佳选择。研究者一般认为,系统2在进化上较晚出现,还可以灵活地检查和修改。

当我们进行决策的时候,什么时候系统1发挥作用,什么时候系统2发挥作用呢?

斯塔克(Katrin Starcke)和布朗德(Matthias Brand)在2012

年的综述中提到，在我们的决策中是直觉经验（系统1）还是理性分析（系统2）起关键作用，或是协同工作，直接取决于作选择时的情境确定程度，即有些决策情境是否比其他决策情境提供了更多有关预期结果的信息。根据这些可以协助判断的信息的多少，可以将决策情境粗略划分为以下四种：

第一种是完全无知，即完全不知道某种选择可能对应的任何后果。

第二种是不确定或模棱两可，即知道可能会有什么样的结果，但不知道达成这种可能性的具体概率。

第三种是风险，即知道可能会有什么样的结果，也知道达成这种可能性的具体概率。

第四种是确定，即明确知道只可能有一种结果。

要理解这种情境确定性的划分并不难。以我们熟悉的某些手机游戏中的抽卡为例，假设有这样四个卡池：在第一个"完全无知"卡池里，你不知道每次抽卡的结果是什么，也许抽到道具，也许抽到钱，也许什么也没有。总之，没有任何可以帮助作判断的线索。在第二个"模棱两可"卡池里，你知道你会抽到人物卡，有可能是超级稀有的，也有可能是普通的，但你并不知道抽到的概率。在第三个"风险"卡池里，你知道自己有40%的概率抽到超级稀有的人物卡，60%的概率抽到普通的人物卡。在第四个"确定"卡池里，你知道自己会百分百抽到超级稀有的人物卡。

通常情况下，情境的确定性越高，人们越倾向依赖理性分析（系统2）；反之，情境的确定性越低，人们越倾向依赖直觉经验

第四章 "压力山大"时,你能选对吗?

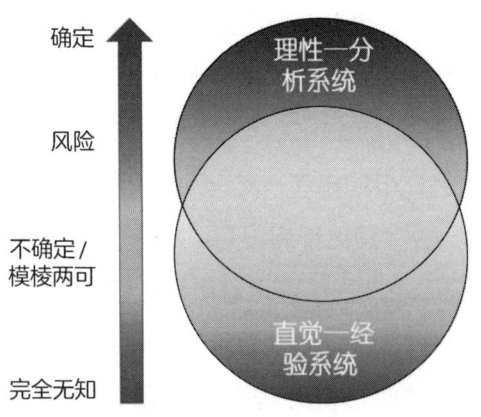

图 4-1 双通道系统和情境确定性示意图

(系统 1)。理论上讲,在完全无知的情境下,直觉经验系统往往比理性分析系统更好。毕竟,如果可用信息为零,也就无法理性分析。在确定的情境下,理性分析系统应当是首选,因为结果完全可以预测。而在风险和不确定或模棱两可的情境下,理性分析系统和直觉经验系统都会涉入其中,而最终会作出什么样的选择就取决于两个系统的博弈结果了(图 4-1)。

最佳选择:数字说了算,还是直觉说了算?

在心理学和经济学领域,科学家最感兴趣的还是风险情境下人们的决策风格。这首先是因为,这个概率是确定的——如果人们完全依赖理性来作判断,就应该遵循概率规则。无论风险情境多么复杂,只要它是有规律可循的,就可以通过数学模型来解释和预测决策结果。这个数学模型将会比较所有可能的替代方案，然后按照偏好的优先程度排序，偏好则由个人的优化程序决定。约瑟夫·G.约翰逊（Joseph G. Johnson）和布西米尔（Jerome R. Busemeyer）2010年提出了一个基础的优化选择模型。在这个模型中，大多数决策理论都假设可以将决策本身抽象为单个行动X的选择，该选择由选择了该行动所导致的可能的结果估值 {x_1, x_2, …, x_n} 和选择了该行动之后可能出现的每种结果的相关概率 {p_1, p_2, …, p_n} 共同决定。理论上，要获得最佳的结果，只要选择能够让期待的结果 $EV(X)$ 最高的那个 X 就可以了。

$$EV(X) = \sum_{i=1}^{n} p_i x_i$$

举例来说，假设你需要从以下两种情况中作选择：

方案 1，你有 100% 的概率可以获得 100 万元。

方案 2，你有 89% 的概率获得 100 万元，有 10% 的概率获得 500 万元，有 1% 的概率没有任何奖励。

根据 EV 方程式，选择方案 1，EV（1）的值是 100 万元；选择方案 2，EV（2）的值会额外多出 39 万元，毫无疑问，方案 2 才是最优选择。但你真的会毫不犹豫地选择方案 2 吗？你会不会觉得，100% 的概率获得 100 万这笔巨款不好吗？干吗要冒着一分钱都拿不到的风险去选择方案 2 啊？傻不傻？

如果有 100% 的概率获得的奖励不是 100 万元，而是 1000 元呢？当我们评估方案 2 的风险时，相较与 1000 元擦身而过，与 100 万元失之交臂是否更让人痛心疾首？

第四章 "压力山大"时,你能选对吗?

现在我们添加新的规则:这并不是一次性选择,你可以重复选择 10 次。你是否又会觉得:"反正有 10 次机会,不如尝试几次有风险的方案 2 ?"

约瑟夫·G. 约翰逊认为,对于多次重复进行的赌博,*EV* 规则似乎是合理的;但对于只玩一次的高额赌注,很显然,对不同经济状况的人来说,选择方案 2 的吸引力是不同的。残酷的是,1000 元对工薪阶级和亿万富翁而言主观价值并不相同。对于平均月工资 7832 元(2018 年上海)的工薪阶级,将更多的主观价值放在比月薪 8/1 还多的客观金额上是理所当然的事,更不用说 100 万元了。因此,即使期望值较低,大多数实验参与者也会选择方案 1。

所谓的"最优选择"永远是相对的,每个人的"最优"很可能并不相同。即使对于风险概率确定的情境,我们有时候也很难作出完全客观的选择,因为情绪和感受等主观价值总扮演重要的角色。大量研究显示,人类并不总是会选择经过审慎计算而得出的决策。正好相反,人们可能更经常基于启发法(如试错法和排除法)、偏见和其他"非理性"或直觉倾向作出决断。

以一种常见的心理学现象"框架效应"为例。仅仅改变陈述问题的语句或方式,就可能对判断和决策产生很大影响,如"半个瓶子是空的"相比"半个瓶子是满的",带来的情绪体验会截然不同。框架效应最早于 1981 年由特维尔斯基(Amos Tversky)和卡内曼(Daniel Kahneman)提出。假设你必须从以下选项中二选一,你会怎么选:(A)有 100% 的概率获得 250 元;(B)有 25% 的概率获得 1000 元,有 75% 的概率什么也得不到。接下来,从以下选项中二选一，你会怎么选：（A）有 100% 的概率输掉 750 元；（B）有 75% 的概率输掉 1000 元，有 25% 的概率什么也不会输掉。

在第一种选择中，因为是稳赢不赔的获利框架，人们往往会规避风险，大部分人会选择 A；在第二种选择中，因为是稳输不赢的损失框架，人们往往偏好冒险，更希望能够赌一把运气，挽回败局，大部分人会选择 B。一直以来，框架效应被认为是人类在决策中最容易出现的偏见之一；随着年龄的增强，框架效应的影响力也越来越强。

当然，人们更经常出现的偏见就是完全忽视概率的存在。很多人明明知道投入再多的钱也不会改变中奖的概率，却总希望自己终有一天成为那幸运的 0.001%。换句话说，我们都具有作出理性选择的能力，前提是我们愿意这么做。

理论上，风险情境下人们依靠理性分析系统更容易获利，但依然有很多人因为各种主观偏见，更倾向使用直觉经验系统作出判断。在模棱两可的情境下，人们则只能更多地依赖直觉经验系统，因为可供理性分析的线索实在太少了。彭（Michel Tuan Pham）2004 年提出，情绪通过不同的方式影响决策。一方面，情绪被当作与替代方案相关的信息线索，为价值的评估提供消极或积极的影响；另一方面，情绪能够启动思维，触发和情绪绑定在一起的记忆，将与过去经验相关的信息提取到意识层面。

达马西奥（Antonio R. Damasio）1996 年提出了躯体标记假说，认为在模棱两可的情境下，人们作出的决定很大程度上由躯体标记指引。通常情况下，人们作出决定之后，后果无论是奖励还是惩罚，都会引起与某些身体状态相对应的情绪反应。在后来的相似决策情境下，人们将会首先重新体验这些躯体状态，为可用的替代方案作出标记。这些标记有可能成为开始或警告的信号，尝试将当前的决定引导向一个比较有利的方向。根据这个假说，对奖励和惩罚的敏感性在躯体标记物的产生中起核心作用，这些躯体标记带来的"直觉反应"也往往发生在由认知资源处理过的选择之前。在高度不确定的情境下，这些反应十分重要，它们也是我们作出正确判断的唯一依靠（当然，它未必一定正确，因为情境可能改变）。一般来说，如果某种选择在带来较丰厚潜在回报的同时也存在较高的惩罚风险（如赌博），或者是本来能够获得即时回报，但等待一段时间后可以获得更丰厚的回报（如跨期决策），对奖励和惩罚的敏感性就会至关重要。

这就引出了我们最关心的问题：由于情绪反应所唤醒的躯体标记很大程度上与压力反应唤醒的躯体标记重合，压力会如何影响我们的决策呢？

压力让奖励更诱人，还是让惩罚更可怕？

余荣军（Rongjun Yu，音译）在 2016 年基于压力和决策领域的相关研究，提出压力引发的审慎到直觉模型，简称压力下的直觉式模型。也就是说，压力大的人可能会更多地依靠直觉经验（系统 1），而更少地依赖理性分析（系统 2）。在上一章我们已经介绍过，急性压力会促进从灵活的认知记忆系统向相对僵化的习惯记忆系统的转变，其中的原理很可能也是压力引发的双系统的转变。

斯塔克等人（2012）和余荣军（2016）都认为，压力很可能改变决策过程中人们对奖惩的敏感性。马瑟（Mara Mather）和莱特霍尔（Nichole R. Lighthall）2012 年提出压力触发额外的奖励显著性，这个模型的理论基础是压力能够增强与多巴胺能相关的大脑奖赏系统：在大鼠中，急性压力会通过皮质醇介导，增加伏隔核的细胞外多巴胺水平；还会增加大鼠脑中多巴胺神经元的放电速度，导致多巴胺神经元长时程增强；在人类中，使用正电子发射断层扫描技术发现，遭受压力会增加健康年轻人大脑纹状体中多巴胺的含量。马瑟和莱特霍尔的研究显示，压力能够使人们在获得积极反馈时学习得更好，在获得消极反馈时学习得更差。也就是说，压力增加了积极反馈的鼓励作用，也增加了消极反馈的破坏作用。普鲁斯纳（Jens C. Pruessner）等人 2004 年发现：压力会刺激奖励加工大脑区域中多巴胺的释放，可能因此增强对先前有益结果的选择，但也会削弱对先前不良结果的回避。

高桥大树（Taiki Takahashi）等人 2007 年研究了压力是否影响"独裁者游戏"中的决策。在独裁者游戏中，参与者可以在自己和另一个人之间分配一笔款项，被分配的人只能被动接受，所以分配的决定权完全掌握在参与者手中。此时，将金钱大部分或者全部分配给自己是奖励（高收益），但会受到良心的惩罚。实验中，相比对照组，遭受了社会评估（压力）并且表现出压力反应（α-唾液淀粉酶含量上升）的参与者分给了被分配者更多的钱。

第四章 "压力山大"时,你能选对吗?

奥利弗(Georgina Oliver)等人(2000)和泽尔纳(Debra A. Zellner)等人(2006)调查了压力对食物选择的影响,发现在压力下人们更倾向选择味道好但不太健康的高脂食物,女性也更容易在压力下增加饮食。这可能是因为这些不健康的食物可以释放内源性阿片类物质(包括脑啡肽和内啡肽),这些物质有调节心境和降低压力反应的作用,是一种即时奖励。但高额的"奖励"也伴随着"惩罚",导致长期的负面后果,如体重增加、健康水平下降等。2015年,梅耶(Silvia U. Maier)等人在脑影像实验里验证了压力对"渴望"或"想要"信号的放大效应,即压力下人们会更偏向能够获得立即奖励(如更美味的食物),更难以自我控制;当人们选择美味而非健康的食物时,他们大脑中的杏仁核和腹内侧前额叶的功能连接也增强了,这种即时奖励进一步降低了自控力。

但压力是否一定会增强奖惩敏感性仍无定论。伯格霍斯特(Lisa H. Berghorst)等人2013年使用带有威胁性的电击来诱导压力,发现压力有选择性地降低了压力反应强烈的参与者的奖励敏感性,但对惩罚过程没有影响。波切利(Anthony J. Porcelli)等人2012年也发现,当参与者处于急性压力下,他们大脑中的背侧纹状体和眶额皮层的激活程度在奖励和惩罚情境下都出现不同程度的降低,但尚不清楚这种脑激活模式是源于对奖励的敏感性降低,还是源于对惩罚的响应增强,抑或两者兼有。

我们都知道,趋利避害是一种本能反应,人们在追求利益的同时也会尽力避免损失,有时候为了避免损失甚至会放弃收益,这就是损失厌恶。压力下的直觉式模型也强调压力对规避损失的增强作用。在2000年的综述中，萨波斯基提出，处于慢性压力中时，糖皮质激素可以通过杏仁核和海马体发挥作用，促进对消极刺激的选择性关注，使动物在没有任何预兆的情况下发现威胁和风险。换句话说，压力不仅能够促进针对消极性刺激的偏见，还可能有助于形成与威胁相关的联想。2007年，罗洛夫斯（Karin Roelofs）等人使用特里尔社会压力测试诱导压力的方法，发现压力产生后皮质醇增加较多的参与者对威胁信息表现出一定程度的注意力偏向，且对愤怒的面孔有更高的警觉性。

2012年，阿奎诺拉（Modupe Akinola）和门德斯（Wendy Berry Mendes）在警察群体中进行了一个很有意思的决策实验，81名现役警察参与了实验。[1] 在熟悉实验环境并获得充分的休息后，实验者使用一个修改过的特里尔压力测试实验诱导这些警察的社会压力。参与者被告知，要在模拟工作面试中进行5分钟的角色扮演，在此期间他们要担任主管的角色，与心怀不满的公民互动，后者因为自己所经历的事情而对另一名警官抱怨连连。这个角色扮演将在一男一女两名评估者面前进行，实验者向警察解释，这是对官员在处理类似情境时的效能评估。心怀不满的公民是一位黑人男性演员，声称他遭受警察的肢体和口头虐待，而这种遭遇源于种族主义动机。与经典的特里尔社会压力测试一样，整个过程会被录像，实验者也会向警察解释说这是为了方便评估者进行事后评估，评估结果将会用来协助警察局决定是否将这种角色扮演方法纳入警

---

[1] 该实验记录在施罗德（Donald J. Schroeder）和伦巴多（Frank A. Lombardo）2004年出版的书《警察测试》（*Police Sergeant Exam*）中。

第四章 "压力山大"时,你能选对吗?

员升职的评定系统中。

压力诱导完成后,警察们会在两名评估者的注视下完成一个"开枪/别开枪"视频游戏任务。游戏中会出现50个男子的图像(25个黑人和25个白人),以5种姿势握着各种型号的枪和其他物品(如黑色钱包、汽水罐和手机)。每个男子都会出现两次,一次带枪,一次带无害物品,他们身处的背景则被随机分配,包括乡村、城市公园、公寓外墙旁等,如图4-2。警察需要在看到画面之

图4-2 "开枪/别开枪"视频游戏任务示意图
(A图,武装的黑人;B图,未武装的黑人;C图,武装的白人;D图,未武装的白人。图来自阿奎诺拉和门德斯,2012年)

后尽可能快地作出反应（850毫秒内，否则会受到惩罚）：如果是武装人员，就按下"开枪"按钮；如果是非武装人员，就按下"别开枪"按钮。结果显示，压力诱导后皮质醇增加较多的警察在随后的决策任务中犯的错误更少，说明下丘脑—垂体—肾上腺轴的激活可能会增强对威胁线索的关注。

总之，压力既可能让我们更看重奖励，增强奖励在学习中的促进动机作用；又可能让我们更重视惩罚，以及时止损。但当促进奖励和回避惩罚发生冲突时，我们如何作选择更大程度上取决于我们的经验和直觉。平时习惯于趋利的也许会更努力地逐利，平时习惯于避害的也许会更退缩。

破釜沉舟，还是步步为营？

压力下的直觉式模型认为，决策者很可能在压力的影响下退回对风险的自动化反应。我们前面提到，人们的决策常常会受框架效应的影响，即在获利框架内规避风险，在损失框架内寻求风险，这种决策偏见叫"反射效应"或"偏好转移效应"，而压力很可能会放大这种效应。斯塔克等人（2012）也有同样的看法，她将其命名为"自动响应调整不足"。

剑桥赌博任务是一种常用的赌博决策任务，参与者需要在变化的条件下作决策，并且会受到不同的框架效应的影响。波切利和德尔加多（Mauricio R. Delgado）2009年改进了剑桥赌博任务并引入压力的影响，发现经历压力诱导后的参与者在获利框架中的决策

第四章 "压力山大"时,你能选对吗?

更保守,在损失框架中倾向选择风险更高的决策,也就是说,其反射效应被增强了。

与奖惩的敏感性一样,压力下的直觉式模型认为,压力可能促使通常规避风险的人采取更保守的选择,为那些通常寻求风险的人带来更多的风险选择,从而加剧决策中的行为偏见。但 2013 年帕布斯特(Stephan Pabst)、布朗德和沃尔夫在一个更复杂的骰子任务游戏中发现,压力并没有改变获利框架中的冒险行为,但有压力的参与者在损失框架里作出更少的风险决策。因此,压力并不总是对框架效应下的反射行为有放大的作用,情境的复杂性、个体差异也许也有一定的影响。

当获利框架和损失框架混合在一起时,压力的影响也并不确定。在现实生活中,财务上的不确定性引发更大的压力,而压力又反过来改变了个人的风险偏好。由于男性在压力下更可能采取"战或逃"反应,而女性在压力下更可能采取"照料和结盟"策略,有可能男性在压力下风险行为增加,女性则有可能变得更保守。

马瑟和莱特霍尔 2012 年提出了性别分歧效应的假说,认为压力可以扩大风险决策中的性别差异。气球模拟风险任务是一种计算机化的风险决策任务,在这个任务中,参与者会看到电脑屏幕上有一个气球,可以通过单击按钮将空气泵进气球里,而气球每膨胀一点,参与者的收益都会增加,直到到达一个阈值——此时气球会因为过度膨胀而爆炸,参与者的收益将会清零。气球越接近临界点时,收益会越多,如果参与者选择在气球爆炸之前适可而止,他们就可以获得目前所有的收益；停止得越早，则意味着收益越少。但如果气球爆炸了，就会失去所有收益。参与者并不知道气球什么时候会爆炸，他们只能通过不断积累经验，作出相应判断。莱特霍尔等人在2009年的研究中发现，承受压力的男性会增加风险行为（每个气球泵入的次数更多）以追求更高的报酬，而承受压力的女性与之相反。这种追求风险的行为使男性获得了比女性更多的报酬。

在另一种风险决策任务"爱荷华赌博任务"中，参与者将会在计算机屏幕上看到四沓虚拟纸牌（A，B，C，D），每次只能从这四沓纸牌中选择一张，选择A和B里的纸牌有50%的概率获得100元，50%的概率受到惩罚，失去250元；选择C和D里的纸牌有50%的概率获得50元，有50%的概率受到惩罚，失去50元。参与者的初始资金为2000元，每沓纸牌选择的后果可以通过最初几次选择的反馈而获得，他们需要进行100次选择并最终获得更多的利益。从长远来看，选择A和B是不利的，因为他们的获利成本太高；选择C和D更有利，也更容易最终获得收益。范登博斯（Ruud van den Bos）等人2009年的研究显示，暴露于压力中的男性在这个任务中选择了更多的高风险—高收益的卡牌，这种风险行为导致他们的总体收益较低。普特曼（Peter Putman）等人2010年同样发现，口服皮质醇之后，男性增加了赌博任务中的风险选择，更青睐那些收益高但风险也高的选择（这个研究中没有女性参与者）。这些研究结果都体现了性别分歧效应，即压力促使男性和女性对风险的偏好差异更大，如图4-3。

总之，压力下的直觉式模式认为，压力可能会根据框架（获利/

第四章 "压力山大"时,你能选对吗?

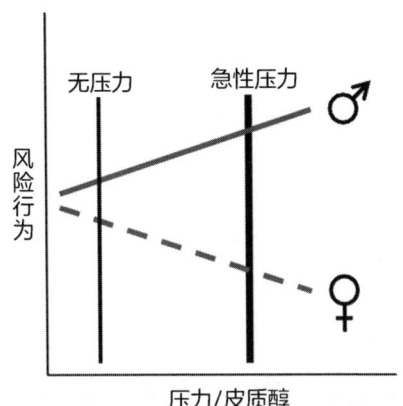

图 4-3　压力下承担风险的性别分歧效应
(图来自马瑟和莱特霍尔,2012 年)

损失)、性别和任务的复杂性而放大对风险的敏感性。值得注意的一点是,虽然性别分歧效应听上去很有道理,但 2011 年中国的张晓丽(Xiao-li Zhang,音译)等人在戒毒后的中国男性和健康对照男性中进行了爱荷华赌博任务,发现用特里尔社会压力测试诱导压力之后,健康男性参与者的风险偏好变化并不明显(略有下降)。显然,在社会决策任务中所发现的性别差异并不仅仅是性别的生理差异的结果,与性别有关的心理因素和社会文化因素很可能也发挥着重要作用(详见第九章)。性别分歧效应是否在任何文化背景下都出现,仍值得更多研究去探讨和验证。

金钱重要,还是公平重要?

"社会公正"是一个我们常常提到的字眼,它可以说是维持社会稳定的重要基石，因为它是我们在社会或团体中与陌生人保持合作关系的能力的标志。如果公正的天平失衡，人们会有强烈的不公平感，即使决策的情境是确定的（100%的概率可以获得利益），也可能为了维护社会公平而放弃这些利益，作出看似"非理性"的选择，让直觉系统凌驾于理性系统之上。

在实验室中最常用来检验与这种不公平感相关的决策行为的任务叫作"最后通牒任务"，最早由古思（Werner Güth）等人于1982年提出。最后通牒任务由两位素未谋面的参与者（提议者和响应者）共同完成，实验者每一轮会向两位参与者提供固定金额的奖励，由提议者决定如何分配：他可以选择给自己更多的钱，给响应者更少的钱（对提议者有利的不公平情境）；或平分这笔钱（公平情境）；或给自己更少的钱，给响应者更多的钱（对提议者不利的不公平情境）。响应者有权力决定接受或拒绝，如果接受，两个人获得的金额按照提议者的决定分配；如果拒绝，实验者将收回这笔钱，两个人的获利都清零。最后通牒任务可能会进行很多轮，每一轮都在这两位参与者之间进行；也可能每一轮响应者都会面对一位不同的陌生分配者。参与者有可能是提议者的身份，也有可能是响应者的身份，对手的反应则一般由计算机预先设定好。

在完全理性的情况下，响应者应该接受任何能够获得金钱的提议，无论金额有多小；提议者也应该将最小的非零金额提供给响应者。但由于不公平感的存在，最后通牒任务的结果通常不支持这种预测：提议者往往会建议平分这笔钱，很少会提出极端不公平的分配方案；大多数响应者也会拒绝只分给自己20%—30%的分配方

第四章 "压力山大"时,你能选对吗?

案,宁可玉碎,不为瓦全。心理学家和经济学家往往将这些研究结果作为证明人类并非纯粹利己的证据:在一个正常的社交环境里,人们往往会表现出对不公平的厌恶和对互惠的偏好(如惩罚不遵守社会公正规范的行为)。

2009 年,山岸俊男(Toshio Yamagishi)等人在日本参与者中进行了一系列与不公平感相关的决策任务。除了最后通牒任务以外,他们还设计了"有罪不罚任务",这个任务和最后通牒任务类似,但当响应者拒绝了提议,响应者会失去所有收益,而提议者不会受到任何惩罚,因此,响应者拒绝报价会加剧而不是减少不公平,拒绝率应该会大幅度降低。但即使如此,拒绝仍然可能成为一种姿态,响应者可能用来向提议者表达自己对分配不公平的愤怒。所以研究者又设计了一个"私人有罪不罚任务",在这个任务中,提议者既不知道响应者有权利拒绝提议,也不知道响应者会作出怎样的选择。响应者也被告知了这一点,所以他无法通过单方面拒绝来表达内心的愤怒。在最后通牒任务中,接近 70% 的参与者拒绝了只分配给自己 10% 和 20% 的极端不公平的分配方案,而在有罪不罚任务和私人有罪不罚任务中,拒绝率却大幅度降低了。两个版本的有罪不罚任务中参与者的拒绝率差别不大,说明参与者并不十分关心自己的愤怒心情能否传达给不公平的提议者,他们只是恪守自己厌恶不公平的原则。有意思的是,即使是对自己有利的不公平提议,也被部分响应者拒绝,尤其是能够获得 90% 的利益的分配方案,也有超过 20% 的响应者选择了拒绝,这强烈地体现了部分人群对不公平的厌恶和对互惠的坚持(图 4-4)。

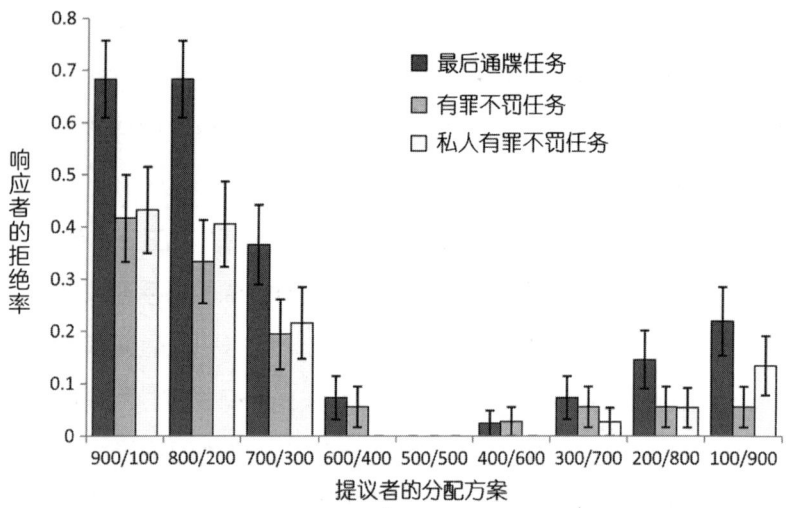

图 4-4 响应者对 9 种可能分配方案的拒绝率
（图来自山岸俊男等人，2009 年）

现在我们理解了不公平感在决策中的重要作用，当这种决策在压力下进行时，压力又会对决策产生什么样的影响？

2013 年，温克斯（Christiaan H. Vinkers）等人发现，男性参与者在诱导产生压力 75 分钟之后进行最后通牒任务，相比产生压力后立刻进行该任务，对自己获得 30% 的分配方案的拒绝率显著降低。而尤瑟夫（Farid F. Youssef）2018 年发现，当最后通牒任务的提议者被限定为一个固定的男性，并且紧跟着在诱导压力产生之后进行时，女性参与者压力下的拒绝率显著低于无压力情境下的拒绝率，男性参与者的拒绝率则没有变化。

这种压力情境下女性参与者对不公平分配的拒绝率的降低很可能具有文化差异。在我和我的团队刚刚完成的研究中（论文准备中），我们同样使用特里尔社会压力测试，在上海大学生中诱导产生实验室急性压力，在压力产生 25 分钟后进行最后通牒任务。每一轮参与者都与不同的提议者进行实验，提议者的中文名字以拼音形式出现在屏幕上，看不出提议者的性别。我们发现在没有压力时，男性对低不公平分配方案（获得 30% 和 40% 的钱）的拒绝率要显著高于女性，对高不公平分配方案（获得 10% 和 20% 的钱）的拒绝率却低于女性。也就是说，女性对不公平程度的敏感性更高，即对低不公平的容忍性较强，对高不公平的容忍性较弱。而处在压力下时，无论是高不公平还是低不公平的分配方案，女性的拒绝率都没有显著变化，男性则显著提高了对高不公平分配方案的拒绝率（从大约 60% 变成 80%）。所以，在我们的研究中，中国年轻男性更容易在压力下改变不公平感决策，对不公平分配的接受程度更低——事实上，大量的压力研究都倾向认为，男性在急性压力下更容易改变认知。

一个有趣的现象是，这种对不公平感敏感性的性别差异似乎不是与生俱来的，我们在 6 岁儿童中采集的最后通牒任务数据并没有发现男孩与女孩有显著差异（详见第十章），这种性别差异是什么时候产生的呢？什么样的后天因素（如经历或社会环境）导致了这种差异？我们希望在之后的研究中能够找到答案。

"杀一人救一船人"的难题

2019 年，火爆一夏的电视剧《长安十二时辰》热播，除了令人心驰神往的大唐盛景和惊心动魄的古装反恐剧情,追剧的观众应该对剧中张小敬和姚汝能的一段对话记忆犹新:"木船之上,满是旅人。如遇风浪,需杀一人以祭河神,则众人平安,否则一船皆沉,杀或不杀?"

杀一人救一船人,杀还是不杀?你会如何选择?如果选择了杀人,你会认为自己的选择在道德上正确吗?

这并不是只困扰张小敬一个人的谜题。在心理学上,对这种道德困境的研究由来已久,最出名的就是哈佛大学心理学教授约书亚·格林(Joshua Greene)。他在2013年出版的书《道德部落:情感、理性以及我们与他们之间的鸿沟》(Moral Tribes: Emotion, Reason, and the Gap between Us and Them)中提出了四个问题:

◆ 我们如何确定对与错?
◆ 人们为什么经常在道德问题上出现分歧?
◆ 当我们达成协议时,该协议从何而来?
◆ 对道德的更好理解可以帮助我们解决分裂我们的问题吗?

20世纪90年代后期,约书亚·格林和乔纳森·科恩(Jonathan Cohen)发起了一系列与道德困境相关的研究,研究的灵感来源于哲学家富特(Philippa Foot)和汤姆森(Judith Jarvis Thomson)最初提出的"有轨电车问题"。

一辆失控的有轨电车正朝着五个人疾驶,如果电车继续前进,他们将被撞死。你可以通过道岔拉杆将有轨电车转移到另一组轨道上,从而拯救这五个人的命。另一组轨道上只有一个人,如果你这样做了,那个人将会被车撞死。在道德上允许这样以一个人死亡的

第四章 "压力山大"时,你能选对吗?

代价阻止五个人死亡吗?在约书亚·格林的研究中,大多数人都回答了"是"。

现在,你正站在横跨列车轨道的天桥上,你身边有一个大块头男人。你看到一辆失控的有轨电车正朝着五个人疾驶,如果电车继续前进,他们将会被撞死。拯救这五个人的唯一方法是将你身边的人从天桥上推下去,挡在有轨电车前面,让有轨电车减速并停止。在道德上允许这样以一个人死亡的代价阻止五个人死亡吗?在约书亚·格林的研究中,大多数人都回答了"不"。

这两个案例让道德哲学家和心理学家感到困惑:同样是以一个人死亡的代价阻止五个人死亡,为什么拉下拉杆是道德上允许的,而推下天桥是道德上不允许的呢?

上述道德困境有一个关键点——无论我们选择做与不做,都有充分理由,都认为自己有足够的道德上的理由去执行这两种动作,

图 4-5 正确吗?不正确吗?

但我们无法同时执行它们。除了有轨电车难题，历史上还有好几个著名的道德困境问题。如古希腊学者卡涅阿德斯（Carneades）构想的"卡涅阿德斯船板问题"：有甲与乙两名遭遇船难的水手。他们同时看见一块只能支撑一人的船板，都游向船板。甲先游到船板处，攀在上面。乙游到后，把甲推下船板，让即将溺水的自己攀在船板上。最终，甲溺毙了，乙被搜救队救回。乙是否犯了谋杀罪？还有20世纪60年代的作家拉特奎（Jean Larteguy）在小说《百夫长》(Les Centurions)中提出的"定时炸弹问题"："一枚大规模杀伤性定时炸弹隐藏在你的居住地并即将爆炸，知情者已被羁押，是否应该使用酷刑来审讯？假如经历酷刑后知情者仍然缄口不言，是否应当对其家人酷刑逼供？"以及美国生态学家哈丁（Garrett James Hardin）1974年提出的"救生艇伦理问题"："假设在大海中只有一艘可载60人的救生艇，而艇上已有50人，仍有100人在海中待救。艇上的人面对三个选项：让那100人全部登上救生艇，救生艇会超载沉没，150人全部都淹死，'彻底的正义造成彻底的灾难'；只救其中10个人，可是用哪些准则决定谁可以得救呢？并且载60人与载50人相比，救生艇的安全系数会下降，增加艇上的人可能承受的风险；不救在海中的人，艇上的人生还的机会最高，但需要残忍驱赶任何试图登上救生艇的人。"

相比其他决策行为，道德决策的情境其实是十分确定的：做或者不做，得救或者不得救。这个选择对决策者来说却十分困难，因为理性上救更多的人（包括自己）才是最佳选择（即功利性选择），但直觉会和理性产生猛烈的冲突。约书亚·格林等人2001年认

第四章 "压力山大"时,你能选对吗?

为,之所以在同样的有轨电车可能撞死五个人的情境下,天桥问题比拉杆问题更难以作出功利性选择,是因为拉下拉杆只是间接导致一个人的死亡,属于非个人困境,情绪冲突较低,可以依赖理性分析系统;而推下天桥是亲手杀了一个人,直接导致这个人的死亡,属于个人困境,情绪冲突更强烈,此时直觉经验系统会不可避免地卷入。典型的道德—个人困境包括天桥问题、杀死并盗窃一个人的器官从而拯救另外五个人,以及杀一人救一船人等。典型的道德—非个人困境包括轨道拉杆问题,对一项预计会导致更多人死亡的政策进行投票等。

根据压力下的直觉式模型,当人们在压力下进行道德困境决策时,理论上个人困境会更多地受到压力的影响。2012年,尤瑟夫等人的研究发现,有压力的参与者相比无压力的参与者,作出了更少的功利性选择;皮质醇水平越高的人,也会越少作出功利性选择;女性参与者相比男性参与者,作出了更少的功利性选择。研究者认为,当面对高度冲突的个人道德困境时,压力反应的激活会使参与者更依赖直觉经验系统,作出更少的功利性反应;总体来说,相比男性,女性在进行道德困境决策时更偏向直觉经验式决策风格。

在另一个研究中,斯塔克等人(2011)研究了压力对日常道德决策的影响。日常道德决策并不像约书亚·格林的道德困境那样涉及生与死的选择,更多是发生在日常生活中的一些道德困境,相比之下情绪唤起也没有那么强烈。高情绪唤起的日常道德困境包括:"你已婚已育,却遇到了真正爱的人,你是否会为了他/她而离开家庭？""你最好的朋友临死之前希望你帮他拿来他最喜欢的一本书，但是他很可能在你离开这段时间死去，你会去拿这本书吗？"低情绪唤起的日常道德困境包括："一位衣着光鲜的路人求你给他一点钱，他好买公交车票，因为他把钱包忘在家里了，你会给他钱吗？""你正在看一个很无聊的戏剧，剧院里没几个人，你会不会提前离开？"在这种道德困境中，如果选择了对自己有利的选项，就是利己选择；如果选择了对别人有利的选择，就是利他选择。斯塔克等人发现，经历了压力的参与者没有明显改变他们的选择倾向，但是皮质醇水平上升越高的参与者，越倾向作出更多的利己选择。

我和我的团队在刚完成的实验中更深入地研究了道德决策中个体差异受压力调节的现象（论文准备中）。我们招募了 60 名非心理学专业的在校男性大学生，使用马斯特里赫特急性压力实验在实验室中诱导压力，随后进行了个人和非个人的道德困境决策任务，

图 4-6　日常道德困境：你会为了钱去做坏事吗？

第四章 "压力山大"时，你能选对吗？

以及日常道德困境决策任务。

在第一个道德困境决策任务中，与之前的研究有所不同，我们增加了一个额外的信息：那个有可能被牺牲的人曾经对无辜的人见死不救。我们首次将"见死不救"（破坏了社会公正原则）这个因素纳入道德决策中，正是想要研究不公平感受对道德决策的影响。我们发现，加入了这个信息之后，无论是在个人还是非个人的道德困境下，参与者都会作出更多的功利性判断，并且认为自己的选择道德上更正确。曾经做过不义之事的人成为牺牲者时，人们普遍觉得更不容易背负道德谴责，也对自己的判断更确信。我们也发现，在加入不公平感的因素之后，皮质醇水平上升越多的参与者反而作出了越少的功利性选择，而这种相关性在没有引入不公平感的道德决策中并不存在。我们还发现，无论有没有引入不公平感（见死不救）的因素，只有在有压力的情况下，外向得分越高的参与者越容易作出功利性选择，而内向得分越高的参与者越不容易作出功利性选择。换句话说，压力放大了内向/外向这个人格因素对个人—道德困境判断的影响，此时外向的人更倾向使用理性分析系统，而内向的人更倾向使用直觉经验系统。

在我们的第二个道德决策任务——日常道德决策中，我们发现总体上参与者在压力情境下作决策的反应时要显著快于无压力的情境，直接证明了压力下更倾向采用直觉式决策风格。这也符合斯塔克等人2012年提出的压力导致的策略使用的功能失常，即高压力水平可能导致策略使用过早关闭，人们在压力下倾向在扫描和评估所有替代方案之前就其潜在结果作出决定。我们也发现，人格的另一个维度——诚实—谦逊对高情绪唤起的道德判断有影响，并且受到压力的调节。具体来说，在没有压力的情况下，诚实—谦逊得分越高的参与者，越会作出更多的利他决策；但压力消除了这种人格的影响，让所有人在压力下的决策风格开始一致。

这一系列发现说明，压力下直觉式决策风格很可能是因人而异的，一些个体差异对决策的影响会在压力下被放大，而另一些个体差异对决策的影响会在压力下被消除。当面临生与死的极端道德困境决策时，压力的存在很有可能更能让参与者感受到道德情境的危急性，此时相对外向的人更可能从大局出发，选择牺牲少数，拯救多数。但压力的存在也有可能让内向的人更同情被牺牲者，试图思考是否还有第三种选择，从而放弃功利性选择。当面对日常道德困境时，由于不存在生或死的极端艰难抉择，人们更多从日常的做事习惯出发作出选择，所以诚实—谦逊这一人格特质会发挥重要作用，越是在平时严格自我约束的人越倾向使用理性分析系统，遵从社会规范，选择利他决策。但压力改变了这一切，因为压力往往意味着威胁，会解读为环境中存在对自己不利的因素，此时诚实—谦逊的人格很可能无法像往常一样发挥作用，人们的决策风格也会更偏向利己——这也是一种压力下的自我保护机制。

虽然人格理论上应该是一种稳定的心理因素，但它能否对人们的行为发挥作用，很大程度上取决于环境，而压力的存在就意味着环境的改变。因此，我们认为，至少在道德决策中，压力对不同人格的人的做事风格来说存在一定的放大或消除作用。很多人都会有这种经历——明明平时我都能够做到很稳重、很理性，为什么一遇

第四章 "压力山大"时,你能选对吗?

到压力就会变得"不像自己"了?这正是因为,压力可能放大了我们人格中的某种特质,让我们行事变得更极端,从而在严苛的逆境中通过"绝地反击"拯救我们自己;而压力也很可能磨灭我们的某些个性,让我们在芸芸众生中更趋同,从而更好地保护我们自己。

压力再大,也不要放弃思考

2007 年,桑菲(Alan G. Sanfey)总结了神经经济学中与社会决策相关的脑成像研究,提出了决策领域几个重要的主题:社会奖励,竞争、合作与协调,策略推理。

通常情况下,我们认为大脑广泛使用一套共同的奖励指标,而中脑边缘多巴胺系统就是这个奖励指标中的重要组成成分。在多巴胺系统中,纹状体很可能在社会决策中处于中心地位,它的激活直接与社会决策任务中的奖励相关,无论这种奖励是增加的金钱,还

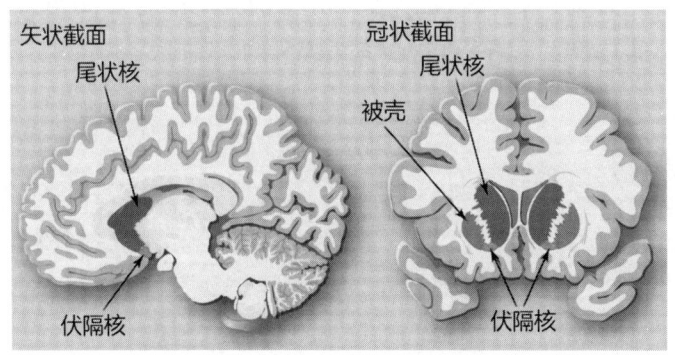

图 4-7 纹状体的子成分,涉及奖赏的处理过程

(图来自桑菲,2007 年)

是相互合作中产生的积极情绪。甚至以自己的经济损失作为对对手的惩罚时，这种惩罚对手的满足感也会激活纹状体。此外，当参与者向慈善机构捐款时，这种社会层面的决策会给参与者带来情绪上的满足，纹状体也参与其中。

在与竞争、合作和协调相关的决策中，情绪往往有重要影响，因此大脑中的情绪调控系统（如边缘系统）也强烈地卷入决策过程中。相关的大脑区域包括上述与奖赏相关的纹状体区域，以及它投射到的中脑和皮层区域，如腹侧前额叶皮层、眶额皮层和前扣带回皮层，以及其他杏仁核和脑岛区域（图4-8）。

在经典的最后通牒任务中，由于不公平的分配方案代表着不平等和不互惠，参与者会出现明显的消极情绪，而神经经济学家认为，这种情绪状态对于促进互惠行动、重视声誉和鼓励对占别人便宜的行为进行惩罚等行为至关重要。随着最后通牒任务中不公平程度的增加，前脑岛出现更大的激活；当参与者知道自己是在与一个真实的人（而不是计算机）做任务时，脑岛的激活更强烈。由于前脑岛还涉及躯体的痛觉加工、自主唤醒的内脏感觉等功能，这种情

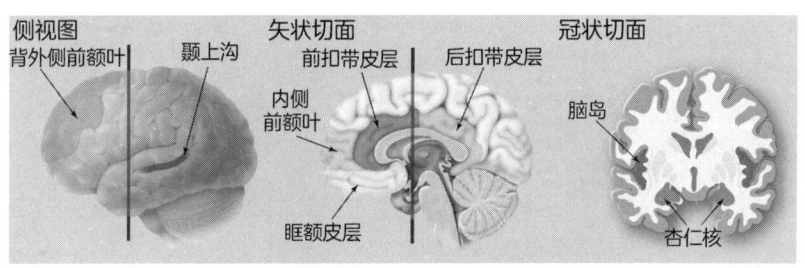

图4-8　在社会决策研究中经常被激活的大脑区域

（图来自桑菲，2007年）

第四章 "压力山大"时,你能选对吗?

绪感应很可能也参与标记令人厌恶的社交互动行为的过程,而这种标记一旦完成,与这种厌恶标记相对应的人就会失去参与者的信任感。此外,前额叶的区域在自上而下的调节和抑制中发挥关键作用,前额叶的高度激活很可能涉及一种更深思熟虑、目标导向的决策(如维护声誉或渴望赚钱)。

决策过程中高度激活的大脑区域和对压力敏感的大脑区域是有重合的。斯塔克等人2012年总结了作决策时可能对压力引起的变化敏感的关键大脑区域(图4-9),她认为,在压力下,腹侧纹状体的激活增加会影响各种决策中对奖励的敏感性提高;在危险条件下,由于背外侧前额叶的功能在压力下被抑制,作出审慎决定的能力受到影响,从而改变了功能策略的使用;中等程度不确定性情境下的决策同时受到前额叶和边缘区域的影响,压力会干扰自动情绪

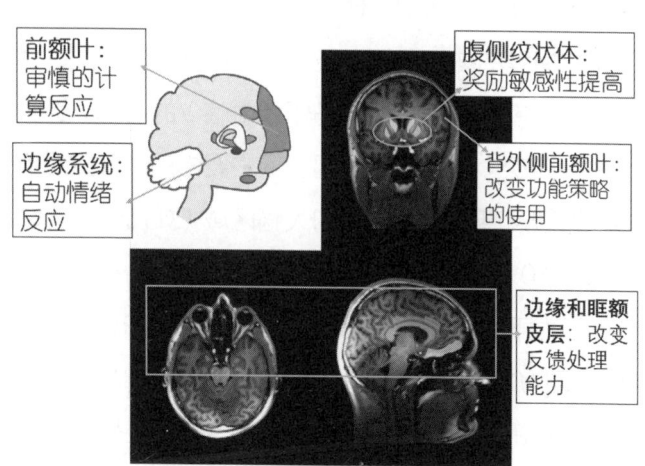

图4-9 作决策时对压力引起的变化敏感的关键大脑区域

(图来自斯塔克等人,2012年)

反应和审慎计算反应之间的平衡；在高度不确定性下作出的决策尤其受边缘系统和眶额皮质的影响，压力会改变反馈处理能力。

余荣军（2016）补充了更多关于压力和决策的大脑证据。首先，当压力威胁越来越近时，大脑活动会从新近发展的前额叶转移到系统发育较早的中脑区域。2007年，莫布斯（Dean Mobbs）等人在电脑上使用类似吃豆人的电脑游戏，让参与者模拟被虚拟猎食者追捕的过程，发现迫在眉睫的压力威胁（虚拟捕食者越来越近）会导致大脑活动从腹内侧前额叶转移到导水管周围灰质。这种转移过程很可能与决策风格从理性分析系统向直觉经验系统的转变是一致的。其次，如果压力干扰认知系统，降低的认知控制能力可能会导致最终决策的形成过分依赖较低水平的自动化系统。余荣军认为，大脑神经网络中的显著网络与执行控制网络很可能对应双通道理论中的系统1和系统2，他在整合了相关研究成果之后提出了压力下直觉式模型的神经机制：压力会减少前额叶皮层的活动，增加皮层下区域（包括杏仁核、海马体和中脑）的活动。这种活动模式支持这样一种观念，即压力引起了从主要由前额叶皮层支持的审慎思考转变为涉及系统发育较老的大脑区域（如皮质下区域）的直觉反应（图4-10）。

诚然，压力下的直觉化模型还是一个比较新的理论框架，也正如我们在前面的介绍中反复强调的，压力如何影响决策很大程度上取决于具体的决策任务和决策者自身的属性（如性别、人格、年龄等）。但不可否认，压力确实有让我们大脑的理性分析系统麻痹，使我们不得不依赖直觉经验系统的能力。这也意味着，要在压力下

第四章 "压力山大"时,你能选对吗?

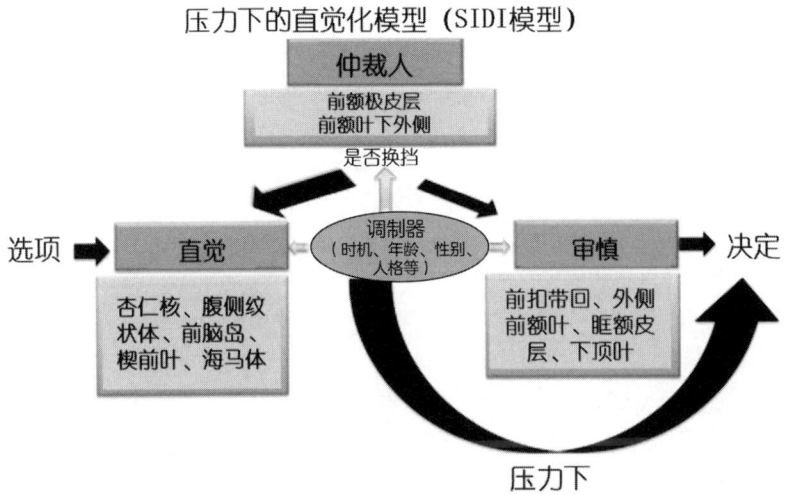

图 4-10　压力下的直觉化模型示意图
(图来自余荣军,2016 年)

进行理性分析需要我们付出更多的努力。是在压力下随波逐流,还是在压力下奋力思考,这也是一种选择。

我们最需要警惕的压力的影响,正如美国前总统克林顿(Bill Clinton)所说:

"当人们面临压力,他们有时候会讨厌思考,但这正是他们最需要思考的时候。"

第二部分

压力与心理健康

在我们的生活中，最常出现的压力通常都是慢性的、反复出现的、轻度的压力（如日常烦心事），或者像职业倦怠和同情倦怠一样，压力源头很清晰，至少可以尝试付出努力去改变。但也有一些压力，就像前面提到的，是因为生活中一些无可挽回的重大改变甚至创伤造成的，这些压力往往突然降临，我们毫无招架之力，在意识到之前已经给身心带来了巨大影响。即使是轻度压力，长时间累积之后，也可能给我们的身体带来很多负面影响。我们想解决问题，但常会心有余而力不足。情况比较严重时，甚至会出现病理性问题，需要医疗系统的介入。近些年，随着网络的普及，人们频繁听到一些与压力有潜在关联的心理障碍的名字，如创伤后应激障碍、焦虑症和抑郁症。每次与这些疾病有关的热点事件报道之后，甚至会有大量公众号和媒体以科普为名贩卖焦虑，过分夸大生活压力在其中扮演的角色。

这些心理疾病到底是怎么回事？它们和压力有什么样的关系？为什么我们会无法控制自己的情绪、记忆和头脑？一旦被诊断出这些疾病，有什么有效的治疗手段？

在这一部分，我会详细介绍两种与压力关系比较密切的心理障碍——创伤与应激（压力）相关障碍、心境障碍。当然，并不是只有这两种心理障碍与压力相关，但受限于我的研究兴趣和研究背景，我对这两种心理障碍更熟悉，因此本书只深入讲解这两种心理障碍。

患上心理障碍是一种不幸，它让我们变得不再像自己，它挑战着我们生活的意义和人生的意义，让我们仿佛每天都活在战场上——不得不随时随地和那些让我们恐惧、悲伤、痛苦的情绪和记忆做斗争。这些"敌人"看不见摸不着,却如影随形;疾病同时夺走了我们对大脑、身体、生活的控制权,让我们的斗争危险重重、困难无比。所以,每一位不幸的人都需要帮助,不仅仅需要专业的精神科医生、心理治疗师的帮助,也需要家人、朋友的理解和支持,更需要来自社会的理解和包容。

每个人都会生病,都有感冒、发烧、不想动的时候,心理障碍患者也一样;每个人都会心情低落,都会因为恐惧而失常,心理障碍患者也一样。心理障碍并不是什么与众不同的标记,它只是在提醒人们,这是一个生了病的患者,这是一个需要帮助的人。就像所有疾病一样,只要理解了自己身上到底发生了什么事,只要积极主动地接受治疗,听从专业人士的意见和建议,定时吃药,定期检查和咨询,规律作息,坚持锻炼身体,与家人、朋友、同事充分沟通并获得支持,保持一定的兴趣爱好,就能够重新获得属于自己的生活。

第五章　创伤性记忆：无法摆脱的梦魇

2016 年，战争题材的《血战钢锯岭》(Hacksaw Ridge) 上映，这部毫不隐讳地描述战争场面的好莱坞大片让观众切实感受到了战争的血腥和残酷。虽然这是一部优秀的电影，但我不愿再看第二遍，因为那近乎真实的战争场面实在是太恐怖了。如果不是导演将那个地狱般的景象再现在我们面前，我们也许很难体会士兵们在战场上受到的创伤，更难以理解为什么很多从地狱中生还的战士在和平时期反而遭受创伤后应激障碍的折磨。近些年的战争题材电影很多都会涉及创伤后应激障碍，如 2016 年李安的《比利·林恩的中场战事》(Billy Lynn's Long Halftime Walk) 和 2017 年的《敦刻尔克》(Dunkirk)。实际上，创伤后应激障碍并不是唯一由创伤引起的心理障碍。

创伤与应激相关障碍

在《精神障碍诊断与统计手册》第五版中，创伤与应激相关障碍是一个大类，包括适应障碍和创伤应激障碍，后者又包括急性应激障碍和创伤后应激障碍。

适应障碍是对痛苦生活事件或压力源的一种适应不良的反应，属于轻度心理障碍，在压力源出现的 3 个月内发展出来。压力源（或压力事件）可能是一次创伤经历，如自然灾害或人身意外，也可能是一件非创伤的生活事件，如感情破裂和改变生活环境。这些创伤或非创伤的压力源给人们带来巨大的情绪痛苦，或者导致人们

第五章 创伤性记忆：无法摆脱的梦魇

在社交、工作或学习等重要领域出现严重问题，已经超出这种压力源通常会引起的痛苦情绪的程度。

适应障碍有以下几种主要类型：

- 伴抑郁心境的适应障碍：表现为情绪低落，常常流泪或者有绝望感。
- 伴焦虑的适应障碍：表现为经常担心、紧张和神经过敏。
- 伴混合性焦虑和抑郁心境的适应障碍：抑郁和焦虑的混合。
- 伴行为紊乱的适应障碍：经常侵犯他人的权利或违反个人所处年龄的行为标准，典型行为包括破坏、逃学、打架、鲁莽驾驶以及不履行法律义务。
- 伴混合性情绪和行为紊乱的适应障碍：同时存在情绪紊乱，如抑郁或焦虑，以及行为紊乱。
- 未特定的适应障碍：不能归类于任一种适应障碍特定亚型的适应不良反应。

创伤应激障碍具有如下五种共同特征：

- 回避行为：患者可能会回避与创伤相关的线索或情境，如退伍军人可能会回避与战友团聚，或者观看有关战争或战斗的电影。
- 重新经历创伤：患者可能会以闯入性回忆、重复出现的造成困扰的梦境、有关战场或被攻击者追逐的记忆闪回的形式重新经历创伤。
- 情绪痛苦、负面想法和功能受损：患者可能会体验到持续的消极想法和情绪，感觉与他人分离或疏远，或者难以有效地进行日常生活。

- ◆ 高度唤醒：患者可能会表现出躯体唤醒度增高的征兆，如总是很警惕，睡眠和注意力出现问题，容易激怒，或者突然爆发愤怒情绪，以及较为夸张的惊吓反应。
- ◆ 情绪麻木：这个特征在创伤后应激障碍中较为明显，患者可能会感觉内心麻木，失去了爱的感觉和能力。

急性应激障碍常常在创伤性事件发生后数天或数周内就出现急性的适应不良反应，相关症状的出现只限于直接暴露于创伤性事件、目睹他人暴露于创伤性事件或得知亲朋好友经历创伤性事件后一个月内。这种创伤性事件可能包括面对真实或具有强烈威胁性的死亡、严重的人身意外或性侵犯。负责收集人体残骸的搜救者，或为了了解儿童受虐待细节而对儿童进行常规访谈的警察，也有可能发展出急性应激障碍。

与发病时间只限于创伤性事件发生后几周内的急性应激障碍不同，创伤后应激障碍是一种患者在经历创伤性事件后持续超过一个月的延长适应不良反应。这两种应激障碍的症状非常相似，但创伤后应激障碍的症状会持续数月、数年甚至几十年，在创伤性事件发生后的几个月甚至几年后才表现出来。需要说明的是，有一部分患有急性应激障碍的人确实有可能继续发展出创伤后应激障碍。

创伤后应激障碍与自然灾害和战争经历紧密相关，在第一章中我们提过关注汶川地震幸存者的创伤后应激障碍的研究。根据美国公布的官方数字，在参与越南战争的美国士兵中，创伤后应激障碍的患病率约为19%；在从伊拉克战争和阿富汗战争中回来的退伍军人中，也有13%的人患上了创伤后应激障碍。但创伤性事件

第五章 创伤性记忆：无法摆脱的梦魇

并不仅仅局限于自然灾害和战争经历，与创伤后应激障碍相关的最常见的创伤经历是严重的汽车意外事故，涉及恐怖袭击和其他暴力行为的创伤经历，尤其是强奸和猥亵，比其他类型的创伤经历更容易导致创伤后应激障碍。创伤性事件实际上非常常见，每 10 名男性中就有 6 名（60%）和每 10 名女性中就有 5 名（50%）会有至少一次创伤经历，女性更有可能遭受性侵犯和儿童性虐待；男性更有可能发生事故、人身攻击、战斗、灾难或目击死亡或受伤。超过 2/3 的人会在一生中的某个时间内承受创伤经历带来的痛苦，但大多数人都能够在创伤压力下复原，即使没有专业的帮助也能够自我恢复。大约有不到 1/10 的人会发展出创伤后应激障碍。

在尼维德（Jeffrey S. Nevid）、拉瑟斯（Spencer A. Rathus）和贝弗利·格林（Beverly A. Greene）主编的《异常心理学：在变化的世界里》(Abnormal Psychology: In a Chanding World，第九版，2013）中，作者总结了创伤幸存者患创伤后应激障碍的影响因素。与事件相关的因素包括创伤经历的暴露程度和严重程度，与个人或社会环境相关的因素则包括童年期性虐待史、遗传易感因素、缺乏社会支持、在处理创伤性压力源时缺乏主动应对的能力且感觉羞耻（如性虐待的受害者）、早期的精神疾病史，以及在创伤性事件发生后一味逃避抑或感觉麻木等。一般来说，一个人越直接地暴露于创伤性事件中，发展出创伤后应激障碍的可能性就越大。性别也是一个主要影响因素，虽然男性常常会有更多的创伤经历，但女性发展出创伤后应激障碍的概率几乎是男性的两倍，这种易感性很可能与女性更可能成为性受害者以及创伤经历通常发生在较年轻的时候有关。

表 5-1 创伤后应激障碍的诊断标准

标准 A 个体受到以下伤害：死亡、威胁死亡、实际或威胁的严重伤害、实际或威胁的性暴力。具体如下： （1）直接接触。 （2）亲自见证。 （3）间接地获悉近亲或密友遭受了创伤。如果事件涉及实际死亡或威胁死亡，则一定是暴力或意外事件。 （4）通常在专业职责过程中反复或极端间接地暴露于事件的厌恶细节中（如收集遗体部位的搜救人员、反复暴露于虐待儿童的细节中的专业人士），不包括通过电子媒体、电视、电影或图片进行的间接、非专业暴露。
标准 B 入侵，需要满足以下五条症状中至少一条： （1）经常性、非自愿和侵入式的回忆（儿童可能会在重复游戏中表现出这种症状）。 （2）创伤性噩梦（儿童可能会出现与创伤没有直接关联的令人困扰的梦境）。 （3）从短暂发作到完全失去知觉的连续过程中可能发生的解离反应，如闪回（儿童可能在游戏中重新对事件作出反应）。 （4）面对创伤提示物后的剧烈或长时间的压力困扰。 （5）暴露于创伤相关刺激后的明显生理反应。
标准 C 事件发生后持续努力避免令人痛苦的创伤相关刺激，需要满足以下两条症状中至少一条： （1）避免与创伤有关的想法或感受。 （2）避免与创伤有关的外部提示，如人、地点、对话、活动、物体或情境。
标准 D 创伤性事件发生后开始的或恶化的认知和情绪的消极变化，需要满足以下七条症状中至少两条： （1）无法回忆创伤性事件的关键特征（通常是解离性健忘，不是因头部受伤、饮酒或吸毒引起的）。 （2）对自己或世界的持久的（和经常扭曲的）消极信念和期望（如"我是坏人""世界太危险"）。 （3）对自己或他人造成的创伤或创伤后果的持久、扭曲的自责。 （4）持续的与负面创伤相关的情绪，如恐惧、恐怖、愤怒、内疚或羞耻。 （5）对（创伤前）重大活动的兴趣明显减少。 （6）与他人疏远的感觉（如超脱或疏离）。 （7）有限的情感，即持续无法体验积极的情绪。

第五章 创伤性记忆：无法摆脱的梦魇

续表

标准 E 创伤性事件出现后开始或恶化的与创伤相关的唤醒和反应性改变，需要满足以下六条症状中至少两条： （1）易怒或攻击性行为。 （2）自我毁灭或鲁莽的行为。 （3）过度警惕。 （4）夸张的惊吓反应。 （5）无法集中注意力。 （6）睡眠障碍。
标准 F 症状（在标准 B，C，D 和 E 中）持续存在超过一个月。
标准 G 与症状有关的重大困扰或功能障碍。
标准 H 不是由于药物、物质滥用或疾病引起。

需要说明的是，并非只有成年人才会患创伤后应激障碍，幼儿也有可能遭受多种类型的创伤，增加他们患创伤后应激障碍的风险。这些创伤包括受虐待、见证人际暴力（如家暴）、机动车事故、经历自然灾害、经历战争、被狗咬、侵入性医疗程序（如先天性疾病导致的产后手术和医疗救护等）。

虽然创伤后应激障碍的诊断标准相对复杂，但核心症状可以归纳为三个：重新经历、回避和高度警觉。

创伤下的记忆：哪里出了错？

由于创伤后应激障碍的主要症状包括创伤的非自愿性和侵入性记忆、使人感到自己再次经历创伤的闪回、无法回忆创伤的主要特征，以及注意力不集中等，这些症状与记忆的功能和创伤下记忆的存储方式密切相关，所以创伤后应激障碍也被称为"记忆障碍"，针对它的创伤性心理治疗因而被称为"针对记忆的心理治疗"——患者和治疗师都在尝试干预和改变创伤性记忆。

关于创伤后应激障碍形成的理论有很多，如恐惧条件理论、二元表征理论、认知理论与创伤叙事中的"热点"、精神分析理论等。有一点可以确认，无论这些理论基于怎样的研究或理论，心理学家和精神病学家都需要解释两个问题：

◆ 与创伤后应激障碍相关的创伤性记忆在编码的时候到底出了什么问题？

◆ 与创伤后应激障碍相关的创伤性记忆在提取的时候到底出了什么问题？

我们先简单介绍一下恐惧条件理论和二元表征理论对创伤性记忆的编码问题的解释。

恐惧条件理论的提出主要基于与条件反射相关的学习理论，认为在发生创伤性事件时，中性刺激（即条件刺激，如发生事故的隧道）通过与创伤经历（即无条件刺激，如交通事故）的耦合而变得使人恐惧。当事人再次进入类似隧道或目击与隧道相关的事物时，这个"提示物"会唤醒他的记忆，创伤性画面再度出现在他的脑海中，如爆炸、燃烧的汽车。为了避免创伤性回忆造成二次伤害，他可能会希望完全避开发生事故的隧道，或者在必须开车穿越隧道时努力尝试阻止回忆，除此之外他别无选择。但这样的回避会使他在将来想到创伤性事件时更焦虑和紧张，长远来看，反而会增强恐惧反应。

朗（Peter J. Lang）1979 年提出了情绪意象的生物信息学理论，他认为令人恐惧的事件被储存在一个更广泛的认知框架中，这

第五章　创伤性记忆：无法摆脱的梦魇

个框架中有三类可以被识别的有意义的信息：第一类是与创伤相关的刺激信息，如视觉和声音；第二类是关于事件的情绪和生理反应的信息；第三类是与事件的意义相关的信息，如威胁程度。这些信息节点在网络中是相互联系的，如果人们遭遇其中任何一种信息，都会自动激活其他信息。一旦激活了足够的网络元素，就会激活整个恐惧网络以及相关的主观体验和回避行为。朗认为，恐惧的记忆很容易被模棱两可的刺激激活，这些刺激在某种程度上类似原始的、激发焦虑的记忆信息，而患上创伤后应激障碍相当于恐惧网络的永久激活。

弗阿（Edna Foa）在1989年提出了情绪加工理论，她基本同意朗的理论，但强调创伤性事件在记忆中的表现形式不同于普通事件。她认为创伤性事件违反了人们掌握的基本安全概念，恐惧网络是理论的核心概念，它代表恐惧中的认知成分，包括情绪反应和对环境中存在威胁的持续信念。创伤性事件的情绪强度会干扰注意力和记忆的编码过程，从而导致叙述不连贯、零散、相对简短、简单且表达不清。恐惧网络的激活可能是由环境中的大量提示物引起的，激活的阈值也较低（更容易被激活）。

这个恐惧网络包含四类组成元素：感觉元素、认知元素、情绪元素和生理元素。以一个假想中的战场创伤性记忆为例，感觉元素包括在战场上看到、听到、闻到的一切感官信息，同时大脑又在试图将这些信息组织成有意义的认知元素，会产生诸如愤怒、恐惧、绝望等情绪元素，最后伴随着生理元素——强烈的压力反应。每一类元素的组成成分之间都会相互联系，也和其他类元素的组成成分

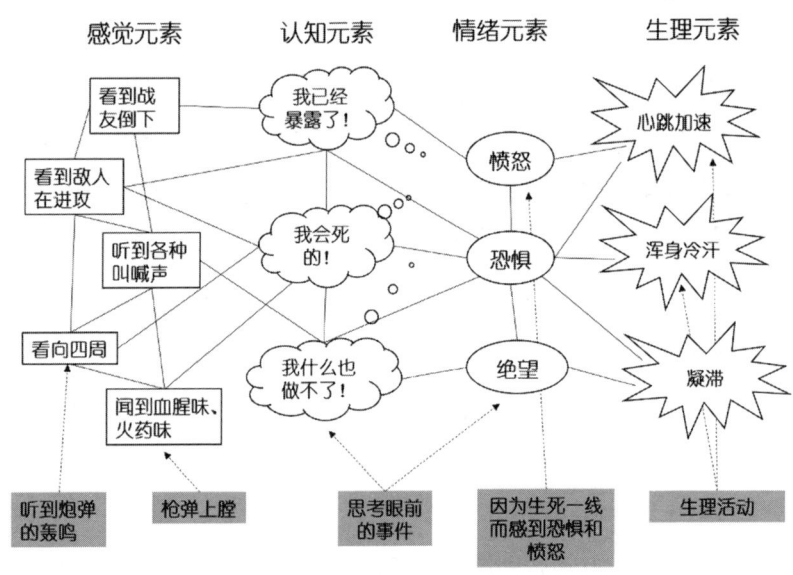

图 5-1 恐惧网络示意图
（根据恐惧网络理论绘制）

相连，组成一张恐惧网络（图 5-1）。在恐惧网络中，最强烈的元素成分往往会被称为"触发器"或"提示物"，它可以激活整个网络，上个例子中炮弹的巨响、看到武器、感受到恐惧和绝望等都可以成为触发器。

创伤后应激障碍患者会对与创伤相关的线索过度警觉，这又会使其恐惧网络更容易被激活，产生更强烈的生理反应。弗阿认为，创伤前如果一个人持有僵化的观点，患创伤后应激障碍后他会变得更脆弱：僵化的积极观点会导致他对自己的能力和世界的安全性极端自信，但这种自信会被创伤性事件摧毁；僵化的消极观点则使他很可能习惯于将人或事解释为有害的、过于笼统的危险，创伤性事件会加强

第五章　创伤性记忆：无法摆脱的梦魇

这种信念。于是，他将持续体验到自己的无能和世界的危险。

二元表征理论于 1996 年由布鲁因（Chris R. Brewin）等人提出，该理论假设创伤后应激障碍中存在两种记忆表征，其中闪回经历假设是因为创伤性事件中的特定部分的记忆编码增强造成的，这些特定部分叫作"近感觉表征"，也叫作"情景可访问记忆"，以强调这些部分可以被个体遇到的触发器（提示物）自动激活。这种记忆主要是感觉性的，缺乏空间和时间的背景，所以创伤后应激障碍患者的记忆一旦被触发，就会感觉好像正在经历创伤。这种记忆表征包含尚未由较高认知功能处理的信息，主要由来自较低感知过程和个体的自主神经、感觉运动反应的直接信息组成，很可能在专门用于处理环境动作的大脑区域，特别是背侧视觉流（即双流假说中的背侧流，详见第三章。参见图 5-2）、脑岛和杏仁核中进行加工。

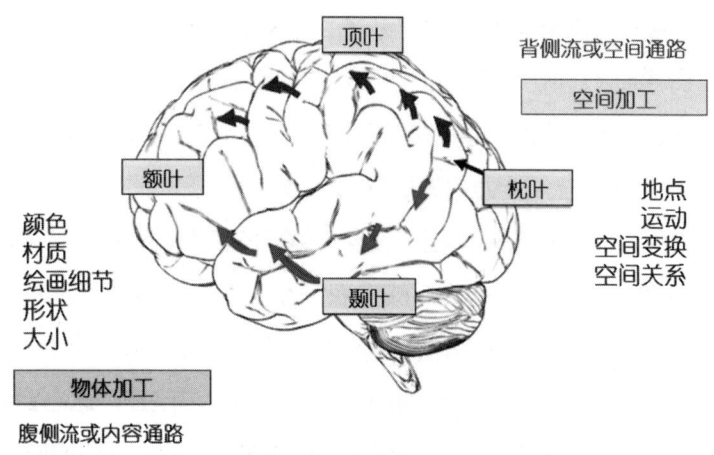

图 5-2　视觉双流假说

[图来自古德莱（Mel Goodale）和米尔纳（David Milner），1993 年]

这些信息与创伤性事件本身与事件发生时个体的强烈情感反应联系紧密且直接相关。

另一种记忆表征叫作"上下文表征"，也叫作"语言可访问记忆"，以强调个体已经有意识地处理了这部分信息，并可以与其他人进行口头交流。上下文表征很可能在腹侧视觉流（即双流假说中的腹侧流）和内侧颞叶（包括海马体和海马旁回等）中进行加工。该表征包含创伤性事件的个人意义、内涵和后果，并已经关联了自传体记忆中存在的先验知识和其他知识。这种表征理应具有抑制重新经历这一症状的功能，但在创伤后应激障碍患者身上，这种功能已受损。从上下文表征里提取记忆可能是有意识的搜索策略的结果，如"发生事故时我在哪里？和谁在一起？"，但也可能通过能够提示个体这一事件的线索自动激活。总体来说，这一表征是受到限制的。

布鲁因 2008 年补充和修订了二元表征系统，他提到创伤后应激障碍患者对创伤性事件记忆的优先编码很可能是两种作用的产物：一种是围绕创伤本身的解离反应，一种是前额叶皮层在压力水平超出人们的应对能力后短暂的"下线"。在正常情况下，闪回是一种自然恢复的适应性途径，破碎化编码的信息在一次次的闪回中被重新加入上下文表征，近感觉表征和上下文表征之间的联系加强，于是产生了具有时间和空间信息的新的创伤性事件记忆表征。人们因而能够更清醒地认识到创伤性事件发生在过去，这也会逐渐减少创伤线索激发的感觉记忆带来的强烈情绪波动。但在创伤后应激障碍患者身上，这种从近感觉表征到上下文表征的重新编码功能

第五章 创伤性记忆：无法摆脱的梦魇

是缺失的，这也导致了持续和高强度的闪回、噩梦、言语记忆功能受损。

简单来说，创伤后应激障碍患者的创伤性记忆编码有如下两种类型的问题：

- ◆ 近感觉表征的编码在发生创伤性事件时被增强；
- ◆ 上下文表征的编码以及近感觉表征与上下文表征之间的连接被削弱。

这些异常编码的记忆信息在记忆提取时又会怎样呢？

毫无疑问，创伤后应激障碍患者有关创伤的记忆提取是被大幅度增强的。这种增强不仅体现在这些记忆很容易被触发，也体现在患者无法学习到新的、安全的记忆。我们知道，不同类型的记忆的提取方式也是不同的。陈述性记忆可以有意地检索并通过语言访问，这是一种自传体式记忆表征；非陈述性记忆由环境或内部提示自动激活，并影响人的行为和经历，如幸存者的记忆，这是一种感知觉记忆表征。患有创伤后应激障碍的人表现出持续而夸张的恐惧反应，这种强烈的情绪很难消除。任何一种长期记忆的遗忘都包含两种过程，一种是旧有记忆的消退，一种是学习到新的记忆来代替旧有的记忆。创伤后应激障碍患者的这两种遗忘过程都是有功能缺陷的，所以无法遗忘创伤性记忆，也干扰了其他认知过程（注意力、工作记忆、执行功能、情绪调节、语言、视觉），从而损害患者学习和保留与创伤无关的新信息的能力。

由此可见，正是这种记忆编码和提取阶段的双重功能异常，才导致创伤性记忆成为创伤后应激障碍患者生命中的梦魇。

创伤如何改变我们的大脑

很显然,由于创伤后应激障碍直接由创伤经历引发,而创伤经历又有明确的生理过程,任何针对创伤后应激障碍的治疗都应该优先考虑疾病的生理基础。二元表征理论已经明确提到近感觉表征与背侧流、脑岛和杏仁核有关,而上下文表征与腹侧流、海马体和海马旁回有关,不过据我了解,目前还没有一个完整的理论将全部的与创伤后应激障碍研究相关的神经生物学证据整合在一起——从理解的角度来讲,如果没有一个完善的理论框架,单纯堆积证据是没有意义的。因此,在这一小节里,我简要总结了几篇较新发表的关于创伤后应激障碍的神经生物学基础的综述性文章中的关键内容,让我们能够更好地理解这种"记忆之痛"带来的心理障碍。

谢林(Jonathan E. Sherin)在发表于 2011 年的文章中总结了在创伤后应激障碍患者身上已鉴定出的与症状相关的神经生物学因素(见表 5-2)。

表 5-2 与创伤后应激障碍症状相关的神经生物学因素

因　素	创伤后应激障碍患者身上的变化	影　响
A. 神经内分泌		
下丘脑—垂体—肾上腺轴	皮质醇缺乏症	抑制促肾上腺皮质激素释放激素/去甲肾上腺素,并上调对压力的反应; 驱动异常的压力编码和恐惧处理过程。

第五章 创伤性记忆：无法摆脱的梦魇

续表

因　素	创伤后应激障碍患者身上的变化	影　响
下丘脑—垂体—肾上腺轴	持续提高促肾上腺皮质激素释放激素的水平	钝化促肾上腺皮质激素对促肾上腺皮质激素释放激素的反应；海马体的萎缩加剧。
	三碘甲状腺素和甲状腺素的比率异常升高	增加主观焦虑感。
B. 神经化学		
儿茶酚胺	多巴胺水平升高	通过中脑边缘系统干扰恐惧调节；
	去甲肾上腺素水平/活性增加	增加唤醒和惊吓反应；增加恐惧记忆的编码；增加脉搏、血压与创伤性记忆关联的反应。
5-羟色胺	中脑 5-羟色胺的浓度降低	干扰杏仁核和海马体之间的动态平衡；损伤抗焦虑作用；增加警惕性、惊吓性、冲动性和记忆入侵。
氨基酸	γ-氨基丁酸活性降低	损伤抗焦虑作用。
	谷氨酸增加	促进与现实的解离。
肽	血浆神经肽Y浓度降低	保持促肾上腺皮质激素释放激素/去甲肾上腺素畅通无阻并增加对压力的反应。
	脑脊液 β-内啡肽水平升高	增加麻木感；压力引起的镇痛和解离。
C. 神经解剖学		
海马体	体积减小，活动减少	改变压力反应和记忆消退。
杏仁核	活动增加	异常警惕；削弱对威胁的分辨力。
皮层	前额叶活动减少	执行功能调节异常。
	前扣带回体积减小	削弱恐惧记忆的消退。
	内侧前额叶激活减少	削弱恐惧记忆的消退。

压力心理学：从大脑、个人成长到心理健康

总体来说，大脑中参与情绪加工、记忆编码和提取、压力反应的大脑区域和生物标记都有可能卷入创伤后应激障碍的神经生物学机制里。正因如此，患者身上观察到很多生物学改变，谢林认为，这很可能反映了"由于心理'休克'而导致的多种压力介导系统的持久失调"。但与其他心理疾病一样，科学家目前无法确定这些生理心理变化是"因"还是"果"，因为它们很可能发生在遗传层面，是先天的基因编码差异造成的对疾病的生理易感性的不同，如一个人天生体内去甲肾上腺素浓度比较高，在压力下的反应就比其他人更强烈；它们也有可能发生在经验层面，是后天不断适应环境的过程造成身体内化学网络的异常，如经常暴露在压力事件下，导致皮质醇水平一直较高；它们还有可能是遗传和经验共同作用的结果，一个典型的例子就是表观遗传学，修饰基因的蛋白在环境的作用下激活，从而"打开"或"关闭"基因的功能。

此外，由于人类的大脑具有较强的可塑性，会在学习到新知识之后产生新的神经元突触，产生结构上的变化，所以后天的经历也对大脑有很强的修饰作用，我们也很难判断，缩小的海马体体积到底是创伤后应激障碍的病理性结果，还是导致该障碍的生理基础之一。但无论如何，科学家都倾向认为，创伤后应激障碍的大部分症状与大脑功能异常、大脑化学网络功能异常紧密相关。正因为大脑功能异常，患者才无法用自己的力量去战胜这些噩梦，才需要借助外力（如平衡大脑化学网络的药物，改变大脑网络激活模式的心理治疗，等等）缓解症状。

阿奇奇（Teddy J. Akiki）等人 2017 年尝试整合了关于创伤后应激障碍的大脑影像学证据，提出基于大脑网络的创伤后应激障碍

第五章 创伤性记忆：无法摆脱的梦魇

神经生物学模型。在认知心理学和认知神经科学领域，研究者已经越来越倾向把大脑看成具有高度固有连接性、功能不同的大脑网络的集合体，称为"内在连接网络"，而不再将其视为离散的、功能各异的大脑区域。与压力下的大脑网络改变类似，阿奇奇等人提出的模型同样关注三个主要功能网络——显著网络、默认网络和中央执行网络（也称"额顶控制网络"）之间的关系。

如图 5-3 所示，显著网络、中央执行网络和默认网络之间的功

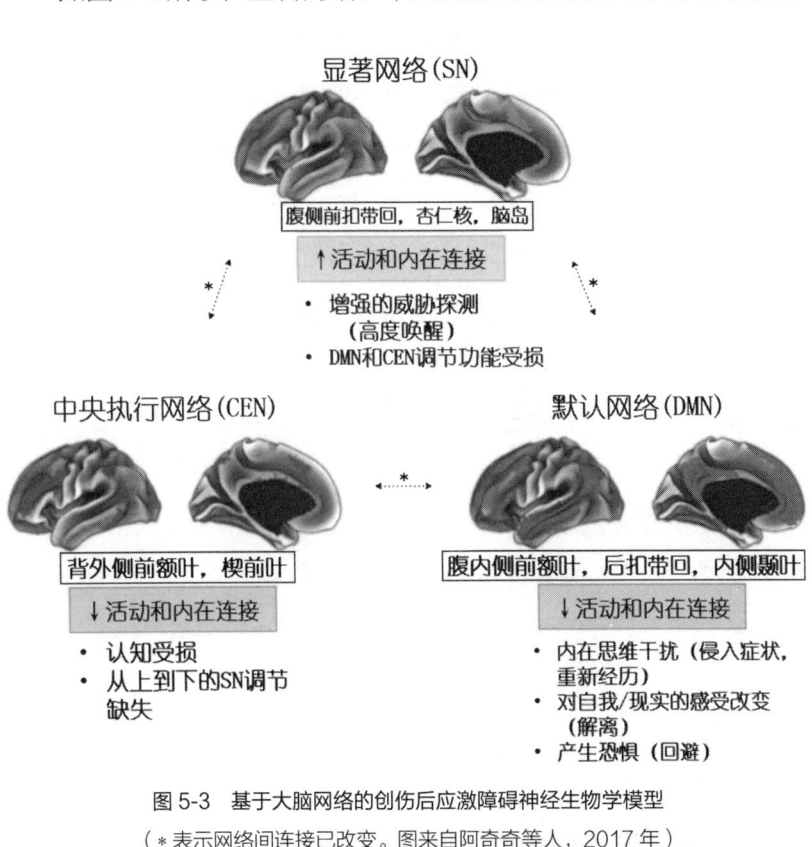

图 5-3 基于大脑网络的创伤后应激障碍神经生物学模型
（＊表示网络间连接已改变。图来自阿奇奇等人，2017 年）

能连接变化很可能是创伤后应激障碍的心理病理学基础。根据该模型，在创伤后应激障碍患者的大脑中，显著网络过度兴奋且超常地连接到其他网络上，此时显著网络感知到的显著性阈值较低（高度警觉症状，可以理解为一种杯弓蛇影、草木皆兵的状态），无法有效地调节默认网络和中央执行网络（原本应该在有相关任务时进行从默认网络到中央执行网络的切换和资源重组）；中央执行网络的内部连接较弱且激活不足（导致认知能力受损），无法自上而下地调节显著网络；最后，默认网络的内部连接较弱且激活不足，导致维持平静的内部状态的能力受到干扰（侵入性症状）和对自我/现实的感受的改变（解离），并带来泛化的恐惧感（由海马体调节的回避症状）。

需要注意的是，基于大脑网络的神经生物学模型虽然是研究的趋势，也能最大限度地体现大脑网络之间的动态变化以及与相关症状的关系，但由于目前有关大脑网络的定性和定量的研究证据依然不足，这类模型很可能无法体现各种不同心理障碍的特异性。如上述三重网络模型既可以用来解释压力下的大脑网络变化，也可以用来解释创伤后应激障碍的病理机理，甚至可以（部分）解释焦虑症和抑郁症的相关症状。不过，大脑网络理论提出距今只有不到 10 年的历史，从宏观角度理解心理疾病也是发展的必然，有缺陷就代表着依然有发展和完善的空间。

治疗创伤：了解你的选择

俗话说，隔行如隔山。但即使在行业内部，专业方向不同，也

第五章　创伤性记忆：无法摆脱的梦魇

同样"如隔山"。以心理学为例，认知心理学和临床心理学就是两个完全不同的领域，认知心理学家的主要工作是进行科学研究，了解人的心理世界的真相，至于这些真相能否应用在需要帮助的人身上，该怎样帮助人，则成为临床心理学家的工作。虽然现在认知心理学和临床心理学的领域有很多交集，尤其在理解心理疾病的生理机理方面，但总体来说，认知心理学家的主要工作是不断提高实验技能，以进行更深入的科学研究；而临床心理学家的主要工作是不断提高心理咨询技能，从而更好地帮助心理障碍患者。即使是优秀的心理学家，要同时做好这两个方面的工作也是非常困难的。这就好比一位每天要做 10 台手术的医生，同时要花大量时间去学编程、统计、设计实验、做实验，搞科学研发，就算这位医生天赋异禀，时间也不够用。此外，虽然面对的都是需要帮助的心理障碍患者，精神科医生和临床心理学家也是完全不同的——能够下诊断和开药方的只有持有医生执照的精神科医生，临床心理学家理论上只能协助进行心理治疗，不能越俎代庖。

之所以开篇讲这么多，是为了澄清一点：我是一名认知心理学家，不是心理咨询师。虽然临床心理学也是我的研究领域，但我没有进行治疗的专业资格。所以在这本书里，我不会给出治疗方面的意见或建议，更不会主观评判各种不同的治疗方法。

如果觉得自己可能有心理障碍，到医院的精神科去咨询专业医生的意见是首要也是唯一的选择。到目前为止，药物治疗依然是心理障碍治疗的首选。首先，相对心理治疗，药物见效快，可以在较短的时间内恢复大脑化学网络的平衡；其次，药物更经济，尤其是现在部分严重精神障碍的治疗药物已纳入医保，可以报销，为患者减轻了经济负担。当然，药物治疗也有缺陷。首先是药物有效性问题，不是所有患者吃药之后病情都会得到改善，有些情况下患者可能必须服用多种药物；其次是药物副作用问题，很多精神疾病药物都有明显的副作用。在经济和时间允许的情况下，医生会建议采取药物和心理治疗相结合的方式，以期获得最佳治疗效果。

针对创伤后应激障碍的心理治疗方法有很多，精神科医生施奈德（Ulrich Schnyder）和克罗伊特拉（Marylène Cloitre）在他们主编的《创伤相关的心理障碍的基于证据的治疗方法：临床医师的实践手册》(Evidence Based Treatments for Trauma-Related Psychological Disorders: A Practical Guide for Clinicians, 2015)中，提到了八类心理治疗方法，分别是：

- 创伤后的早期干预；
- 长期接触治疗；
- 创伤后应激障碍的认知治疗；
- 认知加工治疗；
- 创伤相关障碍的眼动脱敏和后处理治疗法；
- 叙述性暴露疗法；
- 简短电心理疗法；
- 情感和人际调节技能培训中的叙事疗法。

关于早期干预一直存在两种见解：一种观点认为，所有人在创伤下都是脆弱的，都需要得到帮助；另一种观点认为，对于创伤，大多数人其实有天然的心理韧性，所以并不需要每个人都接受专业

第五章 创伤性记忆：无法摆脱的梦魇

的心理干预，而应该把有限的心理干预资源用在那些最需要帮助、最有可能发展出创伤相关障碍的人身上。这就带来了一个问题，谁才是最需要帮助的人？在许多研究中，已经发现经历过创伤的人会发展出四种轨迹：

- ◆ 创伤后应激障碍症状持续较少的韧性人群；
- ◆ 最初感到困扰，而后逐渐缓解的恢复人群；
- ◆ 最初症状比较轻微，但症状水平随时间逐渐上升的延迟反应人群；
- ◆ 症状持续保持在高水平的慢性压力人群。

这四种轨迹说明，如果想要尽早进行创伤后的干预，需要认识到，并不是创伤发生后就可以鉴定出所有高危的创伤幸存者，症状的发展趋势也是需要考量的重要因素。

我在这里不会一一解释每种治疗方法，因为要解释的内容太多，上面列举的八种治疗方法也只是冰山一角，它们都属于"基于证据的心理治疗方法"，不能代表全部的心理治疗方法。不过施耐德在书里举了一些治疗的案例，十分详细和专业，我从中选择了两个典型案例加以翻译和说明。① 通过学习这些案例，我们能够更清晰地理解心理治疗到底是怎么回事。②

---

① 请扫封底二维码，查看详细案例。
② 如果要了解更多关于创伤和创伤后应激障碍的心理治疗方法，我推荐美国精神科医生范德科尔克所著的《身体从未忘记：心理创伤疗愈中的大脑、心智和身体》一书。这本书不仅仅是一本浅显、实用的科普读物，也是作者本人多年心理治疗工作的回顾和总结，阅读这本书不仅能让我们更了解心理治疗，也能让我们更了解从事心理治疗的心理学家。

第六章　抑郁症：谁偷走了我的快乐？

2014 年，官方的报道证实，著名的喜剧演员罗宾·麦克劳林·威廉姆斯（Robin McLaurim Williams）在家中自杀身亡，这是伟大的"基汀教授"与抑郁症经年累月的抗争的最终战役。一周后，我为果壳写了一篇约稿的科普文章《抑郁症：谁偷走了你的快乐？》，希望能够让人更科学地了解和看待抑郁症。一位终生带给别人快乐的喜剧明星，实际上却很早就失去了快乐的能力，每每想到这里，我就觉得无比惆怅。正如 2009 年的电影《守望者》（Watchmen）中罗夏讲述的故事："一个人去看医生，他说他感到很抑郁，说生命太严苛、太残酷，说他觉得自己在危机四伏的世界里孤身一人。医生说：'处方很简单。今天晚上最伟大的小丑帕格里亚齐在城里有演出，去看看吧，应该会让你心情好起来。'这个人突然痛哭失声。他说：'可是，医生……我就是帕格里亚齐。'"

有些人的战争或许已经结束，悲剧却从未停止，几乎每年都会有一些名字永远定格在与抑郁症抗争的名单上。2019 年的秋冬似乎尤其冰冷，三位年轻的韩国演员相继选择了结束痛苦的终极手段，而一位中国女演员勇敢地站了出来，向粉丝和媒体坦陈自己多年来与抑郁症的斗争。无论是在西方文化还是在东方文化中，无论是在古代还是在现代，无论是男性还是女性，向别人袒露自己内心的痛苦和挣扎都十分不易，这意味着更多的社会偏见与评判，意味着暴露自己内心的"阿喀琉斯之踵"，意味着更大的压力。现在，有越来越多遭受抑郁症困扰的人站了出来，利用线上或线下的

第六章 抑郁症：谁偷走了我的快乐？

平台分享自己的故事，讲述自己的战争，交流与疾病抗争的经验，我个人觉得这是一个很好的现象，因为会有更多的人开始聆听这些故事，分享这些情感，理解这份痛苦。但这些勇敢站出来的人应当得到更多的保护，因为充耳不闻的人依然会拒绝聆听，而过分暴露在网络欺凌下会造成更多的伤害。更多接受过专业培训的人应该加入分享的队伍，不是替他们讲述故事，而是从科学的角度解读抑郁症，让这个心理障碍不再神秘，也不再污名化。

日本电影《丈夫得了抑郁症》中有这样一句台词："抑郁症就像一场心灵的感冒，谁都有可能得。"即使是铁打的人，在感冒期间也会暴露自己最虚弱的一面，相信所有人都有这类经历；抑郁症也一样——并不需要为软弱感到羞耻，因为人类的心都是柔软的（大脑更柔软）。心灵（或者说头脑）的感冒并不可怕，同样需要吃药、休息，得到亲人、朋友和专业人员的帮助，虽然生病的时间远比感冒要长，与疾病抗争所付出的努力也要多很多。

这也是我开始介绍抑郁症的科学知识之前，想要传达给所有人的话。生活中有极度的快乐，就会有极度的消沉，就像光明和黑暗并存。美国心理治疗师、畅销书作家摩尔（Thomas Moore）在《灵魂的黑夜》（*The Dark Night of the Soul*）一书中有一段非常触及人心的描写：

像约拿①一样去适应黑暗，你便成了夜色笼罩的水面上升起的太阳。你总是在重生，也总是要滑落大海。你的黑夜也许看似静止、

---

① 约拿是《圣经》中一位先知，曾在鱼腹中生活了三天三夜。

停滞，却自有其精妙的律动。T. S. 艾略特说过，生与死、明与暗的律动宛如一个瓷瓶在静默中恒久不息地移动。黑暗之中的律动也许难以觉察，但其踪迹隐约可察。也许你并没有前行，却安静地移动着。你困在某个容器里，宝贵的生命受到威胁，承受着自己的命运。于是你有了一种特殊的美，它的脉动你只有在黑暗中方能察觉。

抑郁症：灵魂的黑夜

心境障碍是一类主要症状为抑郁类情绪困扰的心理疾病，但这种情绪困扰非常严重，持续时间也很长，以至于正常的社会功能受到了损害。心境障碍包括两类，一类是抑郁障碍，我们熟悉的抑郁症就属于这一类；另一类是双相障碍，稍早的时候也被叫作"躁郁症"。

根据《精神障碍诊断与统计手册》第五版的分类标准，抑郁障碍包括重性抑郁障碍（抑郁症）、心境恶劣和经前期烦躁障碍。

经前期烦躁障碍是经前期综合征的严重形式，是在女性月经前期发生的一系列身体和情绪上的相关症状，包括情绪波动、突然流泪或感觉悲伤、有抑郁情绪或感到绝望、易激惹或生气、焦虑、紧张、对消极的社交信号（如拒绝）更敏感、有更多消极思维等。这些症状已经导致明显的抑郁情绪，或者使女性工作、学习或日常社交活动的功能受损。将近 1/5 的女性在月经前有身体或情绪的相关症状，已严重影响日常功能。引发经前期综合征和经前期烦躁障碍的原因尚不清楚，对其的诊断也依然存在争议。批评者担心它会把

第六章 抑郁症：谁偷走了我的快乐？

女性正常的月经周期归为病态，给有严重经前症状的女性贴上"精神疾病"的标签。

心境恶劣又叫"持续性抑郁障碍"，一般发病于童年或青少年时期，并很有可能贯穿整个成年时期。这是一种慢性但形式较轻的抑郁状态，持续至少两年；大约会对6%的人的一生中的某段时间造成影响；它也是抑郁症的风险因素——90%的心境恶劣最终会发展为抑郁症。与抑郁症一样，心境恶劣在女性中比在男性中更常见。

抑郁症则是一类更广泛、更严重的心境障碍，它的诊断标准见表6-1。

表6-1　抑郁症诊断标准

标准A
在同样的两周时间内，出现5个或5个以上的下列症状，表现出与先前功能不同的变化，其中至少有一项是（1）心境抑郁或（2）丧失兴趣或愉快感。
（1）几乎每天大部分时间都心境抑郁，既可以是主观的报告（如感到悲伤、空虚、无望），也可以是他人的观察（如流泪）；
（2）几乎每天或每天的大部分时间，对所有或几乎所有活动的兴趣或乐趣都明显减少（既可以是主观体验，也可以是观察所见）；
（3）在未节食的情况下体重明显减轻，或体重增加（如一个月内体重变化超过原体重的5%），或几乎每天食欲都减退或增加；
（4）几乎每天都失眠或睡眠过多；
（5）几乎每天都精神运动性激越或迟滞（他人观察可见）；
（6）几乎每天都疲劳或精力不足；
（7）几乎每天都感到自己毫无价值，或过分而不恰当地感到内疚（可以达到妄想的程度，并不仅仅是因为患病而自责或内疚）；
（8）几乎每天都存在思考或注意力集中的能力减退或犹豫不决（既可以是主观体验，也可以是观察所见）；
（9）反复出现死亡的想法（而不仅仅是恐惧死亡），反复出现没有特定计划的自杀观念，或有某种自杀企图，或有某种实施自杀的特定计划。

续表

标准 B
这些症状引起有临床意义的痛苦，或导致社交、职业或其他重要功能方面的损害。
标准 C
这些症状不能归因于某种药物的生理效应，或其他躯体疾病。
注：对重大丧失（如丧亲、经济破产、自然灾害损失、严重的躯体疾病或伤残）的反应可能包括诊断标准 A 所列出的症状，如强烈的悲伤、沉浸在丧失中、失眠、食欲不振和体重减轻，这些症状可能类似抑郁发作。
标准 D
这种抑郁发作的出现不能更好地用分裂情感性障碍、精神分裂症、精神分裂样障碍、妄想障碍，或其他特定和非特定精神分裂症谱系及其他精神病性障碍来解释。
标准 E
从无躁狂发作，或轻躁狂发作。
注：如果所有躁狂药或轻躁狂样发作都是由药物滥用所致，或归因于其他躯体疾病的生理效应，则此排除条款不适用。

一般情况下，抑郁症的严重程度可以粗略划分为轻度、中等和严重。可将抑郁症的主要症状分为 A 和 B 两类（表 6-2）。

表 6-2 抑郁症的主要症状分类 *

A	B
抑郁心境	自尊和自信水平降低
	认为自己有罪和无价值
对平时的活动失去了兴趣和快乐感	悲观的想法
	睡眠障碍
精力减退，活动降低	食欲改变
	自我伤害的念头

*注：本表的症状划分标准基于《国际疾病分类》(International Classification of Diseases) 第十版（简称 ICD-10）。

第六章 抑郁症：谁偷走了我的快乐？

轻度的抑郁症包含 A 中的超过 1 种症状和 B 中的 1—2 种症状；中度的抑郁症包含 A 中的超过 1 种症状和 B 中的 2—3 种症状；严重的抑郁症包含 A 中的全部 3 种症状和 B 中的超过 3 种症状。轻度抑郁发作者继续从事日常工作和社会活动有一定难度，但也许不会完全丧失活动能力。而重度抑郁发作时，患者就不太可能继续从事社会活动、工作和家务；即使从事这类活动，程度也极为有限。

根据世界卫生组织官网上公布的数字，2018 年，确诊抑郁症的人数超过 3 亿人（约占世界人口的 3.8%）。抑郁症是导致世界范围内残疾的主要原因，是造成全球总体疾病负担的主要因素。抑郁症不同于通常的情绪波动和对日常生活挑战产生的短暂情绪反应。长期的中度或重度抑郁症可能成为严重的疾患，患者会受极大影响，在工作中以及在学校和家中表现不佳。最严重时，抑郁症可导致自杀。每年有近 80 万人因自杀死亡，自杀是 15—29 岁年龄组人群的第二大死亡原因。

除了抑郁症的主要症状，在尼维德等人主编的《异常心理学：在变化的世界里》里也列举了一些抑郁症带来的明显变化（表6-3）。

表6-3 抑郁症带来的明显变化

情绪状态的变化	• 心境变化（持续一段时间的情绪低落、郁闷、悲伤或沮丧）； • 哭泣或大哭； • 易被激惹、易变和易发脾气。
动机的变化	• 早晨起床感觉没动力或很困难，甚至不想起床； • 社会参与时间减少，或对社会活动的兴趣下降； • 对娱乐活动丧失兴趣或感觉不到快乐； • 性欲下降； • 对称赞和奖励没有反应。

续表

社会功能和运动行为的变化	• 活动或说话比平时缓慢； • 睡眠习惯改变（睡得太多或太少，比平常醒得早而且很难再入睡，所以称为早醒）； • 饮食改变（吃得过多或过少）； • 体重改变（体重增加或减少）； • 在工作或学习时效率下降，责任感缺失，忽视外表和体形。
认知改变	• 难以集中注意力或清晰思考； • 对自己和自己的未来抱有消极心态； • 对过去做得不好的事情感到内疚或后悔； • 丧失自尊或感觉失败； • 考虑死亡或自杀。

与大部分心理障碍一样，抑郁症最大的危害就是降低了人们的生活质量，剥夺了人们享受生活的能力。在 2011 年上映的电影《忧郁症》（Melancholia）里，身患抑郁症的演员邓斯特（Kirsten Dunst）出演了一位被抑郁症折磨的女性贾斯汀。这不是一部讨喜的电影，但在观影过程中，如果你对剧情感到困惑和无聊——极度缓慢的节奏，经常莫名其妙就情绪崩溃、行为难以理解的女主角，以及她毫无情绪起伏的声音——你就能对抑郁症患者的痛苦感同身受。我印象最深刻的形容抑郁症患者的一句话，来自人们对饱受抑郁症之苦的美国总统林肯（Abraham Lincoln）的评价："他走路时，忧郁似乎从他身上滴落下来。"

这个社会对抑郁症患者总是过分苛刻，认为他们只是不能"摆脱它"，不能"重新振作起来"，认为这是性格软弱造成的。《忧郁症》用一种魔幻的方式讽刺了这种偏见：对于贾斯汀，她每一天都仿佛生活在世界末日里，无法感受到快乐，而一个失去了光明的世界就是一

第六章　抑郁症：谁偷走了我的快乐？

个逐渐枯萎的世界，她就像一朵苟延残喘的小花。然后，真正的世界末日降临了，那些看起来很坚强的"健康人"全都变得不堪一击，习惯了生活在世界末日里的贾斯汀却仿佛成了唯一的"健康人"……

在美国，男性患抑郁症的终生患病率为 12%，女性则为 21%，总体为 16.5%（2017 年公布的数字）。女性比男性的患病率高并不让人意外，这一方面可能是因为女性相对男性来说更容易选择就医，男性则因为顾及强调"坚强男性"的社会刻板印象而不愿就医；另一方面则是由于社会文化等因素，在出了问题的时候，女性更容易将问题内化到自己身上，而男性更倾向用外化的方式宣泄情绪，所以女性患抑郁症的风险更高。女性患抑郁症的最大风险年龄段开始于青春期早期（13—15 岁），且至少持续到整个中年时期。

关于抑郁症有一个越来越令人担忧的现象，那就是抑郁症的初次发作年龄已经越来越低龄化（平均为 13—14 岁），我们甚至能看到一些儿童也发展出抑郁症的症状，自杀的案例时有报道——这是最令人震惊的。抑郁症发作后往往需要几个月或一年，甚至更长的时间才能得到缓解，更棘手的是，抑郁症的复发率很高，大多数抑郁症患者在生命历程中会一次又一次地经历抑郁发作。如果在生命的早期患上了抑郁症，它有可能在整个人生过程中一次又一次地回响。除了年龄以外，社会经济地位和婚姻状态也与抑郁风险的增加相关：社会经济阶层低的人比社会经济阶层高的人，分居或离婚的人比结婚或未婚的人，有更高的发作风险。患有抑郁症的人也经常患有其他心理疾病，比如焦虑症、边缘型人格障碍等，这也让抑郁症的治疗变得更复杂。

抑郁症这个大类中还含有两种十分特殊的抑郁症，分别是季节性情感障碍和产后抑郁。

从春季到冬季的季节变化会导致一些人产生季节性情感障碍，在大多数情况下，这种抑郁表现会在春天自行消失。这种特殊的抑郁症的发病原因很有可能是光照的季节性变化改变了身体调节温度和睡眠—觉醒周期的潜在节律。在北极圈内的北欧国家，由于极夜导致的漫长黑夜，季节性情感障碍往往高发。除了抗抑郁药物以外，治疗这种抑郁症的有效方法就是光照疗法，在秋季和冬季，每天处于明亮的人造光线下几个小时，可以缓解季节性情感障碍。

大约 1/7 的新手妈妈在分娩后会经历很严重的情绪变化，出现产后抑郁。10%—15% 的分娩后第一年内的美国女性被产后抑郁影响，往往在分娩后一周到一个月内抑郁发作；它可能会持续几个月、一年甚至更长时间，经常伴随饮食和睡眠困扰，以及低自尊和保持注意力或意识方面的困难。多数产后抑郁发作并不像抑郁症发作那样持续很长时间，也没有那么严重，但在某些情况下确实会出现自杀表现。导致产后抑郁风险增加的因素有很多，如有情绪障碍历史，在孕期经历抑郁，单亲母亲或初为人母，有经济困难或存在问题的婚姻，遭受家庭暴力，缺少来自伴侣或家庭成员的社会支持，有一个不想要、生病的或难养的婴儿，等等。实际上，分娩对孕妇造成的影响不仅是情绪上的：15%—20% 的西方女性认为，生产过程是一种创伤，3.17% 的产妇甚至会因为生产患上创伤后应激障碍。芬克（Fink，2016）等人的研究显示，不仅仅女性会

第六章 抑郁症：谁偷走了我的快乐？

出现产后抑郁，男性同样会患病。

抑郁症、心境恶劣、经前期烦躁障碍、季节性情感障碍、产后抑郁，这些名词也许你很熟悉，也许你很陌生，但它们都与极度消沉的情绪有关。尤其是抑郁症，它甚至会让人们面临死亡的威胁。为什么我们会深陷这种至暗情绪中呢？

我的大脑"结了冰"

揭示抑郁症的病理生理学是一个独特的挑战，就像上一章提到的，不同的抑郁症患者的症状各不相同，导致他们发病的原因也多种多样，尤其是内疚和自杀等主要症状根本无法在动物模型中再现，这也导致其神经机理性和药理性研究存在重大局限。

2008年，神经科学家克里希南（Vaishnav Krishnan）和内斯特勒（Eric J. Nestler）总结了抑郁症的主要发病原因和治疗方法，见表6-4。

表6-4 抑郁症的主要发病原因和治疗方法

诊断与监控	• 主观定性：患者必须表现出情绪低落或快感缺失以及其他各种症状，至少持续2周，并且这些症状必须破坏正常的社会和职业功能（详见上一节）。 • 通过标准化问卷监测患者。
病因和危险因素	• 压力大的生活事件（如失去亲人或出现财务、职业危机）。 • 遗传风险（遗传性≈40%）。 • 未知疾病基因；可能是特发性的，源于药物的副作用（如干扰素-α或异维A酸）或继发于全身性疾病（如库欣氏综合征或中风等）。

续表

治疗方法	• 单胺再摄取抑制剂（如三环类药物，选择性5-羟色胺再摄取抑制剂、去甲肾上腺素再摄取抑制剂或5-羟色胺—去甲肾上腺素再摄取抑制剂）。 • 单胺氧化酶抑制剂（如反式环丙胺）。 • "非典型"药物（如安非他酮或米氮平）。 • 导电痉挛疗法。 • 心理治疗。 • 深部脑刺激。 • 锻炼促进恢复。
可能发病机理	• HPA轴活动异常（皮质醇过多或皮质醇过多）。 • 神经营养信号的改变。 • 海马神经发生异常。 • 大脑奖励处理的缺陷。 • 异常的认知方式（消极思维）。

克里希南等人也总结了抑郁症的主要神经回路，他们认为抑郁症的病理生理学涉及如下几个大脑区域：

深部脑刺激的研究显示，以膝下扣带回（Cg25）或伏隔核（NAc）为靶向电刺激区域的治疗具有一定的抗抑郁作用，这种疗效很可能是通过影响通道上的轴突纤维从而抑制这些脑区的活动来介导的（图6-1a）。

分子神经生物学的证据显示，中脑边缘多巴胺回路中的脑源性神经营养因子（BDNF）的释放量增加影响了对社会压力的易感性，这部分是由于激活了转录因子环AMP反应元件结合蛋白（CREB）的磷酸化作用。中脑边缘多巴胺回路指产生多巴胺的腹侧被盖区（VTA）通向对多巴胺敏感的伏隔核的通路，它在与奖赏相关的行为中发挥重要作用，很可能与快感缺失的机制有关（图6-1b）。

第六章 抑郁症：谁偷走了我的快乐？

神经影像学的证据强烈暗示，杏仁核（Amy）是处理情感显著刺激（如恐惧表情的面孔）的重要脑区，该区域的异常有可能导致人们对消极情绪更敏感（图 6-1c）。

神经生物学的证据显示，压力降低了神经营养因子的浓度，从而减少了神经发生（即生成新的神经元）和海马体（HP）神经元结构的复杂性（如树突减少），这种作用很可能部分是通过压力诱导的皮质醇浓度的增加和 CREB 活动的减少来调节的，其后果与海马体的体积减小和功能损伤有关（图 6-1d）。

神经内分泌的证据显示，除了皮质醇以外，诸如饥饿素和瘦素这样的代谢激素还会通过影响下丘脑（HYP）和一些边缘系统脑区（如海马体、腹侧被盖区、伏隔核）而导致情绪变化（图 6-1e）。

所有这些证据都显示，抑郁症的主要症状的出现确实是因为大脑出现了不同程度的异常。但这些证据依然是碎片化的，即使我们可以部分解释某些症状为什么会出现，也依然无法从整体上理解抑郁症的发生。近十年来，更多的研究者试图将这些碎片拼成一个完整的框架，去全面解释抑郁症。

2012 年，库弗（David J. Kupfer）等人从基因、分子、神经影像学的角度整合了抑郁症的病理机理，尤其强调了大脑解剖学和神经递质网络的功能异常。这种异常集中表现在前额叶中不同脑区的功能变化上：腹外侧前额叶（vlPFC）和腹内侧前额叶（vmPFC）的功能异常致使情绪的自主调节（即受到控制的情绪调节）下调，而内侧前额叶（mPFC）、前扣带回（ACC）和眶额皮层（OFC）的功能异常致使情绪的自动调节（即不受控制的情绪

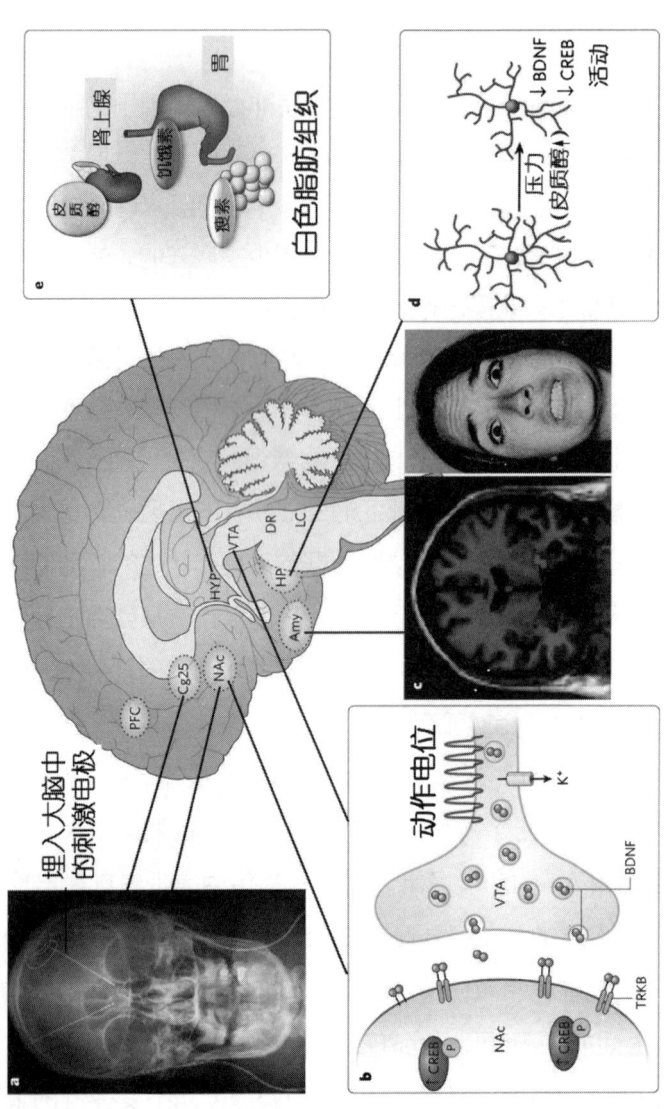

图 6-1 抑郁症的神经回路

（PFC，前额叶；DR，背缝；LC，蓝斑；TRKB，酪氨酸受体激酶 B。图来自克里希南等人，2008 年）

第六章 抑郁症：谁偷走了我的快乐？

调节）增强，于是抑郁症患者更关注自动化的对消极情绪的优先加工，远离需要自主调节或认知参与的与积极情绪和奖赏相关的刺激。

近些年，来自免疫学和微生物学的证据还暗示了肠道菌群与抑

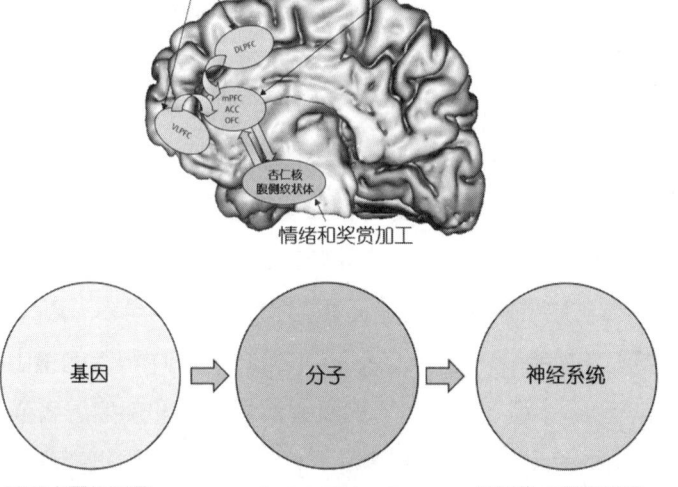

图 6-2 整合多个水平的抑郁症神经机理概述

（图来自库弗等人，2012 年）

郁症症状之间存在一定的关联。脑—肠轴或菌—脑—肠轴是一个相对较新的研究热点，主要关注肠道菌群的组成、活性与代谢功能、大脑活动之间的关系。该研究始于 2004 年须藤信行（Nobuyuki Sudo）和千田阳一（Yoichi Chida）的研究发现：在无菌环境中出生和成长的小鼠肠道中缺乏正常的菌群，相对于生长在有菌条件下的小鼠，表现出对压力更夸张的反应，它们的下丘脑—垂体—肾上腺轴的激活也更强烈。哺乳动物的肠道被称为"肠脑"，因为它有自己的一套神经系统（肠神经系统），可以相对独立地响应外界信号。这种肠脑是一种微生物器官，全部细胞的 90%—95% 是微生物，包括细菌、古细菌、真菌、病毒和某些原生动物，这些微生物群生活在哺乳动物的肠道中，而动物体内的代谢、免疫系统和信号传递都与这些微生物的构成和功能密切相关。埃夫伦瑟尔（Alper Evrensel）、赛兰（Mehmet Emin Ceylan）2015 年和中科院的梁山（Shan Liang，音译）等人 2018 年的研究都显示，抑郁症患者通常会出现肠脑功能紊乱，包括食欲紊乱、代谢紊乱、肠胃机能紊乱和肠道菌群异常等。

迪南（Ted G. Dinan）和克莱恩（John F. Cryan）在 2013 年的综述中总结了肠道菌群影响大脑化学反应的机理。来自大脑皮层和边缘系统的信号可以改变胃肠的功能，而迷走神经可以沟通大脑和肠胃的信号，让这两个重要的身体系统进行信息交换。在出现慢性压力和患抑郁症的情况下，过量的皮质醇不仅会影响大脑的功能，而且会损害肠胃的功能。下丘脑—垂体—肾上腺轴和免疫系统也是脑—肠轴的关键调节因素，参见图 6-3。

在抑郁症的心理治疗方法中，最常用的方法是认知行为疗法。

第六章 抑郁症：谁偷走了我的快乐？

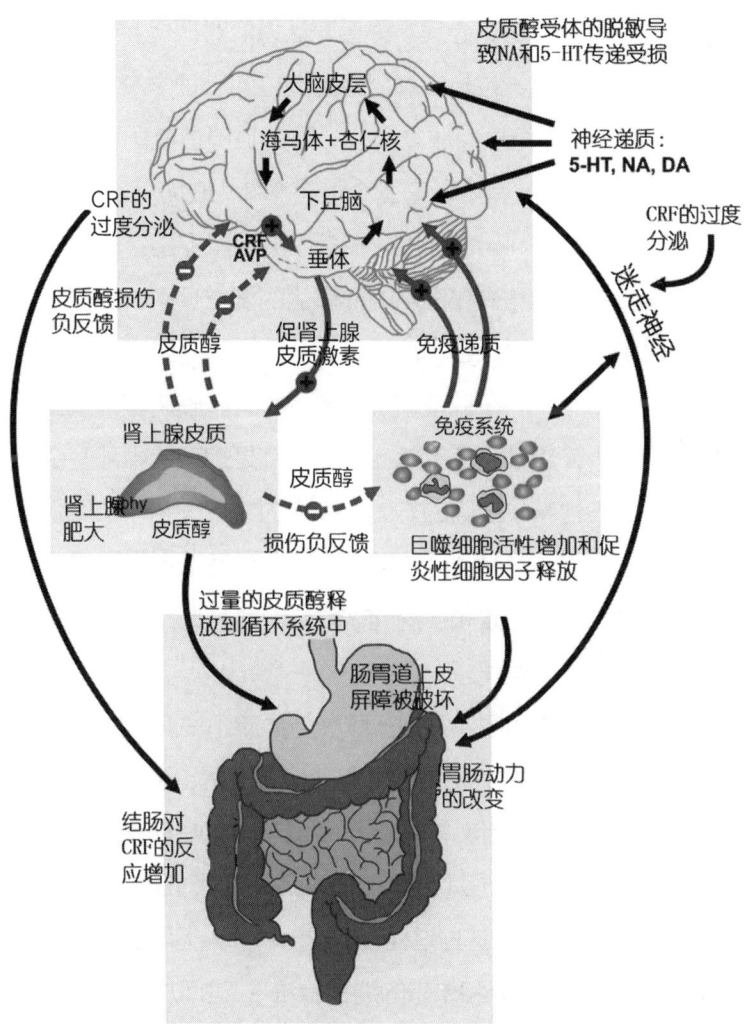

图6-3 慢性压力和抑郁对脑—肠轴活动的影响

（NA，去甲肾上腺素；5-HT，血清素；DA，多巴胺；CRF，促肾上腺皮质激素释放因子；AVP，加压素。图来自迪南和克莱恩，2013年）

行为疗法的诞生首先归功于埃利斯（Albert Ellis），他在1955年开发了理性情绪行为疗法，心理学界普遍认为他对现代心理治疗的影响远超弗洛伊德。另一位具有举足轻重地位的心理学家就是被誉为"认知疗法和认知行为学疗法之父"、"历史上塑造美国精神病学面貌的美国人"之一、"有史以来五个最有影响力的心理治疗师"之一的贝克（Aaron Temkin Beck）。贝克2016年提出了一个整合了临床、认知、生物学和进化观点的抑郁症的统一模型。综括了自己半个世纪以来的心理治疗经验后，贝克认为，一个综合性理论模型应该把来自各个水平的研究证据（遗传、心理、临床等）整合到一个连贯的描述中；应该充分考虑症状，尤其是抑郁症中那些令人费解的、违反了人性基本准则的方面（如人的性本能和愉悦原则，抑郁症的存在破坏了这些原则）；应该提供一个框架来解释抑郁症的发展史——易感性、积累和疾病的恢复；应该考虑跨个人和跨时间的情况下医疗记录的差异。

贝克的模型复杂而翔实。如在解释与适应不良有关的抑郁倾向或易感性因素如何导致抑郁症这个问题上，贝克提出了"消极认知三角"的模型。简言之，遗传（如基因）和环境（如早期创伤）的风险导致了自我贬低的消极记忆（信息加工偏见）和面对压力的过激生物反应，随着时间的流逝，这些过程会形成一种让人们深信不疑的抑郁的信念（即对自身、世界和未来的消极看法），进而加剧信息的加工偏见和压力反应。事实上，早期经历也可能直接导致抑郁信念的形成，当人们长期处于消极信念的影响下，他们很难摆脱抑郁的阴影。

在贝克的模型中，压力是抑郁症的一种常见先兆：亲人的排

第六章 抑郁症：谁偷走了我的快乐？

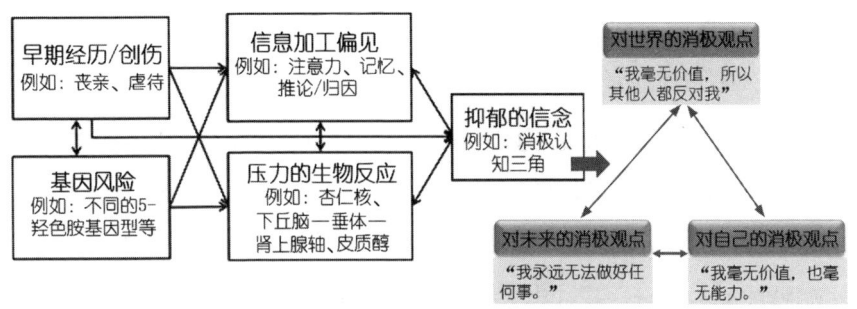

图6-4 抑郁症易感性模型

（上图左半部分来自贝克，2016年；右半部分为消极认知三角示意图）

斥、社会的排斥或社会地位的丧失、痛失爱子和流产往往是抑郁症最强烈的诱因。这些压力源的共同点是，它们似乎会对关键的进化目标产生负面影响，如建立紧密的人际关系、生育，以及被群体认同和接受以获得有效的内部资源。当然，长期的压力源（如婚姻不和、经济困难）也可能导致抑郁。

贝克使用了"积累、表现和维持"的模型来体现压力与抑郁症的关系。在这个模型中，累积的压力源和抑郁的信念相互影响，产生了消极的认知评价。如果人们坚信自己是毫无价值的，世界是充满敌意的，未来是毫无希望的，他们就会先发制人地认定，自己已经损失了对关键性资源的投资（如一段关系、群体认同或个人资产）。于是，为了节约能源，应对这种"巨大的损失"，人们会启动各种心理或生理的机制进行补偿。这些过程包括：

◆ 产生消极的自动思维以及认知和情绪方面的症状，如悲伤、无价值感，甚至死亡念头等；

◆ 产生自主神经系统或免疫系统的反应，如各种"疾病行为"

（厌食、快感缺失等）；人们也会变得过度警觉，防止出现更多的"损失"。

这两个过程会相互影响和加强。一些方法可以干预和逆转这种"补偿机制"，如认知重建（重建积极的信念）、直面问题—解决问题的压力应对方式、获得积极有效的社会支持等，但抑郁的信念可能破坏这些方法，如冗思会破坏认知重建，回避式应对方式会破坏问题解决，社会冲突会破坏社会支持等。这些破坏因素甚至会给个人带来额外的压力。

贝克对抑郁症的研究和治疗的发展方向提出了建议：在这个统一模型的基础上，以后的研究还应该再整合来自遗传、神经解剖、

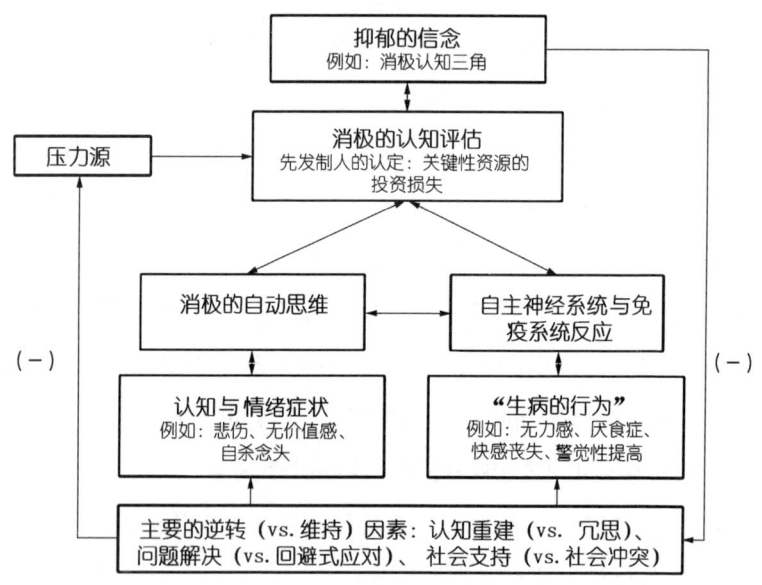

图 6-5 抑郁症的"积累、表现和维持"模型

[（-）表示可能的消极关系/影响。图来自贝克，2016 年]

第六章 抑郁症：谁偷走了我的快乐？

人格、神经化学、进化、临床等领域多个水平和框架的证据。虽然从研究的角度考虑，抑郁症的模型需要尽可能复杂和详细，但无论这个模型有多么复杂，最根本的一点是不会改变的：得了抑郁症绝对不是犯了可怕的错误，消极的思维和自我评价也不是所谓的"人性的弱点"——抑郁症是先天的遗传、后天的家庭环境和社会环境等众多因素（尤其是压力因素）共同作用的后果。每一种有可能导致抑郁症的因素，都仿佛安徒生童话《冰雪女王》里那微小的魔镜碎片，像雪花一样落进人们的眼睛里，一点一点地将大脑冻结，直到人们再也体会不到现实世界的温暖和快乐。如果你感到现实很绝望，生活很痛苦，自己的一切都没有价值，那并不真实，你只是不小心让大脑结冰了。

因为饰演《权力的游戏》里的珊莎·史塔克而少年成名的女演员特纳（Sophie Turner）在年仅 17 岁的时候就因为巨大的心理压力和社会舆论而感受过这种痛苦，但她最终靠着心理治疗和抗抑郁药走了出来，并致力于帮助其他深陷抑郁症的人。"我了解你的痛苦。相信我，我感同身受。我已经看到人们挺过了一生中最黑暗的时刻，开始过着幸福和充实的生活。"特纳在 2018 年世界心理健康日的推文中写道："你也可以做到，我相信你。你不是负担，你永远不会成为负担。"

快感缺失：谁偷走了我的快乐？

让我们先做一个小测试。

表6-5列出了14种常见的能够带给人快乐的事情。请逐一对照，看看你在多大程度上同意这些事情能够让你快乐。

表6-5　14种常见的能够带给人快乐的事情

1. 我喜欢看我最爱的电视或广播节目；
2. 我喜欢与家人或密友在一起；
3. 我会在业余爱好和消遣中找到乐趣；
4. 我能够享受我最喜欢的饭菜；
5. 我喜欢洗个热水澡或清爽的淋浴；
6. 花香、新鲜的海风或新鲜出炉的面包的气味能够让我心情愉悦；
7. 我很乐意看到别人的笑脸；
8. 当我努力打扮过自己后，我很享受这种看起来精明能干的感觉；
9. 我喜欢看书、杂志或报纸；
10. 我享受喝茶、咖啡或我最喜欢的饮料的乐趣；
11. 小事也能让我感到快乐，如晴天、朋友打来的电话；
12. 我能够欣赏美丽的风景或景色；
13. 帮助别人会让我高兴；
14. 当我被别人夸奖时，我会感到高兴。

这些问题来自最常用的测量快感缺失的问卷《斯奈斯—汉密尔顿快感量表》(Snaith-Hamilton Pleasure Scale，简称SHPS或SHAPS)，于1995年由斯奈斯（Philip Snaith）等人开发。如果上述问题中的大部分你都能够会心一笑，说明你没有丧失感受到快乐的能力。但是，对于抑郁症患者，这些本来能够为我们的生活增添色彩的小乐趣都消失了。这将是一个怎样的冰冷世界？

在抑郁症的诊断标准里有两个必须出现的症状，一个是情绪低落，另一个就是快感缺失。根据美国心理协会的定义，快感缺失指对愉悦刺激失去愉悦感或缺乏反应，具体来说，就是曾经喜欢吃的饭再也不香了，曾经喜欢的喜剧再也不能令人发笑了，看着曾经喜

第六章　抑郁症：谁偷走了我的快乐？

欢的人也不再有任何感情波澜了——曾经能够让自己感到愉悦的一切，都失去了激发情绪的能力。整个世界失去了欢乐，变成了灰蒙蒙的。

快感缺失的症状并不是抑郁症独有的，它同样是精神分裂症的阴性症状之一——实际上，最早关于快感缺失的记录正来自1809年哈斯拉姆（John Haslam）对精神病分裂症患者的完整研究。"Anhedonia"这个词于1896年由里伯特（Théodule Ribot）引入，含义是"不可能找到比这更少的快乐"。贝里奇（Kent C. Berridge）和罗宾森（Terry E. Robinson）在1999年的综述中提到了激励显著性假说，根据该假说，奖赏的过程可以被分解为"想要"和"喜欢"这两个独立部分，其心理过程由不同的神经系统调节。"激励显著性"这个名词既包含了感知觉，又包含了动机的属性，它对条件刺激（如奖赏物）在大脑中的神经表征（如特定区域的大脑激活）进行了转型，将一个事件或一种刺激从中性的"冷"表征（纯粹的信息）转化成能够吸引注意力的、有吸引力的和"想要的"激励。但激励显著性并不仅仅是一种感知觉上的显著性，它同样带有动机性，是大部分奖赏加工过程的主要成分。正是这种转型，使这种事物/刺激所对应的大脑激活模式与有吸引力关联起来，从神经机制上驱使动物付出一定努力去获得这种事物/刺激，并获得奖赏反应。多巴胺相关的神经系统调节了"想要"与"享乐"联想学习的成分之间的交互作用，从而产生更强的奖赏加工。

"喜欢"和"想要"是独立的与奖赏相关的心理成分，对应于一种奖赏和它归属的激励显著性的"享乐"影响力。研究者常常通过奖赏的"需要"程度来衡量奖赏的实际价值,如让动物在迷宫中寻找强化物(如食物),通过动物"想要"的行为表现(如花了多少时间在迷宫中探索)来间接推断动物对该强化物的"喜欢"程度,因为我们假设这种东西首先必须是令动物"喜欢的",然后才能是动物"想要的"。还有经典的"压杆实验",如果动物"喜欢"奖励的食物,它们就会通过"想要"的行为(不断按下压杆)来获得食物。但这类实验最大的问题是,无法将"喜欢"和"想要"区分开,所以也无法确定调节奖赏行为的多巴胺系统到底作用于"喜欢"还是"想要"的心理过程。

1995年,周群永(Qun-Yong Zhou,音译)和帕尔米特(Richard D. Palmiter)发现,经过基因改造所以依赖每天喂食特定药物才能够进行内源性多巴胺合成的小鼠,即使因停止喂药而导致大脑中的多巴胺全部耗尽,仍然表现出与常规饮用水相比更明显的对蔗糖水的偏爱。这说明多巴胺的功能对于享乐性"喜爱"行为并不是充分和必要的条件。

这似乎与我们理解的多巴胺的功能不同,我们都知道,多巴胺在奖赏加工中起十分重要的作用,甚至有很多科普文章声称,人们之所以会追求和感受到快乐,就是因为大脑中的多巴胺在驱使着我们。如果多巴胺不会影响我们对某些事物的"喜好",那它又怎样驱使我们呢?

萨拉曼(John D. Salamone)等人开发了一系列基于努力的决策的实验来评估动物为了获得特定奖励愿意付出的努力程度。在崔德威(Michael T. Treadway)和扎尔德(David H. Zald)(2011)、萨

第六章 抑郁症：谁偷走了我的快乐？

拉曼等人（2007）的综述中，分别提到了两个很有意思的动物实验。在一个实验中，动物需要在易于获得较少的食物奖励（少劳少得）和付出努力且越过障碍物之后获得较多的食物奖励（多劳多得）中二选一。健康的大鼠90%的时候都会选择多劳多得，而伏隔核中多巴胺耗竭的大鼠表现出强烈的对少劳少得选项的偏好（图6-6）。

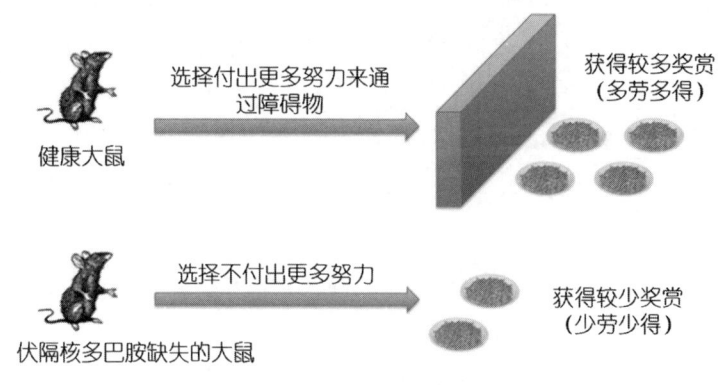

图6-6 基于努力的决策范式
（图来自崔德威和扎尔德，2011年）

第二个实验和第一个实验的原理相同，动物可以在付出一定努力（如连按5下拉杆）后获得美味的食物和自由获取的普通食物中作选择（图6-7）。控制组的大鼠大部分时间都会选择按下拉杆，获得美味的食物，但被多巴胺拮抗剂减少或完全缺失多巴胺之后的大鼠会选择更容易获得的普通食物。

崔德威和扎尔德（2012）在总结了大量类似的基于动物和人类的实验后得出结论，多巴胺系统主要调节动机性快感缺失，也就是"想要"的奖赏。而消费性快感缺失，也就是"喜欢"的奖赏，与内

图 6-7 基于努力的决策范式
（图来自萨拉曼等人，2007 年）

源性阿片类物质系统密切相关。内源性阿片类物质包含神经肽的多个家族，包括内啡肽、脑啡肽、强啡肽和孤啡肽 FG 以及它们的各种受体亚型，它们在快乐情绪的主观感受中起重要作用。除此之外，还有一种决策性快感缺失，即在与奖赏相关的决策行为中，人们平衡成本和收益的能力受到了损害。出现了快感缺失症状的患者很可能高估未来的成本或低估未来的收益，导致无法以相对稳定的方式整合与成本/收益相关的信息，所以决策的方式和策略比较多变。

我们已经知道，多巴胺系统调节动机性快感缺失，大脑中与多巴胺系统有关的大脑区域自然也参与这一类快感缺失，如伏隔核、尾状核、腹侧被盖区、腹侧苍白球、纹状体等。阿片类物质调节消

第六章 抑郁症：谁偷走了我的快乐？

费性快感缺失，大脑中与阿片类系统有关的大脑区域自然也参与这一类快感缺失，如腹侧纹状体、内侧前额叶皮层、眶额皮层、前扣带回皮层等。与决策性快感缺失相关的神经机制还在研究中，临床证据显示，成本/收益决策方面的缺陷可能是由伏隔核、前扣带回、杏仁核和中脑边缘多巴胺组成的网络功能受损的结果。

因此，前扣带回的功能对于出现快感缺失症状十分重要。在我做博士后的实验室里，我们的一系列实验也证实了这一点。彼时，我刚刚结束了以健康人为研究对象的压力与学习记忆研究，机缘巧合，我来到一个因神圣罗马帝国首位皇帝皇宫所在地和物理学史上赫赫有名的马格德堡半球而出名的历史悠久的德国城市，继续进行临床心理学方面的研究。我的博士后导师沃特（Martin Walter）教授是一名精神科医生，他领导着从属于马格德堡大学和莱布尼茨神经生物学研究院的临床情绪影像学实验室，从2009年以来，该实验室的关注重点一直是抑郁症的神经机理。

2009年，沃特等人使用静息态磁共振波谱技术发现，与健康对照组和快感缺失程度较低的患者相比，快感缺失程度较高的患者大脑中的膝前扣带回区域内的谷氨酸/谷氨酰胺浓度显著降低，这说明高度快感缺失的患者膝前扣带回区域激活程度严重受损。2016年，我们在中国的抑郁症患者群体中使用情绪期待范式发现，与根据线索提示期待中性图片的出现相比，期待积极情绪图片时患者的快感缺失程度越高，大脑默认网络前端（包括前扣带回）和后端（后扣带回）的功能连接就越密切（Zhang et al., 2016）。由于在任务状态下（期待行为）默认网络内部的密切沟通反而会阻碍任务的发生，这说明快感缺失越严重的病人越无法投入足够的认知资源在期待积极情绪上。

快感缺失的症状也让研究者重新开始审视快乐。我们不是生来就快乐吗？追求快乐，努力生存，这难道不是我们进化学一直强调的人类社会的原动力吗？为什么仅仅是大脑出现异常，我们便失去了这些动力？

在沃伦（Paul Whalen）看来，我们并不是生来就快乐的。他在 2010 年的 TED 演讲里提到，我们天生对消极的刺激更敏感，因为消极的情绪往往暗示着威胁性环境线索，只有那些先天警觉的祖先才能够最早觉察到危险，最早采取措施，获得最终的生存。只有当我们反复确认过环境，确信自己是安全的，这时候才有余力去感受快乐。所以，快乐其实是一种奢侈，是靠努力才能够获得的，而这种努力强烈依赖大脑的正常功能。如果大脑长期处于受惊和恐惧的状态，快乐自然就消失了。从这个角度思考的话，"先天下之忧而忧，后天下之乐而乐"似乎又多了一层进化的含义。

我们依然能够享受生活中的快乐，我们是幸运的，我们大脑中的神经网络没有出问题，多巴胺和阿片样物质也没有罢工。我们感受快乐的能力是一种馈赠，它不仅仅代表着幸福和喜悦，也代表着安全和放松，是弥足珍贵的。如果失去了这种能力，我们的世界会变成什么样？只有经历过的人才明白。饱受抑郁症之苦的美国作家普拉斯（Sylvia Plath）在她唯一的小说《钟形罩》(The Bell Jar, 1963)里这样描写那个世界："……不论坐在什么地方——轮船甲板上，还是巴黎、曼谷的街头咖啡馆里——我都像罩在同一只玻璃

第六章　抑郁症：谁偷走了我的快乐？

钟形罩瓶之下，呼吸自己的酸腐之气，备受煎熬。"

快感缺失的后果不仅仅是失去了快乐，也是失去了整个世界。而珍惜和守护我们的快乐，也就是在守护我们的全部世界。

"凡杀不死我的，必使我强大"

因为快感缺失和极端的抑郁情绪，生活在一个没有快乐的世界里无疑是极度痛苦的。普拉斯借《钟形罩》里的天才女大学生格林伍德之口诉说自己的心声："对于困在钟形罩里的那个人，那个大脑空白、停止生长的人，这个世界本身无疑是一场噩梦。""死亡一定是如此美丽。躺在柔软的棕色土地上，草丛在头顶上飘扬，倾听沉默。没有昨天，也没有明天。忘记时间，原谅生活，保持和平。"电影《忧郁症》里面对世界末日却无比平静的贾斯汀一定也有过这种想法，而千千万万饱受抑郁症折磨的人的脑海中一定同样闪过类似的念头。死亡的诱惑被抑郁症的阴影无限放大，生的渴望又因为大脑功能损伤等诸多原因被无限缩小，这是疾病的治疗中最棘手的地方——如何消除死神魅惑的耳语？如何帮助患者获得自己的思想和行为的控制权？

尼维德等人主编的《异常心理学：在变化的世界里》里提到了这样一组触目惊心的数字：13%的美国成年人报告说有自杀想法，4.6%的人报告说有自杀企图。在美国每年约有50万人因为企图自杀而被送往医院急诊室，大约有3.3万人结束了自己的生命，死于自杀的人数是死于艾滋病人数的两倍多，大约有60%的自杀者患有心境障碍。虽然患有心境障碍的女性的数量是男性的两倍，但人群中男性的自杀率（20.2%）几乎是女性的四倍（5.4%）。在中国，女性的自杀率要高于男性（世界卫生组织官网，2009年）。在美国，男性的自杀死亡率则高于女性，这可能是因为男性更经常选择更致命的自杀方式（如枪支）。在18—24岁的大学生中，自杀是排名第二的死亡原因，仅次于车祸。自杀和企图自杀与许多其他心理障碍有关，包括酒精和药物依赖、焦虑障碍、神经性厌食、精神分裂症、惊恐障碍、创伤后应激障碍和边缘型人格障碍等。

心理学家通常认为，有自杀想法往往反映了人们认为他们能够选择的处理问题的方法太少，这就导致死亡成为唯一的选择。根据自杀的压力—素质模型，先天的基因和儿童期的创伤都有可能导致人们面对心理障碍时比较脆弱，而一旦环境中出现压力这个"触发器"，人们又无法较好地应对高压力的环境，就很容易产生心理障碍，并在心理障碍的影响下发展出自杀的行为。

为了更好地理解这种违背了进化中生存动机的自杀行为，心理学家和社会学家也尝试补充压力—素质模型，诠释自杀背后的心理因素。1897年，社会学家涂尔干（David Émile Durkheim）出版了第一本从社会学角度剖析自杀行为的著作——《自杀论：社会学的研究》（Le Suicide : Étude de Sociologie），他将自杀分为四种类型：利己型自杀与缺乏社会融合有关；利他型自杀与过度的社会融合有关；脱序型自杀与缺乏道德规范有关；宿命型自杀与过度管制有关。涂尔干认为，社会融合是一个人感觉与群体或社会建立联系或被接受的状态。一个高度融合的人会感到被他人接受和爱戴，自杀的机会也应该较

第六章 抑郁症：谁偷走了我的快乐？

少。而融合程度低的人会感到自己被别人排斥或拒绝，可能有很高的自杀概率。在现实生活中，利己型自杀确实占绝大多数。

2008年，张杰和戴维·莱斯特（David Lester）分析了40篇自杀笔记，补充了自杀应变理论。该理论认为，个人生活中相互冲突和竞争的压力往往是自杀的根源，这些压力源包括：（1）价值观压力，来自价值观冲突；（2）欲望压力，来自欲望与现实之间的差距；（3）剥夺压力，来自诸如贫困之类的匮乏；（4）应对压力，来自面对危机时应对能力不足。

2015年，科隆斯基（E. David Klonsky）和梅（Alexis M. May）提出"从意图到行为"的自杀的三步骤理论。他们认为，自杀意图的发展以及从意图到行为的发展是两个不同的过程。首先，自杀意图是疼痛（生理或心理）和绝望结合的产物；其次，社交疏离是自杀意图升级的主要风险因素；最后，获得能力促进了从自杀意图到行为的发展。获得能力的说法源于乔纳（Thomas E. Joiner）等人2005年提出的自杀人际理论，即自杀常常发生在有充满阻挠的归属感和可察觉的沉重负担的人身上，这个人也获得了自杀的能力。他们认为，正是这种社会疏离感，加上（自杀的）手段和环境，共同造成了自杀。科隆斯基的理论主要是为了监控和预防自杀行为，根据这个理论，心理学家和社会工作者首先需要关注个体的生理或心理疼痛（心理和情绪痛苦达到无法忍受的程度），既要警惕社会隔离的风险，又要降低个体获得自杀能力的可能性，以制止实际自杀行动。

除了上述关于自杀的产生和发展的理论以外，社会学和心理学领域还有很多其他理论。从研究的角度来说，这些理论都值得研究和讨论，但所有理论的诞生都是为了更好地干预和阻止自杀。面对自杀这个沉重的话题，个人、家庭、社会能够做些什么呢？

首先，我们需要知道有哪些因素会促进自杀行为（风险因素），又有哪些因素可以起到保护个体的作用（保护因素）[见表6-6（Fink，2016）]。

表6-6 自杀行为的风险因素和保护因素

风险因素	☹ 精神错乱； ☹ 自杀家族史； ☹ 童年期虐待； ☹ 过去的自杀未遂； ☹ 冲动； ☹ 暴露在他人自杀的事件报道中； ☹ 社会隔离； ☹ 监禁； ☹ 无家可归； ☹ 侵袭和暴力； ☹ 绝望； ☹ 暴露在战争中； ☹ 身体疾病； ☹ 一年中的特定季节（如冬季）； ☹ 低自尊； ☹ 失业； ☹ 5-羟色胺功能障碍； ☹ 家庭冲突； ☹ 躁动或睡眠障碍。
保护因素	☺ 社会支持； ☺ 心理韧性； ☺ 获得有效的帮助资源； ☺ 积极的应对技巧； ☺ 充满希望； ☺ 生活满意度； ☺ 自我效能（对自己完成任务和达成目标的能力的相信程度）。

第六章 抑郁症：谁偷走了我的快乐？

我们应该尽量规避这些风险因素或减少它们的影响，同时充分利用这些保护因素，更好地保护自己。

美国疾病控制与预防中心在 2017 年发布的《自杀预防：政策、项目和实践的技术工具包》(*Preventing Suicide: A Technical Package of Policy, Programs, and Practices*) 中建议，从个体水平、人际关系水平、社区水平和社会水平等多个水平上进行干预，具体来说可以分为几类（见表 6-7）。

表 6-7 预防自杀的策略与方法

策　略	方　法
增强经济支持	◆ 加强家庭金融保障； ◆ 住房稳定政策。
增强自杀干预的可获取性和可提供性	◆ 健康保险要覆盖针对精神健康状况的保险； ◆ 增加社区服务不足地区的社区服务； ◆ 通过系统改革实现更安全的自杀护理。
创造保护性环境	◆ 减少有自杀风险的人获得致命手段（如枪支、药物）的机会； ◆ 组织机构制定相应的保护政策和文化； ◆ 减少过量饮酒的社区政策。
促进社交联系	◆ 同行规范计划； ◆ 增加有社区参与性的活动。
教授应对和解决问题的技能	◆ 社会情感学习计划； ◆ 育儿技巧和家庭关系计划。
识别和帮助处于危险中的人	◆ 培训"守门人"； ◆ 危机干预； ◆ 对有自杀风险的人的治疗； ◆ 防止再次尝试自杀的治疗。
减轻伤害并预防未来的风险	◆ 事后干预； ◆ 有关自杀新闻的安全的报道和消息传递规范。

这个长达62页的工具包的内容十分详细，每一种方法都有多个有针对性的官方或非官方项目，这些项目大多数都有相应的调研证据以支持其有效性。每一种策略的目标也很明确，如促进社交联系的目标是：增加健康的应对态度和行为；增加有自杀风险的年轻人的转送（到能提供专门帮助的人或地方那里）；增加人们寻求帮助的行为；增加成年人提供支持的正面看法。针对这一目标采取的同行规范计划，诸如"力量之源"，能够改善由学生同伴创建和传播的关于自杀的不正确的学校规范和信念。而对学生来说，这些计划也能够提醒成年人重视青少年的自杀行为，主动和有效地提供社会支持。增强社会参与性的活动不仅包括在社区公共空间举办活动，也包括增加城市绿地。适当增加便于访问的社区公共空间能够有效降低居民的压力，增加体育锻炼和人际互动。

诚然，很多时候自杀是一种社会现象，官方的制度化的干预和治疗往往是最有效的，但有效地形成制度需要一个循序渐进的过程。从个人层面，自杀的行为很可能就发生在我们身边，出现在我们认识的人甚至亲朋好友身上，我们不能也不该因为死亡这个词在中国文化中比较忌讳就三缄其口，错过了身边人的求生信号，错过了拯救他们的最佳时间。在很多情况下，自杀行为往往源于一时难以控制的冲动，但这种冲动没有后悔药可吃。如果我们能够听到笼罩在无边黑暗中的人发出的低声的呐喊，能够看到他们鼓起勇气向我们伸出的手，一条生命或许就能够得到拯救。

要拯救别人，我们首先需要破除一些关于自杀的谬见。《异常心理学：在变化的世界里》中列出了如下这些常见的谬见与事实（表6-8）：

第六章 抑郁症：谁偷走了我的快乐？

表6-8 关于自杀的常见的缪见与事实

缪　见	事　实
威胁自杀的人只是想寻求关注。	并非如此，大多数自杀的人都会事先给出暗示或向医务人员咨询。
自杀的人一定患有精神疾病。	大多数试图自杀的人会感到绝望，但这未必都是精神疾病引发的感觉，也可能是对现实真正绝望。
与一个抑郁的人讨论自杀可能会导致他自杀。	与一个抑郁的人公开讨论自杀并不会导致其试图自杀。事实上，我们可以从他那里得到一个承诺——在给精神健康专业人员打电话或就医之前不能尝试自杀。
那些尝试自杀并失败的人不是真的要自杀。	大多数自杀成功的人都有过失败的尝试。
如果有人威胁要自杀，最好忽略它，以免鼓励他反复以此作为威胁。	尽管有些人确实会利用虚假的威胁来操纵他人，但是我们还是应该谨慎对待每个自杀威胁并采取适当的行为——因为判断失误的后果太严重。

假如我们发现身边有人流露出自杀意图，我们该如何提供帮助？下面提供了一些可以借鉴的方法（见表6-9），但需要注意的是，你的主要目标是同一个专业人员商议，不要自己长时间独自处理此事。

表6-9 可以为有自杀意图的人提供的帮助

吸引对方的注意力。	建议提一些诸如"发生了什么事情？""什么使你痛苦？""你希望即将发生什么？"之类的问题，这些问题可以推动当事人用言语表达自己受到挫败的心理需求，提供一些信念，同时给你赢得时间以评估风险，思考如何采取下一步行动。
具有同情心。	要表现出你了解当事人的苦恼。
指出其他能解决当事人问题的方法，即使它们当时还不够清晰。	因为自杀的人往往只能看到解决困境的两种方式——自杀或一些幻想，专业人员可以试着帮助他们看到其他可能的选择。

续表

问问当事人希望如何自杀。	有明确的自杀方法并拥有工具（如枪支或药物）的人最有可能自杀。询问他们，你是否可以帮忙保留枪支、药物或其他东西一段时间。有时候当事人会同意。
建议立即咨询专业人员。	许多校园、城镇和城市有任何时候都可以打电话咨询的热线。其他可能性包括综合医院的急诊室、校园健康中心或咨询中心，或者当地的警察局。如果你不得不与要自杀的人分开，请立即在分开后寻找专业人员的帮助。
不要说"你的谈话真疯狂"之类的话。	这些评论会降低和伤害当事人的自尊。不要给有自杀倾向的人施加额外压力，不要让当事人与诸如父母或配偶这些特定的人联系，如果他们原本的压力源就来自家庭内部，与这些特定人物起冲突很可能增加其自杀的想法。但如果家人能够提供有效的看护，可以在专业人士的建议下与其联系。

实际上，我国在自杀干预方面已经做了很多工作。大部分省市都开辟了 24 小时免费心理危机咨询热线；如果在搜索引擎中输入"自杀"这一关键词，首先跳出来的就是这些咨询热线的电话号码，常常还附有一行小字："这个世界虽然不完美，但我们仍然可以疗愈自己。"是的，这个世界永远都不可能完美，但只要还活着，一切都有可能。

德国著名的哲学家和诗人尼采（Friedrich Wilhelm Nietzsche）后半生被精神疾病困扰，却依然说出这两句被后世铭记的话：

何为生？生就是不断地把濒临死亡的威胁从自己身边抛开。

凡杀不死我的，必使我强大。

我们也许有一万种理由去畏惧或屈服于死亡，但生存的理由，只要有一个就够了。

第六章　抑郁症：谁偷走了我的快乐？

2012年，世界卫生组织根据作家约翰斯通夫妇（Matthew Johnstone，Ainsley Johnstone）基于自身抑郁症的患病经历所写的书《我有一只叫抑郁症的黑狗》(I Had a Black Dog/Living with a Black Dog)，制作了一个名为《我有一只黑狗，它的名字叫"抑郁"》(I Had a Black Dog, His Name Is Depression)的动画短片。这个短片的最后几句话值得我们所有人牢记：

最重要的是，我们应该记住，无论情况有多糟，只要你采取正确的行动，和正确的人交流，黑狗的日子自然就会过去。

我不会说我感谢这只黑狗，但它真的是个神奇的老师。它强迫我重新审视我的生活，让生活简单化。我学会了与其遇到问题就逃避，还不如拥抱它们。黑狗也许将永远成为我生命的一部分，但它已经不再是过去的那只野兽，我们有了共同的默契——凭借理解、耐心、锻炼与幽默，再凶恶的黑狗也能够被驯服。

如果你遇到困难，不要害怕寻求帮助，这一点也不丢脸：错过生命，才是真正的遗憾。

双相障碍：从《呐喊》到《向日葵》

你也许从未听说过双相障碍或躁郁症，但你一定听说过一位大名鼎鼎的画家——梵高（Vincent Willem van Gogh）。梵高的油画里总是有大片鲜艳的颜色，即使主题是深邃的夜空，也必会有明亮的星星闪耀，更不必说画家所钟情的代表着太阳的向日葵。按说，能够画出这样亮丽色彩的灵魂也应该是灿烂的，但这位著名的画家在其短暂的37年生命里仿佛从来没有享受过阳光的温暖，他也因为性格古怪阴戾而出名——在与同样是印象派画家的室友高更（Paul Gauguin）口角之后，梵高一气之下割下了自己的左耳，随后进入精神病院接受治疗。在这之后不到两年，梵高用手枪自杀，留下了"痛苦永存"（La tristesse durera toujours）的遗言。

1947年，在调查了梵高生前大量资料之后，精神科医生伊莎贝拉·H. 佩里（Isabella H. Perry）认为，梵高很有可能曾承受双相障碍的折磨。受疾病的影响，双相障碍患者的精神状态会在极度亢奋的躁狂阶段和极度低落的抑郁阶段多次切换，就好像上一秒还在云端的天堂，下一秒就跌入十八层地狱。梵高本人这样的精神状态也可能体现在他的画作中，如果说多个版本的《向日葵》（Zonnebloemen）代表着他情绪的至亮至燃，《在永恒之门》（Op de drempel van de eeuwigheid）、《加谢医生的肖像》（Portret van Dr. Gachet）和《麦田群鸦》（Korenveld met kraaien）就体现了其情绪的至暗至冷。

无独有偶，根据精神病医生罗森伯格（Albert Rothenberg）发表于2001年的论文，对20世纪初西欧现代视觉艺术有重要影响的挪威画家蒙克（Edvard Munch）和美国画家波洛克（Jackson Pollock），同样很可能曾经遭受双相障碍的折磨。你也许并不熟悉蒙克这个名字，但你一定熟悉他最出名的油画《呐喊》（The Scream）。波洛克则是有史以来拍卖价第五高的绘画作品的作者：2015年，他的画《第17A号》（Number 17A，1948）以2亿美元的价格售出。

第六章 抑郁症：谁偷走了我的快乐？

格林伍德（Tiffany A. Greenwood）等人（2017）和谢利·L. 约翰逊（Sheri L. Johnson）等人（2012）认为，心境障碍也许与创造力有某种潜在关联。除了画家以外，还有很多其投身的事业与创造力相关的名人，也很可能患过抑郁症或双相障碍。听听这些大名鼎鼎的名字：高更、罗斯科（Mark Rothko）、海明威（Ernest Miller Hemingway）、狄更斯（Charles Dickens）、济慈（John Keats）、奥尼尔（Eugene O'Neill）、伍尔夫（Virginia Woolf）、福克纳（William Cuthbert Faulkner）、菲茨杰拉德（Francis Scott Key Fitzgerald）、拜伦（Lord Byron）、惠特曼（Walt Whitman）、普拉斯（Sylvia Plath）、拉赫玛尼诺夫（Sergei Vassilievitch Rachmaninoff）、柴可夫斯基（Peter Ilyich Tchaikovsky）……

当然，这也许只是一种巧合，毕竟大多数文学家、画家、作曲家并没有患心理障碍。也许抑郁症或双相障碍的经历给了文学家和艺术家更多的看待世界、抒发情感的视角，让他们原本的创造力天赋被进一步放大了。但实际上，即使心境障碍确实与创造力有关，患双相障碍带来的生活上的痛苦也远远大于它对创造力的贡献。

根据 DSM-5 的分类，双相障碍可以分为六类（前三类为最主要、最常见的双相障碍）：

- ◆ 双相 I 型障碍；
- ◆ 双相 II 型障碍；
- ◆ 环性心境障碍；
- ◆ 药物引起的双相障碍；

- ◆ 双相障碍伴发其他疾病；
- ◆ 未分类双相障碍。

要了解双相障碍的三种主要类型，首先需要了解三个概念：躁狂阶段、抑郁阶段和轻躁狂阶段。表6-10列出了躁狂阶段和抑郁阶段的主要（可能）征兆和症状，其中大部分症状是相对的，就好像躁狂和抑郁是一条线的两个端点，相互关联但截然相反——所以才会被命名为双相障碍。

典型的双相障碍以极端的情绪波动、精力和活动水平的变化为主要特征，这种情绪波动在高度兴奋和抑郁的深渊中摇摆。心理障碍的第一次发作可能表现为躁狂，也可能表现为抑郁。轻躁狂阶段的症状表现与躁狂阶段很相似，但程度相对较轻，也不像躁狂发作那样会带来极端的社会和工作问题。

表6-10 躁狂阶段和抑郁阶段的症状

躁狂阶段	抑郁阶段
☺ 感到非常激动、兴奋或兴高采烈；	☹ 感到非常悲伤、沮丧、空虚或绝望；
☺ 精力充沛；	☹ 精力匮乏；
☺ 活动水平提高；	☹ 活动水平降低；
☺ "神经质的"或"紧张不安的"；	☹ 感到担心和空虚；
☺ 睡不着；	☹ 睡眠困难（太少或太多）；
☺ 比平常更活跃；	☹ 感觉自己无法享受任何东西；
☺ 快速谈论很多不相干的事情；	☹ 集中注意力有困难；
☺ 激动、烦躁或敏感；	☹ 感到疲倦或"慢下来"；
☺ 感觉自己的思维十分快速和跳跃；	☹ 吃得太多或太少；
☺ 认为自己可以一次做很多事情；	☹ 忘记很多事情；
☺ 做冒险的事情，如花很多钱或不计后果的性行为。	☹ 考虑死亡或自杀。

第六章 抑郁症：谁偷走了我的快乐？

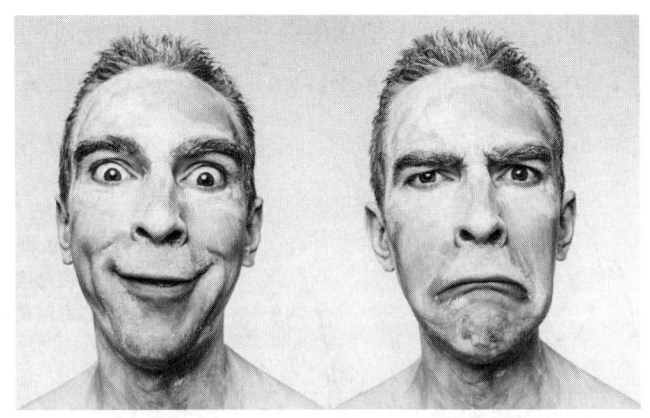

图 6-8 极度的兴奋、喜悦和极度的消沉、悲伤，是躁狂和抑郁的最典型特点

双相 I 型障碍指在具有正常情绪间隔阶段的前提下，经历躁狂发作和重性抑郁的极端情绪摇摆，患者在生命中某个时间经历过至少一次充分的躁狂发作，便有可能符合诊断标准。

双相 II 型障碍和 I 型障碍最大的区别在于，患者没有经历过完全充分的躁狂发作，而是更多地表现出轻躁狂的症状，同时至少有一次抑郁发作。

环性心境障碍代表了一种情绪障碍的慢性循环模式，以持续两年以上温和的情绪波动为特征，儿童和青少年至少持续一年以上。通常开始于青少年晚期或成年早期，持续数年，很少有持续超过一个月或两个月的正常情绪期。无论是躁狂阶段还是抑郁阶段，严重程度都较轻（低于轻躁狂，但显著高于普通的情绪波动）。

《异常心理学：在变化的世界里》中提到，大约有 1% 的美国成年人在生命中的某个时间点受双相 I 型障碍或双向 II 型障碍的影响。一般在大约 20 岁时发作，然后慢慢变成长期病症并反复发作，需要长期治疗。双相Ⅰ型障碍在男性和女性中出现的概率几乎相同，但在男性中经常始于躁狂发作，在女性中通常始于抑郁发作。

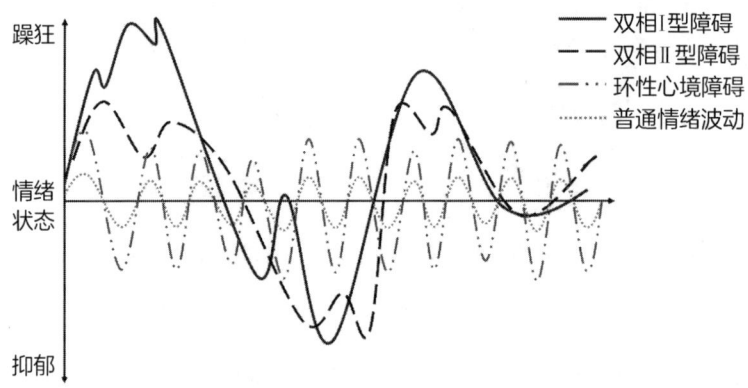

图 6-9　三种主要的双相障碍类型示意图（均以始于躁狂阶段为例）及与普通情绪波动的对比 ①

处于躁狂发作阶段的人有很多可以明确识别的行为表现。最典型也往往给他们带来很多麻烦的特征就是易冲动，缺乏判断力，易争吵。由于情绪极度亢奋，他们往往会作出完全不计后果的冲动性行为，如破坏财物或者变得极端慷慨，捐出他们难以承担的大额捐款或分发昂贵的财产等。处于躁狂发作阶段的人往往语速很快，伴有言语迫促，也就是说，他们的想法和语言会以飞快的速度从一个主题跳到另一个主题，让其他人很难插上嘴，也搞不清楚他们到底想说什么。躁狂发作阶段的人会体验到一种极度膨胀的自尊，感觉

---

① 躁狂阶段和抑郁阶段的时间并不一定相同，双相Ⅰ型和Ⅱ型障碍都至少有一次躁狂／轻躁狂阶段，但未必会反复进入躁狂—抑郁的循环。

第六章　抑郁症：谁偷走了我的快乐？

自己十分伟大，会同时参与很多任务，无论是任务的需求还是任务量都可能远远超出他们的胜任能力。处于躁狂发作阶段的人也很容易分心，注意力很容易被一些无关刺激转移，如钟表的滴答声或隔壁房间人们的谈话声。还有一个让人们十分惊讶也十分费解的特征是，处于躁狂发作阶段的人不能静静地坐着，几乎不需要睡觉，他们往往会很早醒来，而且休息得很好，精力充沛；他们有时候会连续几天不睡觉，但不感觉疲乏。

临床数据显示，大约有 10% 的双相障碍患者死于自杀。由于双相障碍的表现与症状极其复杂，目前所有治疗方法的疗效都十分有限。英国精神病学家哈里森（Paul J. Harrison）等人在 2018 年发表的论文中提到，双相障碍的发病机理也没有定论，虽然目前有大量证据显示，大脑的结构和功能连接、氧化应激标志物、线粒体功能、炎症、昼夜节律、多巴胺等因素的改变与双相障碍的发作关系密切，但很难整合这些不同的发现，也很难用这些研究结果来指导治疗和干预。哈里森在论文中说："我们对双相障碍的理解仍然令人沮丧。由于我们缺乏足够的知识来根据病因或机制对其特征进行描述或概念化，因此它仍然是描述性综合征。"

虽然有如此多的不确定性，但可以确定的一点是，双相障碍是一种具有高度遗传性的心理障碍（Craddock & Jones, 1999; Kerner, 2014）。同卵双胞胎中如果有一个患有双相障碍，另一个患病的概率为 60%—80%，这个患病率几乎与精神分裂症的同卵双胞胎患病率相同，而抑郁症的同卵双胞胎患病率约为 40%。在普通人群中双相障碍的患病率为 0.5%—1.5%，如果一级亲属（父母和兄弟姐妹）中有人患有双相障碍，患病率就会提高到5%—10%。基因的异常在双相障碍的发生中起到重要的作用，使双相障碍患者丧失了对情绪的控制能力，无论是积极情绪还是消极情绪都被过度放大，出现过山车一样的剧烈情绪震荡。

毫无疑问，无法控制自己的情绪和行为是痛苦的。虽然在躁狂阶段会极度地兴奋和快乐，好似在天堂一样，却没有人愿意在天堂和地狱之间无限循环，更何况一个无法控制自己的世界也算不上天堂。双相障碍尤其需要得到专业的看护和治疗，才能尽可能减少它给生活带来的消极影响。

加拿大高中生肯尼迪·Z（Kennedy Z.）写了《与双相障碍一起生活的两方面》(*The Two Sides of Living with Bipolar Disorder*）这首诗，它因为"说明与双相障碍一起生活有多矛盾"而获得了2016年"活力人生基金会"的奖学金。

《与双相障碍一起生活的两方面》
带着双相障碍生活下去是不可能的
我不能说
生活对我很公平
是真的
我不开心
人们为什么会这样认为
我内心没事。
那没有意义
生气和焦虑

第六章 抑郁症：谁偷走了我的快乐？

消耗着我。

我从家人那里得到了支持

并没有触及我的思想

这种"疾病"

最终会赢

我的毅力

是个玩笑

放弃

是我唯一的选择。

积极性

它将不起作用

除非我把它反过来。

（现在请从后往前重新读一遍。）

题外话：心理障碍的研究展望

临床心理学家伊拉尔迪（Stephen Ilardi）在2013年的TED演讲中提到了一种颇有深意的见解："抑郁症是一种文明疾病。"他认为，在过去的200年中，我们的文明发生了根本性变化，但我们的基因没有出现根本性变化。我们携带的基因所建立的身体和大脑与我们所处的世界之间存在巨大的不匹配。

抑郁症的主要触发因素其实是大脑失控的压力反应。在第一章里，我们已经详细了解了身体和大脑在压力下的反应，而伊拉尔迪认为，这套战或逃的反应系统相对原始，它让我们的身体准备好了面对环境中的物理威胁，却没有让我们准备好面对当今社会中的各种新的压力——久坐的室内工作环境、社交孤立、各种电子设备引发的睡眠不足、塞满快餐的疯狂的现代生活……伊拉尔迪也提出了他认为最合理的抑郁症治疗"六步走计划"：规律的体育锻炼；补充欧米伽-3 脂肪酸（经常吃鱼也有同样效果）；阳光和新鲜空气；规律和充足的睡眠；对抗冗思的活动；健康和适度的社交联系。

伊拉尔迪也许是对的，但是他很难证明自己的理论。虽然在过去的大半个世纪里，抑郁症的初发年龄一直在提前，被诊断出患有抑郁症的人似乎也越来越多，但抑郁症的诊断标准还在不断改变。J. 马克·G. 威廉姆斯（J. Mark G. Williams）曾经在 2011 年牛津大学的播客节目《抑郁症的新心理学》(*The New Psychology of Depression*) 里提到，很多现在被确诊为抑郁症的患者，在半个世纪以前并不一定会被确诊，因为我们现在的诊断标准降低了。抑郁症患病率的提高很可能是医疗条件不断提高，更多患有心理障碍的人能够看病和得到治疗的结果。

无论抑郁症是不是文明疾病，要想找到最有效的治疗规范，还是得依赖文明和科技的发展。在整个心理障碍的研究领域，无论是在基因组研究还是在数字设备捕获的多维数据流方面，大数据的重要性都日益提高。传统的精神病学评估依赖数周或数月的具体症状的横断面回顾性分析，这些研究数据强烈依赖患者或医生的回忆，容易受固有偏差和记忆的不可靠性的影响。对双相障碍来说尤其如此，关键特征不仅包括症状（情绪），还包括症状随时间的改变。

第六章 抑郁症：谁偷走了我的快乐？

亚伦·E. 费舍尔（Aaron J. Fisher）等人在 2018 年发表的论文中强调，"如果想知道个人的感受或生病的方式，就必须对个人进行研究，而不是对群体进行研究。"他认为由于患者的发病症状十分复杂，时间也很长，即使是同一个患者，在不同时刻的情绪状态和症状表现都完全不一样，更不要说不同的患者了。而过去的研究过度依赖特定时间里与症状相关的数据的采集，然后将所有人的数据平均，这只能制造一张"快照"，而且是将典型特征模糊之后的快照。医生和研究者应该更关注每个人随着时间的流逝而展现的心理障碍的不同症状、情绪变化、行为变化的动态发展过程，不应该将大量患者在某个特定时间点的数据平均化，再用来描述和解释复杂的心理障碍发病过程。群体水平和个体水平的数据都值得分析，但是在解读和应用方面应该加以区分。

好在信息技术的发展给研究者和医生提供了解决方案：使用互联网和可穿戴设备，我们正在进入一个心理疾病的数字表型时代。

一个相对较早的尝试是"真实色彩"（True Colors）平台，该平台允许患者根据每周或每天通过短信、电子邮件、网站或手机应用程序发出的提示，提交自己对抑郁、躁狂和其他症状的评分，从而得出症状发展的纵向和图形化的表征。事实上，美国退伍军人部门也开发了一个名为"创伤后应激障碍教练"的手机应用程序，它为患有或可能患有创伤后应激障碍的人设计，不仅能够实时提交症状报告并追踪，而且能提供有关创伤后应激障碍的科普知识和专业护理信息。更重要的是，智能手机和其他设备允许捕捉到的症状不仅能够实现自我报告症状的远程捕获，也能采集相关的行为、认知和生理的数据，如心率、活动模式、地理位置、语言和环境信息，并分析这些信息和症状的相互作用。这些数据能够帮助医生形成更客观的、以数据为依据的诊断方法，并有可能最终实现疾病和治疗方案有效性的个性化预测。

随着技术的发展，现在的心理障碍发病机理研究越来越侧重于多模态的研究方法，从基因组学、神经科学、认知科学和药理学等多种水平进行深入研究。现在进行全基因组的检测已经不像以前那样费财费力，所以从基因组水平检测到与疾病发生密切相关的基因位点变化并不算难事，尤其是对双相障碍这样具有高度遗传特性的心理障碍来说。真正困难的还是试图去解释单个基因位点（以及多个基因位点）的差异如何影响神经元、神经元网络、大脑、行为等各个水平的变化，以及它们和肉眼可见的症状之间的可能的因果关联。当然，任何心理障碍都不可能由单一基因的改变所引起，即使是有最高遗传率（大约90%）的自闭症，疾病的发生也不是百分百的源自基因。但至少，基因为我们提供了研究的一个起点，因为它也是药物治疗的最终靶点。

以电压门控钙通道为例，这些通道将带正电的钙原子（钙离子）转运到细胞中，在细胞产生和传输电信号的能力中起关键作用。钙离子参与许多不同的细胞功能，包括细胞间通讯、肌肉纤维的拉紧（肌肉收缩）和某些基因的调节，对于维持心脏和脑细胞的正常功能极其重要。哈里森提到，大量的发现都暗示双相障碍的发病机理中异常的钙信号传导很可能起关键作用，而很多用于治疗双相障碍的药物也已经被证明会影响电压门控钙通道

第六章 抑郁症：谁偷走了我的快乐？

（VGCCs）蛋白的功能。VGCCs蛋白质家族的成员很多，因此编码基因也很多，其中就包括已经被证明与双相障碍的发病关系十分密切的电压门控钙通道α1C亚基基因（CACNA1C）。如图6-10所示，基因组学的发现最终转变为临床药物开发需要经过多个水平的研究证据的整合，而大数据的现代数字方法将能够完成这个挑战。

图6-10　双相障碍的基因组学、神经科学和治疗创新
（图来自哈里森等人，2018年）

不过，多维数据的收集也面临伦理的挑战——如何在这样全面的信息采集中保护参与者的个人隐私，如何保证参与者的持续参与，必然是首先需要解决的问题。哈里森也提到，对大数据的信息进行分析和解释需要更灵活和先进的数学方法学。目前比较常用的有张弛振荡器框架（Bonsall et al., 2015）和机器学习方法（Librenza-Garcia et al., 2017）。破解心理障碍的成因其实与破解人类心理是一样的，这个问题的实质早已突破了心理学的范畴，需要来自许多学科的科学家共同努力。

总之，也许现实确如伊拉尔迪所认为的，心理障碍的高发确实是我们的身体没能良好适应高速发展的文明的结果，也正因为如此，才需要建设现代文明的所有领域共同参与，了解心理障碍背后的秘密。如果诸如抑郁症在内的心理疾病确实是"文明疾病"，它的最好药方或许就是文明本身。了解了这一点，回头再去理解刘慈欣在《三体》中那句流传颇广的话，"给岁月以文明，而不是给文明以岁月"，或许就会多一层感悟。

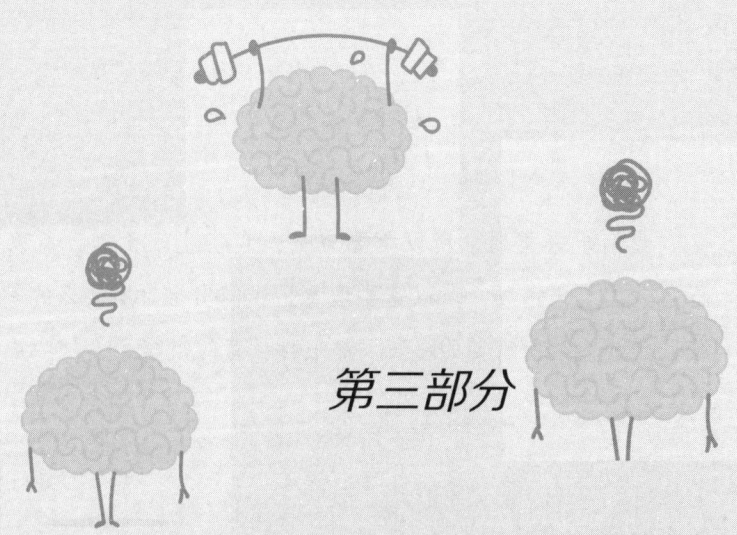

第三部分

在爱与挫折中成长

我们生来柔弱，所以需要力量；我们生来无助，所以需要帮助；我们生来愚顽，所以需要理智。我们出生时所缺乏的一切，我们长大成人后所需要的一切，都来自教育的馈赠。

——卢梭

第七章　原生家庭真的是无法摆脱的魔咒吗？

哭泣：最早的压力应对策略

我们和压力的不解之缘，也许正是以降生时那响亮的啼哭声作为开端。生产的过程对于母亲和婴儿都是一个强烈的刺激——对新生儿来说，告别温暖、恒定、安静的子宫，赤身裸体暴露在相对寒冷的外界环境中，就是我们所有人都会面对的第一个压力。实际上，生产过程中的每一次子宫收缩，都会增加子宫肌肉对胎盘和脐带的压迫，导致胎儿的供氧量减少。而在出生后，新生儿还被迫将要第一次使用自己的肺呼吸，但此时新生儿的肺里充满了羊膜液，必须靠一些强烈的生理反射挤出这些羊膜液，才能给新鲜空气腾出

图 7-1　婴儿的啼哭

足够的空间。很有可能，啼哭是漫长的进化过程中人类保留下来的与外界环境的一种本能的交流方式，也是我们应对出生压力的最好方法。在这一过程中，我们体内的肾上腺素和去甲肾上腺素这些主要的压力激素会大量分泌，它们能够增强心脏的收缩，提高心率，把血液快速输送到大脑，并提高血糖水平，为身体迅速供能，我们完成了人世间第一次快速压力响应，也很有可能是此生中最强烈的一次压力响应。

有经验的产科医生和护士会立刻评估刚刚降生的婴儿，其中最常使用的评估方法是阿氏评分法（表7-1），由产科麻醉师阿普加（Virginia Apgar）于1952年创立。阿氏评分法一共有5个标准，每个标准的英文首字母合起来正好组成"Apgar"，包括肌张力、脉搏/心率、对脚底刺激的反应、皮肤颜色、呼吸。每个标准有0、1、2三个水平的得分，最高分为10分。

表7-1 阿氏评分法

指标	0	1	2
肌张力	松弛	异常亢进或低下	正常
心率	无	<100次/分	>100次/分
对脚底刺激的反应	无	低声抽泣或皱眉	大声啼哭
皮肤颜色	青紫或苍白	躯干粉红，四肢青紫	全身粉红
呼吸	无	哭声微弱，呼吸较浅	哭声有力，呼吸规律

注：引自《儿童发展心理学》(The Developing Child)，第13版，博伊德（Denise Boyd）和比（Helen Bee）编著。

第七章　原生家庭真的是无法摆脱的魔咒吗？

通常情况下，出生时很少有新生儿能够达到 10 分的评分，因为大多数婴儿的手指和脚趾还有青紫色，不过 5 分钟之后 85%—90% 的新生儿都能获得 9—10 分的评分，这是一个良好的开端。7 分以下通常意味着新生儿需要额外的照顾，小于或等于 3 分的新生儿需要特别看护。

除了较为简单的阿氏评分法，另一个广泛应用于新生儿评估的测试是 1973 年由医生布拉泽顿（T. Berry Brazelton）创立，包含 27 个检查新生儿对环境刺激的行为反应项目的《新生儿行为评定量表》（Neonatal Behavioral Assessment Scale，简称 NBAS）。评估的内容包括四大类——生理、运动、精神状态和交互作用，每个评分项为 9 点评分。量表中还包含 20 个新生儿的神经状态评分，每个评分项为 4 点评分，用于检查早产、出生低体重、营养不足和一系列围产期前和围产期危险因素的影响，如产前药物暴露、环境毒素，还有与气质、文化差异相关的新生儿行为等。NBAS 也是目前适用对象年龄最小的心理学和行为学量表。不同于阿氏评分法，NBAS 相对较复杂，医护人员需要受过专门的观察训练。但是这种科学的专业评估方法能够让父母对婴儿的生理、心理状态更了解，也能更关注婴儿的需要，并采取相应的互动方法。沃罗贝（John Worobey）和贝尔斯基（Jay Belsky）等人 1982 年的研究显示，婴儿的量表得分无论高低，只要父母有针对性地和婴儿交流，婴儿的互动技能随后都会提高。国内目前比较常用的是鲍秀兰医生根据 NBAS 等量表建立的《新生儿行为神经检查量表》（Neonatal Behavioral Neurological Assessment，简称 NBNA）等。

2004年，布拉泽顿和巴里·M.莱斯特（Barry M. Lester）、特朗尼科（Edward Tronick）等人一起发明了《新生儿重症监护网络神经行为量表》（Neonatal Intensive Care Unit Network Neurobehavioral Scales，简称NNNS），对新生儿的行为、神经与压力反应、调节能力进行了更广泛的分析。与NBAS不同，NNNS主要用于评估早产儿或受药物影响的风险婴儿。相应的指标主要包括婴儿对觉醒的调节能力（如对刺激的反应）、自我安慰能力、对触摸的容忍度等。

有趣的是，虽然我们的肺在出生后几分钟内就已经适应了母体外的空气，但在"漫长"的婴儿期里，哭泣依然是我们的一个主要行为。巴里·M.莱斯特等人发表了一系列关于婴儿哭泣的神经机制的论文，也在编撰的《婴儿的哭泣：理论与研究的视角》（Infant Crying: Theoretical and Research Perspectives）一书中提到一个假说，婴儿的哭声可能反映了某些基本的神经完整性方面的问题，哭声也许可以作为新生儿健康的一个诊断标准。他发现，围产期暴露在美沙酮药物①影响下的婴儿在后来的发育中会出现智商和行动方面的一系列问题，而出生时婴儿的哭声也有类似的与智商和行为的关联。婴儿的哭声音调越高，越尖利，5岁时的智商分数就越低。伍德沃德（Lianne J. Woodward）等人也在2008年发表的论文中验证，曾暴露在美沙酮药物影响下的婴儿比起没有暴露过的对照组婴儿，其哭声有更高水平的频率波动。很有可能，婴儿尖利、

---

① 一种国家管制的镇痛麻醉药，常用来替代毒品，达到戒毒的目的。

第七章　原生家庭真的是无法摆脱的魔咒吗？

刺耳的哭声正是其内部神经系统异常的结果，婴儿感受到异常的疼痛或者对外部刺激有异常的感知，这些都会迫使婴儿用更激烈的方式表达出来。婴儿唯一可以依赖的工具，就是放声啼哭。

即使没有任何先天的神经异常，我们也会频繁使用哭泣声获得他人的关注，保证我们的照料者（通常是父母）能够及时满足我们的各种生理和情感需要。新生儿每天大约有 2%—11% 的时间在哭泣，6 周大的时候一天最多有 2—3 个小时在哭声中度过。15%—20% 有肠绞痛的出生后 3—4 个月的婴儿，一天更是会有超过 3 个小时强烈发作的、难以安抚的哭闹（Wolke et al., 2017）。大声哭泣不仅能够让婴儿表达出愤怒、疼痛或饥饿等信息，也在一定程度上保障了父母与自己的互动——在大多数情况下，父母温暖的怀抱、轻柔的话语、轻声的哼唱和温柔的摇晃，都能够让婴儿获得满足，将哭泣这种消极的应对方式转变成微笑和安全地睡去这种积极的应对方式。

虽然哭泣是我们生命早期最有效的沟通工具，但它也会成为父母的压力源，尤其是那些无法将全部时间用在照料婴儿上的父母。父母睡觉时，婴儿不合时宜的哭闹就像一场噩梦。新生儿一天只有 2—3 个小时处于清醒和警觉的状态，但这短暂的清醒时间却不均匀分布在一天 24 小时之内，婴儿清醒时间的不可预测和不可控会增加父母的心理负担。不过，一旦父母理解了婴儿的压力，就可以坦然面对自己的这份压力。毕竟，刚刚来到这个世界上的婴儿稚嫩、柔弱，口不能言，足不能行，生存完全系于照料者之手，面对这种生存挑战时的惊惧和忧虑，对父母的强烈依赖感才是哭泣的真正原因。

要真正消除婴儿内心的不安和焦虑，必须依靠婴儿和父母之间后天长期的情感交流与绑定。

在美国，新生儿特殊看护机构常常采用一种叫作"袋鼠看护法"的方法来降低早产婴儿的压力。就像袋鼠妈妈抱小袋鼠一样，父亲或母亲将全身裸露（只穿着尿裤）的小婴儿竖直抱着，紧紧贴在自己裸露的胸部，尽量保障父母和婴儿较大的身体皮肤接触。袋鼠看护法常常需要每天进行接近 3 小时的皮肤接触，而新生儿通过与父母的紧密身体接触能更有效地稳定心率、体温和呼吸。大量研究已经证实，袋鼠看护法对于早产婴儿有十分积极的恢复作用，如大木昌平（Shohei Ohgi）2002 年发表的研究发现，在第 6 个月和第 12 个月，接受过袋鼠看护法的婴儿能够较好地控制自己的身体行为，注意力、方向感和情绪状态也较佳，表现出更少的紧张行为。

菲尔德（Tiffany Field）在 1986 年开创了对早产儿的按摩疗法，以手掌有控制的重压手法对早产儿进行每天 3 次，每次 15 分钟的按摩治疗。接受按摩治疗的早产儿不仅体重显著增加，其精神状态和注意力也比未接受治疗的婴儿表现更好。菲尔德在 1996 年的研究中发现，患抑郁症的少女妈妈产下的婴儿也从按摩治疗中受益，在一定程度上减少了母亲抑郁情绪带来的负面的生理和心理影响。

其实，无论是袋鼠看护法还是按摩疗法，强调的都是身体接触对婴儿的积极影响。对刚刚降临人世、弱小无助的婴儿来说，也许

第七章　原生家庭真的是无法摆脱的魔咒吗？

图 7-2　父亲的拥抱

再也没有比父母温暖的体温和有力的拥抱更能带来安全感的事物了。比起言语，长时间贴心的拥抱和陪伴或许更能增强孩子对安全和信任感的信念。

父母之爱："乳汁"与"蜂蜜"

为了正常发展，幼儿需要逐渐参与到一名或多名和他们有情感联系的成人进行的更复杂的合作行为中。他们会为孩子着迷。他是独一无二的，第一个，最后一个，永远的那一个。

——美国心理学家布朗芬布伦纳（Urie Bronfenbrenner）

虽然我们的降生以哭声作为开端，但父母的爱能让哭声停止。人本主义心理学家弗洛姆（Erich Fromm）在《爱的艺术》（The Art of Loving）这本书里曾经详细描述过父母和孩子之间爱的演化。他认为，当我们初降人世时，我们从照料自己的父母那里体验到了父母之爱（彼时他的书中局限于"母爱"），这时候的爱的体验是消极和被动的——我们什么都不做就可以赢得父母的爱，因为父母之爱是无条件的，我们只需要是父母的孩子，不需要努力去争取，这种爱是一种单方面的祝福，我们没有任何能力影响这种爱。

随着孩子的成长，当孩子的情绪能力逐渐提高之后，被爱的体验会发生变化，从"被人爱"变成"爱别人"，再变成"创造爱"。弗洛姆认为，这个年龄段大致在8.5—10岁，但是现在的儿童由于社会化程度或家庭教育观念的进步，很可能更早地改变这种被爱的观念。儿童开始意识到，爱并不是无条件的，他们需要（或者被鼓励）通过自己的努力去唤起爱。无论是听话的孩子获得更多的称赞，还是父母早早安排的各种早教班，以及父母让孩子在人前唱歌、跳舞或者孩子画画、做手工送给父母作为礼物，孩子们逐渐认识到父母不再是单纯实现自己愿望的工具，自己也需要去了解和满足父母的愿望，从而持续获得这种爱。

弗洛姆认为，父母之爱是对儿童的生活和需求作出的毫无保留的肯定，这种肯定包含两个方面：一方面是让孩子健康的生活，另一方面是教会孩子享受和热爱生活。正如《圣经》中的一个象征性故事所说的，上帝所许之地（土地寓意着母亲）流着乳汁和蜂蜜，乳汁让生命坚强和茁壮，蜂蜜则象征生活的甘甜和幸福。换一个现代的角度去解读，这也意味着父母的爱需要对儿童的生理和心理健康负起责任。

第七章　原生家庭真的是无法摆脱的魔咒吗？

对心理学家来说，这种父母之爱有具体的表现形式，它就是依恋。依恋是孩子和其最亲密的养育者（通常是父母）之间的紧密情感纽带。想象你还是一个襁褓中的婴儿，弱小而无助，你感到孤独和不安，于是口中的呜咽变成了哀号。你渴望立刻得到父母的关注，你渴望一双温暖而熟悉的大手将你揽入怀中，你渴望听到父母那令人安心的声音。你的父母立刻回应了你的哭喊，你的面前出现了母亲甜美的笑脸。你停止了哭泣，向母亲伸出双臂，这就是你对母亲表现出的依恋。

弗洛伊德认为，母亲的喂养行为能够让婴儿形成足够的依恋——这个阶段被他命名为"口欲期"，他认为满足口唇的欲望是新生儿的首要需求。然而哈洛（Harry Frederick Harlow）在1958年的经典恒河猴实验中否定了弗洛伊德的这一理论。哈洛把幼年恒河猴从母猴身边带走，让人工制作的"代母"喂养了幼猴6个月。"代母"由冰冷的金属搭建而成，与母猴体型相仿，幼猴可以从"代母"身上获得足够的乳汁，但其中一半"代母"身上覆盖着绒布。无论是哪种"代母"喂养幼猴，幼猴总是更喜欢和绒布"代母"待在一起，因为绒布"代母"能够提供一种无法替代的心理安慰——接触舒适。这个有名的"代母实验"证明，与父母温暖的身体接触与获得食物同样重要，而依恋行为本身也与这种身体接触的舒适感密切相关。

精神病理学家鲍尔比（John Bowlby）在20世纪50年代前后进行了一系列与母爱剥夺有关的调查和研究，他的主要结论"婴儿和幼儿应该与母亲（或永久性的母爱替代品）保持温暖、亲密和持续的关系,在这种关系中,两者都能获得满足和享受"在当时具有广泛影响力。虽然鲍尔比的研究中缺少了"父爱剥夺"的影响,他的著作也曾被政治团体用以阻止女性产后继续工作,但在鲍尔比的研究基础上还是建立了发展心理学的一个重要理论体系——依恋理论。

鲍尔比 1969 年认为,婴儿采取哭泣等一系列极端行为正是因为与父母的分离焦虑,是为了重新获得与父母的身体接触,这种依恋行为很可能具有生物基础,是一种进化机制。这些行为的后果在短期内能够保障父母的重视,远离危险,长远来看则能够极大提高婴儿的存活率。

沙弗(Rudolph Schaffer)和爱默生(Peggy Emerson)在 1964 年进行了一项重要的纵向追踪实验,证实了婴儿的依恋模式是在一系列阶段中发展起来的。他们调查了 60 个 18 个月以内的新生儿,每个月进行一次调查,追踪了大约 1 年时间,总结出四个依恋发展阶段:

- ◆ 前依恋阶段(出生—6 周):婴儿本能地把依恋指向任何有可能提供照料的人形形体,但不会对某一个形体产生特别依赖。
- ◆ 非选择性依恋阶段(6 周—7 个月):婴儿的依恋偏好开始集中于首要照料者和次要照料者,婴儿对照料者的信任感开始逐渐成形。在 7 个月前后,婴儿已经可以区分熟悉和陌生的人,并且更多地给予首要照料者积极的回应。
- ◆ 选择性依恋阶段(7—11 个月):婴儿开始对一个特定的人

第七章 原生家庭真的是无法摆脱的魔咒吗？

表现出强烈的依恋偏好（通常是首要照料者，即母亲）。面对与这个特定个体的分离，他们会表现出强烈的分离焦虑；而面对陌生人，他们也会表现出陌生人焦虑。

- 多重依恋阶段：9个月左右，婴儿开始对首要照料人以外的人建立强烈的情绪纽带，如父亲、年长的兄弟姐妹、祖父母等。

实际上，不同孩子的依恋偏好的阶段性发展是有一定差异的，后来的研究也在不断修改这个理论，每个阶段的时间跨度有些微的不同，但了解依恋发展和变化的规律依然有重要的意义。鲍尔比的研究告诉我们，6个月大的孩子已经开始将那个总是向自己微笑，总是对自己唱歌和说话，总是提供温暖和柔软的怀抱的照料者定义为"最重要的人"，将她/他当作自己探索周围环境时的"安全基地"。安全基地是建立健康依恋关系的重要基础，而安全和信任也是父母给予孩子的第一笔弥足珍贵、受益一生的精神财富。如果安全基地无法提供足够的安全感和信任感，6个月大的孩子也可能出现"情感危机"。

毫无疑问，人的一生总是充满压力的，所谓的一帆风顺不过是总有人在身边为我们挡风避雨。父母应该是那棵最能够提供遮蔽的可靠的大树，但负责任的父母不能只是被动地帮助孩子阻挡风雨，他们肩负的更重要的责任是教育孩子如何正确地应对压力，这也对他们提出了更高的要求——父母自己就应该具有应对压力的能力。如果父母自己都没有安全感，面对压力尚且自顾不暇，其焦虑和无助自然会传递给无辜的孩子。

"我为什么总是没有安全感？"

发展心理学家埃里克森（Erik Homburger Erikson）在 20 世纪 50 年代改善和发展了弗洛伊德有关儿童心理发展的理论，提出人的性格发展受社会的影响，先后会经历八个心理社会阶段，每一个阶段都面临一个关键的矛盾。如果这个矛盾不解决，就会引起一系列严重的心理后果。对于刚出生到 1 岁的婴幼儿，这个矛盾是基本的信任和基本的不信任之间的矛盾。如果父母对婴儿关爱有加，总是及时出现在需要帮助的婴儿身边，他就能在生命早期建立稳固的信任感，在其后与他人的互动中也有足够的能力去信任他人。

鲍尔比的依恋理论与埃里克森的儿童心理社会发展理论不谋而合，因为健康的依恋关系的关键正是这种对养育者的信任感。鲍尔比的学生安斯沃斯（Mary Ainsworth）在 1979 年进一步通过对婴儿的陌生情境测验法完善了依恋理论，强调了依恋的个体差异。对于已经能够区分照料者和陌生人的婴儿，突然被放置在陌生的环境中，甚至要独自面对照料者的离开和陌生人的接近，可能是其生命早期最大的心理压力情境。在同样的压力情境下，婴儿已经表现出不同的反应模式。在安斯沃斯的早期研究中，她总结出四种依恋模式，包括一种安全依恋和三种不安全依恋。

☺安全依恋型：安全依恋型婴儿在照料者在场时，能够把照料者当作安全基地，大胆探索陌生的环境；婴儿会对照料者的离开有一定程度的抗议，但当照料者回到自己身边，他们的不满随即消

第七章 原生家庭真的是无法摆脱的魔咒吗？

失，很快和照料者建立积极的互动。

☺ 不安全回避型：婴儿无法把照料者当作安全基地，与照料者互动很少；对照料者的离开反应很小，照料者回到房间后也没有太多改变。

☺ 不安全反抗型：婴儿对照料者过分依附，但并非把照料者当作安全基地，因此常常用反抗或拒绝的行为来抵抗亲密互动；对照料者的离开充满恐惧和不安，大声哭闹，但照料者归来后又抗拒亲密安抚，表现出怨愤。

☺ 不安全无组织型：婴儿在陌生情境中表现出迷茫和害怕，照料者不但无法成为安全基地，甚至可能成为婴儿的压力源；婴儿在照料者身边表现出极端的害怕。

安斯沃斯的陌生情境法和四种依恋模式为父母更好地了解自己的孩子在面临陌生情境压力时的反应提供了一个很有效的科学工具，这也让依恋理论成为发展心理学中最广为流传和演绎的理论之一。但是任何工具都有其局限性，依恋理论也不例外。1988年，在范·伊岑多伦（Marinus H. van IJzendoorn）和克朗伯格（Pieter M. Kroonenberg）的一篇综述中，他们比较了不同文化背景下婴儿的依恋模式，发现文化传统很可能对婴儿的依恋模式有一定影响。如，在鼓励独立的德国家庭中，婴儿更有可能表现出回避型依恋方式；而日本母亲很少会让婴儿接触陌生人，陌生情境法带来的社会压力对日本婴儿来说可能更强烈，因此婴儿更可能表现出反抗型依恋模式。不过，总体来说，在目前已有的研究中，每种文化中占绝大部分的依恋模式还是安全依恋型，而安全依恋型模式体现了一种积极和稳定的亲子关系，它为婴幼儿的情绪发展和社会关系的建立奠定了基础。

划分依恋模式并不是为了给婴儿贴上不同的标签，而是试图将其作为一面镜子，暴露出亲子关系中可能存在的问题并找到解决方法。对于表现出安全依恋的婴儿，学术界有一个广泛的认识，即养育者往往能够敏感地感知到婴儿的需求信号并迅速回应。对婴儿的愿望和需求保持敏感性是安全依恋型婴儿的母亲所共有的特点，这类母亲对婴儿的情绪变化了如指掌，在与婴儿的互动中能够考虑婴儿的感受，她的爱既温暖又及时。反之，不安全依恋型婴儿的养育者很可能对婴儿的需求没有那么敏感，或者缺乏快速回应的能力或动机。如忽视或拒绝婴儿，在与婴儿的互动中常常显露愤怒情绪的养育者，很可能与婴儿的回避型依恋模式有关；对婴儿的需求采取不一致的态度和反应，无法与婴儿建立正常的交互关系的养育者，很可能与婴儿的反抗型依恋模式有关；忽视甚至虐待婴儿的养育者很可能与婴儿的无组织型依恋模式有关［参见奇切蒂（Dante Cicchetti）的一系列相关研究］。

安全依恋的形成也不完全取决于母亲回应婴儿的速度（即敏感性，既包括回应是否及时，又包括回应是否准确和适度）。科汉斯卡（Grazyna Kochanska）1998年的研究显示，过度回应的母亲和回应不足的母亲同样可能拥有非安全依恋型的孩子。只有当母亲的沟通与婴儿是互动和同步的，也就是以适当的方式回应婴儿且与婴儿的情绪状态匹配，才更可能产生安全依恋。母亲回应婴儿的方式很大程度上依赖她们自己的依恋风格，也就是说家族代际之间的

第七章　原生家庭真的是无法摆脱的魔咒吗？

依恋模式会有较大的相似性。

需要指出的是，虽然婴儿的不安全型依恋模式与养育者有很大关系，但是把这个问题一味归咎于养育者（尤其是传统上作为第一养育者的母亲）自身的失职是非常偏颇的，尤其是在当今社会，大多数家庭是双职工家庭。照料儿童不仅仅是母亲的责任，也不仅仅是整个家庭的责任，更是社会的责任。2012 年，中国国务院颁布了《女职工劳动保护特别规定》，其中第七条明确规定，女职工生育享受 98 天产假。根据不同情况，产假的天数也可以增加。带薪休产假制度的出现在一定程度上保障了父母可以有足够的时间和精力培养与新生儿的健康的相处模式。而在欧盟的有些国家，还有明确法律规定父亲要休假帮助配偶照料新生儿，或者男性和女性商量分工共同享有的父母休假。在瑞典，政府会支付 80% 的工资以保障父母休假一年，其中母亲的休假可以从预产期前 60 天开始，到婴儿出生后 6 周结束。

此外，在抚养后代的养育者角色和婴儿依恋关系的研究中，已经有越来越多的研究证明父亲这个角色的不可或缺性。杰弗里·布朗（Geoffrey Brown）等人 2009 年发现，尽管在社会规范上父亲属于次要的养育角色，但仍有一些婴儿和父亲形成最初的主要养育关系。在养育的过程中，父亲适当地表达对孩子的挚爱、支持和关心对于孩子健康的情感和社会关系的形成非常重要。韦内齐亚诺（Robert A. Veneziano）(2003) 和罗洛夫斯（2006）的研究都显示，儿童、青少年中常见的心理障碍，如抑郁症和药物滥用等，与父亲行为的相关性要大于与母亲行为的相关性。我们已经提到，婴儿从 9 个月开始已经与首要照料者之外的人形成强烈的情感纽带，而大多数婴儿到 18 个月时已经形成多重情感关系，所以对依恋关系的影响并不单纯来自母亲，整个家庭成员都是养育孩子整个过程中不可或缺的组成部分。如果家庭成员中只有首要照料者回应婴儿的需求，其他照料者都忽视婴儿的需求，同样会造成婴儿的情感压力。

认识我们的"天性"

有很多推崇"原生家庭"理论的人把安斯沃斯的依恋模式作为主要的支持理论，但也有发展心理学家认为，婴儿期的这种亲子关系模式对后期发展的影响被过度夸大了。卡根（Jerome Kagan）就认为，儿童的高弹性、适应性遗传特点和气质远比依恋模式更重要。人类对压力的反应很大程度上受生理因素的调节，因此也是可以遗传的，如果婴儿遗传了家族对压力的低耐受性，这种生理倾向（又叫"气质"）将更可能让他难以适应环境和融入同龄人的社交圈中，并非完全由不安全型依恋导致。也就是说，一些不安全型依恋模式的出现并不完全是养育者的责任，婴儿与生俱来的性格特点很可能才是导火索。

对于新生儿，人们常常用一张白纸来形容，认为诸如性格这样的印记是在后天的成长中才逐渐出现的。事实并非如此。假如你有机会到医院暂时安置刚出生婴儿的育儿房里观察，你很可能看到，几乎同时间出生的不同婴儿已经表现出多种迥异的行为：有些婴儿

第七章 原生家庭真的是无法摆脱的魔咒吗？

安静而羞怯；有些婴儿大胆地到处乱抓；有些婴儿则大声啼哭。所以，诸如害羞和大胆这样的性格特质应该有很大一部分具有生理基础，出生之后就已经表现出来，这一类性格特点就是气质。

心理学里的气质有些类似汉语中的"天性"，指人先天具有的固有属性。《汉典》中也将其解释为秉性或本性，是一种外界难以改变却可以引导善恶的趋向。但气质的定义不同于天性，并不存在"善恶"之类的功利性划分，且可以在适应外界环境的过程中改变。

儿童精神病学家切斯（Stella Chess）和她的丈夫托马斯（Alexander Thomas）自1977年开始一直致力于鉴定低龄儿童的基本气质类型。通过对儿童的九种气质类型进行评分，他们总结出三个基本系列：

- ◆ 轻松型儿童：一般处于积极的心境状态下，在婴儿期很快就能建立有规律的习惯，比较容易适应新的环境和体验。
- ◆ 困难型儿童：在与养育者的互动中常常表现出极度消极的情绪反应，频繁哭泣，很难形成规律的日常习惯，在新环境中常常表现出退缩反应，适应环境较慢。
- ◆ 慢热型儿童：在与养育者的互动中常常表现出较消极的情绪反应，在新环境中也常表现出退缩反应，适应环境较慢。

切斯夫妇在一系列纵向研究中发现，他们观察到的儿童有40%属于轻松型，10%属于困难型，15%属于慢热型。此外，还有35%的儿童不属于这三种中的任何一个，但已经被界定的这三种基本儿童气质类型是相对稳定的。

卡根（1967）更关注儿童害羞的气质。他把面对陌生人（同伴或成人）时的社交退缩（即害羞）看作一种广泛发生的气质特征，将其命名为"对不熟悉的抑制"。卡根借鉴了安斯沃斯的陌生情境法，通过观察婴儿在陌生环境中的反应和与养育者/陌生人的互动，结合认知能力和社会交往能力的追踪调查，发现接受调查的 117 名儿童中处于两极的抑制类型和非抑制类型各占 20%—30%；14 个月大的处在极端抑制和极端非抑制状态的儿童一直到 7.5 岁依旧保持自身的行为特征。

罗斯巴特（Mary Rothbart）和贝茨（John Bates）2006 年建立了早期的气质理论模型，她认为气质是一种基于体质的反应性和自我调节的个体差异，具体表现在情绪、运动能力和注意力等方面。所谓的"体质"就是气质的生物学基础，随着时间的推移不同程度地受基因、环境和经历的影响。反应性则是婴儿的情绪、运动、注意力反应的触发时间、强度和持续时间。罗斯巴特的模型强调了自我调节的作用，将婴儿的气质归纳为三种常见的类型：

- ◆ 外倾性：类似于卡根的非抑制婴儿。外倾程度高的孩子积极参与人际互动，较主动，大胆探索外部环境。
- ◆ 消极情感：类似于卡根的抑制婴儿。消极情绪高的孩子很容易忧伤，对环境中的变化敏感并感到害怕，因此常常烦恼和哭泣。
- ◆ 自我调节（努力控制）：努力控制指为了执行某个非优势的反应，主动抑制优势反应的能力，它包括注意控制、抑制控制和激活控制。努力控制的能力越好，婴儿的执行功能和注意力控制的水平就越高。

第七章 原生家庭真的是无法摆脱的魔咒吗？

罗斯巴特的理论模型与婴儿对压力的反应密切相关，它强调我们的行为受到积极和消极情绪以及相关的身体唤醒水平的驱动，并且我们能够采取比较灵活的应对方式来面对压力。

但这并不是故事的全部。人性是非常复杂的，作为人性的一部分——与生俱来的气质，自然不可能仅仅通过几个简单的模型就画出全貌。划分婴儿气质的模型有很多，卡斯皮（Avshalom Caspi）在2005年的一篇综述里总结道，目前婴幼儿的气质模型主要包括如下六个特质：活动水平；积极情绪/愉悦；易怒的困扰/愤怒/沮丧；恐惧的困扰/面对新环境（包括社交环境）的退缩；恢复平静的能力和注意跨度（持续性）。区分婴儿的气质类型不是为了给孩子过早地贴上"淘气"或者"胆小"的标签，而是为了更好地了解每个婴儿的生理特点和潜在的性格发展趋势，从而更好地对具有不同气质类型的婴儿进行有针对性的教育和培养。

显然，这些特质也和孩子面对压力时的感受程度、反应性及应对方式有密切关系。康帕斯（Bruce E. Compas）等人在2010年的综述中提到，罗斯巴特的气质理论中的三种气质特征——积极情绪性、消极情绪性和约束—注意控制，很可能与儿童的抑郁症有关联。积极情绪性反映了个人对奖励、社交能力、寻求感官刺激和积极主动参与环境活动的接受度；消极情绪性涉及一种倾向于不适、恐惧、愤怒、悲伤和低舒适性的趋势；约束—注意控制则涉及一系列努力控制，包括情绪和行为、自我调节、任务坚持性和注意力焦点，这些都可以调节积极情绪性和消极情绪性的表达。

查尔斯·S. 卡佛（Charles S. Carver）和怀特（Teri L. White）

在1991年提出了行为激活系统和行为抑制系统的理论，认为这两个普遍的动机系统是行为的基础。行为激活系统可以调节竞争动机，让行为朝着期望的目标迈进；行为抑制系统则会规避令人厌恶的动机，行为的目的是远离令人不快的事物。康帕斯总结了积极情绪性与行为激活系统、消极情绪性与行为抑制系统之间的联系，约束—注意控制则与自我复原力有关，它反映了个体灵活地调节自我控制水平以适应环境需求的能力，很可能在压力下起到一定的保护作用，通过增加在困难情况下的坚持或改善应对技巧的选择和实施，降低与高度消极情绪有关的疾病风险。这也许可以解释，为什么有些孩子天生抗压能力比较强，而有些孩子需要更多的关怀和帮助来克服环境中的压力和困难。

诚然，天生抗压能力比较强的孩子能够减少父母养育过程中的情感压力和挑战，但那些需要额外努力的孩子很可能在成长过程中拥有与众不同的经历和感悟。孩子无法选择自己的出身和基因，但父母可以选择看到孩子独特的闪光点。让我们不要忘记法国哲学家卢梭（Jean-Jacques Rousseau）在自传《忏悔录》（Les Confessions）中开篇所写的那段话："我生来便和我所见到的任何人都不同；甚至于我敢自信全世界也找不到一个生来像我这样的人。虽然我不比别人好，但至少和他们不一样。大自然塑造了我，然后把模子打碎了。"

我们生而不同，我们天生带有父母和家族的遗传烙印，我们既是让父母满脸笑容的小天使，也是让他们无比头痛的小恶魔，但我们是独一无二的。

第七章　原生家庭真的是无法摆脱的魔咒吗？

"3 岁看小，7 岁看老"，果真如此吗？

古希腊哲学家赫拉克利特（Heraclitus）曾经说过，"一个人的性格就是他的命运"，正如中国广为流传的"3 岁看小，7 岁看老"，但是人的性格真的完全不会改变吗？这种想法是否夸大了天性的影响力，低估了教育的心理重塑能力呢？发展心理学家一直很关心气质是如何随着年龄的增长而改变的，尤其是生命早期的人格/气质模型与成年期的人格/气质模型有怎样的关联，这种动态的变化能够更好地体现一个人如何不断与环境相互影响。

卡根认为，儿童有可能遗传到使他们具有特定气质类型的倾向，这种倾向往往与特定的生理反应联系在一起，如稳定的高心率水平、高水平的压力激素（如皮质醇）和大脑控制回避行为的特定脑区。虽然抑制或消极情感之类对压力适应有一定不利影响的气质，有可能与生命早期的这些生理特质紧密联系，如面对同样的压力源，生理反应强烈的孩子可能会感受到更多的不适和心理压力，从而变得更抑制和退缩，但随着成长中学习到的知识和技能的积累，以及接触到不同的人和事所带来的认知改变，儿童也可能学会改变和调整自己的气质。如一个害羞的婴儿很可能在一个轻松和注重培养孩子自信心的环境中变得大胆，而一个外向的婴儿很可能在遭遇了一系列严苛的环境打击之后变得胆怯和畏缩。

瓦克斯（Theodore Wachs）在 1993 年前后提出了成长环境对气质的个性化发展的作用，将环境细化为养育者、物理环境、同伴和学校的影响。假设一个抑制型儿童有如下成长环境：

（1）父母对孩子的需求敏感，对孩子保持包容和接受的态度，善于引导孩子自主选择；

（2）物理环境中有属于自己的安全空间，保证孩子可以从噪声、混乱或危险的情境中逃离；

（3）同伴中有具有共同兴趣爱好的其他抑制型儿童，可以寻找到适合自己融入的同龄人群体；

（4）学校里没有太多学生，教育者可以照顾到每个孩子，孩子感受到被接纳，认为自己可以作出贡献。

如果在这样的环境中生活，原本抑制和内向的儿童很可能最终成长为性格相对外向、社会参与程度更高的成人，反之则可能变成一个更内向和有诸多情绪问题的成人。

但抑制型儿童是不是就一定不适应环境，需要被纠正过来呢？事实上，儿童在成长过程中不可避免地要接受环境的塑造，而文化传统是环境的一个重要影响因素。目前主流的气质理论还是以欧美文化为根基，很显然，能够适应欧美文化的气质类型理论未必适应东方的文化。陈欣银（Xinyin Chen，音译）等人在1998年发表的跨文化研究中发现，行为抑制在中国要比在北美获得更高的评价，因此中国儿童比加拿大儿童更善于抑制行为；相比加拿大的2岁抑制型儿童的母亲，中国母亲更能够接受自己的孩子表现出抑制行为。奉行中庸之道的中国社会强调为人处世都要遵循适度和不偏不倚的"中和恒常"之法，收敛性情、回避锋芒、谦逊守礼、克己奉公也是中国社会默认的道德规范，虽然步入21世纪之后中国社会

第七章　原生家庭真的是无法摆脱的魔咒吗？

经历了国际化、现代化、信息化的巨大冲击，但这些古老的社会准则依然有强大的影响力，传统和现代的矛盾同样也在影响我们适应环境的能力，塑造着我们的气质和性格。

托马斯和切斯 1977 年提出拟合优度模型的概念，用来量化儿童气质与儿童必须应对的环境要求之间的匹配程度。无论是抑制型还是非抑制型儿童，都有能够很快适应的环境和无论怎样都难以融入的环境，所以脱离了对成长环境的具体分析而讨论某种气质的优劣是不现实的。对于初为父母的人，在了解自己的孩子具有什么样的气质之后，最需要考虑的应该是，怎样为拥有独特个性的孩子创造一个拟合优度最高的成长环境，帮助孩子更好适应环境，健康成长。即使因为种种原因无法创造这样的社会环境，至少可以在孩子遭受挫折时成为孩子强大的心理后盾，帮助孩子一起面对困难，解决问题，共同成长。

被忽视的产前压力

生命中首次应对压力是从产后的那一声啼哭开始的，但实际上，压力对我们的影响很可能在出生之前就出现了。

最近 20 年来，发展心理学家开始把产前孕妇的心理生理状态也计入影响婴儿生长发育的重要因素。考夫曼（Ora Kofman）在 2002 年发表的综述论文中提到，无论是啮齿动物还是非人类灵长类动物，怀孕雌性的产前压力都有可能影响后代的学习、情绪（尤其是焦虑反应）和社交行为。同年，穆尔德（Edurad J. H. Mulder）

等人的研究也揭示，产妇的产前压力和新生儿的身体状态密切关联，如早产与低出生体重关联，对婴儿的成长发育（运动发育迟缓、认知能力和行为障碍等）也有长远影响。正如我们在第一章里介绍的，可能影响产妇的产前压力，大到创伤性压力，如地震和人为灾难，小到日常烦心事和怀孕特定的焦虑（如害怕产下有残疾的孩子），都与孩子的认知、行为和心理运动发育等问题相关联。许津克（Anja C. Huizink）等人 2008 年的研究也发现，产前经历过创伤性压力的产妇，其后代出现青春期抑郁症和注意缺陷多动障碍的症状的风险更高。桑德曼（Curt A. Sandman）在 2011 年和 2012 年的论文中总结了一系列证据，说明怀孕期间（尤其是妊娠早期）与母亲自身压力相关的心理生物学因素和胎儿成熟的延迟有密切关系，也可能导致婴儿早期的情绪调节受到干扰并损害认知能力，还很可能导致 6—8 岁儿童大脑中与学习记忆相关的区域体积减小。

皮质醇水平是用来调查产妇压力和胎儿发育之间潜在关系的一个重要生理证据——在怀孕期间，孕妇的下丘脑—垂体—肾上腺轴（HPA 轴）已经显示出实质性变化。胎盘从妊娠约 8—10 周即开始产生促肾上腺皮质激素释放激素（CRH），垂体也释放这种激素，虽然是同一种物质，作用却相反。以皮质醇为代表的糖皮质激素对下丘脑释放 CRH 的过程具有抑制作用，却会刺激胎盘不断释放 CRH，导致怀孕期间 CRH 不断增加。与妊娠早期相比，妊娠晚期孕妇体内的 CRH 水平要高出 1000 倍。而从妊娠的第 25 周开始，孕妇每日的皮质醇分泌增加，到妊娠晚期会达到妊娠初期皮质

第七章 原生家庭真的是无法摆脱的魔咒吗？

醇含量的 2 倍。糖皮质激素对于出生前胎儿器官的发育和成熟至关重要，但长时间暴露于高浓度的皮质醇下会对胎儿的生长和器官发育产生长期、有害的影响（Field et al., 2010; Gangestad et al., 2012）。

母亲体内高浓度的皮质醇怎样影响胎儿的生长发育呢？理论上讲，胎盘具有保护性屏障功能，母亲体内 50%—90% 的激素可以被胎盘脱氢酶 11β-HSD2 灭活，皮质醇也会在通过胎盘时被转化为没有生物活性的可的松。吉托（Rachel Gitau）等人在 1998 年的研究中发现，母亲体内仅有 10% 的皮质醇可能通过胎盘进入胎儿体内。尽管如此，母亲体内皮质醇浓度的大幅度升高仍会使胎儿体内皮质醇的浓度增加 1 倍。胎盘释放的 CRH 通过脐静脉进入胎儿体内循环系统，刺激胎儿正在形成中的 HPA 轴，进一步导致促肾上腺皮质激素和皮质醇的分泌，这同样会促使胎儿体内皮质醇浓度增加（Majzoub et al., 1999）。

奥唐奈（Kieran J. O'Donnell）2011 年发表的研究显示，母亲的焦虑情绪很可能影响胎盘脱氢酶的活性，即高度焦虑的母亲体内胎盘脱氢酶的功能会降低，这可能将胎儿暴露在高水平的皮质醇中。动物研究显示，此种情况下会改变胎儿的神经发育，对胎儿的 HPA 轴有害并影响海马体的发育，在出生后也会持续影响新生儿的生活和学习，带来更多问题（Charil et al., 2010）。许津克等人 2004 年的研究发现，压力下母亲体内皮质醇和儿茶酚胺的分泌增加，意味着其体内血液循环加快，这可能导致子宫胎盘的血流量减少，通过血氧交换进行的母亲和胎儿的营养交换效率降低，很可能

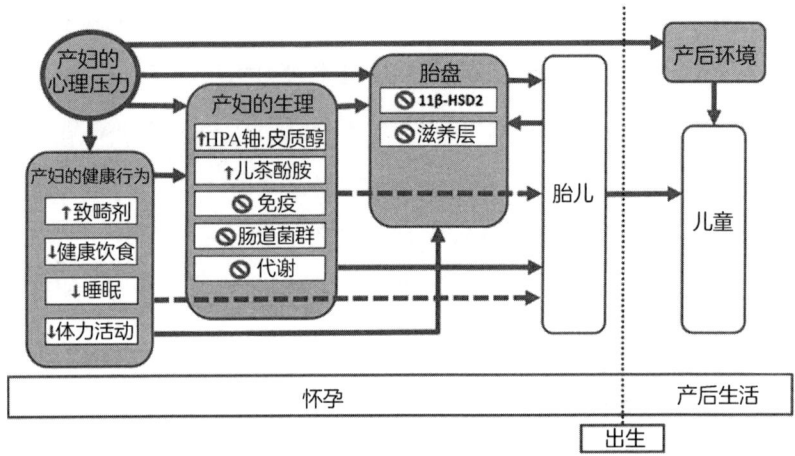

图 7-3 产妇的心理压力对胎儿的影响示意图
（图来自贝耶尔等人，2014 年）

导致胎儿生长受限。

贝耶尔（Roseriet Beijers）等人 2014 年提出了一个包含多种因素的模型（图 7-3），用来解释产妇的心理压力如何作用于行为、生理状态和胎盘，进而影响胎儿甚至新生儿的生活。

怀孕期间，产妇的心理压力会直接导致行为改变，表现为健康饮食行为被破坏、睡眠质量降低、体力活动减少等，同时这些准妈妈也可能为了减轻压力而摄入（针对胎儿的）致畸剂，如酒精。心理压力可能影响产妇的生理状态，表现为 HPA 轴活动增强，皮质醇和儿茶酚胺水平上升，免疫系统、肠道菌群和代谢系统被抑制，等等。心理压力还可能影响胎盘的功能，如其对胎盘脱氢酶 11β-HSD2 和滋养层（胎儿从母体摄取营养的薄膜）的抑制作用。产妇的行为也会影响自身的生理状态和胎盘的功能，这三者的

第七章 原生家庭真的是无法摆脱的魔咒吗？

改变都可能干扰胎儿的生长发育。如果产妇的心理压力持续存在，也会影响产后环境，并在胎儿出生之后的漫长生长过程中持续发挥作用。

实际上，怀孕本身对准妈妈来说已经是一件充满压力的事件了，这不仅仅包括漫长时间里体内激素的剧烈变化，还包括作息时间和日常规律的巨大改变；对于职业女性，更意味着工作负担增加。一个完全没有压力的母亲是不存在的，但怀孕的压力不应该单纯由准妈妈来承担，伴侣和社会有责任、有义务创造一个不增添额外压力的舒适环境，减轻孕期女性的负担。这样做才是真正的优生优育，能够大幅度提高下一代的心理和生理质量，从长久来看更利于社会的稳定。

第八章 "唯我独尊"的幻灭与自我的重建

> 我总以为自己很富有,拥有一朵世上独一无二的花;实际上,我所拥有的不过是一朵普通的玫瑰而已。一朵普通的玫瑰花。
>
> ——《小王子》(Le Petit Prince)

"我是谁?"

你是否还记得脑海中第一次出现"我是谁"这个问题是在什么时候?对大多数人来说,第一次对生命意义的询问都发生在童年时期。刚出生的婴儿并不会考虑这个问题,不仅仅是因为他们的大脑尚没有发育成熟到能够认识到自己是独立个体的程度,也是因为刚出生的我们弱小无助,只能作为父母的附属品而生活,虽然拥有弗洛姆所说的"无条件的被爱"权利,但没有拥有作为独立个体生活的能力。我们逐渐成长和学习之后,开始意识到自己和父母是完全不同的个体,身边有很多与父母一样的大人以及与我们一样的小孩。我们的思维和语言中开始出现了"我""别人",我们开始思考自己和他人的异同,开始明白自己的想法和别人不一样,自己看到的世界也和别人不一样。就是在这样的比较中,"我是谁"这个亘古的哲学问题产生了。

研究小婴儿的自我意识十分困难,这些人类生命的初始形态既不能理解研究者的指令和问题,也无法用语言表达自己的看法——假设他们真的有想法。盖洛普(Gordon G. Gallup)在1970年首

第八章 "唯我独尊"的幻灭与自我的重建

创性地使用一个简单的镜子实验来测试动物的视觉自我再认。在这个实验中，麻醉后的动物被实验者在身体上通常看不见的部位做了标记（如在额头上涂上红漆）。当动物从麻醉中清醒过来，实验者会把一面镜子放在它们面前。如果动物看到镜中的形体额头上有个红漆后下意识触摸自己的额头，而不是镜子中形体的额头，就意味着动物能够识别镜中的形体是自己，也意味着动物能够区分自我和他人。这种关于自己的知识叫作"自我觉知"。除了人类以外，只有大猩猩、亚洲象、逆戟鲸和喜鹊通过了镜子测试，证明了它们拥有自我觉知。但在最近几年的动物实验中，甚至有部分蚂蚁和鱼类也通过了镜子测试。

阿姆斯特丹（Beulah Amsterdam）、里维斯（Michael Lewis）和布鲁克斯-冈恩（Jeanne Brooks-Gunn）自1970年起发表的一系列以不同年龄婴儿为对象的镜子测试结果显示，人类也不是一开始就拥有自我意识的。在1岁以前，鼻子上被涂上口红的小婴儿看到镜子中的自己时，并不会去频繁触碰自己的鼻子。一部分婴儿在15—18个月时开始具有自我再认的能力，而大部分儿童在2岁时能再认出镜子中的自己。这是否意味着对于人类，自我意识的诞生大约是在1—2岁之间呢？

然而，一个让人沮丧的事实是，在镜子测试问世后的40年间，一直都有很多证据对它验证自我觉知的有效性提出质疑。这也是心理学领域一个很突出的问题：有些具有广泛社会影响力的理论，实际上在学术界并未得到普遍认可。罗沙（Philippe Rochat）和扎哈维（Dan Zahavi）在2011年的一篇综述中列举了当前学术界对镜子测试的一些反对意见，最突出的意见是，这种以身体标记为导向的行为是否真的可以证明研究对象能够识别自我？有些孩子看到母亲鼻子上有口红痕迹，也会触碰自己的鼻子，这种行为并不能代表他们对自己的认知。而一些文化中的儿童甚至在6—7岁也无法通过标记测试，这并不代表他们未拥有自我意识。镜子测试显然忽视了自我体验的复杂性和多样性，也忽视了一个重要的事实：婴儿从大约3个月大时，就已经开始在与环境的互动中区分属于自己的事物和属于他人的事物。尼瑟（Ulric Neisser）和吉布森（Eleanor J. Gibson）在2006年的论文中将其称为"婴儿的生态自我"，是婴儿随着对环境资源的控制能力的提高，逐渐增强的把自己当作与他人不同的实体的自我感觉。

但是，我们依然可以从以人类婴儿为对象的镜子测试中更好地了解生命早期的意识和情感的发展。阿姆斯特丹和里维斯的系列研究向我们揭示了婴儿的行为和对镜子的情感反应在3—24个月里发生了明显而戏剧性的变化。这个阶段可以概括为四个主要的发展时期：

第一阶段，对镜面影像的社交行为。在3—12个月之间，婴儿倾向将自己的形象当作玩伴。

第二阶段，12个月左右，婴儿开始对镜中影像有浓厚的好奇心，不断触碰镜面或者长久地注视镜中的自己。

第三个阶段，从13个月开始，幼儿表现出明显增加的退缩行为，他们会大哭，开始躲避或避免照镜子。

第四个阶段，从14个月开始，大部分接受测试的幼儿在面对

第八章 "唯我独尊"的幻灭与自我的重建

镜子时表现出尴尬的态度,不断偷看镜中的影像。这种行为表现在 20 个月的时候最普遍。

尽管对自我意识发展的研究依然在继续,但可以确定的一点是,在生命的最初 2 年里自我意识就已经萌芽了。即使缺乏言语的证据,心理学家对这一阶段的了解方式是猜测婴幼儿行为表现的心理意图,但毋庸置疑,自我意识的诞生一定是一个神奇而充满了魔力的过程,这一过程所带来的情感和认知冲击

图 8-1　婴儿照镜子

也是巨大的。这是人类穷尽一生所探求的自我了解和自我认同的起点,"我是谁"这个问题之后始终伴随我们,直到生命的最后一刻。这并不只是一个难解的哲学谜题,对这个问题的困惑感甚至可能与生活中的很多心理压力息息相关。

那些幼稚的"小错误"

如果我们不曾意识到自我是独立于他人的存在,如果我们一辈子都只作为父母的附属品而存在,也许就不需要独立面对那么多的社会压力。可惜,自我意识的诞生是一个无法阻挡的过程,而生命早期的我们更没有能力去拒绝发生在大脑中的这种认知剧变。当

幼龄儿童开始试图用拙劣的语言技能表达自己时，心理学家就可以通过对儿童的访谈更好地了解这一变化。哈特（Susan Harter）在《自我的建构：发展和社会文化基础》(The Construction of the Self: Developmental and Sociocultural Foundations) 一书中提到，幼龄儿童已经能够用具体词语思考和描述自己，如"我认识拼音字母""我会从 1 数到 10"，或者"我住在一个大房子里"。4 岁的儿童也可以通过许多物理特征来区分自己和他人，如"我和詹妮弗不同，因为我是棕色头发，而她是金发""我和汉克不同，因为我比他高""我和妹妹不同，因为我有一辆自行车"。

在凯勒（Ann Keller）等人发表于 1978 年的论文中还提到，学龄前儿童会在与自我相关的描述中频繁使用运动维度的词语，也就是他们常常会用玩耍等表示活动的词语来描述自己，这说明运动维度是儿童早期自我的核心成分。有意思的是，这种与运动/游戏相关的自我认识也符合我们对幼龄儿童的第一印象。从杨万里的"儿童急走追黄蝶，飞入菜花无处寻"，到刘禹锡的"月落乌啼云雨散，游童陌上拾花钿"，再到高鼎的"儿童散学归来早，忙趁东风放纸鸢"，还有王禹偁的"稚子就花拈蛱蝶，人家依树系秋千"，当我们想到那个年龄的孩子时，首先进入脑海中的都是天真烂漫的玩耍孩童。

当然，天真烂漫的背后往往隐藏着"幼稚无知"。哈特在研究中也发现，儿童早期的自我评价常表现出与现实不符的过度积极的高估，尤其是对个人特质的高估。学龄前儿童很可能会告诉你，"我认识字母表中的所有字母"，或者"我从来不会害怕"，但事实

第八章 "唯我独尊"的幻灭与自我的重建

并非如此。这并不意味着他们在撒谎——事实上，他们也未必具备撒谎的能力。这种过度积极的自我评价的产生原因很多：低龄儿童无法区分他们有待发展的能力和实际拥有的能力；他们还未学会区分现实自我和理想自我；他们还未学会进行社会比较，不懂得与他人相比，因此无法认识到事物具有相互对立的特性，如"好坏"和"优劣"，也不可能认识到自己拥有这些相互对立的特性。这也是为什么这一年龄段的儿童总是表现出令人羡慕的积极自信和无忧无虑，这些让成年人无限向往的"童心"实际上只是对自我的"错误"解读。

在布劳顿（John M. Broughton）1978年发表的论文中还提到了大部分幼龄儿童的另一个"可爱"的小错误——他们普遍存在混淆自我、心理和身体的问题，也就是说，他们认为自我是身体的一部分，通常是指头部。在谈话间，他们常常使用大小、形状、颜色等物质性维度来描述自我。

随着儿童进入幼儿园和学校，他们对这个世界的认识不断刷新，社会化程度不断提高，对自己的认知也在不断改变。在儿童中期和后期，他们开始用表示内部特征的词语来描述自己，所以与低龄儿童相比，他们的自我描述中可能包含更多主观色彩。阿布德（Frances E. Aboud）和史克里（Shelagh A. Skerry）在1983年发表的论文中提到，二年级以上的儿童会在自我描述中涉及更多的心理特征（如偏好或人格特质），同时不再像低龄儿童一样使用大量物理特征描述（如眼睛的颜色或拥有的物品）。8岁的孩子可能会说，"我很聪明，而且受人欢迎"；10岁的孩子可能这样描述自己，

"大部分时间我都能很好地控制自己的焦虑情绪。我过去常常发脾气,现在好多了。当我在学校表现良好,我为自己骄傲"。

显然,大量使用与内部特征相关的描述语句正说明了儿童社会化程度的提高。因此,在哈特的研究中发现,儿童中后期的自我理解模式除了内部特征增加以外,还具有以下特点:

- ◆ 社会性描述,儿童开始将社会层面的内容(如社会群体)纳入自我描述中。如"我是一年级一班的学生""我是班上最受欢迎的人"。
- ◆ 社会比较,在这一发展阶段,儿童更倾向用比较级而不是绝对的词语来区分自己和他人,思考"与别人相比我能够做什么"之类的问题开始成为一种常态。
- ◆ 区分真实自我与理想自我,儿童开始学会区分自己的实际能力与自己期望拥有且在自己看来最重要的能力。
- ◆ 现实主义,儿童的自我评价变得更现实,这也是儿童社会化程度增加的一个重要体现。

看到这里,你也许已经隐隐感觉到,很多成人面临的社会压力其实都可以在这里找到源头。如果没有不得不融入社会,如果不进行社会比较,如果未曾被迫认清理想自我的虚幻,如果不用看到现实的残酷,我们就不会拥有无穷无尽的烦恼。就像法国作家圣埃克絮佩里(Antoine de Saint-Exupéry)的著名小说《小王子》里那个原本独自生活在 B-612 星球上,只有一朵娇艳的玫瑰花为伴的小王子——他曾经以为自己的星球是独一无二的,自己的玫瑰花是独一无二的,直到他走进了一大片玫瑰花园。成长永远伴随着压力和

第八章 "唯我独尊"的幻灭与自我的重建

痛苦，但重要的是，我们的自我意识在不断适应这些压力的过程中不断成熟，我们对自己的认识也在不断提高。我们无法拒绝成长，拒绝成长就意味着拒绝自我，而一个没有自我的人是可悲的。《小王子》里说：

如果不去遍历世界，我们就不知道什么是我们精神和情感的寄托，但我们一旦遍历了世界，就发现我们再也无法回到那美好的地方了。当我们开始寻求，我们就已经失去，而我们不开始寻求，我们根本无法知道自己身边的一切是如此可贵。

在情绪互动中成长

言语证据显示，我们很可能在儿童中后期才不断表现出更社会化的行为，但有关情绪的研究提示我们，早在婴儿期我们就已经具备了最基本的社交能力。夏普（Elaine Scharfe）在《情商手册》（Handbook of Emotional Intelligence，2000）这本书中提到，在人类所有的文化和民族中，婴儿展示出的与基本情绪相关的面部表情都极其类似，如喜怒哀乐这样的非言语编码的表情在所有年龄阶段都相当一致。这也就是说，我们天生就具有表达基本情绪的能力。

伊扎德（Carroll Ellis Izard）1979年编订了最大可识别面部运动编码系统，并在随后的研究中发现，感兴趣、悲伤和厌恶的情绪在出生时就已经出现。婴儿会在4个月之前表现出愤怒、惊讶和悲伤情绪；5个月左右会表现出羞愧和害羞；到了23—24个月，幼儿会出现轻视和内疚的表情。此外，不同文化中的儿童在情绪表达的强烈程度上存在显著差异,如卡姆拉斯(Linda A. Camras)等人在 2002 年及后续发表的一系列研究中都发现,中国婴儿相比欧美和日本的婴儿,普遍表现出更少的情绪。

莱斯利·J. 卡佛(Leslie J. Carver)等人在 2003 年的研究中发现,6—9 周大的婴儿看到任何能够使他们觉得有趣的事物时都会露出微笑,但长到 3 个月大后,他们开始出现社会性微笑,也就是对着他人而不是非人的事物微笑。随着不断成长,他们的社会性微笑开始具有针对性,到了 18 个月大时,他们对着母亲和其他养育者展现的社会性微笑出现得更频繁;当他们的微笑没有获得回应,微笑次数就会减少。这意味着 2 岁左右的幼儿会有目的地使用微笑来表达积极情绪,并对他人的回应十分敏感。

显然,我们出生就具有一套能够反映基本情绪状态的情绪表情谱。与情绪反应相关的结构——大脑边缘系统深埋于皮层之下,也

图 8-2　婴儿以"社会性微笑"回应父母的笑容

第八章 "唯我独尊"的幻灭与自我的重建

远早于皮层开始成熟和发展。莫斯科尼（Matthew W. Mosconi）等人2009年发表的研究显示，儿童的杏仁核的体积1—6岁时呈线性增长趋势，植松明子（Akiko Uematsu）等人2012年发现杏仁核的体积9—11岁时达到了峰值，女孩的杏仁核的体积则早于男孩大约1.5年达到峰值，这也许能够在一定程度上解释女孩的情绪发展比男孩更早的事实。

如果说理解他人对自己的态度也是一种自我意识的体现形式，那么婴儿自我意识的萌芽可能发生得更早。索肯（Nelson H. Soken）和皮克（Anne D. Pick）1999年在研究中发现，婴儿在5个月的时候就能够区分快乐和悲伤的声音。虽然由于婴儿的视觉精准度在6—8周时还未发育成熟，无法较多注意到他人的表情，但卡哈纳-卡尔曼（Ronit Kahana-Kalman）和沃克-安德鲁斯（Arlene S. Walker-Andrews）2001年发现，到4个月大的时候，婴儿已经可以理解隐藏在他人面部表情和声音背后的情绪线索，并且会对母亲的面孔投注更多的注意力和给出更多的情绪反应。2007年，格罗斯曼（Tobias Grossmann）等人做了一个很有趣的研究。他们给7个月大的婴儿呈现了表现出喜悦或悲伤的面部表情，同时播放一个流露出喜悦（高昂的上升声调）或者悲伤（低沉的下降声调）的声音。他们发现，当面部表情和声调所代表的情绪匹配时，婴儿投注了更多的注意力，这说明婴儿对面部表情和声调的情绪意义有基本的理解。

婴儿的这种表达自己情绪和解读他人情绪的能力十分重要，它不仅能够帮助婴儿体验情绪，而且能够通过对他人情绪反应的解读来理解模糊的社会情境（Kiel & Buss, 2014）。实际上，我们对所处环境（社会）的认识和反应在很大程度上依赖对别人的反应的观察和理解，我们需要参照别人采取某种反应之后的后果来决定自己是否也采取同样的反应，这就是社会性参照。当我们身处一个不确定的环境中，我们需要使用社会性参照去理清这个情境的本质和意义，减少对正在发生的事件的不确定感。霍尼克（Robin Hornik）和冈纳（Megan R. Gunnar）在1988年做了一个实验，让婴儿玩一个不常见的玩具，然后让婴儿的母亲在其身边作出不同的表情。当母亲流露出厌恶的神情时，婴儿玩玩具的时间显著少于母亲表现出愉快神情时的时间；在之后再玩相同玩具时，即使母亲的表情是中性的，婴儿依然对这个玩具表现出了拒绝。这个实验不仅验证了婴儿的社会性参照能力，而且说明父母的态度很可能对婴儿有持续影响。德罗奈（Marc de Rosnay）等人2006年的研究发现，婴儿在8—9个月时已经具备了使用社会性参照的能力，这种能力不仅能够帮助婴儿理解他人行为的意义，也能帮助婴儿理解他人所处的特定情境。

　　这种社会性参照的能力会伴随我们终生，即使成年之后，面对更复杂的社会和人际关系，我们依然会下意识地通过对比他人的反应来决定自己要采取的行动。但是，在生命的早期，如果父母没有意识到孩子对社会线索的敏感性，他们对同样事件的不同看法和反应很可能给孩子带来混乱。一个小男孩的调皮行为可能会招致母亲的愤怒，却可能被父亲当作勇敢的冒险而露出鼓励的微笑，来自父母的两个相互矛盾的非言语线索同时出现，就可能让小男孩无所适

第八章 "唯我独尊"的幻灭与自我的重建

从,甚至会给他带来压力。这也意味着,在父母共同养育孩子的过程中,夫妻之间情绪反应和言语上的统一也许同样重要。我们生活的世界充满了不确定,这正是压力感和焦虑的根源,为了消除压力,我们需要有从不确定感中寻找确定感的能力。在生命之初,只有我们的父母能够给予这种确定感——即使一切都不确定,至少我们能够确定父母对我们的爱是广博和无私的。一段充满了不确定感的婚姻关系,除了带给夫妻双方难以解决的压力源头之外,也会损害孩子理解和运用社会性关系的能力,给孩子成长道路中的社会化发展带来障碍。

心理理论:子非鱼,安知鱼之乐?

如果说自我觉知和社会性参照是我们走向社会的第一步,心理理论就是我们适应社会的最重要步骤。心理理论的能力帮助我们分清属于自己或他人的精神状态(如信念、意图、欲望、情感、知识等),进一步理解每个人的这些精神状态都与其他人不同。

心理理论有多个层次,包括理解自己,理解他人,理解他人同样具有理解人的能力,等等。《庄子·秋水》中记载的著名的"濠梁之辩"也许就是一个关于心理理论的故事。惠子嘲笑庄子说:"你不是鱼,怎么知道鱼的快乐?"庄子反驳道:"你不是我,怎么知道我不知道鱼的快乐呢?"

1978年,普雷马克(David Premack)和伍德拉夫(Guy Woodruff)发表了极具影响力的论文《黑猩猩拥有心理理论吗?》

(*Does the Chimpanzee Have a Theory of Mind?*),首次将哲学中的心理理论引入对类人动物黑猩猩的行为学研究中,其后推广到心理学领域。在诸多儿童心理理论的先驱——如弗拉维尔(John H. Flavell)和拜伦-科恩(Simon Baron-Cohen)——的研究基础上,韦尔曼(Henry M. Wellman)和刘大卫(David Liu,音译)于2004年修订了一个七维度的儿童心理理论测试,这些维度分别是:[①]

- ◆ 多样化的欲望;
- ◆ 多样化的信念;
- ◆ 知识的获取;
- ◆ 内容错误信念(又称"错误信念");
- ◆ 明确的错误信念;
- ◆ 信念—情绪;
- ◆ 真实—表面情绪(又称"隐藏的情绪")。

在韦尔曼的测试中,七个维度中的前四个和最后一个是关键维度。欧美文化中的儿童都在3—5岁的年龄段相继在这五个维度上有所发展,但在韦尔曼2006年的研究中,中国儿童先于欧美儿童拥有知识的获取的能力,却需要更长的时间才能理解明确的错误信念。研究人员将这种差异解读为集体主义文化和个人主义文化的差异,前者强调相互依存和知识共享,而后者强调个性发展和不同的意见。不管怎样,这些研究都证明心理理论的不同发展阶段不仅由大脑发育过程决定,也受社会和文化因素的影响。2016年,奥

---

① 扫封底二维码,可查看详细的儿童心理理论测试内容。

第八章 "唯我独尊"的幻灭与自我的重建

斯特豪斯（Christopher Osterhaus）、科伯（Susanne Koerber）和索迪安（Beate Sodian）在 8—10 岁的儿童中又调查了更复杂的心理理论，包括更高级的错误信念理解、社会理解、情绪认知和观点采择能力。他们发现了三个不同的心理理论因素——社会推理、歧义推理和对违反社会规范的认知。

现阶段的心理理论研究更关注脑神经层面的证据，但由于人类的意识是一个极其复杂的过程，在将心理理论的各种组成成分和影响因素彻底细化之前，单纯讨论心理理论的功能脑区并不具有强烈的现实意义。梅伊（Caitlin E. V. Mahy）、摩西（Louis J. Moses）和普法伊费尔（Jennifer H. Pfeifer）在 2014 年发表了一篇综述，详细描述了发展心理学家和社会神经科学家在研究心理理论这个问题上的分歧。发展心理学家更关注心理理论"如何"获得和发展，而社会神经科学家倾向把重点放在心理理论存在大脑的"哪里"上。如莱斯利（Alan M. Leslie）等人（2004）和拜伦-考恩等人（1995）的研究支持心理理论中的模块化理论，即心理理论的发展由一种作用于心理状态推理的先天神经机制驱动。尽管经验可能对于触发这种机制很重要，但它无法修改这种神经机制的基本性质。莱斯利等人的主要观点是，心理理论模块在生命的第二年就开始起作用，而后来这种模块在儿童期的完善是由一种抑制选择过程驱动的，这种选择过程会变得越来越擅长处理心理理论任务的要求。脑影像的研究揭示了两个大脑区域很可能与这一过程相关，一个是皮层中线结构，主要由内侧前额叶、邻近的鼻前扣带回皮质和顶叶内侧后皮质（包括后扣带回和楔前叶）组成（Amodio & Frith, 2006）；另一个是双侧颞顶叶联合区（Saxe，2009）。由于皮层中线结构同样在诸如信息整合和前景展望等功能中发挥作用，对心理理论模块来说并不是特异性的，因此双侧颞顶叶联合区更有可能具有特异性地对这一心理过程发挥作用。杨（Liane Young）等人2010年使用经颅磁刺激的方法短暂沉默右侧颞顶叶联合区之后发现，参与者在道德判断中使用他人心理状态信息的难度显著增强。

  颞顶叶联合区在心理理论模块中的作用很可能是逐渐变得关键的。研究发现，颞顶叶联合区在有些低龄儿童的心理理论任务中会激活，而8—12岁的儿童在进行错误信念推理时会激活更多的颞顶叶联合区的功能（Kobayashi et al.，2007a，2007b）。玛希等人2014年在综述里总结道，右侧颞顶叶联合区很可能是支持心理理论和其他任务流程的"共享地段"，作用可能涉及注意力重新定向、集中注意力和目标定向，以及运动反应抑制等，在很多涉及外部信息加工及转化为对自我和他人的理解的任务中发挥重要作用。

  当然，经历了30多年的发展后，与心理理论相关的研究和发现要比这里能够提及的复杂得多，但相比真实的人类思维的复杂性，科学能够揭示的内容也不过是沧海一粟。那么，我们为什么还要去了解心理理论呢？因为心理理论是我们能够在社会中生存的一种重要能力，是我们理解他人、与他人顺利沟通的关键能力，也是维系我们和他人关系的纽带。很多人对心理学家都有一种刻板印象，认为心理学家就是天天想着怎么看穿别人心思的人，但其实我们每个人都具有这种理解别人的能力，这就是我们与生俱来的心理理论。只有真正理解了他人，我们才能够把身边的所有人当成一面

第八章 "唯我独尊"的幻灭与自我的重建

镜子,从而更好地看清自己。更重要的是,只有我们主动去理解别人,认识到每个人的性格、经历、立场、思维方式都不尽相同,学会求同存异,才能够主动避免人际关系中很多原本不该出现的压力困扰。

共情:安得广厦千万间

心理理论能力的发展和增强催生了另一种极其重要的亲社会能力——共情。共情,也翻译为"移情"或"同理心",是指能够站在他人的角度去理解或感受另一个人正在经历的事情,也就是进行换位思考或换位感受的能力。高蒂尔(Yvon Gauthier)2003年的研究发现,24个月大的婴儿有时会去安慰或关心别人,表现出共情能力的萌芽。

与共情相关的还有慈悲和同情。慈悲通常指我们在他人需要帮助时所感受到的一种情感,它激励我们伸出援手,从行动的结果来说慈悲比共情更进一步。同情则是对需要帮助的人的一种关心和理解的感觉,它包含了一种共情式关心,这是一种在乎其他人的生命的情感,但未必包含任何行动。此外,共情和怜悯、情绪传染截然不同。怜悯和同情一样,都是对可能遇到麻烦或者需要帮助的人产生的感觉,但往往他们自己也无法解决这些问题,只能"感到抱歉"和束手无策,带有一种居高临下的感觉。情绪传染则是模仿他人的情绪或者受到他人情绪的影响,自己未必真正意识到。和这些概念比起来,共情是一种真正能够设身处地站在别人的立场和角度

图 8-3　我们在年幼的时候就学会了同情他人

上思考和感受的能力，也就是与他人一同思考和感受。杜甫的名句"安得广厦千万间，大庇天下寒士俱欢颜！"也许正是这种同理心的高级体现——当我一个人贫寒潦倒之时，我想到的却是全天下和我一样贫寒潦倒的文人，如果能实现这个愿望——"吾庐独破受冻死亦足！"

　　我们可能都有这样的经历：当被打击而一蹶不振的时候，我们像跌入生活的谷底，四周都是黑暗，我们明知道头顶上还有一线光明，但没有力气，也没有动力抬头，仿佛那一线光亮会灼伤眼睛。这时我们最好的朋友来了，他/她并没有像大多数人一样，只是站在光明处向我们无关痛痒地呼喊："你要振作起来啊！生活会变得好起来的！"他/她毫不迟疑地走进了黑暗，坐在我们身边，与我们分享着这份黑暗和宁静，紧握着我们的手传递着温暖。然后他/她向我们分享自己心底的秘密，分享他们同样被生活的压力刺痛的内心，

第八章 "唯我独尊"的幻灭与自我的重建

即使这种分享让他们不得不重温那份令人伤心的回忆。但就在这样的分享中,我们内心的痛苦和沮丧反而逐渐消散了,因为我们明白自己并不是孤身一人,身边就有能够真正懂我们的处境和内心的人。即使现在还没有爬出泥潭的力量,但我们知道有一双坚定、有力的手终会将我们拖出泥潭。这就是共情的力量,它能够让人的心贴得更近,能够让不同的人真正互相理解,也让社会关系更稳固和健康。

根据罗杰斯(Kimberley Rogers)等人 2007 年的研究,共情一般被分为两类,一类是情感共情,一类是认知共情。情感共情指理解他人的情感,并能够基于这种理解,以适当的情感回应他人的心理状态的能力。它既表现为对他人的同情和关心(关心他人),也可能表现为仿佛身临其境,对他人经历的痛苦感觉不适和焦虑(个人困扰)。认知共情指理解他人观点或精神状态的能力,这种能力与心理理论比较类似,它包括自发采用他人观点的倾向(观点采择)、拒绝随意评判他人等。

塞尔曼(Robert L. Selman)1971 年的研究发现,观点采择的发展经历了从 3 岁直至青春期的五个阶段:3—5 岁的学龄前儿童往往采用自我中心的观点,即使知道自己与他人之间存在差异,也很难理解这种差异的情绪和认知成分,更无法明白他人观点和环境(社会)的因果关系;6—8 岁的儿童常常使用社会信息观点采择,即儿童意识到他人拥有建立在各自推理基础上的社会观点,这些观点很可能与自己的观点迥异,但儿童只能关注单一的观点,无法做到协调不同观点;8—10 岁的儿童常常采用自我反省式观点采择,能够将自己置身于他人的位置,并且意识到这是判断他人意图、目的和行为的一种方法，儿童已经可以形成一系列相互协调的观点；10—12岁的青少年常常采用相互性观点采择，青少年认识到自己和他人能够同时将彼此作为各自观点采择的对象，并能够从第三者角度观察两个人的交流和沟通；12—15岁的青少年常常采取社会和习俗系统的观点采择，认识到社会习俗是必须考虑的一个环节，而群体中所有成员都受到社会习俗的影响。观点采择能力（或者说认知共情能力）高的儿童不但自我理解能力出众，而且在同龄群体中的声望和友谊的质量较高，因为这类儿童能更好地理解朋友和同伴的需要，能够进行更高质量的沟通与交流，也会展现比较强的社会适应能力。

与心理理论的大脑研究一样，共情的大脑机制研究也比较复杂。毕竟，理解自己的思维和情绪已经是一个极端复杂的过程，理解他人的思维和情绪自然不可能反而变简单；脑影像技术也只是一种工具，不是一块魔法水晶。伯恩哈特（Boris C. Bernhardt）和辛格（Tania Singer）2012年发表的综述文章总结了从2000年功能性磁共振成像技术普及之后进行的一系列有关对他人的心理—物理体验的共情实验，包括疼痛、厌恶、恐惧、焦虑、愤怒、悲伤、中性触碰、愉悦情绪、奖赏和比较复杂的情绪（如社会排斥和尴尬等）。以感受他人的疼痛为例，有两个大脑区域在32个相关研究中都表现出了激活，一个是前脑岛/额下回，另一个是前/中扣带皮层（见图8-4）。

有意思的是，脑成像的研究还为心理理论和共情的区别提供了证据。当我们在脑海中想象某个人遭受痛苦，与我们实际上看到某个人遭受痛苦，大脑中发生的改变是不同的。在想象实验中，研究者告诉被试，如果看到一个向左下方指的箭头（↙），就意味着另

第八章 "唯我独尊"的幻灭与自我的重建

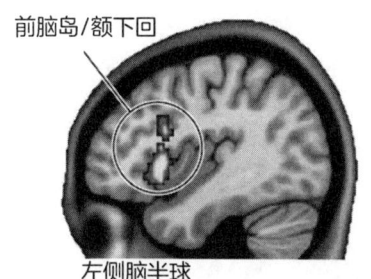
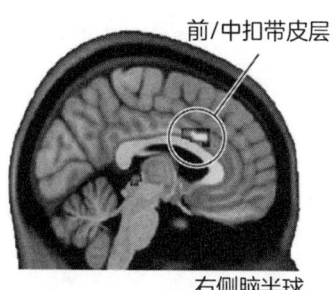

图 8-4 对"他人的疼痛"有强烈反应的大脑区域

（图来自伯恩哈特等人，2012 年）

一个人接下来马上要受到电击的惩罚。在图片/视频实验中，被试将会看到一组图片（或一个视频），视频里清晰可辨地呈现了另一个人遭受痛苦的过程（如被刀子割到手，或者赤裸的脚趾撞上木门的边缘，等等）。

研究结果发现，与图片/视频实验相比，想象另一个人将要遭受苦难会激活心理理论网络（有时也叫作"心理网络"），包括上一小节提到的颞顶叶联合区、腹内侧前额叶、颞中/上回、楔前叶和后扣带回（见图 8-5）。

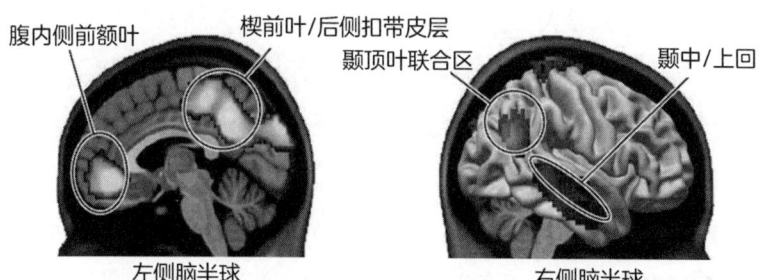

图 8-5 想象他人将要遭受痛苦激活了大脑中的心理理论网络

（图来自伯恩哈特等人，2012 年）

与单纯的想象实验相比，目睹别人即将受到物理伤害的图片或视频激活了大脑中另一个非常重要的网络——镜像神经元网络，包括顶下皮层、背内/外侧前额叶、额下回和前脑岛（见图8-6）。

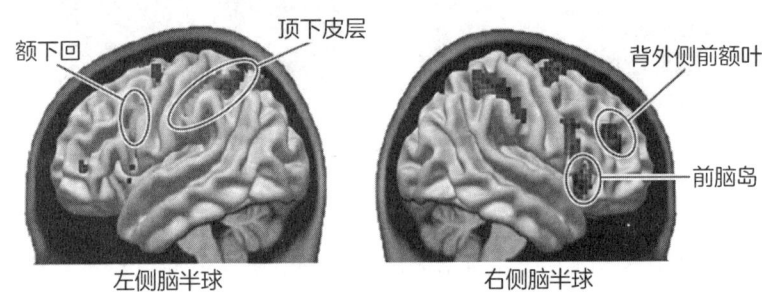

图8-6 目睹他人受到物理伤害激活了镜像神经元网络

（图来自伯恩哈特等人，2012年）

镜像神经元1992年由神经生理学家里佐拉蒂（Giacomo Rizzolatti）在猕猴的大脑皮层中发现，当一只猕猴观察其他猕猴进行某种动作且自己也在执行同一种动作时，镜像神经元会被激活，就像自己是对方的镜像一样。虽然在人类大脑中无法像动物实验一样采集直接的神经元活动证据，但脑科学家莫伦伯格（Pascal Molenberghs）等人2009年在综述了大量相关研究后，提出人类大脑皮层中有部分区域也有与镜像神经元相似的功能。除了前面提到的顶下皮层以外，镜像神经元网络还包括前运动皮层、运动辅助区、初级躯体感觉皮层等。

人类大脑中镜像神经元存在与否仍有大量争议，争议的焦点在于我们复杂的模仿和观察学习行为是否应该完全归功于单独一种神经元的功能；但可以确定的是，我们的大脑中确实有一套完善的网

第八章 "唯我独尊"的幻灭与自我的重建

络,保证我们天生能够通过模仿其他人的行为和动作来迅速适应环境。我们的共情能力很可能正是这种天生对身边人的关注和学习的产物——我们从别人身上学到了与环境的相处之道,通过把自己放在别人所处的位置上来学习和观察,做到更快地适应环境,不需要总是靠着自己跌跌撞撞,吃尽苦头来总结经验和教训;这种"取巧"的能力也让我们更关注身边的人,不仅关注他们的行为,而且关注他们的内心感受,让我们有能力去感受和理解他人的喜怒哀乐,并在无形中和他人建立了牢固的心理联系。哪怕我们表现得无动于衷,当我们亲眼看到他人遭受的苦难时,我们的大脑也是有反应的,这是大自然对我们的初始编码。

中国近代文学家朱自清在《论别人》一文中写道:"不过推己及人,设身处地,确需要相当的勉强,不像'我爱我'那样出于自然。"或许事实并非如此。除非天生大脑异常,懂得模仿别人的孩子天生就应当具备共情的能力。感受和理解别人的苦痛虽然充满压力,感受和理解别人的欢乐却也会让我们的压力减轻。毕竟,从理想主义的观点出发,良善才是一个健康、稳定的社会的基石;只有生活在这样的社会里,我们才能保证自己和所爱的人不被压力伤害。

"我是一个有价值的人吗?"

要理解社会中产生的种种压力,就需要理解社会。要理解社会,就需要理解社会中的人,因为所有的社会都由人组成。心理理论让我们拥有理解他人的能力,共情则更进一步,让我们能够站在别人的立场上，正确地理解和感受他人的心理状态。但最终，我们还需要理解自己。虽然接受自己和爱自己是我们一生下来就具备的能力，但并不是所有人都能够在漫长的一生中始终做到接纳自己的全部，否则"自尊"这个词便不会经常被我们挂在嘴边了。

对发展心理学家来说，"自尊"和"自我概念"这两个词有时候是可以互换使用的。自尊体现了很多元素，它通常是一种正向的整体自我评价，包括积极的自我理解和自我接受。虽然在中文语境里"自尊"是一个积极的名词，但是在心理学领域，高自尊却未必反映了与现实情况相符的自我评价，它也可能是骄傲自大、自以为是、毫无依据的优越感。同样，低自尊未必是一种有偏差的或病理性的不安全和自卑感，它也可能是对自身缺点的准确认知。

要准确理解自尊的概念，社会心理学家罗森伯格（Morris Rosenberg）于1965年开发的《罗森伯格自尊量表》（Rosenberg Self-Esteem Scale，简称RSES）是一个常用的工具。RSES包含涉及自我价值和自我接纳的10个问题，我们可以从问题中涉及的这些正向或反向的形容词句来简单了解"自尊"这个概念的具体组成：

正向的词句：有价值；有许多优点；做事和大多数人一样好；和别人有同样的价值；对自己十分满意。

反向的词句：不擅长任何事；没什么值得自豪的；一无是处；对自己不够尊重；失败者。

可以看出来，自尊包含了大量的社会比较和自我肯定，肯定自己的长处和价值，认为自己不比别人差，对自己表示满意，等等。事实上，人类社会是一个十分多元化的社会，每个人都有自己

第八章 "唯我独尊"的幻灭与自我的重建

擅长和不擅长的，只要不是贪心地想要在所有方面都胜过身边的所有人，人人都能找到对自己满意的地方。但事实上，在成长的道路上，我们的自尊在不断受挫，这又是为什么？

让我们来看几段话：

当我照镜子时，我不喜欢我所看到的；我不喜欢我自己。

我通常会压抑自己；我就是不喜欢自己。

我什么都不是；我没有个性。

我不喜欢自己，因为我丑死了。

我辜负了自己，没有成为我想要成为的那种人。

如果没有人喜欢你，你怎么可能喜欢你自己？

面对现实吧，我的自尊心非常低。

以上是《自尊：自我评价低的谜团》(Self-Esteem: The puzzle of Low Self-Regard)一书的第五章的开篇，听起来是不是很耳熟？在我们的童年和青少年时期，我们很可能听过同龄人发出类似的感慨；或者，这些就是我们曾经的内心私语。哈特在1985年编订了《儿童自我感知侧写》(Self-Perception Profile for Children，简称SPPC)，适用于8—13岁的儿童，包括36个问题，涉及6个维度——学业能力、运动能力、社会接纳、身体外貌、行为举止，以及一个独立的"总体自我价值/自尊"。哈特在1989年又单独编制了一份适用于青少年的量表——《青少年自我感知侧写》(Self-Perception Profile for Adolescents，简称SPPA)，适用于14—19岁的青少年，包含45个问题。除了与SPPC相同的6个维度以外，还额外增加了3个维度——亲密友谊、异性吸引力和工作能力。总体的自尊水平和其他几个维度的自尊水平并没有必然的联系，即使是一个中等水平总体自尊的儿童，也可能表现出高水平的运动能力自尊和低水平的学业能力自尊，正所谓"尺有所短，寸有所长"。

但是，无论是在美国的文化还是在其他国家的文化中，哈特都发现，儿童和青少年的总体自尊与一个维度的自尊水平紧密相连，那就是身体外貌。这似乎从侧面印证了这样一个让人无奈的事实：人类社会确实是一个看重颜值的社会。即使我们对自己的学业能力、社会接纳、运动能力和行为表现都无比自信，也不一定意味着我们的总体自尊水平高；但身体外貌方面自尊水平高的人，其总体自尊也比较高。从儿童早期到青少年时期，甚至到中年时期，这种外貌和自尊的强烈关联都普遍存在。

罗宾斯（Richard W. Robins）等人2002年的研究发现，在儿童时期（9岁开始）个体自尊水平较高，到青春期反而有所下降，从成年直至成年中后期持续上升，直到65岁前后（可能是退休年龄）再次下降，对身体外貌的重视也许能够解释这一现象：自尊水平下降是受到消极的身体形象的影响，而进入青春期的青少年常常会面对身体发育的重要改变而无所适从。罗宾斯等人的研究还发现，人生中的大部分时间里，男性的自尊水平都高于女性，这也许与女性更在意身体外貌有一定关系。

总体来说，较高的自尊和社会适应能力是有一定关系的，因为自尊高的人更认可和接纳自己，对自己更有信心，更倾向积极投入社会中。埃德·第纳尔（Ed Diener）和玛丽萨·第纳尔（Marissa Diener）1995年调查了31个国家、49所大学的1.3万名大学生，

第八章 "唯我独尊"的幻灭与自我的重建

发现虽然自尊高的人未必压力更小,但他们确实更快乐。

中国人的自尊水平是什么样的?沙晶莹和张向葵在 2016 年发表了针对 1993—2013 年间 83 个采用《罗森伯格自尊量表》测量中国大学生自尊的研究的元分析,发现在这 20 年间,我国大学生的自尊水平呈下降趋势。虽然研究者在论文最后总结了可能导致这一现象的社会因素,但一个值得注意的关键问题是,基于欧美文化编订的自尊量表能否完全反映中国人的自尊水平?早在 2004 年,斯宾塞-罗杰斯(Julie Spencer-Rodgers)和彭凯平已经尝试从文化差异的角度解释,包括中国人在内的东亚人为何普遍在《罗森伯格自尊量表》测验中得分低于北美人。他们认为,深受道家朴素辩证法影响的中国文化强调变化、矛盾与普遍联系,中国人对自我的认识也同样带有这种朴素辩证法的特点,所以他们进行了一系列旨在修订《罗森伯格自尊量表》的实验,证明了中国人的自我概念中存在更多可变的和矛盾的自我认知信息。他们随后编订了《辩证自我量表》(Dialectical Self Scale,简称 DSS),增加了很多带有更多细节的问题,例如:"每一件事都有两面性,你怎么看?""我发现我的价值观及信念会随着与不同的人在一起而改变。"显然,用欧美文化中的自我来定义中国文化中的自我具有一定的局限性。

在 2011 年《心理科学进展》的一篇主编特邀论文中,中国科学院心理研究所的蔡华俭等人综述了针对中国人的研究,发现无论是使用《罗森伯格自尊量表》中单一维度的自尊,还是使用塔法罗迪(Romin W. Tafarodi)和斯旺(William B. Swann)2005 年编订的《自我悦纳和能力量表》中的自我悦纳和自我能力双维度的自尊，这两种基于西方的自尊测量在中国人和欧美人之间都有着跨文化的对等性。中国人的自尊是积极的，虽然我们的文化教育我们更多地把功劳归功于外部环境，但我们在评价自我时也会出现自利性偏差，即肯定自己取得的功劳属于自己。虽然中国人的总体自尊和自尊的认知成分（自我能力）得分比欧美人低，但自尊的情感成分（自我悦纳）以及内隐自尊（即我不会口头上说我自己好，但我内心会觉得自己很好）水平和欧美人类似。导致中西方自尊水平差异的原因可以用中国人谦虚的文化传统、中庸的文化理念和朴素辩证主义认知风格来解释，但蔡华俭等人认为，这只能说明中国人的自尊表达方式和西方人不同，受到文化的制约，并不能说明中国人的自尊组成结构与西方人有本质的区别。

更重要的是，无论是在欧美文化还是在中国文化中，自尊都与个体的心理健康和幸福感有紧密联系。乔纳森·D. 布朗（Jonathon D. Brown）和邓赐平等人 2009 年发表的研究也证明，较高的自尊水平有利于个体适应环境，增强个体应对压力的能力，这种相关关系不存在东西方的差异。当然，中国人的自我认知和自尊可能更受环境（家庭及社会）的影响，因此带有更多的社会烙印，也更容易被环境左右。如果想要通过提高个体自尊水平来提高其应对压力的能力，就需要更多考虑文化和环境的影响。

这些关于自尊的研究对于提高自尊的方法有什么样的启发呢？哈特认为，当儿童在对他们而言重要的领域表现出色时，他们就会拥有最高的自尊水平，因此需要鼓励儿童找出自己胜任的领域，并经常在这个领域进行自我评价。但这种"扬长避短"的方式也需要正确的情感支持和社会赞许，否则便会变成不顾一切地争强斗狠。

第八章 "唯我独尊"的幻灭与自我的重建

成功的体验固然重要，但也需要让儿童正确理解和对待失败。教授实用的成功技巧和面对挫折的应对方法往往比赞扬和打气更有用，虽然后者也是必要的。自我接纳应该是不带功利性的，无论是成功的喜悦还是失败的懊恼，都是自我的一部分。最重要的是，无论结局如何，都积极地参与其中，享受了参与的过程，体验了努力的汗水，然后更了解自己的能力，更明确下一步的奋斗方向。

成长是复杂的。从对自己的一无所知到自我中心，到逐渐认识到自己并不唯一，到尝试理解和接受他人，到数不清的社会比较中的快乐与忧虑，最终走到找到自己与别人不同的地方并接受这些相同与不同，我们的自尊面临诸多内部心理和外部环境的挑战。无论有多大的压力，我们都应该直面自己的内心，坚信自己的与众不同，就像小王子对花园里的玫瑰花们所说的：

我的那朵玫瑰花，一个普通的过路人以为她和你们一样。可是，她单独一朵就比你们全体更重要，因为她是我浇灌的。因为她是我放在花罩中的。因为她是我用屏风保护起来的。因为她身上的虫（除了留下两三只为了变蝴蝶而外）是我除灭的。因为我倾听过她的怨艾和自诩，甚至有时我聆听着她的沉默。因为她是我的玫瑰。

童年期创伤：一个不应该回避的话题

幸运的人用童年治愈一生，不幸的人用一生治愈童年。
——奥地利心理学家阿德勒（Alfred Adler），《儿童的人格教育》(*The Education of Children*)

根据2007年一份来自美国卫生与公共服务部的报告，在美国，每天至少有5名儿童被父母或看护者杀害，每年还有14万其他形式的躯体伤害受害者，约300万儿童是各种形式的虐待受害者。在这些受害者中，大约6%的儿童遭受了情感虐待，大约12%的儿童遭受了性虐待，大约22%的儿童遭受了身体虐待，而出现频率最高的是忽视和医疗不作为，大约占58%。虐待儿童可能发生在任何家庭之中，它与父母的经济或社会地位没有必然联系，但受到压力困扰的家庭中的确更可能发生虐待事件。

在费尔德曼（Robert S. Feldman）所著的《儿童发展心理学》（*Child Development*）一书里，一些被身体虐待的儿童的预警信号被列了出来，帮助人们鉴定受害者。

☹ 没有合理解释的明显且严重的伤口；

☹ 咬、窒息的痕迹；

☹ 烟头或热水的烫伤痕迹；

☹ 没有合理原因的痛感；

☹ 害怕成人或看护者；

☹ 天气炎热时不合时宜的着装（长袖、长裤、高领衣服），可能是为了掩盖脖子、胳膊和腿上的伤痕；

☹ 极端行为——高攻击性、极端被动、极端孤僻；

☹ 害怕躯体接触。

除了这些比较明显的预警信号，受虐的儿童还很有可能变得爱挑剔、不服管教和难以适应新的环境。儿童有可能出现频繁的头痛和腹痛，容易尿床和焦虑，受到严重虐待并造成心理创伤的儿童甚

第八章 "唯我独尊"的幻灭与自我的重建

至可能出现创伤后应激障碍的症状。

比儿童受到躯体虐待更可怕的事实是，对孩子施加虐待的父母很可能也曾经是受到虐待的儿童，海曼（Richard E. Heyman）和斯莱普（Amy M. Smith Slep）在研究中（2004）印证了这一点。虽然虐待这种暴力行为不一定会遗传，但是从小在父母的暴力下成长起来的孩子，很可能也会把暴力当作解决问题的首要甚至唯一手段。这种生命初期的创伤性记忆对于我们下意识行为的影响，往往需要在成长过程中通过很多额外的努力才能抑制住。综艺节目《奇葩说》有一期辩题是："你终究会变成你所讨厌的人，这是不是一件坏事？"很多人提到他们不想变成父母的样子，却越来越像他们。讨厌的影子尚且无法摆脱，更别提创伤和仇恨了。

在萨摩洛夫（Arnold J. Sameroff）等人主编的《发展心理病理学手册》（*Handbook of Developmental Psychopathology*，2000）一书中，奇切蒂等人也报告了一个令人宽慰的事实：大约只有 1/3 童年受过虐待或者忽视的人会虐待他们的子女，也就是大多数幼时有过受虐经历的人成功地压抑了这些心理创伤，所谓的"原生家庭"并不是一道难以逾越的鸿沟。受过伤害并不可怕，可怕的是拒绝成长，拒绝相信这个世界上还有阳光。

就像加拿大歌手莱昂纳德·诺曼·科恩（Leonard Norman Cohen）在《颂歌》（*Anthem*）里唱的："万物皆有裂痕，那是光进来的地方。""心中充满爱，救赎将会到来。"

身体上的虐待（创伤）还比较容易辨认，对儿童的心理虐待就更具有隐蔽性。心理虐待是指父母或其他看护者有意或无意（如忽视）地损害儿童的行为、认知、情绪或躯体功能。如果父母或看护者频繁使用带有羞辱和恐吓的语句对待孩子，不仅对他们的自尊是一个长期的打击，也会让他们产生负罪感，认为自己是父母的负担。父母也有可能把孩子当成赚钱的工具，逼着孩子过早地走入社会，承受剥削。而很多父母还会使用"忽视"这种很常见但很少有人会界定为虐待的方式，刻意或非刻意地忽略儿童的存在，无视儿童情感上的需求，拒绝给予回应。由于大多数心理虐待都发生在家里，并且不会在儿童身上留下可见的预警信号，除非儿童主动向外界求救，否则很难发现这些心理虐待的存在。但是通过对青少年心理疾病的研究和对童年期创伤的调查问卷都可以发现，这些早年身体/心理虐待和心理疾病存在潜在关联。心理虐待还可能与孩子的撒谎、欺凌等品行问题以及低学业成就相关，甚至可能导致反社会行为。

随着智能手机的普及和越来越多的"低头族"当上父母，有没有可能导致更多的隐形"忽视"的出现呢？或者说，父母长时间沉迷于手机和网络世界，造成对孩子需求的低响应，会不会是信息时代新的"忽视"形式呢？米鲁斯基（Sarah Myruski）等人2018年调查和评估了7—24个月大的婴幼儿的气质、社交参与、探索行为等，发现母亲使用手机时，孩子表现出更大的痛苦，并且不太可能探索他们身处的环境。即使这些习惯在生活中使用移动设备的母亲报告自己确实已关掉手机，其孩子依然表现出更强的消极情绪，情绪恢复也较差。很显然，长期使用移动设备导致的社会退缩和反应迟钝可能会对婴幼儿的社交情感功能和亲子互动产生负面影响。

第八章 "唯我独尊"的幻灭与自我的重建

劳拉·格林（Laura Glynn）、桑德曼、巴拉姆（Tallie Z. Baram）和斯特恩（Hal Stern）2016年在动物实验中发现，分散母鼠的注意力会损害幼鼠的发育，尤其是在成长过程中体验快乐和进行社交活动的能力。

2015年，一家在线安全公司（AVG® Technologies）报告了一组调查结果，宣称超过50%的被询问的孩子暗示存在家庭生活中持续的"数字入侵"，54%的孩子认为父母过于频繁地查看手机；当这些孩子看到列出来的一系列可能存在的父母使用手机的不良习惯时，他们表示最大的不满（约占36%）就是父母在谈话中被手机分散了注意力，这使32%的孩子感到自己并不重要。当被问及使用手机的情况时，接受调查的父母中有52%同意自己确实使用频率过高，28%的父母认为他们在使用电子设备方面没有为孩子树立好榜样。虽然这个调查结果没有发表在任何学术期刊上，无法确认其调查和问卷设计的普适性，不过这一结果确实能够说明一些问题。如果孩子从小在要与手机竞争父母注意力的环境中长大，他们的自尊肯定会被严重挫伤，父母的"榜样"作用也很可能导致儿童、青少年自身的手机成瘾问题。2018年郭珠妍（Ju Yeon Kwak）等人在针对1170名韩国青少年的研究中发现，父母的忽视行为和青少年的手机成瘾存在显著相关，而2019年中国的孙佳宁（Jianing Sun，音译）等人也在对1041名中国青少年的调查中发现，儿童期的忽视和心理虐待很可能预测青少年时期的手机成瘾。这些直接或间接的证据都在提醒父母和社会，规范手机使用频率，把重心放在对儿童的养育上，对于儿童和青少年的成长和发展

图 8-7 放任自己沉迷于智能手机和网络就是对儿童的忽视和心理虐待

至关重要。

精神病学家布鲁斯·D. 佩里（Bruce D. Perry）在《儿童青少年心理病理学》(Child and Adolescent Psychopathology)一书中总结了创伤后心理病例发展的风险和保护因素（不局限于虐待，也包括自然灾害带来的创伤）。这些风险因素和保护因素值得引起家庭、学校、社会机构和相关政府部门的注意，毕竟，下一代的生理和心理健康关系一个民族和国家的未来，保障每个孩子都能够健康、平安的长大理应是一个社会的最主要目标。其中增加风险的因素会增加急性压力反应的强度或持续时间，与创伤性事件相关的因素包括多次或重复的威胁、家庭暴力等，与个体差异相关的因素包括性别（女性更容易受到伤害）、年龄（年轻人抗压能力较弱）、对身体伤害的主观感知等，与家庭和社会相关的因素包括受到创伤的养育者、护理者自身的焦虑等。降低风险的因素则包括创伤发生频率低、健康的应对技巧、完整的家庭支持等。①

创伤对大脑发育的危害

越来越多的脑影像证据揭示着儿童期发生虐待行为对儿童大脑的不可逆影响。我们的大脑具有可塑性，也就是组成大脑的神经元的结构和功能会随着环境的影响而改变。实际上，未成年人的大脑远比成年人更容易受到外界的影响，这也是我们的生存技能，它保障我们一生下来就能够快速地学习外界的知识，迅速成长，但这也意味着，如果身处恶意的环境，我们的大脑会首当其冲地承受伤害。

布鲁斯·D. 佩里指出，大脑中首先发育的区域是脑干和中脑，它们控制着维持生命所必需的身体功能，也就是自主功能，如呼吸、心跳等。婴儿出生时，脑干和中脑这些位于大脑下层结构的区域已经相当发达，而位于上层的区域（如边缘系统和大脑皮层）仍然相当原始。在生命的前三年里，参与调节情绪、语言和抽象思维的大脑区域得到了迅速发展（图 8-8）。

大脑的发展或学习实际上是在神经元之间建立、加强和丢弃连接的过程，这些连接称为"突触"。突触将单个神经元联系起来，由此形成连接大脑各个部分的途径，从而组织大脑结构，控制我们

---

① 扫封底二维码，可查看详细的风险因素和保护因素。

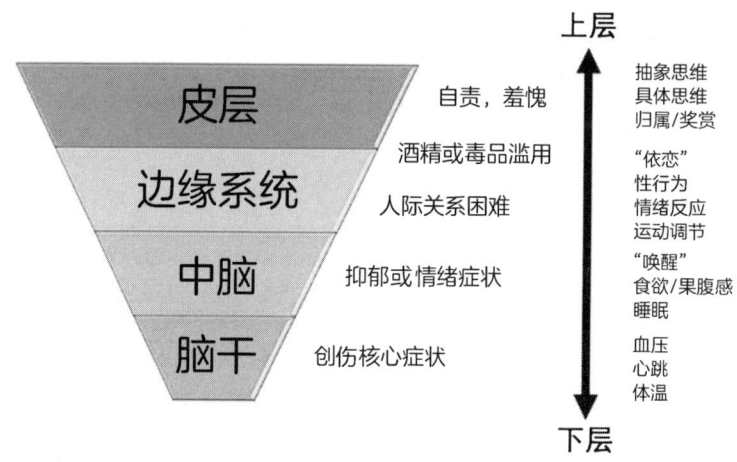

图 8-8 人类大脑具有层次结构

（图来自布鲁斯·D. 佩里，2007 年）

所做的一切——从呼吸、睡眠到感觉和思考。这是出生后大脑发育的本质，也就是在接受外界环境的刺激之后不断产生突触，不断加强大脑各部分的联系和沟通。大脑的发育就是突触不断生长的过程。突触的发展在儿童的早期阶段以惊人的速度发生。3 岁以前，健康幼儿的大脑皮层在高峰期每秒可以产生 200 万个突触。到 2 岁时，幼儿的大脑已经有大约 100 万亿个突触，远远超过了发育的需要。这时，儿童大脑中就会发生一种"使用它或失去它"的大脑剪切过程，根据幼儿的实际经历，一些突触会增强并保持完整，那些被认为"用不到"的突触会逐渐消失，以分配能量给其他"被需要"的突触。到达青春期时，大约有一半的突触已经消失，剩下的一半突触将可能伴随他们一生。

发育中的大脑中发生的另一个重要过程是髓鞘形成。髓磷脂是

第八章 "唯我独尊"的幻灭与自我的重建

一种白色脂肪组织，形成鞘包裹成熟的脑细胞，从而确保神经递质（大脑中的信号分子）在突触中的清晰传递。3岁以前的幼儿处理信息的速度很慢，因为他们的脑细胞缺乏快速、清晰的神经冲动传递必需的髓磷脂。像其他神经元生长过程一样，髓鞘的形成始于主要的运动和感觉区域（脑干和皮质），并逐渐发展到控制思想、记忆和感觉的上层区域。此外，与其他神经元生长过程一样，孩子的经历会影响髓鞘形成的速度和发育，这种过程一直持续到成年后。到3岁时，幼儿的大脑几乎达到了成人的90%。大脑每个区域的生长在很大程度上取决于接受外界刺激的强度，也就是通常意义上的学习过程。

正因为婴幼儿和儿童的大脑发育很大程度上取决于从外界环境中获得的刺激有多少，忽视造成的伤害几乎可以等同于创伤。图8-9展示了一个有平均大小大脑的3岁健康儿童（图8-9左）和一个长期被严重忽视的3岁儿童（图8-9右）的大脑的X射线计算

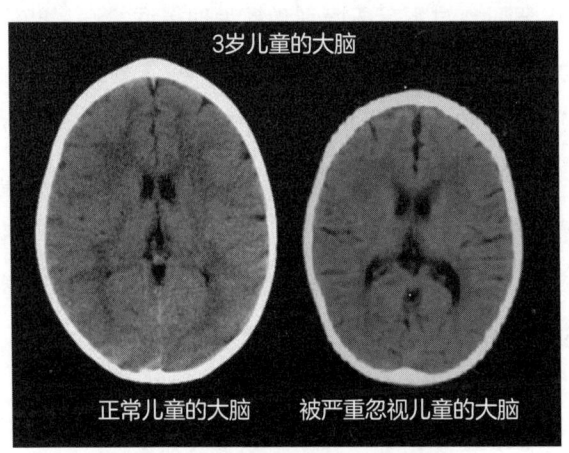

图8-9　忽视对大脑发育造成的损害
（图来自布鲁斯·D.佩里，2005年）

机断层成像图。长期被严重忽视的儿童的大脑显著小于平均水平的健康儿童的大脑，其皮层、边缘系统和中脑结构都出现了明显的发育异常。

当然，不只是忽视，各种形式的虐待都会对儿童的大脑发育产生不可逆的灾难性影响。在一个有健康关系的家庭，婴儿的胡言乱语、手势或哭闹都可以引起看护者可靠、适当的反应，这种健康的互动方式有时被称为"服务和回应"，能够加强婴儿关于社交互动以及如何满足他们的身体和情感需求的神经元通路。如果孩子生活在一个混乱或充满威胁的世界中，其看护者常常作出虐待反应或长期不作出反应，他们的大脑可能会变得对压力极度敏感或未充分发展。对压力极度敏感的大脑发育模式会使儿童时时刻刻都像惊弓之鸟，随时准备面对生活中无处不在的压力，常常处于受惊状态，他们对养育和友善作出反应的能力也会受到损害。由于忽视大脑未正常发育的儿童则会对所有环境刺激都表现得很冷漠，他们没有经历也没有能力应对环境中的变化。

美国儿童局 2015 年发布《预防资源指南》(Prevention Resource Guides)，鼓励专业的福利救助人员致力于为具有虐待儿童倾向和行为的家庭建立预防机制。指南里提到了六种保护因素，这些因素可以加强家庭的联系，帮助防止虐待和忽视，从而促进儿童的大脑健康发育。这六种保护因素是：

- ◆ 安全的哺育和依恋；
- ◆ 普及育儿以及儿童、青少年发育的知识；
- ◆ 提高父母的心理复原力；

第八章 "唯我独尊"的幻灭与自我的重建

- 增强社会关系；
- 增加对父母的具体的支持；
- 提高儿童的社交和情感能力。

脑研究的结果告诫我们，对儿童的福利救助越早越好。如针对准妈妈和新妈妈的孕产妇和幼儿家访计划可以及时发现由于年龄、收入或其他情况而有严重压力的家庭，准确地提供援助，从而减轻孕产妇和家庭的压力，防止逆境恶化成有毒的压力。家长教育计划也可以作为一种有效的预防手段，增强或促进保护性因素。针对修复受损或发生功能改变的大脑的研究理论认为，干预措施必须针对已经改变的大脑部分，因为发育中的大脑如果反复暴露在虐待或者忽视的环境中，会使大脑的神经通路持续敏感化，最终发生不可逆的改变。干预措施不应仅仅局限于每周一次的心理治疗，更应该在受害儿童的整个生命阶段里提供频繁、持续性的替换经历，使儿童的大脑开始适应新环境——一种安全、可预测和可以得到精心照顾的环境。

在美国儿童局2015年的《理解虐待对大脑发育的影响》（*Understanding the Effects of Maltreatment on Brain Development*）的专题简报中，介绍了如下几种儿童福利及相关专业人士可以使用的干预措施模型，用来帮助遭受虐待或受有害压力影响的儿童和青少年。

第一，治疗学的神经序列模型。该模型基于以下事实：较高级的大脑功能（如演讲、人际关系交互）取决于较低级的大脑功能（如对压力的反应）的输入。但是很多临床干预措施都侧重于较高级的大脑功能，而不是较低级的脑部功能——后者才是儿童问题的根源，治标不治本。该模型具有三个核心要素：（1）儿童发育历史调查，有助于确定发育挑战的时机、性质和严重性；（2）对功能的当下评估，有助于确定哪些神经系统和大脑区域受到影响，以及儿童在各领域（如语言、社交技能）的发育水平；（3）针对要使用的干预措施的具体建议，重点放在干预措施的顺序上，如首先针对较低级的大脑功能的缺陷，然后逐步发展为较高级的大脑功能的缺陷。

第二，婴幼儿的依恋和生物行为补救干预。它为经历过早期逆境的幼儿的父母而设计，一般在家庭中进行，对象包括父母和孩子。这些课程的重点是向父母提供养育方面的清晰的反馈，使其学会遵循孩子的意愿，还包括对父母与孩子之间互动的视频剪辑的审查。多齐尔（Mary Dozier）等人在2016年的研究中发现，相比没有接受干预的儿童，接受干预的儿童体内皮质醇的变化更健康；即使在干预后3年，这些效果仍然保留。

第三，学龄前儿童的多维治疗寄养服务。这种服务通常持续9—12个月，可帮助父母学习和练习行为管理技术，这有助于儿童体验更可控和稳定的环境，进而有助于增强他们的调节能力。寄养父母要在儿童安置之前接受培训，相关工作人员会24小时提供支持；儿童还参加每周一次的治疗性游戏小组以练习自我调节的技能。如果儿童要返回自己的亲生家庭，寄养服务的工作人员也会为亲生父母提供培训。接受多维治疗寄养服务的儿童同样保持了持久、健康的皮质醇水平。

第八章 "唯我独尊"的幻灭与自我的重建

对于中国社会，除了遭受家庭暴力而饱受生理和心理创伤的孩子需要救助，还有越来越多的农村留守儿童同样面临严重的虐待和创伤的伤害。留守儿童被忽视的情况往往更严重，他们能够获得的帮助和支持也更少。根据《国务院关于加强农村留守儿童关爱保护工作的意见》(2016)，农村留守儿童主要指父母双方外出务工或一方外出务工而另一方无监护能力，无法与父母正常共同生活的不满16岁的农村户籍未成年人。流动儿童则指随父母或其他监护人在流入地暂时居住半年以上的儿童，年龄主要为7—15岁。在2016年发布的杨东平主编的《流动儿童蓝皮书：中国流动儿童教育发展报告》中有几个数据：截至2015年10月1日，全国流动人口总量已达2.47亿，全国每6个人中就有1个处于"流动"之中，作为流动人口子女的流动儿童和留守儿童这两个群体的总数约1亿人。据全国妇联的有关调查，全国14岁以下留守儿童约有6100万人。中国科学院心理研究所傅小兰等人在2019年出版的《中国国民心理健康发展报告(2017—2018)》中专题报告了农村留守与流动儿童的心理健康状况：留守儿童面对的生活压力事件普遍明显多于非留守儿童；由于缺少必要的家庭支持，他们更容易适应不良，成长过程中产生心理问题的风险更高。该报告出自2013—2015年间对全国不同地区随机抽样的1.95万名9—18岁儿童进行的问卷调查，研究者发现留守儿童和流动儿童的焦虑、抑郁和孤独感的水平均显著高于普通儿童，而亲社会倾向、同伴友谊质量、自尊、心理弹性和自我效能感的得分均显著低于普通儿童。此外，留守儿童的焦虑得分高于流动儿童，而流动儿童的孤独得分高于留守儿童。

　　中国的高速发展离不开各行各业的中国人民的鼎力贡献，其中也包括那些背井离乡的打工人员。因为生活所迫，他们不得不留下自己的孩子，或带着孩子踏上漫长的迁移之路，这也许是为了给孩子一个更光明的未来，但在无形中增加了孩子成长中的压力和风险。不过，社会从来都不曾遗忘每一个人。2016 年，国务院发布了《国务院关于加强农村留守儿童关爱保护工作的意见》和《国务院关于加强困境儿童保障工作的意见》。2019 年 4 月 30 日，民政部发布了《关于进一步健全农村留守儿童和困境儿童关爱服务体系的意见》，更明确了未成年人救助保护机构和儿童福利机构的职责和社会服务功能，设立了"儿童主任"和"儿童督导员"以进行专项救助，还涉及许多细化的工作内容：在村（居）民委员会一级设立"儿童主任"，由村（居）民委员会委员、大学生村官或者专业社会工作者等担任，负责农村留守儿童和困境儿童的关爱服务工作；在乡镇（街道）一级设立"儿童督导员"，由乡镇（街道）人民政府指派一名工作人员担任，负责乡镇（街道）的留守儿童的关爱服务工作。根据共青团中央的报告，2019 年，全国乡镇（街道）一级的儿童督导员共 4.5 万名，村（居）民委员会一级的儿童主任共 62 万名。

　　对留守儿童和困境儿童的关爱已经在国家层面、制度层面、社会层面得到了保障，接下来需要更多心理学、教育学、社会学领域的专业人士参与进来，进行更广泛的基础和应用研究，为更专业的儿童福利救助提供科学、有效的指导意见。

第九章 "少年不识愁滋味"吗?

古往今来,少年时期都是令人羡慕也令人追忆的时期。无论是年少轻狂的活力,还是暗恋与初恋的甜涩,都是文人墨客最不吝啬笔墨去歌颂的。"劝君莫惜金缕衣,劝君惜取少年时。花开堪折直须折,莫待无花空折枝。"这首唐代杜秋娘所作的《金缕衣》,用花开的盛景来形容青春的美好和珍贵,但现代生活中真实的青少年时期又是怎样的呢?

"来自各方面的压力太大了,几乎让我们喘不过来气。家长规定,你必须考上重点大学,你要考不上就别念了,当个服务员去打工。教师看你成绩,下课不上厕所不准出去,老师说10分钟能记10个单词,晚课80分钟内不准出去上厕所,否则就会挨批评。"

"现在中学生就是考试的机器,家长给你施加压力,他们会拿女儿考第几作为虚荣的资本,互相攀比,考不好就会变相惩罚你,给你脸色,减少你的零花钱。"

"我身体的这些变化正常吗?男同学会笑话我吗?"

"女同学会喜欢我吗?"

"进入中学后我发现我完全变了,我感觉情绪变坏了,有时候反复无常,克制不住自己。"

"我的脾气大得吓人,自己也弄不清楚为什么变成那样,好像沾火就着,控制不了自己,其实我心理压力也挺大的,觉得自己得了精神病一样。"

以上是2009年发表在中国共青团网上的《青春期学生压力的

调查分析及应对》里提到的接受采访的中学生的话。距离这份调查发布已经 10 年了，孩子们青春期的压力却似乎从未远去。借用采访中一位家长的话："青春期的孩子挺不容易的，起得最早，回家最晚，睡得最少，管他们的人最多。"

　　青春期是美丽、热情的，如花苞绽放，但青春期也是自我认知充满了矛盾、挫败的一个阶段，青春期的压力和儿童时期的压力几乎不可同日而语。但青春期的压力也是我们正式踏入社会之前的最后一个考验，通过了这个考验，我们就有更多的能力和准备去应对更"压力山大"的成人世界。

"进击"的荷尔蒙

　　青春期最典型的特点就是快速而突然的生理成熟，它主要发生在青少年早期，而荷尔蒙（又称"激素"）正是这一切的始作俑者。虽然我们不知道这一切变化到底是青春期的原因还是青春期的结果，但不可否认，当大多数人类还没能充分享受儿童时代的无忧无虑时，青春期就悄然而至。没有跟我们打任何招呼，我们的身体就开始了一系列内分泌系统、生殖系统、体重、体内脂肪和瘦蛋白比率的重大"革命"，我们第一次有了强烈的性别分化意识，我们第一次如此在意自己的身体和异性的目光，我们第一次对美丑有了如此深刻的感受……毫无疑问，这是一场"压力山大"的心理变革。

　　但我们并不是对青春期的到来毫无准备。在学校里，我们已

第九章 "少年不识愁滋味"吗?

经见过高年级的学长、学姐是什么样子,也已经被告知他们就是我们的将来。我们的父母也很清楚青春期应该是什么样的,他们毕竟都是过来人。青春期出现的时间早已被编码在人类的基因里,对于大多数人,青春期一般发生在 9—16 岁,不会更早,也不会更晚。

青春期外貌改变的重要原因是体内大量性激素的分泌,这种由内分泌腺分泌的化学物质通过血液被运送到身体各处,唤醒那些编码在基因里的性器官的发育和成熟。在男性体内主要是雄性激素在发挥作用,在女性体内主要是雌性激素在发挥作用,但雄性激素和雌性激素在每个人体内都有,只是比例不同。在男性青春期发育过程中起重要作用的雄性激素是睾酮,男性外生殖器的发育、身高的增长和变声、胡须的出现、性欲和性活动等都与睾酮有关。在女性青春期发育过程中起重要作用的雌性激素是雌二醇,雌二醇水平的上升会导致乳房的发育、子宫的发育以及骨骼的变化(如髋骨的变宽)等。诺特曼(Editha D. Nottelmann)等人 1987 年发表的研究显示,青春期男孩的睾丸酮水平相较青春期之前增加了 18 倍,而女孩只增加了 2 倍;雌二醇在青春期女孩体内增加了 8 倍,而在男孩体内只增加了 2 倍。

在青春期,内分泌系统也相当活跃,其中三个最活跃的器官分别是下丘脑、垂体和生殖腺(性腺),它们共同组成了下丘脑—垂体—性腺轴(HPG 轴)。下丘脑和垂体我们已经在压力反应这一部分反复介绍过,它们也是人体内最主要的压力反应系统——下丘脑—垂体—肾上腺轴(HPA 轴)在大脑中的中心。除了参与压力反应以外，下丘脑还控制饮食和性，垂体控制生长，调节其他腺体的功能。

桑特洛克（John W. Santrock）在其主编的《青少年心理学》（*Adolescence*，第11版，2013）一书中提到，下丘脑和垂体通过相互作用来调节性腺激素的释放。下丘脑首先分泌促性腺激素释放激素，它到达垂体后，会促使垂体释放促性腺激素，传递信号到性腺（如睾丸或卵巢），促使性腺释放相应的雄性激素或雌性激素。垂体释放的促性腺激素有两类，一类是促卵泡激素，一类是促黄体生成激素。这两种激素听起来似乎只与女性有关，但实际上它们对所有性别都有影响：促卵泡激素刺激女性卵泡的发育和男性精子的产生，而促黄体生成激素调节雌性激素的分泌、女性卵子的发育和男性睾酮的产生。

与压力反应中压力激素的负反馈调节系统一样，性激素的水平也由一种负反馈系统调节。如果性激素的水平上升得太快，下丘脑和垂体就会减少对性腺的刺激，从而减少性激素的产生和释放。反之，如果性激素的水平降得太低，下丘脑和脑垂体就会增加相应的促性腺释放激素以增加体内的性激素（图9-1）。

性激素并不是只在青春期出现，只是在童年期性激素的整体水平很低。如果把我们体内这套调节激素的系统比作水库的蓄洪设置，就好像我们的基因给这套负反馈系统设置了一个阈限开关。在青春期的时候，下丘脑能够接受的阈限很低，就像正在修建中的水库，此时的蓄水能力设置为预计蓄水能力的20%甚至更低，性激素就像水库里的水一样一直保持在一个很低的水平。而进入青春期

第九章 "少年不识愁滋味"吗?

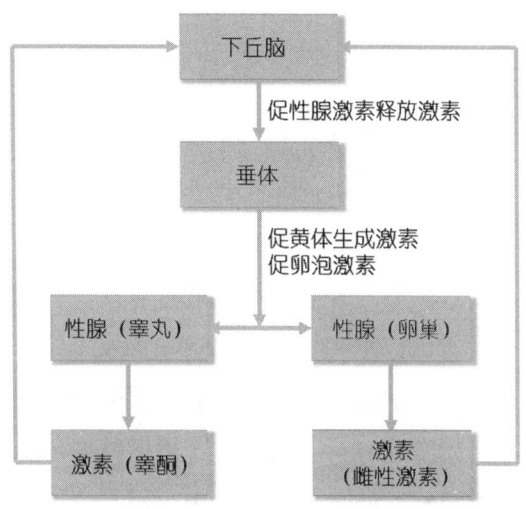

图 9-1 性激素的负反馈系统示意图

以后,这个阈限被大大提高了,就像已经修建完成的水库可以达到 100% 的蓄水容量,于是性激素的水平大幅度上升。

青春期除了性激素快速增长导致的性器官迅速发育成熟以外,我们的身体依然在进一步生长着。垂体释放促性激素来唤起性腺,同时依然尽职尽责地继续释放大量的生长激素,促进骨骼的发育和其他器官的成熟。生长激素既可以直接作用于生长中的各部分器官和组织,也可以通过刺激位于颈部的甲状腺来影响生长。苏斯曼(Elizabeth J. Susman)等人在 2003 年出版的《心理学手册(卷六):发展心理学》(Handbook of Psychology, Volume 6, Developmental Psychology)的第 12 章"青春期、性和健康"里提到,在青春期早期,生长激素只在夜间分泌,但在随后的阶段里也会在白天分泌,通常分泌水平比夜间要低很多。

青少年的身体健康状态和青春期的出现时间有潜在的关联。安德森（Sarah E. Anderson）等人 2003 年的研究发现，儿童在青春期前必须达到临界体重，否则很可能会推迟青春期（尤其是月经初潮）的到来；较重的体重也与发生月经初潮的年龄密切相关。研究者假设，月经初潮的来临可能受与体重相关的体内脂肪比例的影响，也就是说，对于女孩，至少 17% 的体重由脂肪组成才是满足月经初潮的先决条件。虽然这个假设依然在验证中，但已有临床证据显示，厌食症导致的体重剧减的少女和参与一些特定运动（如体操和游泳等）所以需要严格保持较低体脂率的女运动员很可能不来月经；而营养不良的男孩也会出现青春期延期的现象。

青春期的男孩和女孩都会出现大幅度的身高增长；与男孩相比，女孩大约早两年开始出现身高增加（女孩的平均年龄为 9 岁），因此在儿童晚期的时候大多数女孩可能比同龄男孩高。女孩青春期身高增加的高峰大约在 11.5 岁，而男孩是 13.5 岁。对美国青少年的研究显示，在这期间，女孩每年长高大约 9 厘米，男孩每年长高大约 10 厘米。每个人的身高增长情况都不相同，约有 30% 的人在青少年后期的身高和小学时的身高没有必然联系，这说明在这一过程中基因并非决定因素。与此同时，体重的增加与身高的增加趋势一致。除此之外，男孩和女孩的体形也发生着改变，最明显的就是髋部和肩部宽度的变化。女孩髋部宽度的增加受雌性激素的影响，而男孩肩部宽度的增加受雄性激素的影响。

令人颇感兴趣的一个事实是，与压力反应密切相关的下丘脑—

第九章 "少年不识愁滋味"吗?

垂体—肾上腺轴也在青春期的生长发育中起很重要的作用。雄性激素的诞生地点虽然主要是男性的睾丸,但研究发现,肾上腺和女性的卵巢也能够分泌少量的雄性激素。根据苏斯曼等人的看法,青春期的第一部分始于肾上腺的唤醒(肾上腺皮质机能初现),大约在6—9岁。此时肾上腺雄性激素的浓度开始升高,而下丘脑—垂体—性腺轴依然处于沉睡状态。肾上腺雄性激素包括脱氢表雄酮、脱氢表雄酮硫酸盐和雄烯二酮。一般情况下,肾上腺皮质机能初现要早于性腺机能初现大约2年,也就是远在性别分化相关的身体变化出现之前,我们体内的激素水平已经改变。但这种改变对我们造成了什么样的影响,目前还研究甚少。已经有大量证据显示,肾上腺的激素系统和与情绪、压力反应相关的行为有密切关联,这种激素变化是否使我们在儿童晚期就已经发生了情绪和认知行为的改变呢?多恩(Lorah D. Dorn)等人1999年的研究发现,肾上腺皮质机能提前成熟的孩子相比同龄的正常成熟的孩子,有显著的、更多的行为问题和心理病理问题,这也提示我们在研究青春期青少年的心理和行为变化时,应该考虑肾上腺机能的影响。

青春期的第二个组成部分是性腺机能初现,也就是下丘脑—垂体—性腺轴的重新激活。之所以说是重新激活,是因为这个系统早在胎儿和早期婴儿发育过程中就已经被反复激活过。毕竟,作为受精卵阶段生理性别就已经确定的物种,人类的性发育是与生俱来的。研究显示,白人女孩的性腺机能初现年龄为9—10岁,非洲裔美国女孩的年龄为8—9岁,而男孩的年龄为10—11岁。马华梅（Hua-Mei Ma，音译）等人在2009年和2011年发表的研究显示，中国女孩的乳房发育平均年龄为9—10岁，月经初潮的平均年龄为12—13岁，而中国男孩的性腺机能初现平均年龄为10—11岁。虽然学术界普遍认为，青春期应该包括肾上腺皮质机能初现和性腺机能初现，但大多数人还是认为，青春期就是以性腺机能初现为起点的阶段，涉及性成熟和生殖成熟。下丘脑—垂体—性腺的重新激活和身体的成熟会导致第一性征，如睾丸和卵巢的发育，也会导致第二性征，如阴毛、体毛、外生殖器和乳房的生长。这个阶段的标志性变化是女孩的月经初潮和男孩的遗精。

虽然在青春期大多数人经历的都是类似的性别变化，但是青春期的持续时间存在广泛的个体差异。男孩的青春期的开始可能早至10岁或者晚至13.5岁，而结束可能早至13岁或者晚至17岁。这也就是说，很可能一个孩子的青春期发育已经结束，而另一个孩子才刚刚开始。对于女孩，月经初潮的年龄范围更广，为9—15岁。随着健康和营养条件的改善，青春期也有越来越早出现的趋势——现在女孩的月经初潮发生平均年龄已经比一个世纪之前提前1.5—2岁。这也意味着，对于这个阶段的孩子，根本不存在什么年龄应该有什么样的身体变化的普遍模板，相互比较毫无意义。

这一年龄段体内激素的剧烈变化和身体外貌的巨大改变很可能给青春期的孩子带来心理挑战，能否适应这种心理和生理压力也影响他们适应学校生活的能力。了解这些变化的规律，也许能够帮助父母、老师和学生有更好的心理准备。

第九章 "少年不识愁滋味"吗?

颜值究竟有多重要?

对于青春期的男孩和女孩,一个非常重要的心理变化就是每时每刻对自己的身体和外貌的关注。无论对自己的外貌满意与否,青少年都和家里的镜子成为"好朋友"。这种长时间注视镜中的自己大多数时候只是在观察身体的变化,毕竟,青春期身体的变化是日新月异的。

颜值重要吗?某种程度上来说确实如此。我们常常说,这是一个"看脸"的社会,长

图9-2 对着镜子反复检查身体或面孔上的变化是青少年的常见行为

得好看的人在社会竞争中更有优势,我们自己也常常"以貌取人",甚至"以貌取己"。上一章我们已经提到过,在青少年群体中,外貌或身体方面的自尊程度尤其决定了整体的自尊程度。需要说明的是,这种外貌或身体的自尊未必代表绝对的"高颜值"。对一个能够自我接纳的人来说,无论颜值高低,都可以对自己的外表感到满意。所以,从另一个角度去理解,整体自尊高也可能是外貌或身体自尊程度高的一种解释:正因为做到了充分的自我包容和自我接

受，才能够接受与生俱来的一切。外貌是天生的，我们只能选择喜爱还是厌恶这种天生属性（当然，极端情况下整容也是一种选择，虽然它的风险比较高）；学习、成就、社交是可以改变的，我们也可以选择继续努力还是停步不前。但青少年面临比成人更困难的自我接纳——青春期激素的激荡起伏也改变着他们的外貌，他们现在必须重新面对镜子里每天都在改变的自己，他们可能每天都在担心自己外貌的实际变化和自己期待的变化截然不同甚至相反，尤其当他们已经有过高的自我期待的时候。

在桑特洛克主编的《青少年心理学》一书中提到这样一个故事：专栏作家钱鲍伯·格林在芝加哥与青少年在线聊天，发现男孩和女孩互报姓名后问的都是对方的外貌。有意思的是，女孩子往往形容自己有长长的金发，高165厘米，体重50千克。大部分男孩子则说他们有棕色的头发，高182厘米，体重77千克。这似乎体现了这一时期青少年普遍接受的完美外表，也是他们渴望拥有的理想身体意向。

无独有偶，2018年5月4日青年节，由全国学联秘书处指导，腾讯QQ携手《中国青年报》联合发布的《00后画像报告》也在一定程度上揭示了中国青少年的理想身体意向。千禧年出生的中国孩子基本上正处于或刚刚结束青春期，所以按照年龄层、地域抽样的这12705份有效问卷对于活跃在网络上的青少年具有一定的代表性（需要注意的是，QQ平台上的调查在一定程度上减弱了匿名性，这份调查也并非正式科学研究）。在这份报告中，24.4%的受访青少年认为颜值和身材十分重要（"未来希望过

第九章 "少年不识愁滋味"吗?

上怎样的生活?"——"颜值高,身材好。")。排在这个答案之前的分别是"温暖的家庭与知心好友"(61.6%)、"收入丰厚,财务自由"(45.7%)、"考上理想的名牌大学"(32.9%)、"开心最重要"(26.7%)。对颜值和身材的看重也许还与娱乐明星对青少年的重要影响有一定关联——在成长过程中,除了父母、同学/朋友和老师以外,11.9%的受访青少年认为娱乐明星对自己的影响最大,在兴趣爱好的排名上,"明星"也占了首位。中国"00后"青少年的追星原则是"始于颜值,陷于才艺,忠于人品",明星的偶像效应的产生很大程度上是粉丝对于理想自我的一种投射,所以明星的外表在一定程度上代表中国青少年理想的身体意向。只可惜从这份报告中我们无法得到更多信息,尤其是不了解受访者的性别,所以无法判断这种理想身体意向是自己的理想,还是成为自己潜在异性幻想的理想。

幻想一个完美的理想身体是很正常的人类行为,粉丝的英文"fan"一词源自拉丁语"fanaticus",意思是"疯狂但神圣的灵感"。但也有很多心理学家将名人崇拜概念化为一种异常的超社会关系,这种关系由吸收和成瘾的因素驱动,触及心理病理学的边界(Maltby et al., 2003)。不过桑松(Randy A. Sansone)等人(2014)更倾向将名人崇拜视为一种连续现象,范围从正常钦佩一直到心理病例。显然,任何感情过于极端都会走向病态,而对于偶像的病态关注必然会对生活和心理状态造成巨大影响,身体意向会首当其冲。莫尔特比(John Maltby)等人(2010)调查了229名14—16岁的英国青少年,其中女性青少年崇拜名人的倾向越强,她们对自己的身体形象就越不满意。斯瓦米（Viren Swami）等人（2009）和莫尔特比（2011）在各自的两项研究中都得出了同样的结论：无论是女性青少年还是成人，崇拜名人倾向越强，就越容易接受整容手术。当然，名人自己经常做整容手术也可能是粉丝更接受整容手术的原因之一。

在青春期，不论是男性还是女性，自尊水平都有一定程度的下降，这也许和他们对身体、外表的满意程度相关。与男孩相比，青春期的女孩更苛责自己的身体和外貌，普遍有较消极的身体意向（如放大自己认为的缺点），名人崇拜有可能恶化这种趋势。桑特洛克认为，女孩对身体更不满意有可能是因为青春期臀部和大腿周围的脂肪在增加，而男孩对自己的身体更满意可能是因为体内的肌肉量在增加。但归根究底，这种消极的女性身体意向的出现还是跟媒体倡导的"以瘦为美"的舆论导向关系更密切。这种社会审美带来的压力很可能造成一系列问题，如进食障碍，因为强调身体形状和体重就是导致饮食失调的关键（但不一定是唯一因素；Maltby et al., 2010）。

桑特洛克总结了一系列与进食障碍有关的研究成果，列出了下列很有可能发展出进食障碍的青少年群体，总体来说，女性青少年要比男性青少年风险更高，同时她们的如下行为表现也是风险因素：

- ◆ 在青少年早期对自己体形不满意的女孩更可能在两年以后形成进食障碍；
- ◆ 与父母关系差的女孩可能会发展出一年以上的节食行为，

第九章 "少年不识愁滋味"吗?

　　饮食习惯也没有与父母关系好的女孩那么健康;
- 处于青春期转折点并与男友发生亲密性关系的女孩,最可能节食或陷入紊乱的饮食模式;
- 具有强烈的名人崇拜,非常努力地想模仿大众传媒中的女性形象,会导致她们比同伴更关注体重,对自己的体形无法形成正确的认知;
- 有减轻体重的强烈愿望的女孩。

　　需要特别说明的是,这些相关性研究并不能说明满足这些条件的女孩一定会发展出进食障碍。桑特洛克也提出了一个重要的保护因素,那就是认为父母有更健康的饮食习惯并坚持锻炼的青少年,饮食习惯更健康,因为保持更多的自我锻炼所以对身体的满意度也会更高,很少患进食障碍。

　　此外,能量摄入的多少与体形的胖瘦不一定有必然联系(除非能量摄入严重过剩或严重不足)。一般情况下,男性会比女性需要摄入更多的能量,并且有一部分人消耗能量的速度确实比同龄人要快,这也是为什么他们吃得很多,体重却不会严重超标。能量消耗的能力可以用基础代谢率来体现,也就是个体在自然温度环境中和在休息状态及非消化状态下消耗的最低能量数值。基础代谢率会随着年龄的增加或体重的减轻而降低,随着肌肉含量的增加而增加。通常情况下,可以通过一个包含年龄、性别、身高和体重的公式进行间接的估算,准确的测量则需要严格控制的测量环境和精密的仪器。根据联合国粮食及农业组织和世界卫生组织于1981年联合发布的由英国的杜宁(John V. G. A. Durnin)撰写的报告,我们可以清楚地看到基础代谢率在全年龄段的变化（图9-3）。我们的基础代谢率在出生后不久就达到了最高点，然后终其一生都在不断下降，其中男性的平均基础代谢率一直高于女性。

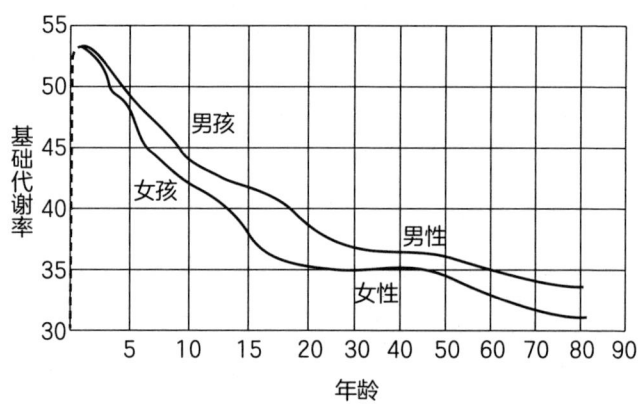

图9-3　基础代谢率随年龄的变化

（图来自杜宁，1981年）

青少年时期对颜值的关注是我们所有人都会经历的过程，无论我们承认与否，这个时期外表的巨大变化逼着我们不得不正视自己的形象。这种关注真的无可厚非，毕竟"爱美之心，人皆有之"。但这个时候的青少年也十分需要成年人的引导，学会不带功利性评价地看待自己身体上的变化，尤其不要被单一的社会审美标准所束缚。"颜值"这个概念本身不应该具有单一的标准，它可以是完美的五官比例和高挑的身材，也可以是健壮的四肢和六块腹肌，还可以是无论在怎样的逆境下都保持自信微笑的富有感染力的积极态度。最重要的是，青少年需要认识到，健康的体魄要高于颜值，或者说健康就等于颜值，而不要把对颜值的偏好变成自己的社会压力

第九章 "少年不识愁滋味"吗?

源。如果一味追求所谓的"社会所认可的颜值"而丢失了健康,那才是后患无穷。

厌食、贪食和肥胖

在青少年群体中,进食障碍对身心健康造成的巨大危害已经越来越引起社会的重视。有两类在青少年阶段比较常见的进食障碍尤其需要注意,即神经性厌食症和神经性贪食症。

神经性厌食症在媒体上的曝光率比较高,可能相对更被人们熟知。这是一种通过忍受饥饿来疯狂追求变瘦的进食障碍,尤其表现为对体重增加的极度恐慌和对体形有严重扭曲的认知(图9-4)。患有神经性厌食症的人常常表现出肉眼可见的严重病态性消瘦。不仅如此,患者甚至会把饥饿感当作一种奖励,坚信越饥饿就越说明自己会瘦下去,这也会导致患者继续拒绝进食,严重情况下甚至会导致死亡。神经性厌食症通常始于青少年早期至中期,往往与生活压力事件有一定联系;女性出现神经性厌食症的比例是

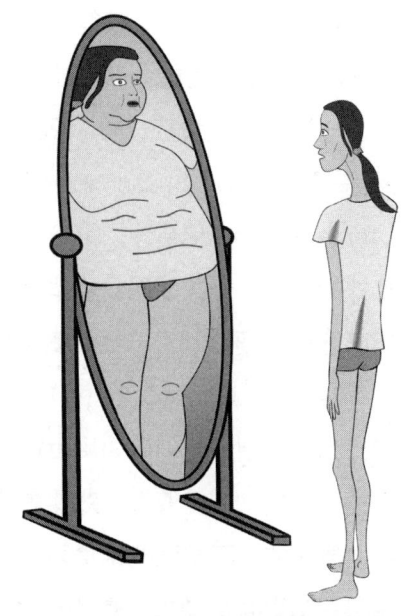

图9-4 神经性厌食症患者对自己的形象有与现实不符的扭曲认识

男性的 10 倍（Walters & Kendler, 1995）。

　　患有神经性贪食症的人则完全不同。他们持续遵循暴食—导泻的饮食模式，通常会吃很多东西，然后通过自我催吐或使用导泻剂来清除食物，这种行为每周至少发生两次并且持续三个月以上。患者往往对发胖有强烈的恐惧，但是并不会拒绝食物；他们常伴随着抑郁或焦虑的情绪，这也许是他们专注于食物的诱因。虽然暴饮暴食，但他们通过导泻严格控制着食物的吸收，因此体重通常在正常范围内，让人难以察觉（Fairburn et al., 1999）。不过，也有一些可以明显注意到的征兆，如丢弃泻药、减肥药、催吐药或利尿剂（减少水分的药物，也称"水丸"）的包装，饭后定期去洗手间，突然吃或购买大量食物，等等。由于呕吐物中有胃酸，经常呕吐后患者牙齿的珐琅质可能会被腐蚀或凹陷。

　　与神经性厌食症一样，90% 的神经性贪食症患者是女性。在诺伦-霍克斯马（Susan Nolen-Hoeksema）主编的《异常心理学》（Abnormal Psychology，第 6 版，2014）中提到了一个并不令人意外的事实，无论是暴食还是厌食，社会"以瘦为美"的审美压力都可能是主要诱因；神经性贪食症患者的自杀率是一般人群的 7.5 倍。菲尔本（Christopher G. Fairburn）等人 1990 年提出了一个认知行为学模型，他们认为暴食行为的出现很可能与暴食—导泻循环有关。首先，低自尊人群对体重和体形的极端顾虑会导致一种严格的、僵化的、不灵活的饮食习惯。这种不切实际的节食甚至断食方法必然难以长久坚持，最终这些人会"滑倒"，轻微违反严格僵化的饮食规则，然后二分法的思维方式让他们给自己的暴饮暴食找到

第九章 "少年不识愁滋味"吗？

了借口："既然无法严格遵守，那就完全打破吧！"但暴饮暴食随后会引发失控感和负罪感，迫使他们进行"自我净化"（如导泻），以抵消暴饮暴食的后果。然后循环往复，最终演变成神经性暴食症。拜恩（Susan M. Byrne）和麦克莱恩（Neil J. McLean）则提出了另外一种认知行为模型，他们认为并不是先暴食，"再净化"，而是先出现了导泻这种行为（如一开始就使用导泻作为控制体重的手段），然后才出现了暴食行为，接着不断循环和恶化。当然，试图用单一的模型去解释所有患者的情况是不合理的，更有可能的情况是，有的患者是暴食—导泻循环，有的患者是导泻—暴食循环，或者有其他的原因。

从社会文化的角度看待神经性厌食症和神经性贪食症，我们都可以发现，"瘦的内部化理想"在其中扮演了重要角色。人们往往很容易先预设并接受一个"理想的自我"，然后再想尽办法去改变自己；坚信只有彻底变成那个"理想自我"，才会受到身边的人以及社会的欢迎。家庭成员、同龄人以及媒体，会进一步强化和扩大现实自我和理想自我的差距，也会进一步增强人们对自己身体的不满，诱发抑郁或焦虑的消极情绪以及厌食和贪食的极端行为。

单一甚至苛刻的社会审美标准甚至可能在无形中增加超重和肥胖的概率。一个永远也不可能达到的"理想自我"必然会伴随着无法摆脱的挫败感和自我厌恶，从而彻底放弃对身体的控制权。当然，肥胖并非完全由进食障碍导致，但不健康的饮食和生活习惯与肥胖的高发息息相关。神经性厌食症和神经性贪食症对于青少年的发育有直接的损害，有着极高的致死率。肥胖则对儿童和青少年造成更长远的威胁，增加了儿童在成年后患心血管疾病的风险（Tirosh et al., 2011）。

2015年6月30日，国务院发布《中国居民营养与慢性病状况报告（2015）》，里面提到，全国18岁及以上成人的超重率为30.1%，肥胖率为11.9%，比2002年上升了7.3和4.8个百分点，6—17岁儿童、青少年的超重率为9.6%，肥胖率为6.4%，比2002年上升了5.1和4.3个百分点。在2013年由美国的吴（Marie Ng）等人发表的对1980—2013年全球儿童和成人超重和肥胖的患病率的调查中，在全球6.71亿肥胖个体中，有超过50%的人居住在10个国家（按肥胖个体的数量排列）：美国、中国、印度、俄罗斯、巴西、墨西哥、埃及、德国、巴基斯坦和印度尼西亚。2013年，美国肥胖人口占全球肥胖人口的13%，中国和印度合计占15%。尽管发展中国家的年龄标准化率总体上低于发达国家，但世界上有62%的肥胖者生活在发展中国家。吴等人还绘制了2—19岁人口全球肥胖患病率分布地图，其中中国儿童、青少年的肥胖率虽然远远比不上美国和北非国家，但患病率依然较高，需要引起重视。

2019年10月，王丽敏团队的论文指出，在2004—2014年的10年间，中国成年人的肥胖率几乎翻了4倍多，从3.3%增长到14.0%（Zhang et al., 2020）。这个肥胖率的计算依据是身体质量指数，即体重（千克）除以身高（米）的平方，国内将身体质量指数超过28千克/平方米认定为肥胖（世界卫生组织的标准略高些，是30千克/平方米）。这篇文章还比较了中国不同省市的

第九章 "少年不识愁滋味"吗?

肥胖率的差异,其中北京男女的普通型肥胖率位居榜首,分别为 26.6% 和 24.9%。论文中还提到另一个指标,即腹型肥胖,指中国成年男性的腰围大于 90 厘米,或成年女性的腰围大于 85 厘米,中国有 31.5% 的人群达到了腹型肥胖。虽然导致肥胖的原因很多,但不够健康的生活作息和饮食习惯往往是主要诱因,而这些因素毫无疑问会对家庭中的儿童产生负面影响。

肥胖儿童身上存在多种心血管危险因素,所有这些因素均对血管内皮的功能产生负面影响,导致动脉粥样硬化等内皮功能障碍的出现。在图 9-5 中,左侧总结了可影响肥胖儿童血管内皮功能的心血管危险因素,右侧显示了评估大血管和微血管内皮功能障碍的非侵入性技术。在诸多心血管危险因素中,心理因素主要指心理社会困扰,尤其是愤怒、抑郁和焦虑这些消极情绪。值得注意的是,低心肺适应性和缺乏运动能力都是心血管发病率和死亡率的独立预测

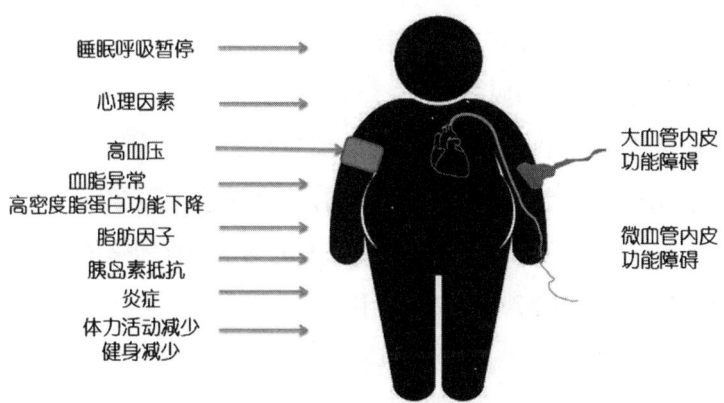

图 9-5 与儿童肥胖相关的内皮功能障碍的决定因素

[图来自布鲁因登克斯(Luc Bruyndonckx)等人,2016 年]

因子。虽然世界卫生组织建议青少年保持每天至少60分钟的体育锻炼，但在拉德克（Thomas Radtke）等人2012年的调查中，只有16%的青少年进行了足够的体育锻炼。

无论是厌食带来的极端消瘦，还是贪食带来的消化系统紊乱，抑或肥胖带来的心血管隐患，都是儿童、青少年不应该承受的痛苦，家庭、学校和社会负有不可推卸的责任。在家庭层面，家长应该以身作则地保持规律和健康的生活，带领孩子从小养成锻炼或健身的习惯，以及培养孩子自信的性格和自我接纳的人生态度。在学校层面，应该制度性地保障孩子有足够和适量的锻炼，降低老师、同学以貌取人的倾向，杜绝外貌歧视和欺凌现象。社会层面的改变则更重要，因为社会的取向最终决定了家庭和学校的取向，所以创造一个推崇身体健康的多元化审美环境至关重要。明星的外貌和体形不应该趋同，而应该鼓励个性化的发展，保障各种外貌和体形的健康名人形象都有足够的曝光度，便于青少年找到与自己的现实形象贴近的理想形象，而不是被禁锢在所谓的"网红锥子脸"和"A4腰"的单一、刻板审美中，迷失了自我。

需要强调的是，体育锻炼的重要性不仅仅体现在身体的健康上，还体现在它能缓冲青少年的压力体验，有助于提高青少年的心理健康和生活满意度上。桑特洛克在他的书里同样列举了根据以往研究总结出的体育锻炼的积极作用：

- ◆ 压力事件对女性青少年的健康造成的负面影响随着运动水平的提高而减少；
- ◆ 经常锻炼的青少年能够更有效地应对压力，具有更积极的

第九章 "少年不识愁滋味"吗？

自我认同；
- 经常运动的高中毕业班学生学业成绩更好，更少使用药物，更少有抑郁情绪，与家长的关系更好；
- 经常锻炼的青少年有更高的生活满意度。

其实，能够坚持体育锻炼这件事本身已经与很多积极的生活因素有关联了，如较强的自控能力、较好的时间管理能力、较稳定的生活作息，保有体育锻炼习惯的人也会更关注身体的健康状态，更注意饮食，自然也会有更强的应对压力的能力和更积极的自我评价。

没错，生命在于运动！

前额叶的战争

我们的大脑由大约 10 亿个神经元（也就是发挥主要作用的神经细胞）组成，除此之外还有数量更多的起支撑等作用的神经胶质细胞。一个典型的神经元长得就像一只有一头"秀发"的小蝌蚪，那圆圆的大脑袋就是细胞体，四散飘逸的"秀发"叫作"树突"，长长的"尾巴"则是轴突。在轴突的尾部（也就是"尾巴尖"）又分出很多细小的突触。每一个神经元轴突末端的突触和另一个神经元的树突相连，构成错综复杂的神经网络，我们的感觉系统（视觉、听觉、触觉等）从外部世界接受各种信息，就是通过这些纵横交错的神经网络在身体内和大脑中传递的（图 9-6）。

费弗鲍姆（Adolf Pfefferbaum）等人 1994 年的研究发现，青

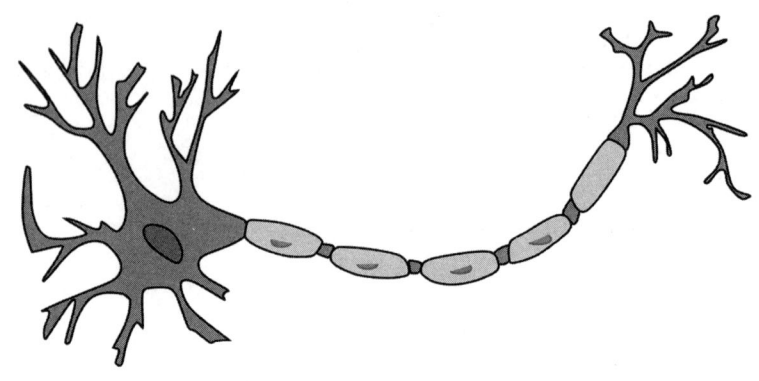

图 9-6 神经元和突触

少年大脑中的神经元和树突没有太大的变化，轴突却在不断发育，尤其是包裹轴突、增加信息传递效率的髓鞘在不断增加。在前面的章节里我们已经提过，儿童大脑中会发生一种"使用它或失去它"的大脑剪切过程，根据孩子实际经历的需要，一些突触会增强并保持完整，而那些被认为"用不到"的突触会逐渐消失，以分配能量给其他"被需要"的突触。虽然负责不同功能的突触的修剪时间略有不同，但第一个修剪高峰期都在 1—3 岁。3—11 岁时，突触依然受生活经历的影响而改变，但进入青春期之后，大脑中的突触又开始经历修剪过程，直到成年（图 9-7）。负责高级思维、决策和自我控制的前额叶，在青春期经历了最剧烈的改变。

使用功能性磁共振成像技术，心理学家和神经生物学家进一步揭示了青春期前额叶的解剖结构变化。图 9-8 为 5—20 岁之间大脑皮层灰质（主要是树突和细胞体，即接收信息并作出反应的区

第九章 "少年不识愁滋味"吗?

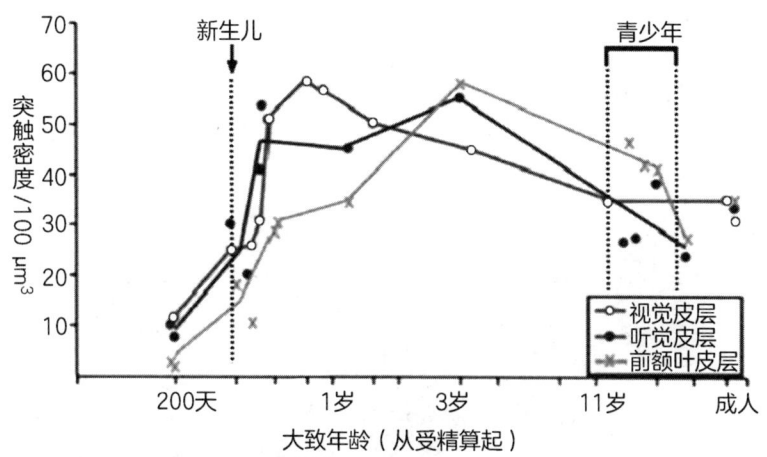

图 9-7 成年之前不同大脑区域的突触发育过程

[图来自斯蒂尔斯(Joan Stiles)和杰尼根(Terry L. Jernigan), 2010 年]

域)体积的变化情况,我们可以看到,与成人相比,未成年人大脑皮层灰质变化最明显的时期就是青春期(第四个和第五个大脑图像),而在大部分大脑区域,相对较晚成熟的是前额叶(即大脑最前端的区域)。这部分脑区主要参与控制冲动、进行决策和判断,由于它成熟较晚,关于青少年是否有足够能力控制自己的行为的争论也往往围绕这个神经生物学事实而展开。

凯西(B. J. Casey)等人 2008 年认为,不应该只考虑前额叶的功能,还应该结合整个发育过程中各个功能脑区的发展情况,综合看待青春期大脑所经历的动荡。他们提出了一种神经生物学模型,综合考虑了大脑中从下而上的边缘系统(包括杏仁核等情绪控制系统,针对环境中的刺激快速作出反应)和从上而下的前额叶系统(控制和调节从下而上的系统,根据内在的目标作出反应)。如

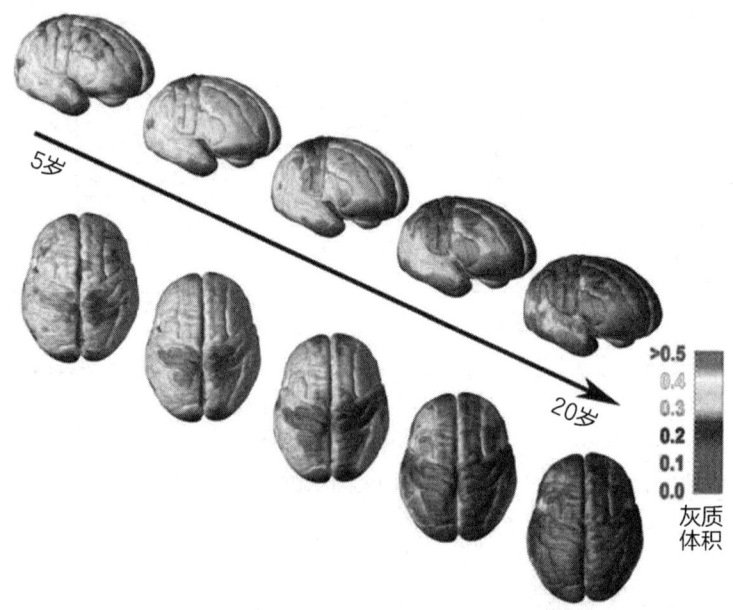

图 9-8　5—20 岁大脑皮层灰质体积的成熟动态过程
[图来自伦特（Rhoshel K. Lenroot）和吉德（Jay N. Giedd），2006 年]

图 9-9 所示，边缘系统比前额叶更早发展和成熟；与仍处于发育状态的儿童以及已经发育成熟的成年人相比，青少年的前额叶还没有成熟到可以完全控制大局，所以只能放任更成熟的边缘系统作出更冲动和情绪化的判断。

尼尔森（Charles Nelson）等人 2007 年在著作《认知发展的神经基础》（Neural Bases of Cognitive Development）中的解释更形象：虽然青少年已经具备了一定的情感控制能力，但他们的前额叶还没有成熟到拥有完善的控制权，这就好像他们的大脑中缺少了一道拦截情绪之河的堤坝。"就好比一个技术不熟练的司机过早地

第九章 "少年不识愁滋味"吗?

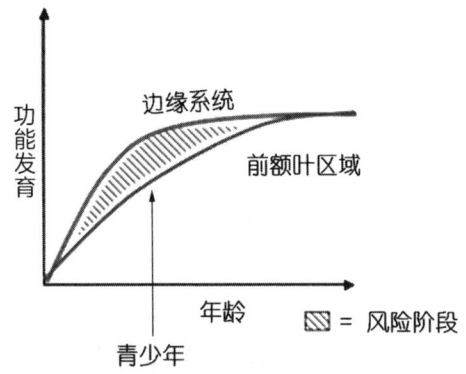

图 9-9 从大脑功能发育的角度探讨青少年的冒险行为
(图来自凯西,2008 年)

发动了一台具备涡轮增压发动机的汽车,他的认知能力不足以控制这样强烈的情感和刺激。"

斯滕伯格(Laurence Steinberg)认为,边缘系统中负责奖励和愉悦的区域也对青少年较差的自控能力负有责任。边缘系统在青春期发生的改变会激发青少年探索新事物的好奇心,他们需要更高水平的刺激来体验乐趣,所以冒险行为在青少年群体中很受欢迎,而发育相对缓慢的前额叶无法保证青少年拥有足够的认知能力来理解这些冒险行为背后的危险,也无法控制这些享乐行为(Steinberg,2004)。

虽然神经生物学模型可以帮助我们了解青少年是否从生理上已经具备了推理、理解和控制自己行为的足够能力,但我们同时需要认识到,大脑的功能并不仅仅由解剖基础决定,生活经历、教育、知识水平、文化信念等多种因素也对大脑的功能有重要的塑造作用。我们也不能忘记,很多时候前额叶能否控制其他大脑区域的活动，更大程度上取决于我们的个人意愿——我们是否愿意主动控制，还是宁肯从"前额叶"这个司令官的手里夺走兵权，放任大脑其他区域任性妄为？

或许斯滕伯格 2008 年的解释更全面和客观。他认为，现实世界中的冒险行为是逻辑推理和社会心理因素的产物。虽然青少年的逻辑推理能力在大约 15 岁已经得到了比较完全的发展，但社会心理能力依然在发展过程中，直到成年早期才有可能发展成熟。社会心理能力并不完全等同于前额叶的能力，它要在不断的社会适应和人际交往中发展和成熟，但这种能力可以改善决策的指定，培养年轻人适度承担风险的能力——除了冲动控制和情绪调节以外，还包括延迟满足的能力（如忍住眼前的诱惑，耐心等待将来更大的利益）和抵抗同伴影响的能力等。起到决定作用的实际上是这种社会心理能力，而青春期这种能力的不成熟可能会破坏原本可以胜任的决策。换言之，青少年与成年人一样具有足够胜任的决策能力，前提是不成熟的社会心理能力不会拖了逻辑推理能力的后腿（图 9-10）。

怎样才能将青少年不成熟的心理社会能力的影响降低到最低呢？显然，对于自律能力本来就低的青少年，靠他们自己自律是不现实的。斯滕伯格认为，应该从制度和社会层面加以规范和帮助。无须苦口婆心地教育青少年，劝诫他们更聪明、少冲动，不要目光短浅，"那些诸如提高香烟的价格，更谨慎地实施相关法律来管理酒精的出售，扩大心理健康和避孕服务的准入范围，提高驾驶年龄之类的策略，可能会更有效地限制青少年吸烟、药物滥用和预防自

第九章 "少年不识愁滋味"吗?

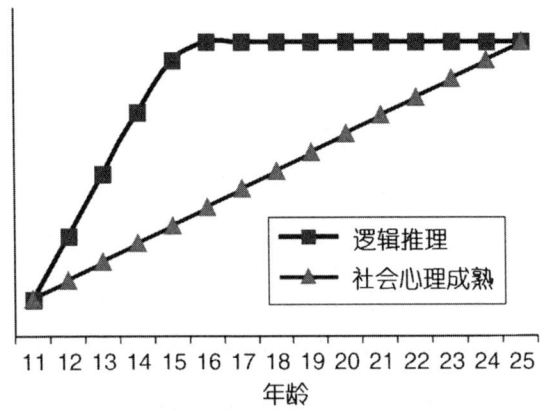

图 9-10　逻辑推理能力与社会心理成熟度发展的假想图
（图来自斯滕伯格，2009 年）

杀、怀孕和交通死亡事故。有些东西需要时间来发展，作出成熟判断的能力可能是其中之一。"

理想与现实的交锋

华人导演李安 2012 年执导的电影《少年派的奇幻漂流》(Life of Pi) 中有一句发人深省的台词："如果我们在人生中体验的每一次转变都让我们在生活中走得更远，那么我们就真正地体验到了生活想让我们体验的东西。"16 岁的印度少年派在瑰丽的大海中所经历的不仅仅是一场残酷而奇幻的肉体历练，更是一段与自我化身成的猛虎不断抗争，最终坦然接受彼此的精神之旅。

当然，我们不是少年派，不需要到遥远的大海上追寻自我。但青春期的自我发展和自我认识之旅同样惊心动魄，精彩纷呈。青春期的孩子不但因探索新事物的冲动而激发冒险行为，更被探索内在和本质所驱动，希望理解自己是谁，想去证明自己有多么与众不同。同时，青少年的社会化程度更高，理解和认识世界的动机和能力也更强，因此，青少年时期的自我理解也是一个社会认知建构过程。相比儿童，青少年的自我理解更复杂。

皮亚杰（Jean Piaget）是近代最有名的发展心理学家，他认为儿童和青少年通过两个不同的学习过程来组织和解释信息。如果我们只是简单地把新信息纳入已有的知识体系中，就像从无到有地盖房子，这种过程叫"同化"。无论我们塞多少新知识到大脑里，都不会改变原有的知识体系。儿童常常使用同化的学习过程。而到了青少年阶段，我们开始意识到，新的知识很可能与我们原本的知识体系矛盾，或者因为新知识的复杂性提高，我们需要改变一些固有的思维方式才能够将这些新知识保存下来，这就是"顺应"，就像我们不断装修和美化自己的房间。在顺应的过程中，青少年有时候会经历认知冲突，知识天平会不断倾斜，而他们也在试图用各种方法找到问题的答案，让天平恢复平衡，这就是皮亚杰提出的平衡理论。如当儿童看到原有瓶子里的液体被倒入一个形状不同的容器后水平面升高，他们可能会认为容器里的水增加了；年长一些的儿童或青少年就能够意识到这种假设不合理，并积极寻找可能的答案，解决这种认知不一致问题。

皮亚杰因此提出了著名的认知发展阶段理论，他将儿童、青少年阶段划分为四个认知发展阶段：

第一，感知运动阶段，即出生到2岁。此阶段婴幼儿通过感知

第九章 "少年不识愁滋味"吗?

觉和身体动作探索世界,对世界的理解也基于这种比较原始和本能的互动方式。

第二,前运算阶段,即 2—7 岁。此阶段儿童开始使用语言、图画和脑海中产生的重新构建的想象事物(心理表象)来理解世界。

第三,具体运算阶段,即 7—11 岁。此阶段儿童开始对比较具体的实践进行逻辑推理,能够将不同的事物按照一定的逻辑属性分类。

第四,形式运算阶段,即 11—15 岁。形式运算和具体运算最大的区别就是,青少年开始尝试解决纯粹假设的、抽象的问题,试图对它们进行逻辑推理。青少年的逻辑思考开始更上一个层面,即他们会开始思考思维本身,心理学将这种关于认知的认知称为"元认知"。如儿童时代开始思考"我是谁"这个问题十分常见,但很可能直到青少年时期,我们才会关心"我为什么想知道我是谁",或者更进一步,"为什么我会纠结于我为什么想知道我是谁这个问题"。皮亚杰认为,除了抽象化以外,青少年的思维也更理想化,他们会习惯用理想的标准去衡量自己和他人。拉普斯利(Daniel K. Lapsley)等人 1990 年认为,形式运算阶段应该分为早期和晚期,青少年习惯在早期使用同化的思维风格,理想化地认为外界环境应该顺应自己的世界观;到了晚期则习惯使用顺应的思维风格,即他们学会了与现实妥协,修改自己的世界观以顺应现实的变化。

事实上,由于青少年认知发展的复杂性和形式运算思维能力本身的复杂性,单纯地认为所有青少年的发展轨迹相同是没有意义的。皮亚杰也在 1972 年的时候修正了自己的观点,认为直到青少年晚期甚至成年早期（15—20岁），人们才能完全达到形式运算思维水平。我们现在已经知道，这种能力出现的早晚和水平的高低也是因人而异的。

当我们认识了青少年认知发展的这些特点，很可能得出一个结论：青少年的思维方式已经接近成人，它既不像儿童的思维方式那样稚嫩可笑，又比成人的思维更纯粹和理想化。这种纯粹和理想化正是很多成人回溯青春时代时不禁感慨万千的。怀才不遇的唐代诗人李贺的那一句"少年心事当拏云，谁念幽寒坐呜呃"之所以成为千古绝唱，正是因为那种扫净阴霾的壮志凌云之气。只是，如果从发展的角度来看，这种令人追念的、只属于青少年的理想主义只是认知发展的一个阶段，并且是一个尚未成熟和充满矛盾的发展阶段。

与理想主义相对的，就是成人中普遍存在的现实主义和实用主义思维。理想主义随着社会适应的要求和工作压力的增加而不断减弱，似乎是一个令人遗憾的现实。毕竟，每个人都有完全不同的理想，而社会本身不可能满足所有人的理想，于是就在理想和现实的不断碰撞当中，我们的理想逐渐失去了棱角。但这并非令人痛心的倒退。首先，青少年时期的理想未必基于对自身的足够了解，未必与自己的能力匹配——如果理想不能够基于现实，它在更大程度上就只能被称为"幻想"。其次，现实主义和实用主义并非对现实的彻底妥协，而是在不断适应现实生活的过程中更了解自己的能力上限，更明确自己的目标和需求，于是调整和修改理想，让它变得更适合自己，也更可能实现。因此，我们能够在多大程度上保留我们

第九章 "少年不识愁滋味"吗？

青少年时期的理想，也同样取决于这个理想诞生时我们对自己的了解程度，以及成年之后我们的能力提升和适应社会的程度。

我们怎样才能知道自己能力的上限？在著名的苏联教育心理学家维果斯基（Lev Vygotsky）看来，除了我们自己不断学习知识和技能，不断参与解决复杂问题以挑战自我外，更重要的是得到有能力的指导者的帮助。维果斯基提出最近发展区的概念，将学习者的学习能力划分了大致范围（Vygotsky，1962）。这种学习能力的下限是青少年自己独立解决问题的水平，代表个人的能力；而上限是在成人或更有能力的同伴或同伴群体的指导和帮助下能够解决问题的能力，换言之就是能够调动有帮助的社会资源的能力，但这非个人能够完全控制的。

除了欠缺现实主义的思考方式，教育心理学家威廉·G. 佩里（William G. Perry）1970 年提出，青少年习惯使用绝对化和二元化的思维方式，即凡事非对即错，非好即坏，直到接触到不同身份和背景的人，了解多元化的观点和视角之后，他们才能够逐渐摆脱这种绝对化思维，采取反思式和相对性思维模式。津巴多（Philip George Zimbardo）在其参与主编的《津巴多普通心理学（第七版）》（2016）一书中提到，很多美国心理学家认为，这种思维方式的正式改变主要发生在大学本科期间，因为高中阶段学生的文化背景、家庭背景、思维方式都相对接近，到了大学之后才开始接触到文化、家庭背景、思维方式甚至语言都完全不同的同龄人和师长，这能够帮助他们更快地形成多元化和相对性思维模式。

桑特洛克在书里还总结了青少年有别于成人的其他几种形式的

思维，即有些发展教育心理学家提出的后形式思维，如成人会更擅长于将真理理解为一种暂时性、会不断发展和变化的知识；会认识到解决问题的答案是会随着情境的改变而变化的，需要审时度势；会认识到情感和主观因素可以影响思维，尽量不要感情用事；会更擅长归纳推理和演绎推理，即从具体到一般和从一般到具体的逻辑推理过程。

相对成人，青少年的批判性思维能力更容易出现自我服务偏差，即只有在观点与自我利益矛盾时才会主动挑战这些观点的权威性，而非基于客观推理——只有在儿童期获得扎实的文字和数学等方面的基本技能才有可能形成成熟的批判性思维；青少年的创造性思维能力，如聚合思维（唯一答案）和发散思维（举一反三），也在青少年时期得到了很大的发展。

只有当我们理解了青少年阶段独特的思考模式，我们才能理解青少年时期在自我理解和自我认知方面存在的混乱和挑战。埃尔金德（David Elkind）1967年指出，青少年往往有高涨的自我意识和自我中心主义，从儿童时期受父母的管制和被父母呵护，到青少年时期羽翼渐丰，跃跃欲试地准备走出父母的庇护，他们认为世界就是展示自己的舞台，自己就是舞台上的主角。我们每个人一开始可能也坚信这一点，直到我们发现其他同龄人同样认为他们才是主角。发现自己并不是世界的中心，或者说发现没有人能够让世界围着自己转，这种失望也许是每个人都会经历的青春期的小插曲。

正是在这样的自我认知的进化中，青少年不得不继续改进他们

第九章 "少年不识愁滋味"吗?

的观点采择的能力。在前几章里我们已经提到过塞尔曼的观点采择能力发展理论:10—12岁的青少年常常采用相互性观点采择,青少年认识到自己和他人能够同时将彼此作为各自观点采择的对象,能够从第三者角度观察两个人的交流和沟通。12—15岁的青少年常常采取社会和习俗系统的观点采择,认识到社会习俗是必须考虑的一个环节,而群体中所有成员都受社会习俗的影响。这种观点采择能力与他们思维能力的发展是一致的。

同样,青少年对自我的理解也充满了理想主义。相比儿童,他们可以用更抽象的概念来形容自己,如坚强、软弱、敏感、关心他人等。青少年也能够区分真实的自我和理想的自我,明白两者有差距,这不仅仅体现在外貌和体形上,理想化的自我也包括理想化的人格——一个害羞的、社交退缩的孩子可能理想化地构想出一个英雄式自我。由于情境化思维方式出现,青少年逐渐认识到,自己在不同的情境下可能会有不相同的表现,这就是自我理解的分化和变化的自我。桑特洛克认为,大多数情况下,青少年的自我都处于不稳定的状态,直到青少年晚期或成年初期才有可能形成较为统一的自我理论。实际上,从出生到成年,我们的自我认知都在不断地发展和完善,不断受到社会环境的冲击和塑造,但直到进入青春期,我们才拥有足够的认知能力去看到这种多样化和矛盾的自我。同时,天生的好奇心和冒险精神在激励青春期的我们不断去尝试新的事物,尝试模仿和学习身边的人,尝试各种不同的自我风格。我们很可能非常崇拜某一位家庭成员(如父母)、老师或优秀的同龄人,或者非常崇拜某位偶像,于是希望从各方面向这个榜样或多个榜样靠拢；或者因为讨厌某些人而努力避免自己成为他们的样子；也有可能突然因为某些事而改变这些喜好，崇拜的榜样变成路人，讨厌的人反而成为偶像。青少年拥有这样不断摸索真实自我和理想自我的奢侈，但这也意味着青少年的自我是动荡而矛盾的，他们或许会基于自己和他人的意志不断地调整自我的表现和对自我的期望，如果缺乏恰当的外界引导，他们很有可能在这种混乱中感受到巨大的压力和困惑。

完成属于自己的人生拼图

尝试从父母的护佑下逃离的青少年也开始寻找家庭之外的归属感。他们可能会格外依赖一些同龄人的小团体，也许是班级的同学，也许是他们渴望和崇拜的高年级学长、学姐，也许是拥有同一个明星偶像的粉丝团体。对于在信息时代成长起来的青少年，后者很可能对他们有更不可忽视的影响力。卢布（Diane N. Ruble）等人 1980 年也提出，青少年已经发展出用社会比较来评价自身的倾向，虽然对独立性和主角地位的渴求让他们耻于承认这种倾向。社会比较本身有利有弊。具有较高社会比较频率的人倾向接受他人的观点和想法，愿意在认知建构的过程中花费更多时间去考虑他人的影响；但同时，较高的社会比较频率会让人更容易承受他人的社会地位、思考方式、成就等带来的负面影响，产生挫败感，如学业自卑感，幸福感、生活满意度和自尊的低下，社交焦虑等与社会压力密切相关的消极因素都可能与社会比较有关（Vogel et al., 2014;

第九章 "少年不识愁滋味"吗？

Miao et al., 2018）。对青少年学生群体的研究揭示了一种跨文化的大鱼小池效应，即进入高能力水平学校或班级的学生，其学业自我概念反而比进入低能力水平学校或班级的学生更低，这也许能够解释中国"宁做鸡头，不做凤尾"的古话（李振兴，等，2013）。大鱼小池效应也印证了高压环境和社会比较对青少年自我概念形成的消极作用，事实上，无论是"凤头"还是"凤尾"，在一个高手云集的环境里都会感受到巨大的压力——无论是往前追赶的艰辛，还是不愿落后的恐惧，都是不好受的。

在这样的压力下，来自长辈的引导和支持对于青少年自我概念的良好发展和形成有至关重要的作用。中国的田璐梅（Lumei Tian，音译）等人 2018 年调查了 304 名中国青少年的自尊、心理韧性和他们与父母的关系之后发现，自尊水平在父母支持和青少年应对压力的韧性中间起中介作用，三个因素环环相扣，缺一不可。父母的支持越高，青少年的自尊就越高；父母的支持也是青少年自尊的基本动力和来源。在这个研究中，并没有严格细化父母的支持有哪些具体的行为表现，但是我们不难推断出，这种支持应该体现在对社会比较的弱化上——虽然中国的父母一向以喜欢在自己孩子面前称赞"别人家的孩子"而出名。

虽然普遍认为自尊是一种整体自我评价，而自我概念是对自我的某些特殊方面的评价，但实际上，很多心理学家并不将青少年的自尊和自我概念作明显区分。除了来自父母的支持以外，桑特洛克认为，来自任何值得青少年信任的人的情感支持和社会赞许都能够有效地提高自尊。培养青少年的成就动机和成就感，帮助青少年积极面对问题,提高应对压力的能力,也十分重要。最后,如果青少年出现低自尊的情况,应该设法帮助他们找到低自尊的原因和对自己有重要意义的能力及长处。

当青少年顺利将多个混乱甚至矛盾的自我整合到一起,实现了自我理解的同一性和自我概念的同一性时,青少年期就算圆满落幕了——这正是发展心理学家埃里克森的观点。我们在前几章已经提到过其著名的儿童心理社会发展理论,他将人类一生的发展分为八个主要阶段,其中第一个阶段发生在婴儿期,婴儿时代亟须解决的问题是基本的信任和基本的不信任之间的冲突。而第五个发展阶段就发生在青少年期,主要矛盾是同一性对同一性混乱的难题。埃里克森把这个青少年不断尝试新的自我定义,不断探索不同的人格和角色的阶段叫作"心理社会延缓期",它是我们在踏入成人社会之前最后的任性期。埃里克森同时提出,自我同一性是一个相对复杂的概念,包括人在各种生理、心理、社会层面的自我界定和自我画像,它们构成自我这幅大拼图的每一个碎片。这些碎片有:

- ◆ 职业/工作同一性:职业理想和职业规划。
- ◆ 信仰/宗教同一性:精神信仰。
- ◆ 亲密关系同一性:单身、结婚、离异还是同居。
- ◆ 成就同一性:想要获得成就的动机程度。
- ◆ 智力同一性:智力的高低。
- ◆ 性同一性:异性恋、同性恋还是双性恋。
- ◆ 文化/种族认同:家乡、民族、国籍和对各种不同文化传统的认同的强烈程度。

第九章 "少年不识愁滋味"吗?

◆ 兴趣:喜欢的运动、音乐或其他爱好等。
◆ 人格:自己的人格特征,如内向/外向、情绪化程度、开放程度等。
◆ 身体同一性:自己的身体意向。
……

对于我们每个人,像这样的碎片有无数个,它们分别代表了构成我们这个复杂个体的各种生理、心理、社会元素。只有当我们对这些构成自我的元素不再感到困惑和迷茫,我们才真正解决了自我同一性的问题。而埃里克森认为,只有在迈进成人社会之前解决了自我同一性的问题,我们才能够心无旁骛地投身生活和工作,才不会在原本应该好好享受生活、创造生活的时候,依然纠结于自己到底是谁。

玛西亚(James E. Marcia)在1980年提出,同一性的发展是一个贯穿所有人整个人生阶段的过程,它随着我们自我意识的萌芽而产生和发展,又随着人生走向终点时的回顾和总结而结束。青少年期只是同一性发展所经历的一个重要阶段——在这个阶段,我们第一次拥有了足够的知识和能力去理解和发展复杂及多重的自我,但是同一性危机的问题不会随着青春期的结束而结束。事实上,在我们成年之后的很多时候,我们可能都必须重新审视自己的生活、社会地位和内心,灵活地依据社会适应的需要对自我同一性进行重组。

玛西亚也认为,同一性并不是一个简单的"全或无"的存在,他尝试从行为探索和承诺这两个维度去描述青少年所处的同一性状态（表 9-1）。行为探索指在多个有意义的人生选择中积极地选择和尝试，承诺指人们为这件事要付出的个人投入。理想情况下，如果一个人已经进行过积极的探索，并且作出了承诺，他就处于同一性获得的状态；极端情况下，如果一个人既没有进行积极的探索，也没有作出承诺，他就处于同一性弥散的状态。但是青少年很有可能处于另外两种状态：假如他没有思考过自己的人生有哪些选择，也没有去积极探索，而是遵照父母或他人的意愿确定了自己的人生目标，作出了承诺，这就是同一性早闭的状态；而对于大部分青少年，青春期和成年早期都在不断探索和选择，没必要过早地作出承诺，这就是同一性延缓的状态。我们的青春期可能都始于同一性弥散，然后根据各自不同的人生轨迹和道路选择进入不同的状态。这些状态没有绝对的利弊，对自己和人生的承诺也不在乎早晚，只要人们在作出决定之前依然在进行积极的探索并且不会被困惑和迷茫拖慢了脚步。

表 9-1　统一性的四种状态

同一性的四种状态		是否已经作出了承诺？	
		是	否
对涉及同一性问题的多个可能的选择进行过有意义的探索吗？	是	同一性获得	同一性延缓
	否	同一性早闭	同一性弥散

对于我们每个人，追寻自我都是一生中永恒不变的主题。生命不息，追寻不止。即使对于受过专业训练的心理学家，就算有心理学大家一百多年来建立的无数科学理论为工具，也很难夸下海口说

第九章 "少年不识愁滋味"吗？

已经完全了解了自己。认识自己本来就是一个主观的过程，也势必受各种主观因素的影响，更何况"当局者迷"。

自我本身从来都不曾有过一个永恒不变的答案。不仅仅是有关自我的答案随着我们的成长而变化着，关于自我的疑问也在随着我们知识水平和经历的增加而不断改变。我们可以无限接近真相，但我们永远不可能将真相抓在手中。我到底是一个柔软、细腻的人，还是一个坚强、决绝的人？为什么我有时候泪点很低，有时候又会铁石心肠？我从小的理想都是成为一个演员，为什么现在却当了一名医生？我还没有来得及好好享受只属于自己的空间和独立，为什么突然就为人父母了？为什么我一个人独处的时候总是信心满满，到了工作环境里却倍感压力和挫折？为什么我永远没有满足感？……这样的问题无穷无尽。

成人的这些常见的困惑和迷茫，往往最终都能够归结为对自我本身的困惑。因为缺少对自己真实性情和真实欲望的了解，我们往往在还没有思考每个人生选择对自己的重要影响之前，就已经作出了决定。或者，终其一生，我们都没能够作出令自己满意的选择。尤其是在生命的早期，我们的教育并不曾教会我们如何直面自己的内心，如何解读自己的内心，如何作出属于自己的选择和承诺，如何勇敢地为这些选择承担责任。我们往往需要在进入社会之后，在社会压力和生存竞争中摸爬滚打，才能被迫正视真正的自我。或者当我们被挫折和压力压垮了心灵，不得不去寻求专业的心理帮助时，才能在心理咨询师的帮助下重新审视自我，理解自我，接纳自我。

假如我们都能够像埃里克森所期望的那样，在青少年时代就已经建立一个明确的自我，获得了自我的同一性，即使之后在人生道路上需要不断修改自我同一性，也至少有了明确的参照物，不需要再反复在虚无中寻觅自我，这样的我们能否在漫长的成年生涯中有更少的压力，获得更多的快乐？

就像《爱丽丝梦游仙境》里爱丽丝和柴郡猫的对话：

我应该走哪一条路？

你想到哪里去？

我不知道。

那你怎么走都是一样。

但是无须恐慌。

英国诗人萨松（Siegfried Sassoon）在代表作《于我，过去，现在以及未来》(In Me, Past, Present, Future Meet) 里说："心有

图9-11　心有猛虎，细嗅蔷薇

猛虎，细嗅蔷薇。审视我的内心吧，亲爱的朋友，你应颤栗，因为那才是你本来的面目。"萨松望向自己的内心，他坦然接受了内心居住的猛虎，也认识到了猛虎隐藏的柔情。我们不需要惧怕自我的矛盾，我们只需要记住，那就是我们应该努力拥抱的真实。

道德两难：药神有没有错？

2018 年，《我不是药神》创造了现实主义题材国产电影的票房奇迹，也引起社交媒体上广泛的讨论：穷人买不起昂贵的抗癌药，只能求助于贩卖价格低廉的仿制药的药贩子，这样做是对是错？有人认为，穷人也有生存的权利，药厂的药物定价太高，购买仿制药是他们唯一的生路；也有人认为，药物定价高是因为制药成本本来就高，鼓励或者默许仿制药只会扼杀药厂研制新药的动力，长久来看，反而会让更多人受害。

这是一个典型的道德两难问题，每个人都有自己的立场和出发点，所以根本不存在唯一的标准答案。人们作出怎样的选择并没有太大的意义，重要的是人们为什么会这么选择。促使人们作出选择的正是人们的道德观、价值观、公平感、正义感，这也可以看作人们的处事标准，尤其是选择以什么样的方式生活在社会中，与社会中各色人如何相处。事实上，我们经常发现身边人的想法、思考方式和我们截然不同，用一句网络流行的话来说，常常"三观碎了一地"。人际冲突中最常见的就是这种所谓的"三观不同"，但要完全理解别人的"三观"确实不是一件容易的事情。

1958年,科尔伯格(Lawrence Kohlberg)曾经进行了一个著名的实验。

有一个叫海因茨的男人,他的妻子患有一种罕见的癌症,行将就木,医生说有一种新药也许能够拯救她的性命。新药的研发者是一位当地的药剂师,海因茨苦苦哀求药剂师把药卖给他,但是药剂师给出制药成本10倍以上的要价,这远远超出海因茨所能承受的价格。海因茨在家庭和朋友的帮助下只筹集到一半的钱,他恳求药剂师能够体恤他垂死的妻子,将价格降低或者允许他先带着药去救妻子,以后再偿还剩下的药款。药剂师不假思索地拒绝了他,他认为自己发明这种药剂也很不容易,正指望着靠药剂卖大钱。这位绝望的丈夫最终决定不惜一切代价拯救自己的妻子,在当天夜里闯入了药剂师家里,偷走了药剂。你觉得海因茨偷药的行为是错误的吗?为什么?

这就是有名的"海因茨困境"。科尔伯格对72名10—16岁的男孩讲述了这个问题(以及另外9个类似的道德两难问题),并在接近2小时的访谈中向他们提出了一系列问题,如海因茨是否应该偷药?如果海因茨并不爱他的妻子,故事的结局是否会改变?如果垂死的是一个陌生人,故事的结局是否会改变?如果海因茨的妻子病死了,警察是否应该因为谋杀罪逮捕这名药剂师?这些孩子在随后的20年里每3年再次回答相同的问题,科尔伯格希望由此研究道德判断是否会随着我们的成长而变化。事实上,对于这些问题,正确与否的判断并不重要,重要的是人们为什么会作出这种判断,这些理由本身最能体现人们各自的道德立场以及对世界的认识。

第九章 "少年不识愁滋味"吗？

根据这些处于儿童后期和青少年时期的男孩的回答，科尔伯格总结出道德的发展很可能有三个水平，分别是前习俗道德水平、习俗道德水平和后习俗（原则性）道德水平。这三个水平又各有两个阶段，一共是六种阶段。

以海因茨的故事为例，处于阶段1的孩子判断道德通常以自我为中心，判断的理由通常取决于遵守或者破坏规则之后的后果，因此表现出以规避惩罚为目的的服从。"海因茨应该偷药，因为放任妻子死去之后他会非常痛苦。""海因茨不应该偷药，因为他会被逮捕入狱。"随着孩子逐渐开始意识到他人也有自己的立场和思考，他们会进入阶段2。这时他们的道德判断依据依然以关注奖惩为主，认为其他人和自己的想法一致，但学习到满足别人可以获得更大的利益，因此表现出自我利益导向的判断。"他应该偷药，因为他太穷了，他需要妻子的帮助。"

当孩子开始接触更多的社会规范，他们的思考方式也开始更多地出现社会的烙印。在阶段3，道德判断主要基于人际和谐与一致性。"他应该偷药，因为人们会原谅他救人心切。如果他不这么做，人们会责怪他放任妻子死去。"当孩子进一步成熟，会进入阶段4，这时他们会更强调法律、规则、承诺的重要性以及对权威的服从和尊重。"他不应该偷药，这违反了（某个具体的）法律。""出于对妻子的人道主义关怀，他应该偷药。"

在科尔伯格称为"社会契约"阶段的阶段5，孩子逐渐认识到应该根据法律和社会共识去改变规则和制度，公平、公正比对权威的盲从更重要，即出现社会契约导向。"海因茨应该偷药，法律在这种令人绝望的情况下也应该网开一面，从轻发落。"在最高级阶段，即伦理原则取向的阶段 6，他们认为个体的决策应该基于一般的良心原则，这种良心应该具有普适性，人们的尊严与价值比规则更重要。"他应该偷药，他如果不这么做，就意味着他把财产看得比人命更重要。"

科尔伯格认为，大多数青少年的道德推理处于阶段 3，伴有阶段 2 和阶段 4 的印迹；到了成人早期，部分个体开始进行后习俗式推理。1983 年，科尔比（Anne Colby）和科尔伯格等人持续了 20 年的追踪研究却发现，儿童使用阶段 1 和阶段 2 的判断方式的人数减少了；10 岁儿童的判断方式中完全没有阶段 4 留下的痕迹，反而是 36 岁的成人大量使用了阶段 4 的道德判断模式（占 62%）；阶段 5 直到 20 岁以后才出现，且只有 10% 的个体使用这种判断；阶段 6 则只有很少个体能够达到，是一个"传说中"的完美阶段。所以，科尔伯格虽然提供了一个研究人类道德判断发展的方法，但他的理论还远远称不上完美。诸如人格、共情等个体差异和诸如文化、社会地位、财富等社会差异都会严重影响人们看待问题的立场，左右人们的道德判断。

雷斯特（James Rest）1979 年进一步发展了科尔伯格的研究，他主张进一步细化道德判断的标准，因此设计了《定义观点测验》（Defining Issue Test，简称 DIT），以量化道德发展指标。最初版本的 DIT 由六个简短的道德情境组成，除了最经典的海因茨困境以外，还包括：

逃脱的囚犯：即使逃脱的罪犯从此过着诚实的生活，认识他的

第九章 "少年不识愁滋味"吗?

邻居是否应该将他交给警察?

报纸:当高中校长认为校报的内容破坏了学校的规矩和原则时,是否有权停止出版报纸?

医生的困境:如果患者要求,医生是否应该给一名绝症患者很多止痛药,即使他明知道这很有可能导致患者死亡?

韦伯斯特先生:一个企业主(韦伯斯特先生)是否有理由不雇用一个少数种族群体的人,因为他可能会失去带有种族偏见的客户?

学生接管:当大学校长拒绝停止已经被大学教授投票反对的军队训练计划时,学生是否有理由接管一栋大学建筑以示抗议?

每一个道德情境都对应着12个不同的问题,每个问题采取5点计分法,因此DIT一共有72个问题,其中62个问题分别对应科尔伯格理论中的阶段2到阶段6,另外10个问题则是干扰项。在这些问题中,被调查的人会被问到不同情境下的一些主要道德观点在他们眼中的重要性的高低,比如是否应该支持社区的法律,然后让他们列出自己认为最重要的四种观点,如科尔伯格的维护规范阶段(即青少年常常处于的阶段4)可以被细化为如下元素:

第一,对规范的需要:需要一些标准或稳定的规范,以保证人们不会在每次采取行动之前都因为意见不统一而争论不休。通过制定这些规范和规则,人们可以避免持续不断的冲突、分歧和为不同目的而努力。规范能够提供稳定性、可预测性、安全性和协调性。

第二,全社会规范:在社会中,人们不仅必须与亲戚、朋友和熟悉的人相处,还必须与陌生人、竞争对手和不那么熟悉的人相处。因此,需要建立一个全社会的合作体系,而正式的法律对稳定不熟悉的人之间的关系特别有效。

第三，统一的分类应用程序：法律是公开制定的，每个人都知道适用于自己的社会规范。无论该法律是民事法律还是宗教法律，法律对所有公民都适用，每个人都受到法律的保护。

第四，部分互惠：法律在社会参与者之间建立了互惠性。一个人遵守法律并履行其职责，并期望其他人同样如此。社会总体上受益于这种分工和相互交流。维持规范强调了根据个人的地位和社会角色履行职责的重要性，但这种规范只能保证"部分"互惠，而不是"全部"互惠，因为并不存在绝对完美的法律，能够以绝对公平的方式使所有参与者获得同等的利益。

第五，职责导向：维持规范同时也是"职责导向"的和专制的（即赋予制定规范者不受挑战的权力）。因为在一个有组织的社会中，必然存在着指挥链（即具有分级的角色结构，如师生、亲子、上下级、医患等）。一个人必须服从制定规范者，这不一定是出于对权力者个人素质的尊重，而是出于对社会制度的尊重。

在这种细化的维护规范框架里，法律和秩序通过道德感联系在一起，人们的期待是没有法律（和人人恪尽职守）就不会有秩序。如果人人都根据自己的特殊利益而采取行动，就会导致一种无政府状态的出现，而这正是有责任心的人极力避免的。但是雷斯特也认为，这种思维框架似乎已经背离了传统的道德观：当人们坚信某种选择既是事实上的规范，又是道德上的必需时，进行这种选择就是维持社会持续的必要存在，也能够给人们提供一种道德确定感（"我知道我的决定对整个社会而言是对的"），这种信念本身已经能

第九章 "少年不识愁滋味"吗?

够使比较传统的思考者产生极大的热情。但这种热情很可能让人们放弃思考,变成坚决维护制度本身而非认真思考制度的内容和后果,他们会理所当然地认为一个制度只要建立起来就必然是完美无瑕的,他们也会倾向把轻视和挑战这些制度的人看作无思想、无知或邪恶的人。

虽然科尔伯格的道德发展理论不断地被修改和验证,但仍有很多心理学家批判他的研究方法过于注重道德思维而不是道德行为。人们常常会为自己的不道德行为狡辩,为其赋予正当的理由,企图使不道德行为正当化,所以人们行为的理由未必与具体行为保持一致。就像班杜拉(Albert Bandura)1999年所说的,人们常常直到能为自己的道德行为说出正当理由,才会作出有害行为。

科尔伯格使用的道德两难情境也存在一定的局限性。沃克(Lawrence J. Walker)等人1987年调查了青少年(七年级、九年级、十二年级)在现实生活中常面临的道德两难困境,发现他们关注的道德问题大部分涉及人际关系(38%、24%、35%),其他问题涉及人身安全(22%、8%、3%)、性关系(2%、20%、10%)、偷窃(9%、2%、0%)、药物(7%、10%、5%)、吸烟(2%、2%、0%)、酒精(2%、0%、5%)、公民权利(0%、6%、7%)和工作(2%、2%、15%)等。我们在现实生活中所面临的道德困境并不会涉及太多生与死的抉择。

文化差异也是一个应该被重点关注的问题。首先,在不同的文化中,道德的定义和语境不尽相同。中国香港的马庆强(Hing Keung Ma)1992年提出了中国文化背景下的7个道德发展阶段,其中道德发展的两个最高阶段分别是第6阶段的仁和普世伦理原则、具有两个不同方向的第7阶段：一个是基于佛教"我不入地狱谁入地狱"的渡世原则的圣徒利他主义，一个是基于道教"清静无为"的出世原则的非价值判断。这个观点虽然很有趣，但仍需更多实证角度的分析和证明。

在我的实验室一个尚未发表的研究中，我们调查了上海市一所小学一年级新生（大约6岁）在进行最后通牒游戏（研究与不公平感相关的决策）时的行为和大脑激活情况。面对利己的不公平情境（游戏中自己分到的金币多）和不利己的不公平情境（游戏中自己分到的金币少），虽然大多数孩子会偏好利己的不公平情境，但仍有超过三分之一的孩子坚持绝对公平，甚至采取一种"两败俱伤"的方式来抗议这种不公平——即使他们本人是受益者。显然，这种行为表现并不符合科尔伯格的阶段1和阶段2的标准。这样的公平感和道德判断原则是什么原因造成的？是否会随着社会化程度的增加而改变？是否会与社会适应能力紧密相关？一个人的道德判断标准本身就是对社会的不断理解和不断适应的结果吗？或者更多的是对社会准则的理想化期待？当未成年人和成年人感受到高强度或者不断持续的社会压力时，他们的道德判断标准是否会因为受到挑战而改变？还有太多的疑问等待我们去探寻。

道德判断可能也存在性别差异。科尔伯格所在学校的同事吉利根（Carol Gilligan）1982年认为，科尔伯格的研究只调查了男孩群体，具有很强的男性偏差，即把抽象的原则置于人际关系之上，把个体看作独立作出道德判断的孤立个体，把公正看作道德的核

第九章 "少年不识愁滋味"吗?

心,却忽略了女性独特的道德概念。吉利根认为,由于社会对女性性别角色的期待,女性会更在意社会认可,寻求社会肯定和帮助,所以女性的道德推理能力在阶段 3 就基本稳定了,很可能不会再进入阶段 4。吉利根主张道德的核心应该是关怀,强调人际沟通、人际关系和为他人考虑。

但是,关怀并非女性独有的特征。很多时候,与性别相关的差异未必是生理性别本身决定的,而是某种性别带有特定的社会期待,如女性被社会定义为更富有同情心,而男性被期待能更理性地思考问题。无论怎样,这都说明当我们试图了解我们自己或者他人看待一个问题的思考模式和判断标准时,我们都必须更多地了解我们自己或他人的生活经历、心理特点和社会背景。在漫长的人生道路中,我们的"三观"甚至"多种观"都会不断地与别人的观点和信念碰撞,"三观碎一地"的情况时有发生,但这正是多元化世界的常态,并不该成为你我的压力。我们可以有不同的见解,但只要不会真正伤害到任何人,我们都应该捍卫彼此保留不同意见的权利。

拯救性别刻板印象

每种无意识的人格化——阴影、阿尼玛、阿尼姆斯和自我,都有光明和黑暗的成分。阿尼玛和阿尼姆斯具有双重含义:它们可以赋予生命,给人格带来发展和创造力,或者它们也带来僵化和身体的死亡。

——荣格

精神分析学派的著名人物之一、瑞士心理学家荣格（Carl Gustav Jung）认为，所有人体内都有代表内在女性的阿尼玛和代表内在男性的阿尼姆斯，无论这个人原本是什么性别，人的无意识中都存在这两种性别，而阿尼玛和阿尼姆斯共同组成了自我。虽然荣格的理论多少带点戏剧性和浪漫主义的成分，但广泛意义上的男性和女性确实不是对立和分离的，除了身体上的结构和功能有差异以外，其他所谓的性别差异更多是个人经历和社会塑造的结果。

虽然我们早在儿童时期就开始有了性别意识，但青春期如波浪般起伏的性激素活跃和生理上的性成熟过程才让我们第一次对性别有了更透彻的体验和认识。科尔伯格在 1966 年提出了性别的认知发展理论，认为性别的发展取决于认知的发展，而认知的发展建立在皮亚杰理论的基础上（Pratt et al., 1984）。即当孩子的认知水平发展到足够理解世间万物是恒常的（如不同光线强度下物体的颜色不一样，但物体的色彩没有改变，改变的只是环境），能够根据一定的逻辑规律对人和事物分类，孩子才能够真正意识到自己属于哪一性别，并且自身的性别是恒定不变的。他们也会下意识地把与自己同性别的同伴划分到自己这一类，然后开始模仿同性别的榜样。女孩子可能会倾向模仿年长的女性，开始学着母亲的样子穿裙子、化妆，男孩子则可能会模仿父亲的说话和走路方式。

后来的研究发现，孩子直到 6—7 岁才能形成性别守恒，但在此之前，大多数小女孩已经开始倾向选择洋娃娃、彩色的连衣裙和可爱的游戏，而大多数男孩喜欢玩具枪、玩具汽车和战斗类游戏，所以性别概念的发展显然并不依赖性别守恒。科尔伯格的理论忽视

第九章 "少年不识愁滋味"吗?

的一个现实是,由于整个社会对性别差异的重视,孩子的性别发展不可避免地受父母的态度和行为的影响。假如大多数父母的教育理念就是洋娃娃只是女孩子的玩具,玩具枪只是男孩子的玩具,那么想玩玩具枪的女孩子和想玩洋娃娃的男孩子必然得不到鼓励,甚至会受到惩罚(如父母的不满或微妙的情绪变化)。同样,模仿母亲的小女孩会被认为可爱而受到鼓励,模仿母亲的小男孩却被视为离经叛道,这就是科尔伯格观察到的孩子对同性榜样的模仿,但这种现象并不一定是孩子自发产生的,更有可能是家庭和社会态度的结果。

青少年性别发展的多样化似乎更能印证这个观点。桑特洛克认为,由于青少年被允许在踏入成人社会之前进行各种职业尝试和角色扮演,他们开始对基于性别的职业和人生的选择有更多自己的看法。近年来,越来越多的女性开始对各种职业产生兴趣,很多传统

图 9-12　无论男性还是女性,都可以在自己热爱的岗位上做得很好

上被男性垄断的职业性别藩篱已经被打破，同样，很多传统认为只有女性才适合的职业也活跃着越来越多的男性。由于各行各业都开始出现不同性别的职业榜样，青少年可选择的职业发展道路越来越多，性别上的差异也就越来越少。不过，青春期女性仍然比男性显示出更多对关系和情感联系的兴趣——这有可能是生理基础的原因，也可能是家庭和社会传统的影响。

与性别的认知发展理论不同，1981年，由贝姆（Sandra Ruth Lipsitz Bem）提出的性别图式理论更强调文化和社会的影响。每一种文化或者社会都有对于性别的既定标准和规范，这就形成了性别图式。这种性别图式规定了不同的性别应该有的对应的"适宜"行为举止和人生道路，如果个体的行为是"不适宜"的，他们会感到很不舒服，或者会被身边人和社会打压。马丁（Carol L. Martin）和哈弗森（Charles F. Halverson）1981年认为，当儿童学会依照社会认同的性别"适宜"行为开始编码和组织学习到的信息时，性别类型化发展就开始了，儿童在成长过程中一点一滴地收集自己所在文化和社会中的性别"适宜"行为和性别"不适宜"行为，这些信息也会反过来影响他们对世界的认识和记忆，作出相应的行为之后得到的奖赏或惩罚，或观察别人作出相应行为之后得到的奖赏或惩罚，会驱动他们去做他们认为"适宜"的行为。马丁等人还提出有两种类型的性别相关图式。第一种是通用的上级模式，可帮助儿童将对象、特征和特质归类为基本的男性和女性类别。第二种是比较狭义的图式，叫作"自性模式"，儿童用它来识别和学习与自己性别一致的深层次信息。这两种模式允许儿童处理有关事件、对

第九章 "少年不识愁滋味"吗？

象、态度、行为和角色的信息，并依次按照男性/女性、与自己相似/不相似的方式对其分类。

发生在 2019 年夏天的一件国际热点新闻也许能够给性别图式理论最好的诠释。英国乔治王子学习芭蕾舞的课表受到美国广播公司一档电视节目主持人和参与节目的其他主持人、观众的嘲笑，除了认为这是一件好笑的事情以外，主持人还说："那我们看看他能坚持多久。"这件事引发网络上的强烈批判。8 月 27 日，超过 300 名男性舞者聚集在该电视节目录制的摄影棚外跳起芭蕾舞，以行动表达抗议。社交媒体上也发起了"男孩也跳舞"的话题。最终，该节目的主持人公开道歉。远在英国的乔治王子也许并不知道这一风波，但如果他不是一个被严格保护的王子，只是一个学校里的普通男孩，而嘲笑他的就是身边的同学和老师，那么他必然会学习到"男孩不应该学习舞蹈"这样的性别图式，挑战这样的图式需要应对巨大的心理压力和勇气，也很有可能招致更多的嘲笑和惩罚。这也是为什么社交媒体和其他勇于挑战性别图式的人不断积极行动和发声，因为社会是不断进步的，图式也是不断改变的。改变只是早晚的问题，但是对于同样在不断成长、不断学习的孩子，来得早一天，他们因为僵化的性别图式而承受的压力和折磨就少一点。

当我们理解了性别图式对人们思维的限制，我们也许更能理解经常自驾车出行的女性对"女司机"这个称谓的反感。发生交通事故后，如果肇事司机是女性，往往会被媒体抓住这一点大做文章；相反，如果是更常发生交通事故，基数也更大的男性司机，则很少被强调性别。这样的后果就是人们会在潜意识里被灌输这样的刻板影响——女人开车技术差，更容易出问题。在2018年10月28日发生在重庆长江二桥上那起不幸的公交车坠江事件中，轿车的女主人明明是交通事件的受害者，刚刚在与突然逆行的公交车相撞事件中劫后余生，却仅仅因为是女性就被根本没有调查事情真相的多家媒体认定为肇事元凶，雪上加霜地遭到网络"键盘侠"的口诛笔伐与无情谩骂。

性别图式与性别刻板印象有一定的相似处。广义的刻板印象代表着特定群体中典型成员的典型特征，无论划分标准是性别、种族还是其他特征，这种简单、粗暴的概括原本是帮助我们更快地了解和认识这个群体和世界，就像图式的作用一样。但刻板印象也可能成为一座监牢，一旦人们习惯了把这种刻板印象套在群体中所有人的头上，他们很可能就对真实视而不见。如西方社会在很长一段时间对中国人的刻板印象就是古板守旧、不苟言笑、沉默、胆怯，如果不打破这种刻板印象，中国人无论走到哪里都会被套上这样的预定"人设"。性别刻板印象亦如此。不用心理学家进行相应研究，我们也能够想象到一个被贴上"女性化"标签的男性和一个被贴上"男性化"标签的女性在社会和群体中被接受的困难程度。

约翰·E. 威廉姆斯（John E. Williams）和贝斯特（Deborah L. Best）在1982年进行了一系列跨文化的性别刻板印象研究，他们发现生活在发达国家的男女相比生活在欠发达国家的男女，感受到的性别差异更小，因为发达国家的女性更可能和男性拥有同样的生

第九章 "少年不识愁滋味"吗？

活道路、教育机会、职业规划，平权理念在社会中渗透得更彻底。宗教对性别的态度也有一定影响，此外，女性比男性更容易察觉到两性的相似性。约翰·E. 威廉姆斯等人在 1999 年对他们之前的研究工作进行了总结，尝试从大五人格的角度对这种泛文化的性别刻板印象进行解释。他们发现，在很多文化和国家中，泛文化的男性刻板印象都是更外向、尽职尽责、情绪稳定、经验开放的，而泛文化的女性刻板印象是更亲近与和善的。

格里克（Peter Glick）和菲斯克（Susan T. Fiske）在 1996 年提出了矛盾的性别歧视理论，认为男女的社会结构差异强调了男性更大的权力和地位，以及性别之间的紧密依存，这在很大程度上影响了性别观念。这个理论认为，对挑战男性权利的女性的敌视和对符合传统期望的女性施以居高临下的恩惠，都加剧了性别的不平等。男性也很可能成为矛盾情绪的目标，因为地位和权力既会带来羡慕，又会引起怨恨。跨文化研究证实了这一点，结构性性别不平等预示着两性之间的矛盾更激化。

刻板印象内容模型并不专门针对性别刻板印象。该理论提出了刻板印象内容的两个普遍维度——温情和能力。如真诚、善良和友好这样的特质属于温情，而诸如聪明、有能力和技术精湛这样的特质属于能力。菲斯克等人 2002 年认为，一个群体与社会上其他群体的结构性合作与竞争决定了人们对温情的刻板印象，而群体的社会经济地位决定了人们对能力的刻板印象。

埃格利（Alice H. Eagly）在 1987 年出版的书《社会行为中的性别差异：一种社会角色的解读》(*Sex Differences in Social*

Behavior: A Social-Role Interpretation）中提出了社会角色理论。她认为，性别分工决定了性别刻板印象的内容和实际行为中的性别差异。通常，女性的传统家庭和关系角色需要集体主义的特质和行为，如成功的抚养子女意味着要无微不至地照料孩子，将他人的需求放在首位。相比之下，在竞争激烈的职场中取得成功通常需要男人表现出个人主义的特质，如寻找自己的兴趣并培养个人主张。实践性别角色需要保持与角色一致的行为，塑造相应的人格，甚至会诱发激素变化，从而加剧行为中的性别差异。角色划分还会产生社会压力以维护性别刻板印象；在这样的社会压力下，无论是儿童、青少年还是成年人，只要做了不符合刻板印象的行为就会受到惩罚。刻板印象的行为进一步加强了性别刻板印象。随着越来越多的美国女性进入新劳动力队伍，美国女性的个人主义倾向如预期般增强了（Eagly et al., 2000）。

为了研究性别刻板印象的危害，心理学家也试图定义性别歧视。公开、直接的性别歧视并不难辨认，如我们常常听到的"女孩子学不好数学""男孩子学跳舞没有出息"。但随着抗议性别歧视的浪潮越来越有声势，很多性别歧视开始变得具有迷惑性和隐藏性。在斯维姆（Janet Swim）等人1995年发表的论文《性别歧视和种族歧视：传统和现代的偏见》(Sexism and Racism: Old-Fashioned and Modern Prejudices)中，列出了测量传统和现代性别歧视的条目（表9-2）。斯维姆等人的研究显示，支持现代性别歧视的个体对于具有性别歧视内涵的话语更不敏感。

第九章 "少年不识愁滋味"吗?

表9-2 传统和现代的性别歧视观点

传统的性别歧视观点：
☹ 女性普遍不如男性聪明；   ☹ 女老板不如男老板让人感觉舒服；   ☹ 鼓励男孩参加运动比鼓励女孩参加运动更重要；   ☹ 就逻辑思维而言，女性不如男性；   ☹ 父母都在上班，如果他们的孩子在学校生病了，学校应该打电话给妈妈而不是爸爸。
现代的性别歧视观点：
☹ 美国已经不存在歧视女性的问题；   ☹ 女性很少会因为性别歧视而丧失好的工作机会；   ☹ 在电视上很少看到歧视女性的镜头；   ☹ 一般来讲，现在的家庭中男女平等；   ☹ 当前社会，男女获得成就的机会是平等的；   ☹ 很难理解为什么一些女性群体仍然关注女性获得机会的社会限制的议题；   ☹ 很难理解美国的一些女性群体的愤怒；   ☹ 在过去的几年中，政府和媒体对女性的待遇给予了很多关注，这比女性实际应得的还要多。

（注：内容来自桑特洛克《青少年心理学》）

性别歧视的后果是两性之间更激烈的不对等和对立。不同性别在认知和能力上有差异吗？确实有，但是至今心理学家也无法将这种差异单纯解释为生理差异，因为社会角色的影响从一出生就开始发挥作用，无法分离。珍妮特·谢伯莱·海德（Janet Shibley Hyde）2005年的研究发现，在大多数领域，性别差异都很小或者不存在，包括数学能力、沟通方式和攻击性。虽然男性确实更多地表现出更好的运动机能、更随意的性行为和更强的身体攻击倾向，但除了天生的体能优势，也无法排除社会对男性孔武有力的刻板印象的鼓励和默许。

因此，心理学家越来越倾向不再把男性化和女性化看成一个此消彼长的连续体，而是更像荣格的"你中有我，我中有你"的阿尼玛和阿尼姆斯，或者再往前追溯，是给了荣格灵感的道家思想中的"太极生两仪"和"阴阳调和"。男性化和女性化并不是矛盾和对立的两端，其实每一个个体身上都同时具备高度男性化和高度女性化的特质，即双性化。代表男性刻板印象的男性化特质（个人主义的富有进取心）和代表女性刻板印象的女性化特质（集体主义的善解人意）并不矛盾，无论是男人还是女人，都可以拥有这两个特质。长久以来所谓的性别的对立一直都是人为的，而非自然状态。

提出性别图式理论的贝姆在1977年编订了《贝姆性别角色问卷》（Bem Sex-Role Inventory，简称BSRI），问卷中列举了典型的符合男性化/女性化刻板印象和性别中立的形容词各20个（总共60个），人们通过比对自己身上的特质，来查看自己双性化的情况。贝姆将性别角色倾向分为四种，包括男性化、女性化、双性化和未分化。在贝姆的定义中，女性化的女性特质表现为表达性（如情感丰富、善解人意、语言能力强），男性化的男性特质表现为工具性（如有力量、敢于冒险、善于主导）。因此，女性化个体的表达性得分高而工具性得分低，男性化个体的表达性得分低而工具性得分高，两者得分都高的就是双性化个体，反之得分都低的属于未分化个体。斯迪克（Jayne E. Stake）2000年的研究显示，双性化的个体比其他类型的个体具有更好的心理灵活性，心理更健康，压力水平更低。

第九章 "少年不识愁滋味"吗?

基于研究成果和研究信念,贝姆一直致力于在儿童、青少年的教育中推行双性化的教育理念,以取代传统的单性化方式的教育。但是早期的教育尝试没有获得成功,尤其是双性化的教育方式,在男性青少年中反而取得了逆反效果,即反而增强了他们的男性化倾向。普莱克(Joseph H. Pleck)1975年在名为《男性化—女性化:当前的和替代的范例》(Masculinity—Femininity: Current and Alternative Paradigms)的论文中提出了超越性别角色的概念:我们的第一属性是人类,而不是男人或女人。性别只是我们诸多属性中的一种,无论我们看着自己还是别人,性别都不应该是我们唯一的关注点。父母应该教育自己的孩子成为一个有用的人,而不是强调他们应该当好男孩还是好女孩。越来越多的研究也显示,在诸如决策等很多任务中所出现的性别差异,最终其实都可以用人格等个体差异来解释,如外向程度高的男性和女性的行为表现是比较一致的(Swope et al., 2008)。

2014年,脸书更新了提供给用户选择的性别,除了传统的男性和女性以外,还多出了56种新的非传统性别,这些新的性别选项大多出自基勒曼(Sam Killermann)的《性别指南:社会正义倡导者手册》(A Guide to Gender: The Social Justice Advocate's Handbook)一书,如双性别、无性别、双性人(自我性别认定可以切换)、顺性人(自我性别认定和出生时的生物性别相同)、非常规性别(拒绝接受传统性别二元区分的人)、泛性别(认为自己是各种性别特质的混合体)、跨性别(自我性别认定和出生时的生物性别不同)等。这56种非传统性别未必都有生物学或心理学的依据，它更多地体现了一种自由社会的不设限承诺：我们可以自由地选择我们的性别认同和性别归属，社会也提供了让我们自由发挥的空间。

性别原本只是我们与生俱来的一种生物属性，但在我们与社会的共同发展和进步中，它被打上了心理和社会的烙印，反过来影响我们的心理和社会属性。这种影响最大的危害就是让性别变成一个密封的盒子，不但缩小了我们的生存空间，而且封闭了我们的思想，成为自我施加的限制，这才是我们给自己制造的最大压力。

青春问题手册

对于大多数人，儿童和青少年时期都应该拥有美好的回忆。儿童时期的天真和快乐，青少年时期的不羁和张扬，都是人生中最亮丽和华美的篇章。但我们也无法忽视这些欢快的乐章中那些不和谐的旋律：儿童的稚嫩意味着他们对来自家庭的暴力和无视毫无抵抗，而青少年的恣意和放纵往往给他们带来危险——当自由选择的权利第一次交到年轻的我们手中，我们是否拥有驾驭它的足够的智慧和指导呢？

发展精神病理学将青少年存在的问题划分为内化问题和外化问题。焦虑和抑郁就是典型的内化问题，是指个体将问题转向内部；青少年犯罪则是外化问题的典型例子，是指个体将问题转向外部。青少年时期就出现内化/外化问题的人往往成年之后也会出现同样的焦虑和抑郁或者反社会问题。

第九章 "少年不识愁滋味"吗?

本森(Peter L. Benson)等人在 1998 年发表的论文中列出了生活中的 40 种对青少年发展有积极作用的条件,一半是外在条件,另一半是内在条件。外在条件有支持、赋权、行为限制与期望、建设性的时间利用等,例如家庭支持和积极的家庭沟通、社群对青少年的重视、家庭和学校明确的规章限制、青少年有机会参加定期的创造性活动和青少年项目等。内在条件有学习意愿、积极的价值观、社交能力和积极的自我认同,例如足够的获得好成绩的动机、对平等和社会公正的信念、制定计划和决策的能力、对生活有控制感等。①

本森等人在大样本研究中发现,美国青少年拥有越多的上述积极条件,他们就越不容易发展出问题行为。但如果他们只有不到 10 个上述积极条件,他们就有非常高的概率发展出酒精成瘾、吸烟、吸毒、性滥交、抑郁—自杀行为、反社会行为、暴力倾向、学业问题、酒后驾车和赌博等问题行为。

积极的内在或者外在条件也能帮助生活在高压环境(如贫穷)中的儿童、青少年缓和有害压力的影响,适应逆境。马斯滕(Ann S. Masten)2001 年归纳了对抗压力的有效因素——心理复原力的三个来源:

- ◆ 自身来源:如良好的认知能力;有吸引力、友善的、好相处的个人特质;高自尊、有才华、值得信任的特质。
- ◆ 家庭来源:如父母关爱且与父母关系亲密;权威式父母教

---

① 扫封底二维码,可以查看全部 40 种条件。

养方式（温暖的家庭关系、结构化的家庭管理和高期望）；支持性家庭网络关系。
- ◆ 家庭之外的来源：如与家庭之外的亲人或看护者建立联系；与一些公益或积极组织建立联系；就读于好学校。

显然，与复原力有关的积极因素是和本森的 40 种积极条件部分重合的，或者可以说是其中最重要的几种因素。缺少了这些积极因素的青少年在压力面前会十分脆弱，也很容易发展出各种危害身心的行为。成瘾就是其中一种最主要的问题。在对美国青少年的研究中，吸毒成瘾是心理学家最关注的问题。吸毒成瘾的青少年会表现出两种类型的依赖：一种是身体依赖，指停止吸毒以后身体对毒品的需求，因为身体已经出现了各种让人极度不适的戒断症状，必须靠继续吸毒缓解这些症状；另一种是心理依赖，指由于情感方面的原因，尤其是为了减少压力，青少年从心理上不断产生对毒品的强烈渴望，以获得情感上的解脱和释放。

除了毒品成瘾以外，其他形式的成瘾也具有这两种依赖。身体依赖和心理依赖相互促进，导致恶性循环，让戒断工作开展得十分困难。这两种依赖必须同时消除，否则此消彼长，很难让青少年彻底摆脱其影响。在防止青少年成瘾和物质滥用（如酒精、药物等）方面，父母的管束一直被认为是关键的因素。弗莱彻（Anne C. Fletcher）等人在 2004 年的一项调查中发现，父母的管束和监控（如监控青少年放学后的去向，了解青少年看电视和上网接触的信息等）对于降低青少年的物质滥用有直接作用。西蒙斯-莫顿（Bruce Simons-Morton）等人 2001 年和 2009 年发表的研究也显

第九章 "少年不识愁滋味"吗？

示，父母的参与度、父母对青少年不滥用物质的教导和期望、青少年对父母的积极关注等因素，都与青少年较低的吸烟和酗酒行为有直接联系。所以，对于青少年的问题行为，父母应该是第一责任人，有责任和义务采取积极的行动防患于未然，而不是等到孩子出现问题之后直接"甩包袱"给所谓的社会教养机构。

当然，对青少年的发展的监控和指导不仅仅是父母单方面的责任。包括父母、同伴、榜样人物以及媒体、警察机构、法院、企业、青少年服务机构和学校在内的全部人和机构都应当承担一部分责任，为青少年创造一个安全和健康的成长环境。

青少年抑郁也是一个急需社会关注的严重问题。在最近几年的抑郁症普查中，抑郁症的初发年龄已经越来越低龄化。曾经我们以为只会困扰中年人或者离退休人士的抑郁症，现在平均初发年龄已经降到了 14 岁左右，正是青春期阶段，而女孩患抑郁症的比例是男孩的两倍。抑郁症的具体症状可以参考本书第四章，而根据桑特洛克的描述，青少年抑郁症的症状还可能表现为喜欢穿黑色的衣服，写一些病态的诗歌，专门听一些压抑的歌曲。睡眠问题可能体现在整晚看电视，不愿按时起床上学，或者白天睡觉。对一些通常会令人愉悦的休闲活动丧失兴趣，不愿与朋友交往或大多数时间独自待在卧室。动机和精力的丧失有可能导致他们缺课和逃课。抑郁的结果就是无聊至极，并且很可能伴随着品行障碍、物质滥用或进食障碍。

一个需要特别引起注意的事实是，青少年的抑郁具有一定的隐蔽性，不容易引起父母或老师的重视。因为人们往往认为青少年时期的情绪波动是正常的,阴郁的穿着和喜好很容易被当作青少年追求个性的一种体现,青少年的烦恼和无助往往被当作青春期的正常烦恼,于是被忽视。

在美国疾病控制和预防中心 2017 年发布的《青少年危险行为调查:数据总结和趋势报告(2007—2017)》(*Youth Risk Behavior Survey: Data Summary & Trends Report*,2007—2017)中,2017 年有 31.5% 的高中生经历了持续的悲伤或绝望感(即连续两周或更长时间几乎每天都有悲伤和绝望感,致使学生不得不停止一些日常活动)。2007—2017 年,过去一年持续经历悲伤或绝望感的学生比例一直在增加,高中女生的比例一直显著高于男生(图 9-13)。

更让人震惊的是,2017 年,17.2% 的美国高中生报告有严肃考虑过自杀,13.6% 的高中生制定过自杀计划,7.4% 的高中生尝

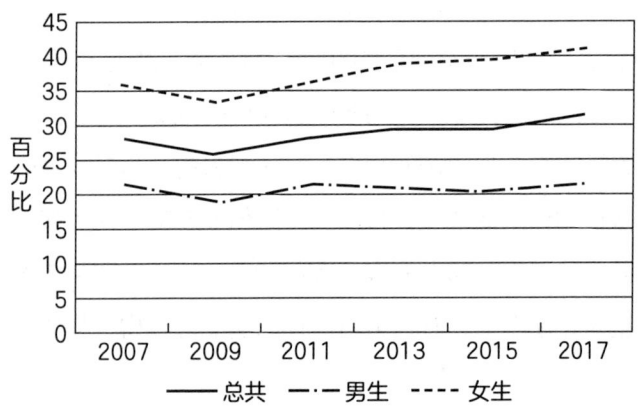

图 9-13 美国高中男生和女生报告过去一年中持续经历悲伤或绝望感的比例
(图来自《青少年危险行为调查:数据总结和趋势报告(2007—2017)》)

第九章 "少年不识愁滋味"吗？

试过自杀，2.4%的高中生在自杀尝试中受伤。同样，无论是考虑过自杀，制定过自杀计划，尝试过自杀，还是在自杀尝试中受伤，女生的比例都几乎是男生的两倍。除了性别因素以外，少数性取向也是抑郁和自杀行为的高风险预测因素。相比明确的异性恋高中生，在上述与抑郁和自杀相关的条目中，同性恋和双性恋的自杀比例都超过3—4倍，不确定性取向的高中生的自杀比例同样比异性恋高中生高出2—3倍。该报告还显示美国高中生性行为方面存在一些令人担忧的问题，如有39.5%的高中生报告有过性行为，但只有53.8%的人报告在性行为中使用了安全套；29.4%的人使用了激素类避孕药；仅有8.8%的人同时使用了双重避孕。

与成年人的抑郁症发病原因类似，青少年抑郁症的诱发原因或风险因素也可能是家族遗传、家庭冲突、人际关系、社会拒绝、环境剧变、生活压力事件等。治疗方法同样常常采用药物和心理治疗的方式。但是青少年抑郁症患者很容易在成年后复发，这很可能是因为青少年已经形成消极的思维和行为方式（如内化行为），这使得他们暴露在环境压力下时尤其脆弱。对青少年自杀行为的预防和干预也需要来自家庭和社会的多方协助（详见本书第四章），虽然抑郁症并非青少年自杀的唯一因素，但它是最常见因素，对抑郁情绪和抑郁症的干预和治疗对预防自杀十分有效。此外，绝望、低自尊、高度自我苛责也与青少年的自杀行为有密切联系。

如果说青少年的内化问题行为对他们自身和家庭造成危害，那么青少年的外化问题行为（尤其是青少年犯罪）就对整个社会造成危害。桑特洛克在《青少年心理学》一书中总结了一系列和青少年犯罪有关的预测因素，虽然这是基于美国的研究样本而得出的结论，某些因素的相关性在不同的文化背景下也许有所不同，但依然有一定的启发性。这些因素包括藐视权威、掩盖事实和撒谎的行为、认知扭曲、低自我控制等。①

"白日不到处，青春恰自来。"清代诗人袁枚用苔藓安静而旺盛的生命力歌颂青春，正像那首我们的"00后"青少年唱着长大的歌所歌颂的："这舞台的中央，有我才闪亮，有我才能发着光。"勇敢、昂首、自信、快乐，这才是青春应该有的模样。为每个青少年创造这样光明的成长舞台，远离人性的邪恶和人格的扭曲，是心理学工作者、社会学工作者、教育工作者以及家庭、学校、社会、国家共同的责任。

---

① 扫封底二维码，可查看详细预测因素。

第四部分

压力时代，
你准备好了吗？

第十章　压力的"共生法则"

我们已经知道，压力的产生原本是为了促使我们更好地适应环境。在压力下，我们的认知和神经系统会更警觉，这有利于我们在面对危险时及时采取"战或逃"的自保策略。同样，在压力下，作为社会一员的我们会积极地积累和调动行为和生理资源，主动向身边的人求助或达成合作，这种"照料和结盟"的策略能够让我们的社会更团结。

现代生活中我们常常把减压挂在嘴边，但是一个没有压力的世界真的就是完美的乌托邦吗？1947年，美国动物行为学家卡尔霍恩（John Bumpass Calhoun）进行了一个著名的人口学（或者应该叫"鼠口学"）实验。在征得邻居同意后，他在自家房子后面的废弃林地里建造了一个面积大约为1000平方米的"老鼠之城"。根据他的计算，在提供了充足的食物和水之后，这个"老鼠之城"里应该很快就能够繁殖5000只老鼠。但出乎意料的是，这块栖息地里的老鼠的数量始终维持在150只，在之后2年的观察期内，数量也没有超过200只。虽然栖息地的面积对5000只老鼠来说会比较紧凑，但只有150只老鼠生存其中也未免太少了吧？

1954年，卡尔霍恩在实验室里建造了一个"老鼠宇宙"（rodent universes，图10-1），在一个更易于控制的环境中重复了当年的实验。没有掠食者，疾病被良好控制住，每天都有充足的食物和水，室温也永远维持恒定的老鼠宇宙就好像老鼠的天堂，唯一的限制是空间。当"老鼠宇宙"里挤满了老鼠后，卡尔霍恩的助手

第十章 压力的"共生法则"

感叹地说,这座天堂已经变成了地狱。

由于数量过多(但尚未出现窝巢和食物短缺),大多数老鼠出现了"行为沉沦"。根据卡尔霍恩的描述,占主导地位的雄性变得好斗,有些甚至成群结队地攻击雌性和年轻老鼠。交配的行为被破坏,有些老鼠变成了同性恋,其他老鼠变成了双性恋和性欲亢进者,试图与它们遇到的任何老鼠交配。母鼠忽略了幼鼠,不但没有建立适合幼鼠生存的巢穴,还对照料漫不经

图 10-1　卡尔霍恩和他的其中一个"老鼠宇宙"

[图来自拉姆斯登(Edmund Ramsden)和亚当斯(Jon Adams),2008 年]

心,甚至会袭击幼鼠。在"老鼠宇宙"的某些地方,幼鼠死亡率高达 96%,死去的幼鼠还会被成年老鼠吞噬。处于从属地位的老鼠出现了畏缩心理,虽然它们最终得以生存,但付出了巨大的心理代价。它们无法向外开拓属地,只能漫无目的地聚集在"老鼠宇宙"的中部。由于无法繁殖,种群急剧下降,却没有再恢复。即使数量再次下降到较低水平,曾经经历过拥挤的老鼠也失去了和谐共处的能力。

压力心理学：从大脑、个人成长到心理健康

卡尔霍恩在实验室中创建了很多个"老鼠宇宙"，但几乎所有的"宇宙"都以灭绝告终，理想中的乌托邦从未到来。这个实验给心理学、社会学、人口学等学科众多的启示，一度成为影响心理学的 40 个实验之一。它甚至给了很多小说、电影、漫画以启发。在 1995 年莫里森（Grant Morrison）的《蝙蝠侠》(Batman) 漫画中，一个名叫"捕鼠人"(the ratcatcher) 的反派企图控制人类世界，用一种带有自我思维的名为"鼠人"(rattus sapiens) 的老鼠代替人类。在捕鼠人煽动老鼠世界的演讲中，卡尔霍恩的老鼠实验正是人类残酷对待老鼠的行为的例证（图 10-2）。

卡尔霍恩的实验告诉我们，适度的压力也是生存的需要。即使衣食无忧，生活舒适，如果没有足够的个人成长空间和发展空间，看不到奋斗的方向，看不到挑战性的未来，此刻的无忧无虑反而会变成日后更大的心理压力。

虽然适度的压力对于生存和延续是有益的，但在第一章我们就已经提到，压力的种类非常多，并不是所有的压力都会有有益影响。《吕氏春秋·博志》早就告诫人们，"物极必反"。我们离不开压力，又不免被压力所苦，该如何与压力相处呢？诚然，每个人都有自己和压力相处的办法，我也不认为有一套普适的"压力相处攻略"。不过，压力对我们的影响确实是有规律可循的。我个人认为，与压力相处的"戒律"有如下七条：

- ◆ 提高心理韧性；
- ◆ 重新解读压力；
- ◆ 控制你的人生；

第十章 压力的"共生法则"

图 10-2 漫画中有关"捕鼠人"的情节
（图来自拉姆斯登和亚当斯，2008 年）

◆ 选择正确的应对策略；

◆ 在自律中成长；

◆ 跳出消极思维的死循环；

◆ 先爱自己，再爱别人。

提高心理韧性

> 舜发于畎亩之中,傅说举于版筑之间,胶鬲举于鱼盐之中,管夷吾举于士,孙叔敖举于海,百里奚举于市。
>
> 故天将降大任于是人也,必先苦其心志,劳其筋骨,饿其体肤,空乏其身,行拂乱其所为,所以动心忍性,增益其所不能。
>
> 人恒过,然后能改;困于心,衡于虑,而后作;征于色,发于声,而后喻。入则无法家拂士,出则无敌国外患者,国恒亡。
>
> 然后知生于忧患,而死于安乐也。
>
> ——《孟子·告子下》

"生于忧患,死于安乐",这是中国的传统智慧在告诫我们与压力的相处之道。可事实上,这种告诫难免有一点幸存者偏差——因为生于忧患而最终又留名青史的人,必然是那些迎难而上,能够很好地适应环境,将压力解读为挑战并取得了成功的人。也就是说,并非一定只有忧患才能使人生存,安乐就会使人灭亡。到底什么样的人、什么样的心理因素、什么样的压力适应方法,能够让人更好地适应逆境,不被逆境中的压力折损心智,或者更好地从逆境所带来的打击中恢复过来,甚至在逆境中更奋发进取?

"心理复原力"是心理学上一个十分重要的概念,是指个体遭遇逆境或挫折打击后逐渐适应环境、逐渐复原的心理过程,有时候也会被直接翻译成"心理韧性"。杰克逊(Rachel C. Jackson)和

第十章 压力的"共生法则"

沃特金（Chris Watkin）在 2004 年的论文中提出了心理复原力的七大要素（见表 10-1）。

表 10-1 心理复原力的七大要素

情绪管理能力	能够在压力下控制好自己的情绪，不让情绪影响工作效率的能力。
冲动控制能力	能够管理冲动的想法和情绪的能力，包括能够做到延迟满足，如经过一段时间的努力和等待后再获得奖励，而不是一味追求眼前利益。
因果分析能力	能够准确分析和判别造成眼前困境的原因，不进行错误归因，能够跳出固有的思维模式，看到更多的可能原因和解决方法。
自我效能感应	认识到自己的价值，相信自己能够解决困境并获得成功，或者至少能够让困境变好一点；相信自己，也愿意通过沟通获得他人的信任，因此能够得到更多获得成功的机会。
乐观现实能力	能够脚踏实地地对未来保持乐观，而不是盲目乐观；能够对现实有清醒和准确的认识。
共情能力	能够关注他人的行为表现和情绪流露，从而理解他人的想法和情绪状态，站在他人的角度思考和理解问题，并相应地调整自己的想法和情绪，创造比较舒适的人际关系和对话。
拓展能力	积极主动地增加生活中的积极因素，接受新的挑战和机遇，不对自己的能力设限，不断探索和提高多方面的能力。

针对这七大要素，杰克逊等人还提出了七重提高心理复原力的方法，包括：

- 逆境—信念—后果：学习识别"当下"的思考和信念对逆境的行为和情感的影响。
- 思维陷阱：认识到我们常常没有觉察到的思维错误，如不经过推导直接跳到结论。

- 发现冰山：认识到我们对世界如何运转的深层次的信念，以及这种信念如何影响我们的情绪和行为。
- 冷静和专注：寻找从逆境中退后一步，创造呼吸空间和更灵活思考的方法——退一步海阔天空。
- 富有挑战性的信念：增强我们对事件的了解的广度和准确性，形成更有效和持续地解决问题的行为。
- 展望：学会制止灾难性思考，并将其转变为现实思考。
- 实时复原力：立即将思考付诸实践，该技能依赖掌握其他多项技能，并且快速地作出反应和应对。

这七种能力可以概括为三类：

- 分析自己的信念，如逆境—信念—后果、思维陷阱、发现冰山，从而帮助人们理解自己的信念如何影响心理复原力。
- 转变自己的注意力，如冷静和专注，帮助维持对工作的努力。
- 改变自己的信念，关注富有挑战性的信念、展望和实时恢复力。当人们的错误信念使自己的心理复原力越来越差时，这样做能够帮助人们及时回到正轨中。

同时，这些能力也有全面能力和快速能力之分，前者需要一定的时间才能发挥作用，后者可以迅速在短时间内提高复原力（图10-3）。

科巴沙（Suzanne C. Kobasa）1979年发现，在高压力水平下工作却能抵御疾病的业务主管表现出坚毅性和具有坚毅人格；与

第十章 压力的"共生法则"

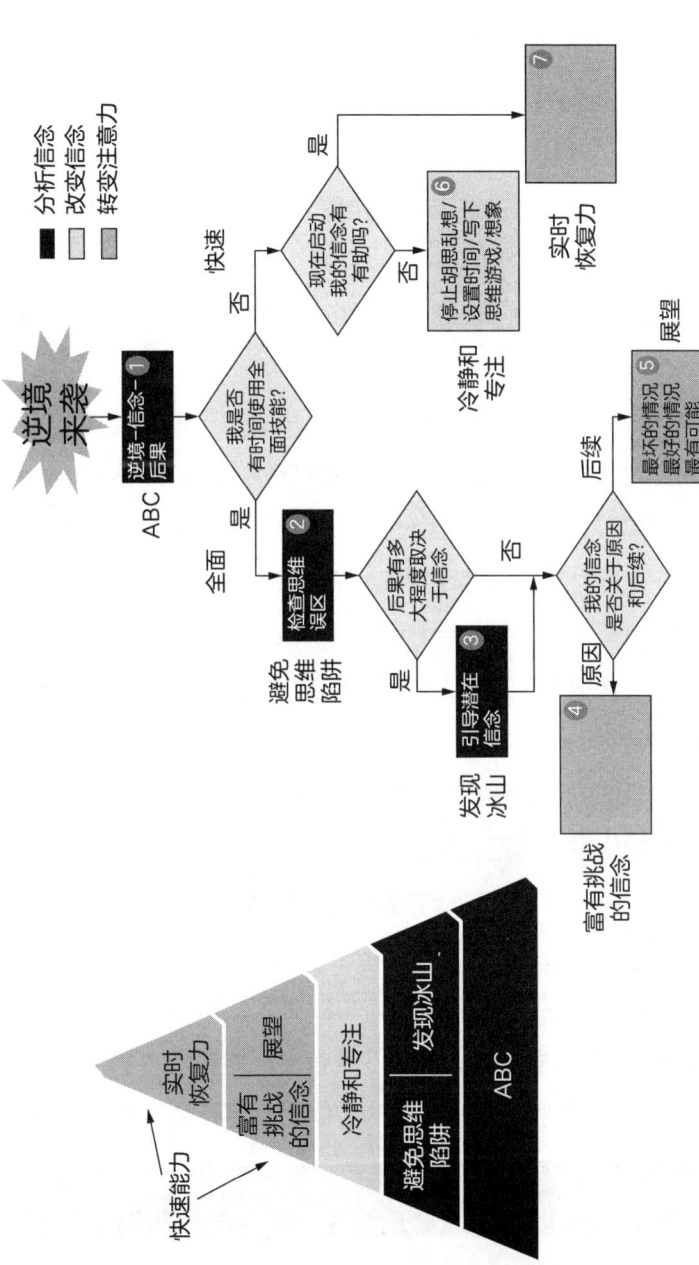

图 10-3 心理复原力训练示意图：如何在正确的时机下使用正确的技能

[注：右图中的（4）富有挑战的信念和（7）实时恢复力，原文列举的方法未进行具体说明，故略去。图来自杰克逊和沃特金，2004 年]

拉扎勒斯的认知评估理论一致，坚毅人格的人更善于对压力进行认知评估，通过积极的解读和行动将压力事件的消极影响尽可能减小，从而避免自己进入"适应不良"或"过度反应"的"致病"状态。坚毅的人认为是自己主动选择高压情境的，因此更有能力应对压力。

科巴沙认为坚毅性由三个内在联系的概念组成：控制、承诺和挑战。

控制感强的人会主动使用知识、技能和决策影响对情境的评估，从而改变对压力事件的认知，并把它们整合为生活计划的一部分，然后积极执行。控制感强的人能够尽最大可能在逆境中选择适合的应对方法，压力事件也会尽量向他们所希望的方向发展。

投入性强（高承诺）的人会全身心投入工作，而不是让自己疏远工作任务和工作情境（提高工作投入的方法请参考第一章中关于职业倦怠的内容）。

富有挑战心的人认为变化是事物的正常状态，而非单调的千篇一律或为了追求稳定而稳定。对变化的期待可以让人成长，而不是产生各种不安全感。将潜在的压力事件解读为挑战，可以减轻压力的感受。

当然，与压力下的心理复原力有关的因素还有很多。无论是杰克逊还是科巴沙的理论，我们都不难看出，能够调节情绪的乐观和自信，能够将压力解读为挑战的控制力和责任心，都是心理复原力非常重要的组成部分。斯特里查吉克（Doug Strycharczyk）和克劳夫（Peter Clough）在《心理韧性：内心强大的终极秘密》

第十章 压力的"共生法则"

(Developing Mental Toughness, 2015)一书中认为,心理韧性是一种决定人如何有效地应对各种情境下的挑战、压力源和压力的人格特质。他们提出了一种 4C 模型,包含四个主要成分:

- 挑战:将挑战看成一种机会。
- 自信:拥有超强的自我信任感。
- 承诺:能够专注于完成任务。
- 控制:相信自己能够掌控命运。

其中自信有两个成分——能力自信和人际自信,控制也包含两个方面——情绪控制和生活控制。斯特里查吉克认为,心理坚韧的人更具社会性,能够在复杂的社会中依然保持冷静和放松的状态;由于善于将压力解读为挑战,他们在大多数情况下很有竞争力,焦虑水平也更低;他们高度自信并坚信能够控制自己的命运,所以会有更大的概率将逆境导向积极的方向。

斯特里查吉克的书中提供了很多十分有用的量表和提高心理韧性的建议,如在情绪控制这个部分,他们列举了情绪控制能力较低和较高的人群的对比。例如,情绪控制较低的人总是让所有人知道自己的真实感受,总是把问题看成"我自己的问题",总是带着自责或责备的心态看待事物;情绪控制较高的人只展示自己想要展示的情绪情感,把问题看作"别人的问题",擅长控制情绪,也理解他人的情绪感受。[1]

需要说明的是,情绪控制无关道德,无关对错,只是一种面对

---

[1] 扫封底二维码,可查看更详细的情绪控制能力高低的对比。

压力和逆境时的适应技能。高控制也未必一定意味着高适应性——斯特里查吉克也承认，高情绪控制的人很可能对他人的情绪状态过于迟钝或冷淡，让人们认为他们对生活不够热情或者缺乏正常的感情，有时候会出现交流障碍或误解。高度的情绪控制需要结合共情或者亲社会等一系列心理因素共同发挥作用，才能更好地应对压力。

不可否认，在大多数情况下，压力的出现意味着我们需要集中精力去解决眼下的危机和困难，保持必要的理性和冷静能够帮助我们更好地解决问题。情绪的控制和管理的意义也体现在此刻，在时间和精力有限时，如果让情绪过多浪费我们的时间和认知资源，显然是得不偿失的。面临危机的时候，你是更信任一个"泰山崩于前而色不变，麋鹿兴于左而目不瞬"的人，还是一个歇斯底里或浑身被低气压和"负能量"缠绕的人？

当然，提高心理韧性的方法有很多，生活中的每一个挫折、每一次压力体验都能够帮助我们逐渐提升，所以它也注定是一个循序渐进的过程。当压力已经切实出现在我们面前，我们该如何做呢？

重新解读压力

根据萨波斯基的说法，在现当代，我们生活中面临的许多危机的应对时间被延长了。我们的祖先更多面对的是物理压力或生物压力，是吃了上顿不知道下顿在哪里的危机感，是面对洪水猛兽如何自保的焦虑。这些压力直接威胁我们的生存，但很好识别，应对方

第十章 压力的"共生法则"

法也比较确定——拼死一战或竭力逃跑，或呆立原地等死。随着人类文明的发展，这些曾经困扰我们祖先的压力大多已经消失了，我们居住在钢铁铸成的森林里，不再为食物和猛兽担忧，但新的压力也产生了。它可能是一个刁难人的上司，可能是每个月付不起的账单，可能是家里需要24小时看护的老人。这些压力不会直接威胁我们的生命，但会大大影响生活质量。这些慢性压力悄然蚕食着我们的生活空间和时间，影响我们的心情和脾气，让我们每天疲惫不堪，抑郁却无处发泄。

近些年，由于信息时代的发展和网络的普及，我们还可能遭受"二手创伤"——来自新闻媒体的创伤性事件报道也可能增加我们的焦虑感。如果你喜欢刷微博，你很可能每天都会从微博上看到大量负面消息，这些别人的创伤和烦恼同样会演变成你自己的烦恼，你会觉得这个世界越来越危险，压力越来越大——这也许是事实，也许是负面消息更吸引流量所以得到了更多的传播，我们无从知晓。

哈门（Constance Hammen）1991年提出了压力产生假说，认为在信念、期望和个人特征的影响下，抑郁症患者和容易抑郁的人的某些行为方式可能会导致其生活中发生负面事件。也就是说，这些人不仅在面对生活压力源时容易遭受抑郁症的困扰（就像在抑郁症的素质—压力模型中所阐明的），他们自己也很可能就是压力源的制造者，进而增加患上这种疾病的风险。压力生活事件可以分为独立性压力生活事件和依从性压力生活事件，前者指如天灾等不可抗力导致的自然灾害；后者既包括与人际关系相关的事件，如家庭关系不和带来的压力，也包括与非人际关系相关的事件，如自己没有好好复习，所以考试没有及格。依从性压力生活事件中有很多就属于"自己制造的压力源"。

有很多情况下，所谓的"制造压力源"也可能是因为容易患抑郁症的个体更可能选择进入压力更大的环境中，或别无选择只能进入这种环境，从而增加了暴露在压力下的可能性。哈门认为，与压力相关的心理障碍的治疗必须强调两点：教导有风险的个体应对压力生活事件的适应性策略；教导有风险的个体识别和减少自身在产生巨大压力事件中的作用。很多有证据和经验支持的抑郁症治疗方法，包括认知行为疗法和人际疗法，都致力于解决减少压力的产生这一问题。辩证行为疗法中的某些组成部分，如人际关系效力、情绪调节、痛苦承受能力，也可能有针对性地降低压力产生过程中的不适应行为。

拉扎勒斯于1966年在《心理压力与应对过程》(Psychological Stress and Coping Process）一书中提出了认知评估的概念。根据这一理论，压力被认为是对个人的要求与应对资源之间的不平衡。拉扎勒斯认为，压力的经历在个体之间有很大不同，这取决于他们对事件的理解方式和特定的思维方式的不同，也就是对事件的认知评估的不同。认知评估是对压力事件的个人解释，这种解释最终会影响人们感受到的压力的强度。

一个典型的认知评估包含两部分：一个是对环境需求的评估，一个是对个人能力的评估。如你的领导要求你后天把工作方案交上来，这就是环境需求。如果你早就写完了，你的个人能力或资源就已经满足了环境的需求，你就不会产生压力；如果你还没写，你的

第十章 压力的"共生法则"

个人能力或资源就无法满足环境的需求——两者的差距有多大，你的压力就有多大。

根据压力应对的理论，压力产生的根源就是认知，即我们如何评估环境和自己。在福克曼和拉扎勒斯等人1986年的论文中，认知评估包括两个步骤。第一个步骤是初级评估，主要评估环境发生了什么变化？这会给自己造成怎样的影响？初级评估主要有三种结果，我们举例说明：当你的领导宣布第二天进行工作考核，如果你发现自己的部门不需要参加考核，这就是无关的环境需求，不会引发压力；如果你所在的部门今年业绩很突出，考核完肯定升职加薪，这就是积极的或良性的环境需求，也不会引发压力；如果不属于上述两种情况，多半是工作业绩不出色，考核的压力必然十分巨大，这就是充满压力的环境需求。

当环境需求被评估为充满压力的，接下来还要对个人能力和资源进行评估，主要评估自己是否有能力应对面前的危机，手上有哪些资源可以用，有没有选择余地。对自己的评估主要有四种后果，以工作为例：你的项目领导告诉你，要把你临时借调到新成立的部门工作一段时间，如果你觉得这种变化有可能产生消极后果，新部门的业务不熟悉，会做不好，可能影响年终绩效，这就是有威胁的环境需求；如果你觉得这种变化意味着一些不好的事情已经发生了，可能是自己曾经得罪过什么人，这就是有危害的环境需求；如果你觉得这种变化会让你失去一些有价值的东西，可能新部门奖金不多，这就是有损失的环境需求；如果你觉得这种变化意味着你增加了获得利益的机会，可以积累新的工作经验，认识新的同事，"塞翁失马，焉知非福"，这就是有挑战的环境需求。显然，有挑战的环境需求比前三种所带来的压力要小得多，更有可能"化压力为动力"。

福克曼和拉扎勒斯等人1986年创建了一个应付方式问卷来测量人们的认知评估，包含8种日常生活中常见的应对压力的想法和做法：对抗性应对、保持距离、自我控制、寻求社会支持、承担责任、逃避、有计划地解决问题和正面重新评估。例如，对抗性应对包括表达愤怒，寻求社会支持包括寻找专业帮助，正面重新评估包括"我经历了这些事情，我变得比以前更好了"。① 大家不妨对号入座，看一看自己习惯采取的压力应对风格是什么。

当然，"好"和"坏"的评价需要根据具体的压力情境和不同的人而定，显然是相对的。在大多数情况下，我们认为压力管理的最好方法就是把压力解读为挑战，因为"挑战"这个词隐含的意义是，眼下的压力情境的后果在一定程度上是可以预测的，而压力事件发展的过程也在一定程度上是可以控制的（图10-4）。

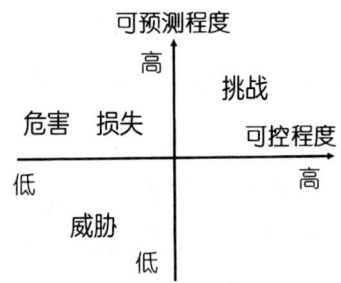

图10-4 提高压力事件的可控程度和可预测程度是将压力解读为挑战的最好方法

---

① 扫封底二维码，可查看具体的应对压力的想法与做法。

第十章 压力的"共生法则"

由于压力事件的可预测程度极大取决于我们对眼前的压力事件掌握了哪些信息，而这些信息只能通过个人的学习和经验来获得，所以在提高可预测性方面理论上没有太多的技巧可以讨论。在"提高心理韧性"这一部分内容中我们已经知道，较强的心理韧性是保障控制感的关键，较好的控制能力也能够帮助人们预测压力事件的走向。那么，如何科学地"控制"压力呢？

控制你的人生

你对自己的生活有多大的控制力？

百分百能控制？大部分时间能控制？能不能控制生活这件事根本不在自己的控制之中？有时候能控制？根本无法控制？

如果觉得这个问题太笼统，请试着回答以下问题：

- ◆ 你能够控制桌面的整洁程度吗？
- ◆ 你能够控制起床时间吗？
- ◆ 你能够控制自己上班到办公室的时间吗？
- ◆ 你能够控制自己不和同事发生冲突，或者冲突产生后不让情况恶化吗？
- ◆ 你能够控制自己一日三餐的时间和质量吗？
- ◆ 你能够控制自己每周的时间安排，保障固定和足量的锻炼时间吗？

如果每个回答你都能坚定地点头，那么恭喜你，你已经对生活有了最基本的控制力。实际上，获得生活的控制权并不难；有些时候看起来似乎完全没办法控制压力事件的走向，但那只是假象。如，当我们坐在私家车或出租车里，被堵在上下班高峰的高速路上，完全无法移动，只能眼睁睁看着自己迟到，此时我们也不是完全没有控制权的。原本，只要我们计划好时间提前出门，或者改坐地铁，这些压力事件就可以避免发生。我们其实拥有对生活中的大部分压力事件的控制力，区别只是控制得好不好，或者说我们愿不愿意去控制。

罗特（Julian B. Rotter）在1954年提出了控制点理论，认为能否主动、自愿的控制生活也体现了一种人格特点：内控型的人倾向认为生活中的事件结果主要来自自己的行为，只要积极采取主动行为，就能够控制自己的生活；而外控型的人倾向认为是机遇或命运（或强大的外界力量，如神明）控制着自己的生活，个人采取任何行为都徒劳无功。

与所有人格特质一样，内控型和外控型只是一种特性的两端，就像一根线的两个端点，不同个体的控制偏向分布在这条线段上的不同位置，有些偏向内控，有些偏向外控，但并不是两个对立的类型。偏内控型的人在面对压力生活事件时倾向认为自己的能力能够影响事件的结果，因此会积极采取行动，在面对可以控制的事件时（如工作上的难题、常见的人际交往纠纷等）他们会表现出更好的适应性；偏外控型的人倾向相信生活中发生的事情是自己无法控制的，压力事件的发生和结果掌握在别人手中，缺乏采取行动去改变的动力，但在面对真正无法控制的事件（如突发的灾难或死亡）时，有时候他们反而会表现出更好的适应性。适应性更强的人还会

第十章 压力的"共生法则"

在内控和外控两种类型之间切换,也就是所谓的双控型,在能够控制的压力事件面前积极、主动地适应和改变自己与环境,在无法控制的压力事件面前努力接受现实,重新振作。

罗特在 1966 年设计了一份包含 13 个问题的量表,用来评估人们的内控和外控的倾向。在此后的时间里,相关的心理学家不断更新着这个量表,现在已经出现了更多、更全面的量表,不过我们依然可以从最初的《强制选择量表》(Forced-Choice Scale)的问题中更好地理解控制点理论。例如,问卷会让人们从两种看法中进行选择——人们生活中许多不幸的事情多少都受运气不好的影响;人们的不幸是由他们的错误造成的。这两种说法哪种最能描述你的想法和感受?[1]

社会心理学家韦纳(Bernard Weiner)在 1974 年补充了罗特的理论,整合了控制点理论和 20 世纪初期由奥地利心理学家弗里茨·海德(Fritz Heider)提出的归因理论。归因理论主要用于解释人际交往中人们如何解释(和归因于)他人和自己的行为,如某个行为的发生到底应该归因于当事人(如人格、动机、态度等),还是归因于情境(如外部压力、社会规范、同侪压力、"神的旨意"、偶然的巧合等)。韦纳认为控制权的归属不仅可以归因于内部或外部因素,还要考虑稳定和不稳定的因素;他将压力事件的结果归因于能力(内部稳定的原因)、努力(内部不稳定的原因)、任务难度(外部稳定的原因)或运气(外部不稳定的原因)。

---

[1] 扫封底二维码,可查看具体问题。

虽然现实生活中的压力事件往往十分复杂，很难单纯地用内控型和外控型套用具体事件，不过，至少在健康心理学领域，内控和外控的倾向确实与健康的生活方式有一定关联。沃尔斯顿（Kenneth Wallston）等人在1976年的论文中提出，身体健康可能归因于三个因素：内部因素（如坚持健康的生活方式和作息、定期的全面身体检查）、强大的其他因素（如靠谱的家庭医生、先进的治疗手段）、运气。将健康单纯归因于运气是有较大的潜在危险的，人们往往会因此忽略医学建议并拒绝帮助。当然，我们不能排除生病确实有运气的成分在内，能否治愈也受强大的其他因素的影响，但从个人的层面，这两个方面我们往往无法努力，能够通过自身的努力去改变的只有内部因素。即使内部因素不能够保证我们一定拥有健康的身体，但它毫无疑问会减少患病的危险。

当然，与控制有关的人格特点远不止控制点理论。1997年，贾奇（Timothy A. Judge）等人提出了核心自我评估理论，包含四个人格维度：控制点、神经质、广义的自我效能感和自尊。神经质和情绪稳定是同一个纬度的两个端点，在一定程度上等同于情绪控制能力。自我效能感最早由班杜拉提出，指代一个人相信自己可以完成特定任务的信念，也等同于对自己从事某领域活动的能力的评估。不过自我效能感低并不意味着自信心差，在自己确实不擅长也根本不在乎的领域里对自我能力评价低并不会带来压力。在经历一个压力事件时，核心自我评估的四个维度很可能会相互影响，如一个偏外控型而自我效能感又偏低的人，必然会更没有动力去主动面对问题和解决问题。

第十章 压力的"共生法则"

控制点理论还有一些重要的发展。前面提到的相信环境是可以通过人为努力控制和改变的，这属于信念特异性，也就是你相信自己的生活可以通过自己的努力和谨慎来控制（如旅行之前做好详细的攻略以减少意外的发生，坐车的时候主动系好安全带，等等），还是由他人控制（如坐车的时候相信司机的驾驶技术，自己一定不会有危险），抑或由机遇（或命运）控制（什么也不做，听天由命）。控制点理论还提出了领域特异性的特点，也就是当人们在自己所擅长和感兴趣的领域，做自己擅长和感兴趣的事情时，获得的控制感往往是最高的。庖丁解牛之所以游刃有余，正是因为这是庖丁擅长和熟悉的，所以才能舞得优雅，切得痛快。众生相不一而同，大千世界也有千种万种精彩，人人都可以活得不同，人人也可以活出自己的精彩，正是因为我们每个人都有自己擅长而别人未必擅长的技能和专长。我认为，做自己擅长的事情并不意味着要永远待在自己的"舒适区"里，舒适区只是一个熟悉和习惯的场所，要了解自己究竟擅长什么，擅长到什么地步，就必须不断地去迎接新的挑战。掌握生活的主动权的最基本原则就是，做自己真正擅长的事情，并且相信自己的努力必然有回报。诚然，生活中总是有太多的无奈，努力未必一定会获得成功，但什么都不做肯定也不可能有任何收获。

更何况，要控制我们的人生，也无须仅仅着眼于人生大事。从我们身边的点滴小事做起，我们就可以一点一点地获得控制感。从桌角一朵小花的幽香所带来的片刻愉悦，整理桌面之后一切都那么井井有条的满足感，到坚持早睡早起，坚持定期锻炼身体或外出散

图 10-5　保持房间的整洁也是控制力高的表现

步、散心，坚持做计划和记录财务支出，再到定期与朋友、家人聚会和游玩，真诚地鼓励和赞扬同事，最后到高效完成工作，保障足够的闲暇时间来发展兴趣爱好，等等。如果你觉得自己对生活的控制感不够，不妨试着从这些小事入手，或者制定从小到大的"夺回控制权"的"作战计划"，然后一点一点地实施它。

英国画家沃茨（George Frederic Watts）在 1886 年创作了一幅名为《希望》(Hope) 的油画，画中一位衣着单薄的年轻金发女子坐在似乎漂浮在大海上的金属球体上，蒙着双眼，左手握着一把好像只剩一根琴弦的木琴，右手轻轻拨动琴弦。她看上去寂寞、苦寒、无助，但她似乎全然不在乎自己所处的环境，只是侧着头，认真聆听琴弦发出的声音。这就是希望，"即使光明和温暖都已离我而去，只要我的手还能动，这琴声就属于我"。

第十章 压力的"共生法则"

这就是控制生活的态度：无论环境如何让你感到绝望，无论深陷在何等的困境中，你都能找到希望；你永远都不会失去对生活的控制权，除非你主动放弃它。

选择正确的应对策略

很好，现在你已经决定，你的人生应该由自己掌舵，你想积极地控制生活，即使压力当前也要主动应对。面对压力，你有哪些应对策略可以选择呢？

让我们想象这样的场景：假设你和恋人发生了纠纷，两个人大吵了一架，谁也不理谁。当然，此时的你们都十分情绪化，两个人的关系面临压力。你会怎么应对这种压力？

努力控制自己的情绪，想方设法和对方沟通和交流，大事化小？

还是冲到酒吧，不管三七二十一先喝个烂醉，反正一醉解千愁？

或者把最好的朋友叫出来，声泪俱下地控诉对方的蛮横？

拉扎勒斯在1991年的论文中详细描述了压力下人们的情绪反应，并提出：（压力）应对以两种方式中的一种来塑造情绪。问题聚焦的应对方式通常涉及有计划的行动，通过直接作用于环境或自身来改变实际的人与环境的关系。情绪聚焦的应对方式仅通过两种方式中的一种来改变，即通过部署注意力（如逃避）或通过改变关系的意义（如否认或疏远），那些与伤害或威胁相关的令人沮丧的情绪就将失去意义。

我们常常说的直面问题其实就是问题聚焦的应对方式，是指面对眼前的问题，马上采取行动去解决。当然，压力没有具体的形体，直面压力只是一个说法，我们不可能把压力当作敌人，真正直视它的双眼。但是我们知道，压力的产生是因为环境产生了改变，需要我们依靠自己的能力去应对。我们之所以感受到压力，就是因为环境的需求超过了我们所能够调动的个体应对资源。所以解决问题的途径有两条：尝试改变环境；尝试改变自己。

尝试改变环境的最重要的一点就是，首先找到问题出在哪儿。人际关系的问题往往是最常见的带来压力的问题：紧张的同事关系、冷漠的家庭关系、糟糕的上下级关系……这种人际关系的问题是一直都存在吗？还是最近才出现的？导致问题发生的原因究竟是什么？这些都是需要仔细分析、考虑的问题。问题聚焦的应对很多时候难以执行，就是因为很多人困在了这一步上。在寻找问题的这一步，我们往往需要收集信息，尽量更多地了解环境到底发生了什么样的变化。这个过程十分重要，因为收集信息能够让我们：通过减少不确定性来增加控制感；增加情况的可预测性；通过调整预期来管理对结果的反应。如果自己实在无法找到问题的答案，可以听听熟悉自己的亲朋好友的意见，或者咨询心理咨询师，这都是解决问题的好方法，毕竟"不识庐山真面目，只缘身在此山中"。

一旦看清了问题的真相，接下来就可以着手制定解决问题的方案了。与生活中大多数解决问题的步骤一样，我们需要思考有哪些解决方案，然后对每种解决方案进行得失评估和比较，选择最可行

第十章 压力的"共生法则"

的解决方法，最后制定计划和执行计划。执行计划的过程中当然会遇到很多的困难，也许是解决方案没有最大程度的优化，或者计划制定得不够完善，抑或并不完全具备执行计划的能力。如果是前两种情况，就需要再次重复解决问题的步骤，不断完善；如果是最后一种情况，就需要同时着手尝试改变自己。

改变自己的方法有很多，最主要的目的是提高自己的能力来适应环境变化的需要。我们可以通过学习新的技能来达到这个目的，也可以试着增加应对资源。能够帮助我们应对压力的资源有很多，比如我们前面提到的心理韧性等人格特质。除此之外，还有年龄——随着年龄的增长，我们积累的经验会更丰富；金融资产——经济相对独立、富足的话，至少不会被生存压力困扰；教育——理论上来说，教育程度越高，拥有的解决问题的知识储备就越多；过去经历——曾经经历过的类似压力事件的解决方法能够给我们更好的提示；社会支持——积极、健康的社交纽带同样能够帮助我们应对压力（详见接下来关系聚焦的应对方式）；生理和心理健康——压力下身体的免疫系统和节律也会受影响，所以越是压力大，越应该积极进行身体锻炼，对抗慢性压力带来的身体损伤。

在很多情况下，压力的发生是一个比较突然的过程，而人格、年龄、金融资产、教育、过去经历等应对资源往往需要较长时间的积累，所以我们能够在较短时间内增加的应对资源通常是社会支持和生理、心理健康。

虽然在压力情况下，我们建议首先采取问题聚焦的应对，但不可否认的是，有很多压力是无法通过解决问题的方式来应对的，尤

图 10-6　压力越大，越应该进行体育锻炼，提高自己应对压力的能力

其是涉及自然灾难和死亡的压力。在很多情况下，即使压力可以解决，人们暂时无法获得解决问题的足够能力，也只能将问题搁置——如果明知不可为而为之，反而会造成额外的压力。但压力一直存在，这时候最好的应对策略就是情绪聚焦的应对，也就是以减轻情绪压力为主的应对方式。情绪聚焦的应对策略包含两条途径：被动减轻情绪压力；主动减轻情绪压力。

被动减轻情绪压力的方法其实也是我们最熟悉的方法。为什么压力一大我们就忍不住想要刷微博、打游戏、刷朋友圈、看小说、上网购物、听歌？这样做除了能够让我们心情愉悦以外，还能改变我们的注意力，让我们暂时忘了压力——这就是逃避。如果压力源是让人心烦意乱的人际关系，还可以选择与相关的人保持距离，眼不见心不烦。我们也经常使用祈愿式想法，偶尔做做梦，想想自己

第十章 压力的"共生法则"

突然中了一百万大奖,让自己心情瞬间好起来。只要不混淆幻想和现实,这种方法无可厚非。

从缓解情绪压力的角度,逃避、保持距离和祈愿式想法都是好方法。当然,一个重要的前提是,这些都只是暂时性策略,而不是长期策略,因为压力应对的首要目标还是解决问题,而不是对问题永远视而不见。一味忽视压力的存在并不能减少压力对我们的伤害,反而可能让压力不断积累,造成更大的损失。

相比被动减轻情绪压力,我更推荐主动减轻情绪压力的方法。主动减轻情绪压力的方法包括认知层面和行为层面的策略,其中认知层面的最主要策略是情绪重评,行为层面我个人比较推荐健身和冥想的训练。

格罗斯(James J. Gross)在1998年的论文中这样定义情绪重评:改变对当下情境的认知,从而改变其对情绪的影响。格罗斯在前言中还引用了《荀子》中的段落:"从人之性,顺人之情,必出于争夺,合于犯纷乱理而归于暴。"他认为,我们的情绪反应倾向受两个因素的调节,一个因素来自情绪的源头——导致情绪产生的线索本身,另一个因素则是我们的情绪反应。与拉扎勒斯的压力应对理论一样,我们可以通过对情绪线索的重新解读来改变我们的情绪反应,而一旦情绪反应发生了,我们也可以直接改变情绪反应(如图10-7)。情绪调控(评估)的过程包括三个阶段:注意力加工过程,用来改变对造成情绪产生的刺激物或事件的注意力;评价加工过程,从认知层面重新解读当下的环境;反应加工过程,改变对情绪的行为反应,反过来改变情绪。

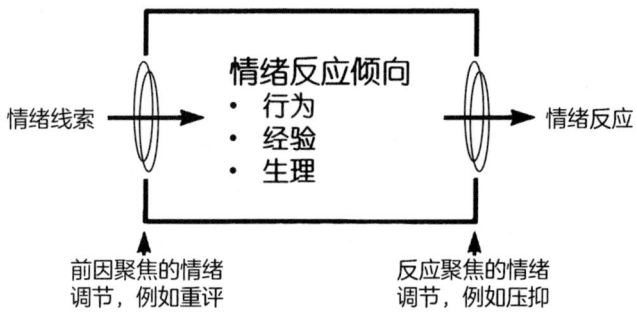

图 10-7 情绪调节的两条途径：在源头进行重评，或者直接调节输出的情绪反应
（图来自格罗斯，1998 年）

情绪重评往往发生在重新解读情绪线索的时刻：当我们看到一个年轻男子正在用手擦眼睛，看起来似乎在努力擦去泪水——这时你就是在对这个事件进行消极的情绪解读，你感受到的也是悲伤；但也有这种可能，他只是眼睛里进了沙子，所以在揉眼睛，这时你体验到的就是一种中性的情绪；甚至，你可以解读为他终于通过努力获得了梦寐以求的职位，所以偷偷地喜极而泣，你自然会感受到同样的积极的情绪。这就是情绪重评的力量。

如果情绪反应已经发生了，我们再要改变情绪反应，通常的办法是抑制，如努力忍住泪水。也可以通过其他情绪反应来掩饰眼下的情绪反应，如用微笑来掩饰尴尬，用苦笑来掩饰失望，等等。

在情绪心理学的研究领域里，情绪重评往往是最重要、最有效的情绪调节手段，在大部分与情绪管理相关的心理学书籍中都有所涉及，这里也不再赘述。除了情绪重评以外，锻炼身体的过程同样能够释放情绪，缓和压力。不管是跑步、游泳、使用健身房器械练习，还是团体练习瑜伽，根据每个人的喜好，总有一种健身活动值

第十章 压力的"共生法则"

得我们长期坚持。良好的身体健康和体态不仅能够为我们增加应对资源,健身过程中的精神高度集中和不断挑战自我也能够给我们带来身心愉悦。无论是问题聚焦还是情绪聚焦的应对方法,锻炼身体都是非常值得推荐的手段。如果你不喜欢过于消耗体力的运动,或许可以尝试定期、短时间的冥想或正念练习。冥想源于东方的禅修,在积极心理学领域逐渐发展起来的正念是冥想的一种,正念练习不仅能够锻炼对思想的控制,提升注意力,也能够带来积极的人生态度——强调对环境和自身的感知觉,"活在每一个当下"。正念练习基本没有练习成本(一开始就自己练习是完全可以的,并不会有风险),操作简单、易行,不像其他锻炼活动那样受场地或天气的限制,理论上更容易坚持下去。

关系聚焦的应对也能够帮助我们更好地适应环境。在第二章的"照料和结盟"这一小节中我们已经提到过社会支持的重要性,现在我们再总结一下面临压力时积极保持重要的社会关系的益处:

◆ 提供解决问题的实质性帮助;
◆ 提供共情反应(家人、朋友的理解和富有同情心的回应);
◆ 尝试重新解决争端(如果问题就发生在社会关系中)。

对每个人来说,保持一段长期的社会关系(无论是友情、爱情,还是家庭关系)都是十分重要的,它能够让我们更关注自身的健康,更关心他人,更重视人与人的联系。每个人的思考、认知、情绪反应都不同,当我们有了更在乎的他人,我们就能够更关注自己的情绪对他人的影响(或者反过来)。他人就像一面镜子,让我们不断审视和调整自己，避免作出极端的行为或情绪反应。

积极的社会支持对三种应对方式都有促进作用。拥有稳固的社会关系，我们就可以更好地表达自己的情绪（情绪聚焦），更有效地收集重要信息（问题聚焦），维持与他人的关系（关系聚焦）。归根结底，我们需要生活在社会中，而不是与社会隔离。

在大多数情况下，最有效的应对方式并非一种，我们常常需要同时使用三种应对方式。我们认为的控制能力和真实的控制能力相差不大，重合的部分正好能够部分满足环境的需求时，应该首先使用问题聚焦的应对方法，先把能够解决的问题"消灭"，从根本上减小压力源对我们的影响；出现我们的真实能力无法满足的环境的需求时，过度焦虑不但无济于事，还会损害我们的身心健康，应该使用情绪聚焦和关系聚焦的应对方式，将情绪反应带来的危害降到最低（图 10-8）。当然，最理想的状态是想办法使我们真实的控制能力满足环境的需求，彻底消除压力。

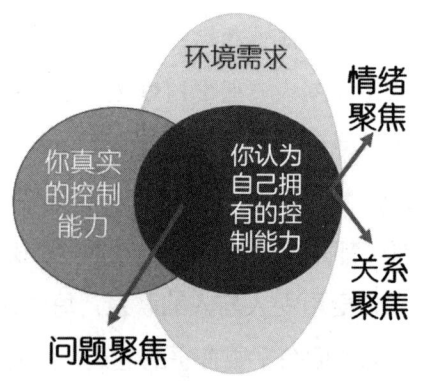

图 10-8　三种应对方法的使用建议

第十章　压力的"共生法则"

如果我们的真实控制能力和自我评估的控制能力无法满足任何环境需求时，我们该怎么办？

愿我们都有能力在第一时间对完全超出能力范围的事情说不。

在自律中成长

人性的特点是，在危机中迅速被召唤出来的最好的品质通常很难在繁荣的平静中找到。我们所有美德的轮廓都是在逆境中塑造的。

——罗伯茨（Gregory David Roberts），《项塔兰》(Shantaram，1997)

美国精神科医师、畅销书作家派克（Morgan Scott Peck）在1978年出版了《少有人走的路：心智成熟的旅程》(The Road Less Traveled: A New Psychology of Love, Traditional Values and Spiritual Growth)，在这本20年间无数次再版的畅销书中，他以一名心理治疗师的眼光解读了心理障碍和成长的关系。

在这本书中，他提到了自律在心智成熟中的重要作用："自律，包含具有积极意义的四种人生原则，目标都是解决问题，而不是回避痛苦。这四种原则包括：推迟满足感、承担责任、尊重事实、保持平衡。"前三个原则相对好理解，保持平衡和心理恢复的概念有些类似，按照派克的说法，"意味着建立富有弹性的约束机制"。当我们遇到不快的事情时，生气是一种必不可少的反击方式，它不仅让我们的情绪得到了宣泄，更重要的是，通过这种宣泄让对方感到了压力，也了解了我们的界限，保护我们不受欺凌和压制。但我们需要适当控制这种情绪，不让它过度发展，造成不必要的正面冲突，这就是荀子所说的"怒不过夺，喜不过予"。

自律之所以在成长过程中十分重要，正是因为我们从一出生就暴露在压力中，而在生命早期，我们应对压力的方式大多数都是冲动性反应。随着成长和心智的成熟，我们逐渐学会哪些应对是适应性的，哪些应对是非适应性的，然后通过控制冲动来维持适应性应对方法，摆脱非适应性应对方法。澳大利亚心理学家齐默-格姆贝克（Melanie J. Zimmer-Gembeck）和斯金纳（Ellen A. Skinner）在2016年出版的《发展病理学》（Developmental Psychopathology）一书中的相关章节里，详细综述了儿童的压力应对发展过程，他们说："研究应对方法的主要理由是，当人们面对逆境时，他们应对挑战的方式可能对其后续发展产生重大影响。如果不知所措，他们将更容易承受随后的心理问题和混乱；如果迎接挑战，他们将变得更坚强、更强壮，未来出现新的威胁和困难时更具韧性。"压力经历和应对经验对我们生活方式和心智的塑造，就像感染了细菌或病毒后生病，痊愈后从此获得了免疫力。"应对的概念不是指人们应对逆境所带来的资源和负债，而是指人们如何与每天都可能遇到的现实问题、挫折和困难相互影响和塑造。"

在成长过程中，与压力的每一次"遭遇战"都会让我们发展出无数应对方式——问题解决、谈判、反省、适应、逃避、对抗和寻求帮助。这些不同的策略就像谈判桌上的交易，要么我们妥协，让压力不断侵蚀我们的资源并产生长期负债；要么我们让压力让步，

第十章 压力的"共生法则"

帮助我们积累持久的管理压力的能力。

根据齐默-格姆贝克等人的总结，约有25%的儿童和青少年遭遇的主要生活压力来自亲人的死亡、目睹创伤性事件，或遭受家庭成员或其他人的虐待（参见第八章的"童年期创伤：一个不该回避的话题"）。也有越来越多的儿童和青少年经历频繁发生的校园冲突和人际关系冲突，随着时间的推移，这些压力与精神病理学症状，包括抑郁、焦虑和犯罪行为的增加，伤害同伴，友谊和浪漫关系的形成和破裂，种族歧视或社区暴力建立关联。

齐默-格姆贝克等人提出了一个压力应对的多层次概念模型，描述压力应对是一组相互关联的过程，这些过程在神经生理学、心理、行动、人际关系和社会层面上起作用。神经生理学水平包括参与对压力的检测和反应以及对压力反应的调节的心理生物学子系统，最主要的是下丘脑—垂体—肾上腺皮质轴（HPA轴）、交感—肾上腺髓质轴（SAM轴）、杏仁核和前额叶皮层（PFC），尤其是前扣带回皮层（ACC）。心理水平包括与压力反应和调节有关的过程，尤其是注意力、情绪和动机子系统。行动水平包括共同产生行动倾向并对其进行整合和调节的子系统，特别是行为、认知和元认知子系统。人际关系水平包括社会同伴参与应对以及人际关系（如与照料者、其他家庭成员、老师、朋友和同伴的关系），这些因素支撑了许多应对子系统的发展。社会层面水平包括影响儿童、青少年自身的压力源和可利用的资源，以及影响他们的社会同伴的社会压力源和支持资源（图10-9）。

一方面，发展塑造了应对方法。通过对自下而上的反应过程施

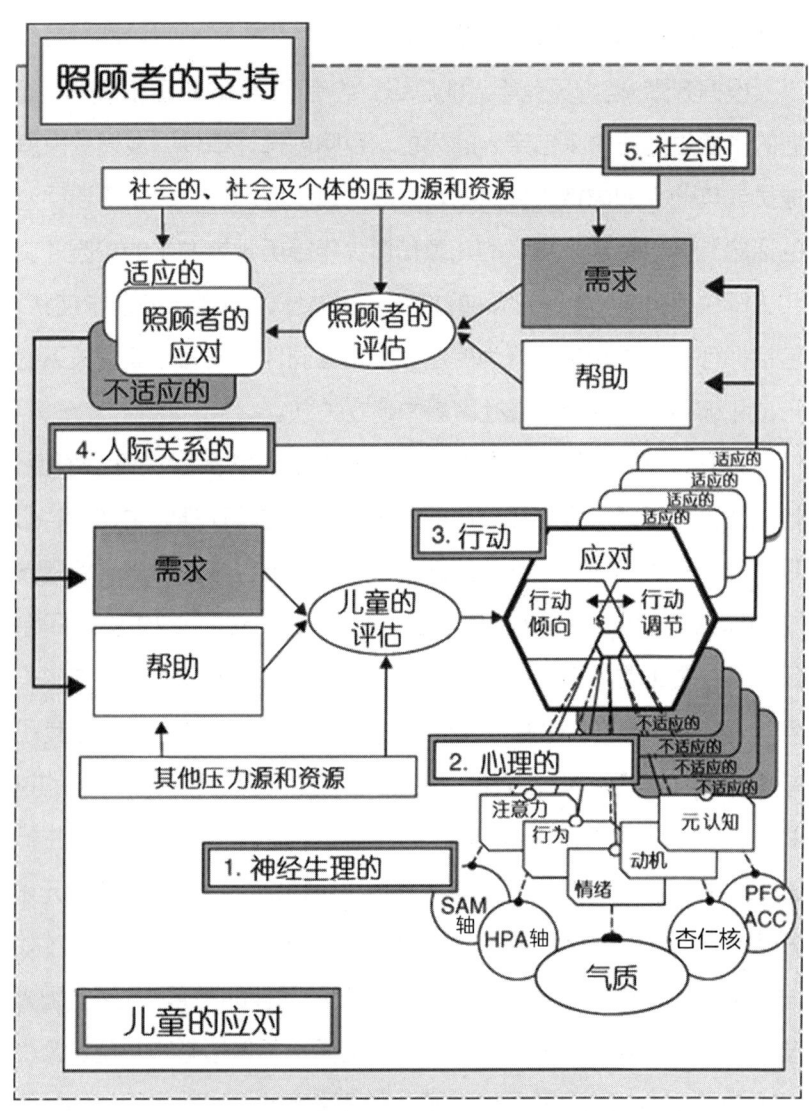

图 10-9 应对的综合多层次概念化示意图

（图来自齐默-格姆贝克等人，2016 年）

第十章 压力的"共生法则"

加广泛的影响,这五个层次的应对过程在与压力的"交易"过程中得到协调和整合,我们的多种神经生理和心理过程,如注意力、情感、动机、行为和认知等,得到了锻炼和发展;整个自上而下的认知监控过程在发展过程中对应对过程产生了广泛影响,我们的自控能力也得到了提高,压力应对中的控制感越来越强。

另一方面,应对也有助于发展。在压力事件中,个体试图优化环境需求(压力)与自己内部、外部的资源和反应(应对)之间的契合度,齐默-格姆贝克等人认为,这就好像创造了"最近发展区"(详见第九章),在这个过程中解决问题和情绪调节的能力被发展、练习和巩固。久而久之,在与压力的不断"交易"中,个人能力得到了提高,应对资源也不断增加和积累。

正如我们在第七章中详细介绍的,早期的经历对我们成长过程中的压力应对有十分重要的影响。齐默-格姆贝克等人也尝试整合将气质、依恋、养育和家庭压力容纳在内的应对发展模型,在这个模型中,他们提出应对永远是导致精神病理学的发育级联过程中的一部分:心理和社会因素通常会导致压力反应和应对的适应不良,而负面因素又直接或间接地造成发展过程中的一系列负面事件,包括习惯的形成、行动倾向、面对压力时内化和外化的不良反应方式,以及来自社会同伴的反应,这些负面事件会进一步恶化行为问题并累积、增强疾病的发作风险。

图 10-10 是潜在的神经生理因素和家庭、社会因素如何增加行为问题和心理障碍风险的示意图。左边部分示意家庭压力中气质、依恋和养育中的负面因素如何造成不适应的应对方式并形成外化的

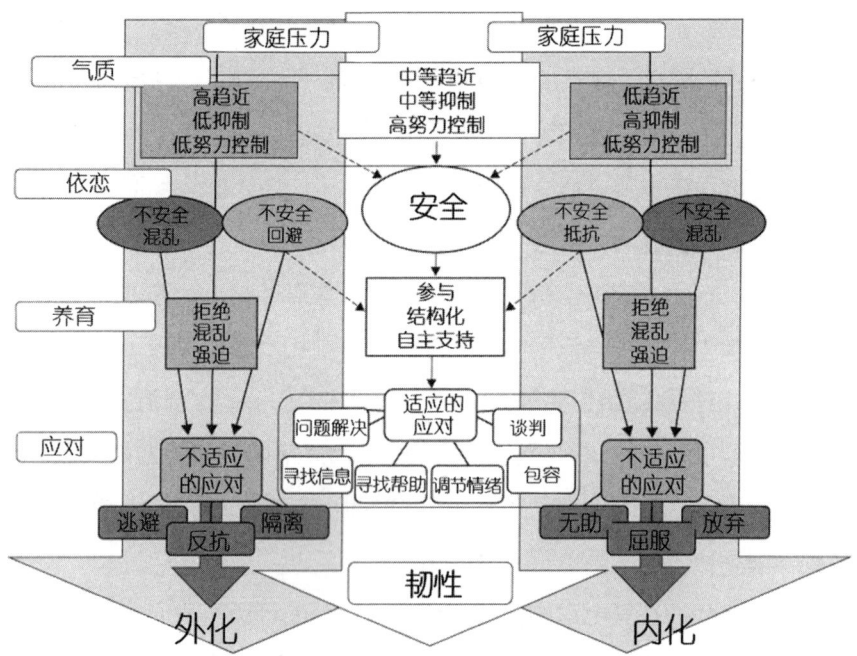

图 10-10　神经生理因素和家庭、社会因素增加行为问题和心理障碍风险的示意图
（图来自齐默-格姆贝克等人，2016 年）

行为问题；右边部分示意家庭压力中气质、依恋和养育中的负面因素如何造成不适应的应对方式并形成内化的情绪问题；中间部分示意气质、依恋和养育中的积极因素对于适应的应对方式的促进作用。

家庭的养育方式往往对早期压力应对的形成有十分重要的影响。父母可能通过两种主要方式破坏子女健康应对方式的发展：通过遗漏的错误，如不帮助儿童建立适应性人际交往系统；通过执行的错误，如主动使用无用或有害的方式教导儿童应对压力。具体来说，常见的家庭养育方式有如下六种（表 10-2），其中父母的温暖、结

第十章 压力的"共生法则"

构化和自主支持的养育方式能够帮助儿童习得和养成适应性应对方式,提高心理韧性;拒绝、混乱和强迫则会造成消极的结果。

表 10-2 常见的家庭养育方式

温暖/参与	通过关怀和亲密的互动,父母可以交流彼此的情感,表现无条件的爱以及对孩子的积极关怀。
结构化	通过可靠和稳定的例行互动,父母营造出坚固、安全的环境,它是有组织的、可预测的、反应迅速的,并可在孩子需要或要求时提供实质性帮助。
自主支持	通过与孩子自己的真实愿望和最大利益相协调的互动,父母对孩子的真实自我表达尊重、鼓励和信任。
拒绝	父母通过敌对、鄙视、嘲笑、讽刺、冷漠、无理或残酷的互动,公开或暗中表达对孩子的厌恶或不喜欢。
混乱	父母通过不稳定、无法预测、前后不一致和不连续的互动,创造出不稳定、混乱和动荡的情境。
强迫	父母通过恐吓、武力、服从的要求和惩罚的威胁,或者通过内在批评和收回对孩子的爱的威胁,来控制、施压和不尊重孩子。

注:表格参考齐默-格姆贝克等人,2016年。

尽管在应对方式的发展过程中,早期家庭经历十分重要,但家庭的影响只决定了你在人生道路上是否需要付出更多的努力去改变,并不意味着我们的出生就决定了一切。正如古罗马时代著名的哲学家塞内卡(Lucius Annaeus Seneca)那句名言:"只要你还活着,就继续学习如何生活。"应对的发展是一生的事,因为压力会始终伴随我们。了解压力应对发展的影响因素并不是为了找到可以谴责的对象,而是为了让我们更好地了解问题出在哪里,然后想办法解决问题,改善和提高自己。自律和自我控制在成长过程中之所以重要，就是因为这种能力能够帮助我们摆脱生命早期的负面影响，让我们不断蜕变。

派克在书中曾经引用了美国作家基恩（Sam Keen）《致舞神》（*To a Dancing God*，1970）中一段话：

> 我必须超越现有的一切，超越以自我为中心的观念。消除由个人经验产生的成见，才会获得成熟的认识。这一过程包括两个步骤：消除熟悉的过去；追求新鲜的未来。……为了体验新鲜事物的独特性，我必须以包容一切的姿态，说服既有的成见和观念暂时让位，让陌生、新奇的事物进入感官世界。在此过程中，我必须竭尽全力，尽可能展现成熟的自我、诚实的姿态、巨大的勇气，不然的话，人生中的每一分每一秒，都将是过去经验的一再重复。

或许，这就像《天龙八部》里的虚竹用"自添满"（舍弃自己的一部分优势，换来新的机遇）的方法破解了30年无人可解的珍珑棋局，这个不断更新旧我、超越现有的一切的过程，就是成长。

跳出消极思维的死循环

> 我没有路，所以不需要眼睛；当我能够看见的时候，我也会失足颠仆。我们往往因为有所自恃而失之于大意，反不如缺陷能对我们有益。
>
> ——莎士比亚（William Shakespeare），《李尔王》（*King Lear*）

弗里茨·海德除了提出归因理论以外，还提出了一个十分有趣

第十章 压力的"共生法则"

的平衡理论,这个理论量化了我们改变态度的过程——为了保障认知一致性,我们常常需要修改自己对待他人或事物的态度以达到认知的平衡。平衡理论的核心是P-O-X模型,其中P代表一个人,O代表另一个人,X代表事物或对象;加号(+)代表喜欢,减号(-)代表不喜欢。

如果P和O相互喜欢,我们可以象征性地用P(+)>O和P<(+)O来表示。

如果P喜欢物体X但不喜欢O,O却是X的创造者(即可以理解为P和X相互喜欢),你会怎么想呢?如果用公式来表达,即为:P(+)>X;P(-)>O;O(+)>X(如图10-11)。

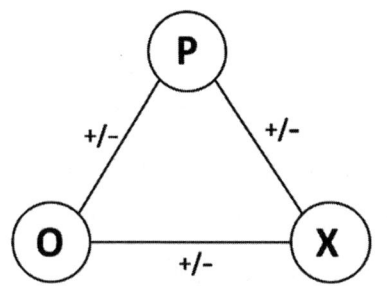

图10-11 P-O-X模型

在这个公式里,加号(+)和减号(-)同时具有数学上的意义。也就是说,这个三角关系中只有当三个对象的关系都为正(+),或两个负(-)和一个正(+)时,最终的结果才是正值,才能达到认知平衡。但在上述的例子里,两个正(+)和一个负(-)无法实现平衡,于是出现了认知失调。"认知失调"这个概念最早由美国社会心理学家费斯廷格(Leon Festinger)提出,是一个很常见的心理学术语，简单来说就是一个人如果持有两个或两个以上相互矛盾的信念、想法或价值观，或因为卷入违反自己信念、想法或价值观的行为中并因此承受心理压力，就会产生认知失调。人们为了缓解或消除这种认知失调带来的不安和不协调感，会尽一切努力改变自己的行动或想法，直到这些矛盾消除。

想象一下，假如你就是例子中的主角 P，为了消除认知失调带来的压力感受，你会如何改变你对 O 和 X 的态度以维持平衡呢？

方案一：你可以改变对 O 的态度。仔细回想了一下，似乎 O 身上也有讨喜的地方？[于是你获得了三个（+），实现平衡。]

方案二：你可以改变对 X 的态度。仔细观察了一下，我似乎并没有自己原以为的那么喜欢 X？[于是对 X 的态度变成了（-），你获得了两个（-）和一个（+），实现平衡。]

方案三：你甚至可以质疑 O 和 X 之间的关系。像 O 这种平庸之辈，怎么可能创造出 X 这样美妙绝伦的东西，一定是谣传！[于是，在你的认知世界里，O 和 X 的关系变成了（-），你同样获得了两个（-）和一个（+），实现平衡。]

虽然弗里茨·海德的平衡理论因为过于简化人物和事物之间的关系（现实中的人物关系可远比喜欢 / 不喜欢复杂多了），但这个模型依然带给我们启发：我们的态度和想法并不是一成不变的，它很容易受到他人和我们如何看待他人等因素的影响。有些时候，为了对抗认知失调带来的焦虑，我们甚至会刻意将他人或人物关系想象得更消极。

当我们习惯性使用这种消极的思维方式，我们很可能正一步步

第十章 压力的"共生法则"

滑向抑郁症（参考第六章）。"认知行为疗法之父"贝克的学生伯恩斯（David D. Burns）对这一点看得尤为清楚，在他出版于 1980 年的畅销书《伯恩斯新情绪疗法》(Feeling Good: the New Mood Therapy) 中，他引用古希腊哲学家爱比克泰德（Epictetus）的观点，来说明认知治疗对于抑郁症的重要意义："困扰我们的并不是事物，而是我们自己的思考方式。"

伯恩斯认为，长期处于消极/抑郁的自动思维中的人很容易发生认知扭曲，它导致人们对现实产生错误的感知（如贝克的消极认知三角）。这些扭曲的想法导致人们构建越来越消极的世界观，也会引发焦虑或抑郁，挑战和改变这些认知扭曲成为认知行为疗法的关键元素。

《伯恩斯新情绪疗法》中介绍了十种比较常见的导致抑郁情绪的认知扭曲。例如人们认为自己如果表现不够完美，就是一种彻底的失败，这就是典型的全或无思想；当一件有消极后果的事情发生，人们就认定类似的失败模式会永远持续下去，这就是以偏概全。[1]

伯恩斯认为："只要你的认知扭曲形成惯性思维，抑郁情绪就会不请自来，你的感受和行为将相互作用，形成一个不断循环的恶性怪圈。只要你相信抑郁情绪带来的感受，不久你就会发现，你几乎对任何事情的感受都很消极。这种反应产生的速度不到千分之一秒，快得让你没法察觉。消极情绪感觉起来真是无比真实，反过来

---

[1] 扫封底二维码，可查看更具体的内容。

又会让你认为它营造的扭曲思维绝对可靠。这种循环不断地重复,最后你就陷入精神牢狱。虽然,它只不过是你不经意间营造的错觉或骗局,但它感觉很真实,所以你相信它是千真万确的。"

消极/抑郁的自动思维就像一个并不甜蜜的陷阱,它最初也许源于我们面对压力时的自我防御机制,让我们更关注危机,让我们忧心忡忡,让我们愤怒,对所处的世界也更敏感。这一系列压力反应原本是为了迅速激发一整套应对机制以帮助我们改变自己,适应环境,也是下一次应对压力的预演(如"居安思危"),但它可能扭曲现实,让我们对"真实"的误解越来越深。如果你发现自己不小心落入这样的陷阱,凭借自己的力量很难走出这重重的迷思,就应该寻找专业的帮助。如果你觉得自己有能力和时间自我调节,《伯恩斯新情绪疗法》会是十分有用的实践指南。这本书不仅"一语惊醒梦中人",点出生活中常见的认知扭曲,更用大部分章节介绍了一些实用的认知练习,比如如何建立自尊,如何自我激励,如何使用语言技巧应对自我批评,如何控制愤怒和战胜内疚。书中也介绍了一些预防抑郁症的措施,如如何克服我们对获得他人认同和需要被他人爱的执念,如何克服完美主义和成就主义对生活的影响,等等。1994年,这本书被称为"最常被抑郁症患者推荐"的书籍,也在2005年被称为"抑郁症的自助书"之一。

除此之外,美国精神科医生麦克凯(Matthew McKay)等人所著的《辩证行为疗法:掌握正念、改善人际效能、调节情绪和承受痛苦的技巧》(The Dialectical Behavior Therapy Skills Workbook,2007)也是一本非常实用的自助书。这本书最大的特点是描述性

第十章 压力的"共生法则"

内容并不多,更多的是可以马上实践的思维训练方法,是一本能够帮助我们更好地应对压力、缓解焦虑的工具手册。

不过,与所有的书籍、方法、技巧一样,有效的前提是我们有足够的自制力去坚持学习和实践,但认知扭曲往往会阻碍我们的自我调节和自我帮助。如果你感觉到纠正自我认知的实践很难坚持下去或收效甚微,还是要及时征求专业人士如心理咨询师的意见。寻求帮助并不是一件令人羞愧的事情,我们每个人的境遇不同,对世界、情绪、他人的敏感程度也不同,在强大的压力之下,所有人都需要获得额外的帮助,这也是人类社会存在的意义。抑郁症与心理素质无关,与身体素质也无关。好莱坞著名的巨石强森(Dwayne Johnson),这位前世界摔跤冠军、"史上最伟大的摔跤选手之一",自2013年起就数次被评为"最卖座的演员""年收入最高的演员",无论是成就还是身体素质,都是令人惊叹的"硬汉",也坦言自己曾经遭受过抑郁症的折磨,曾经寻求过专业帮助,可见"压力面前,人人平等"。

陷入消极思维的循环并不可怕,可怕的是我们从此与这个世界的美丽擦肩而过。

先爱自己,再爱别人

2019年12月12日,南方周末发布了一篇名为《"不寒而栗"的爱情:北大自杀女生的聊天记录》的报道,报道中披露的无数细节令人战栗。而更令人唏嘘的是,以优异成绩考入中国最高学府——北京大学，专业是法学的天之娇女包丽（化名），竟能够在一段畸形、扭曲的恋爱关系中彻底被粉碎了做人的自尊，心甘情愿地忍受种种非人的折磨，最终在无法承受凌辱之时也没有向亲人和朋友求助，而是选择结束自己宝贵的生命。

当然，这起悲剧的背后涉及很多严重的问题，比如精神控制、家庭暴力和PUA（英文pickup artist的简称，原意是追求心仪姑娘的技巧，现多用来指男性为了达到在精神上控制女性而采取的犯罪行为）。这些打击别人的手段往往有同一种表现形式，就是贬低和伤害受害者的自我，让被害者无法接受自己，无法爱护自己，从而被洗脑，认为别人对自己的伤害是正常的。这是一种极度卑劣也十分可怕的精神打击手段，它不仅会让被害者手无寸铁，还会让他们失去自我保护或者奋起反抗的意愿，任人宰割。

当一个人的自尊被摧毁，后果将是灾难性的。

在本书的最后三章里，我们频繁地看见这个词——自尊。在心理学上，自尊和自信近乎等同，都是对自我价值的肯定，但很多人往往需要根据他人的评价来形成和肯定自己的自尊。就像我们在第三部分详细介绍的那样，我们对自我的认识往往来自与环境的互动，自我评价也往往基于他人对我们的评价。但真正的自尊应该独立于他人的评价，它是我们对自己的看法和信念，是不被他人意见左右的。我们可能对自己的某些能力感到骄傲和自豪，也可能对自己的某些不足感到不满和忧虑，但这些并不影响我们认为自己是一个有价值的人，因为我们知道人无完人，每个人都是不同的，都有独属于自己的快乐和忧愁。我们无惧各种社会比较，因为我们知道

第十章 压力的"共生法则"

自己是独一无二的。这些都是自尊的力量。

当我们有了足够的自尊，我们就可以更进一步地了解自己，认识自己，然后接纳自己。自我认同是很多心理治疗中非常关键的一步。一个内心强大的人必然首先是一个能够无条件接受自己的人。接受自己优秀的部分很容易，拥抱自己的缺点和不足却很难。但只有接受了真实的自己，才能够在此基础上不断完善自己，不断追求进步。一个高度自我认同的人并不会因为接纳了一切就止步不前，相反，他们会拥有更多前进的动力。他们会为自己变得越来越好而满心欣喜，会热情拥抱自己的进步，更加接纳自己。我们常常评价一个人很"真实"，因为他们在与他人相处的时候很放松，不需要伪装成另一个人，也从不担心"人设崩塌"。

真实的人就是真正做到了自我认同的人。一旦接受了自己，人们就不再担心别人的看法，也更愿意让自己的内在被其他人看到，与他人相处的方式就更真诚和自然。自我认同的人不会再被虚妄的"身份""地位"或"面子"所束缚，人际关系中可能出现的尴尬和误解也不会带来特别严重的羞耻或恐惧等心理负担，压力自然而然地减轻了。

只有在自我认同的基础上，我们才能继续发展一种更强大的心理能力——自爱。受文学作品的影响，我们的影视作品十分强调爱情的伟大，过分美化两个人的情感碰撞，却很少探讨自爱。当我们爱上他人的时候，我们会努力尝试理解对方的性格、喜好、经历、人生观、价值观、世界观，尽一切去表达我们的关注、尊重、支持、理解和接受，仿佛这才是爱情最美好的模样。但在这样的爱情中，我们自己的身份角色是缺席的。如果我们不能够首先努力理解自己的性格、喜好、经历、人生观、价值观和世界观，不能够首先对我们自己有足够的关注、尊重、支持、理解和接受，我们真的能够好好地爱一个完全不同的他人吗？

广义来说，这种爱不仅仅体现在浪漫之爱中，也体现在父母之爱中。懂得自爱的父母才懂得如何了解和引导自己的孩子，让他们从小建立自我接纳和自我爱护的能力，而不是从小打压和进行社会比较，为他们的自我接纳之路增添坎坷。

这个世界上不存在完美的人，也不存在完全一样的人。我们的社会依然在不断发展和完善，我们生来就处在不同的生长环境中，接受不同的文化和社会的熏陶，为不同的人生目标而努力。我们的人生只属于自己，虽然与身边人的人生往往有错综复杂的交集，但无论如何，我们都不可能成为别人。我们呼吸着自己鼻子前的空气，看着自己眼前的风景，走在自己脚下的道路上——这是我们独一无二的体验和经历。正因为我们是如此独特的存在，与他人的比较才变得毫无意义。我很喜欢白居易的《放言五首·其五》：

泰山不要欺毫末，颜子无心羡老彭。
松树千年终是朽，槿花一日自为荣。

世间万物都拥有独属于自己的精彩和美丽，人类也不例外。与其将时间浪费在毫无意义的横向对比上，不如在自己的时间线上进行纵向对比，看看今天的自己比昨天的自己又增添了哪些经验，完成了哪些工作，成熟了几分。

不过，所有人确实都有一个共同点——我们都经历过不同类型

第十章 压力的"共生法则"

的压力,都是一次又一次压力出现后的幸存者。即使生活中存在各种不如意和苦难,我们依然可以选择看到生活中的美好,去努力珍惜人生,这本就是人生最大的成就。所以,我们有什么理由不自尊、自信和自爱呢?

心理学的力量也在于此。心理学自诞生以来就是一门诠释人类内心世界(或者用更科学的说法,脑内世界)的学科,在漫长的人类发展历史中,我们的好奇心不仅引导我们努力探索整个世界的真理,也驱使我们不断探索关于自身的秘密。虽然近代心理学仅仅诞生了不到一个半世纪[源于1879年德国生理学家冯特(Wilhelm Maximilian Wundt)在莱比锡大学建立了第一个心理实验室],而在这段短暂的历史中,不仅人类的科技发展到了空前的高度,我们对自身的理解也有了快速的发展。心理学为我们提供了很多帮助我们了解自身的工具,让我们能够更理性地看待自己和他人。通过心理学,我们能够更好地了解自己的缺点和不足,但更重要的是,它让我们明白这些缺点和不足都是正常的,也是可以改善的。我们能够更好地理解他人为什么和我们如此不同,学会接纳这种不同。

如果说这个世界上有一门学科能够真正让人们爱上自己,那只有心理学。

但心理学所提倡的爱并不是盲目的爱,而是一种冷静分析和深入理解之后对自我的拥抱。这一点非常重要,因为在我们人生的每一个时刻,我们进行的思考、作出的行为和反应,都必须以我们自己为出发点。如果我们自己都无法接纳自己,又怎能安心地大胆探索这个世界、享受生活呢?虽然世界十分复杂,我们接触的人也很复杂，不可避免地会受到压力的打击，面对心存歹意的人，甚至掉入认知扭曲的陷阱中，但无论境况多么艰难，我们都不能放弃自己。我们最可靠的支持首先就是自己。爱自己，就是接纳自己的不完美，在不破坏社会秩序和伤害他人的前提下接纳自己真实的欲望和情感，相信自己的独一无二，也相信自己值得眼下享受的生活，值得通过努力获得更好的生活。

津巴多在《普通心理学（第七版）》一书中还提到了另一种广义的自信和自我接纳，那就是民族或种族自信。在整合了对在美国成长起来的少数种族移民的后代的研究之后，他发现，对一个人的种族或民族认同并感觉自豪可以帮助这个人承受由种族歧视和不接纳带来的压力。我们无法改变自己的出身，更不可能改变我们的基因，它终究是我们的一部分，否定它就等于否定我们的生理和文化特性，相当于自我否定。民族、种族只是一个标签，而社会和文化作为不断发展的人类历史的产物，与人类本身一样，也有不完善和需要不断改进的地方，全盘否定既不理性，也毫无意义。

我们常常说要做到"内心强大"，但怎样才算"强大"呢？我认为，只有一个真正接纳了自己的人，才不会轻易被外界左右自己的想法和行动，才会很明确自己的奋斗目标和人生理想，才能够真正享受生活中的快乐，这就是真正的内心强大。

一个真正内心强大的人，才会不断挑战和完善自己，让自己不断成熟和发展，并在一次又一次的自我人生轨迹纵向对比中胜出，变得越来越有自信。

接纳自己和自爱并不是自恋，对自己的爱应该忠诚而谦恭，是

第十章 压力的"共生法则"

图 10-12 爱自己，才能更好地爱别人

一种无须多言就能够让人感受到的、由内向外散发的自信的光芒。这种自信成为自我蜕变的驱动力，而不是阻力。就像派克在《少有人走的路》里所说的："首先确立自我，才能够放弃自我。"这并不是真正的放弃，而是因为坚信自己能够更成熟，于是超越了旧有的束缚，不断变得更好。

《旧唐书·魏徵传》说："夫以铜为镜，可以正衣冠；以古为镜，可以知兴替；以人为镜，可以明得失。"

以压力为镜，我们应该更了解自己，更爱自己。

参考文献

Aboud, F. E., & Skerry, S. A. (1983). Self and ethnic concepts in relation to ethnic constancy. *Canadian Journal of Behavioural Science / Revue Canadienne Des Sciences Du Comportement, 15* (1), 14—26.

Ahmad, K. Z. (2010). Person-environment fit: A critical review of the previous studies and a proposal for future research. *International Journal of Psychological Studies, 2* (1), 71—78.

Ainsworth, M. D. (1979). Infan—mother attachment. *American Psychologist, 34* (10), 932—937.

Akiki, T. J., Averill, C. L., & Abdallah, C. G. (2017). A network-based neurobiological model of PTSD: Evidence from structural and functional neuroimaging studies. *Current Psychiatry Reports, 19* (11), 81.

Akinola, M., & Mendes, W. B. (2012). Stress-induced cortisol facilitates threat-related decision making among police officers. *Behavioral Neuroscience, 126* (1), 167—174.

Allen, A. P., Kennedy, P. J., Dockray, S., et al. (2017). The trier social stress test: Principles and practice. *Neurobiology of Stress, 6*, 113—126.

Almeida, D. M., Wethington, E., & Kessler, R. C. (2002). The daily inventory of stressful events: An interview-based approach for measuring daily stressors. *Assessment, 9* (1), 41—55.

Amodio, D. M., & Frith, C. D. (2006). Meeting of minds: The medial frontal cortex and social cognition. *Nature Review Neuroscience, 7* (4), 268—277.

Amsterdam, B. (1972). Mirror self-image reactions before age two. *Developmental Psychobiology, 5* (4), 297—305.

Amsterdam, B., & Greenberg, L. M. (1977). Self-conscious behavior of infants: A videotape study. *Developmental Psychobiology, 10* (1), 1—6.

Amsterdam, B. K., & Levitt, M. (1980). Consciousness of self and painful self-consciousness. *The Psychoanalytic Study of the Child, 35*, 67—83.

Anderson, M. C., Ochsner, K. N., Kuhl, B., et al. (2004). Neural systems underlying the suppression of unwanted memories. *Science, 303* (5655), 232—235.

Anderson, S. E., Dallal, G. E., & Must, A. (2003). Relative weight and race influence average age at menarche: Results from two nationally representative surveys of us girls studied 25 years apart. *Pediatrics, 111* (4), 844—850.

Arnsten, A. F. (2009). Stress signalling pathways that impair prefrontal cortex structure and function. *Nature Review Neuroscience, 10* (6), 410—422.

Bandura, A. (1999). Moral disengagement in the perpetration of inhumanities. *Personality and Social Psychology Review, 3* (3), 193—209.

参考文献

Beck, A. T. (2005). The current state of cognitive therapy: A 40-year retrospective. *Archives Of General Psychiatry*, 62 (9), 953—959.

Beck, A. T., & Bredemeier, K. (2016). A unified model of depression: Integrating clinical, cognitive, biological, and evolutionary perspectives. *Clinical Psychological Science*, 4 (4), 1—24.

Beijers, R., Buitelaar, J. K., & de Weerth, C. (2014). Mechanisms underlying the effects of prenatal psychosocial stress on child outcomes: Beyond the hpa axis. *European Child & Adolescent Psychiatry*, 23 (10), 943—956.

Bellolio, M. F., Cabrera, D., Sadosty, A. T., et al. (2014). Compassion fatigue is similar in emergency medicine residents compared to other medical and surgical specialties. *Western Journal of Emergency Medicine*, 15 (6), 629—635.

Belsky, J., & Hsieh, K.-H. (1998). Patterns of marital change during the early childhood years: Parent personality, coparenting, and division-of-labor correlates. *Journal of Family Psychology*, 12 (4), 511—528.

Bem, S. L. (1981). Gender schema theory: A cognitive account of sex typing. *Psychological Review*, 88, 354—364.

Benson, P. L., Leffert, N., Scales, P. C., et al. (1998). Beyond the "village" rhetoric: Creating healthy communities for children and adolescents. *Applied Developmental Science*, 2 (3), 138—159.

Berghorst, L. H., Bogdan, R., Frank, M. J., et al. (2013). Acute stress selectively reduces reward sensitivity. *Frontiers in Human Neuroscience*, 7, 133.

Bernhardt, B. C., & Singer, T. (2012). The neural basis of empathy. *Annual Review of Neuroscience*, 35, 1—23.

Berridge, K. C., & Robinson, T. E. (1998). What is the role of dopamine in reward: Hedonic impact, reward learning, or incentive salience? *Brain Research Reviews*, 28 (3), 309—369.

Bhutani, J., Bhutani, S., Balhara, Y. P., et al. (2012). Compassion fatigue and burnout amongst clinicians: A medical exploratory study. *Indian Journal of Psychological Medicine*, 34 (4), 332—337.

Bliss, T. V., & Lømo, T. (1973). Long-lasting potentiation of synaptic transmission in the dentate area of the anaesthetized rabbit following stimulation of the perforant path. *The Journal of Physiology*, 232 (2), 331—356.

Bolger, M. A. (1997). An exploration of college student stress. *Dissertation Abstracts International Section A: Humanities and Social Sciences*, 58 (5-A), 1597.

Bonsall, M. B., Geddes, J. R., Goodwin, G. M., et al. (2015). Bipolar disorder dynamics: Affective instabilities, relaxation oscillations and noise. *Journal of the Royal Society Interface*, 12 (112).

Bowlby, J. (1969). *Attachment and Loss, Vol. 1: Attachment.* New York: Basic Books.

Brantley, P. J., Waggoner, C. D., Jones, G. N., et al. (1987). A daily stress inventory: Development, reliability, and validity. *Journal of Behavioral Medicine, 10* (1), 61—74.

Brazelton, T. B. (1973). Assessment of the infant at risk. *Clinical Obstetrics and Gynecology, 16* (1), 361—375.

Brewin, C. R. (2008). What is it that a neurobiological model of PTSD must explain? *Progress in Brain Research, 167,* 217—228.

Brewin, C. R., Dalgleish, T., & Joseph, S. (1996). A dual representation theory of posttraumatic stress disorder. *Psychological Review, 103* (4), 670—686.

Broughton, J. M. (1978). An introduction to critical developmental psychology. In J. M., Broughton (Ed.), *Path in psychology.* Boston, MA: Springer.

Brown, G. L., Mangelsdorf, S. C., Neff, C., et al. (2009). Young children's self-concepts: Associations with child temperament, mothers' and fathers' parenting, and triadic family interaction. *Merrill Palmer Q (Wayne State University Press), 55* (2), 184—216.

Brown, J. D., Cai, H., Oakes, M. A., et al. (2009). Cultural similarities in self-esteem functioning: East is east and west is west, but sometimes the twain do meet. *Journal of Cross-Cultural Psychology, 40* (1), 140—157.

Bruyndonckx, L., Hoymans, V. Y., Lemmens, K., et al. (2016). Childhood obesity-related endothelial dysfunction: An update on pathophysiological mechanisms and diagnostic advancements. *Pediatric Research, 79* (6), 831—837.

Buske-Kirschbaum, A., Jobst, S., Wustmans, A., et al. (1997). Attenuated free cortisol response to psychosocial stress in children with atopic dermatitis. *Psychosomatic Medicine, 59* (4), 419—426.

Byrne, S., & McLean, N. (2001). Eating disorders in athletes: A review of the literature. *Journal of Science and Medicine in Sport, 4* (2), 145—159.

Camras, L. A., Meng, Z., Ujiie, T., et al. (2002). Observing emotion in infants: Facial expression, body behavior and rater judgments of responses to an expectancy-violating event. *Emotion, 2,* 178—193.

Camras, L. A., & Shutter, J. M. (2010). Emotional facial expressions in infancy. *Emotion Review, 2* (2), 120—129.

Carver, C. S., & White, T. L. (1994). Behavioral inhibition, behavioral activation, and affective responses to impending reward and punishment: The BIS/BAS scales. *Journal of Personality and Social Psychology, 67,* 319—333.

Carver, L. J., Dawson, G., Panagiotides, H., et al. (2003). Age-related differences in neural correlates of face recognition during the toddler and preschool years. *Developmental Psychobiology: The Journal of the International Society for Developmental Psychobiology, 42* (2), 148—159.

Casey, B. J., Jones, R. M., & Hare, T. A. (2008). The adolescent brain. *Annals of the New York Academy of Sciences, 1124,* 111—126.

参考文献

Caspi, A., Roberts, B. W., & Shiner, R. L. (2005). Personality development: Stability and change. *Annual Review of Psychology, 56*, 453—484.

Charil, A., Laplante, D. P., Vaillancourt, C., et al. (2010). Prenatal stress and brain development. *Brain Research Reviews, 65* (1), 56—79.

Chen, X., Hastings, P. D., Rubin, K. H., et al. (1998). Child-rearing attitudes and behavioral inhibition in chinese and canadian toddlers: A cross-cultural study. *Developmental Psychology, 34* (4), 677—686.

Chess, S., & Thomas, A. (1977). Temperament and the parent-child interaction. *Pediatric Annals, 6* (9), 574—582.

Cicchetti, D., & Doyle, C. (2016). Child maltreatment, attachment and psychopathology: Mediating relations. *World Psychiatry, 15* (2), 89—90.

Cicchetti, D., Rogosch, F. A., & Toth, S. L. (1998). Maternal depressive disorder and contextual risk: Contributions to the development of attachment insecurity and behavior problems in toddlerhood. *Development and Psychopathology, 10* (2), 283—300.

Cicchetti, D., Rogosch, F. A., & Toth, S. L. (2006). Fostering secure attachment in infants in maltreating families through preventive interventions. *Development and Psychopathology, 18* (3), 623—649.

Cicchetti, D., Toth, S. L., & Rogosch, F. A. (1999). The efficacy of toddler-parent psychotherapy to increase attachment security in offspring of depressed mothers. *Attachment & Human Development, 1* (1), 34—66.

Cohen, B. M., Renshaw, P. F., & Yurgelum-Todd, D. (1995). Imaging the mind: Magnetic resonance spectroscopy and functional brain imaging. *The American Journal of Psychiatry, 152* (5), 655—658.

Cohen, S., Kamarck, T., & Mermelstein, R. (1983). A global measure of perceived stress. *Journal of Health and Social Behavior, 24* (4), 385—396.

Cooper, C., & Quick, J. (2017). *The handbook of stress and health: A guide to research and practice.* John Wiley & Sons Ltd.

Compas, B. E., Connor-Smith, J., & Jaser, S. S. (2004). Temperament, stress reactivity, and coping: Implications for depression in childhood and adolescence. *Journal of Clinical Child & Adolescent Psychology, 33*, 1, 21—31.

Cowan, C. P., & Cowan, P. A. (1988). Who does what when partners become parents: Implications for men, women, and marriage. *Marriage & Family Review, 12* (3—4), 105—131.

Cowan, C. P., & Cowan, P. A. (1995). Interventions to ease the transition to parenthood: Why they are needed and what they can do. *Family Relations, 44* (4), 412—423.

Craddock, N., & Jones, I. (1999). Genetics of bipolar disorder. *The Lancet, 381*

(987),1654—1662.

Crandall, C. S., Preisler, J. J., & Aussprung, J. (1992). Measuring life event stress in the lives of college students: The undergraduate stress questionnaire (usq). *Journal of Behavioral Medicine, 15* (6), 627—662.

Damasio, A. R. (1996). The somatic marker hypothesis and the possible functions of the prefrontal cortex. *Philosophical Transactions: Biological Sciences, 351* (1346), 1413—1420.

Davis, T. M., & Yehieli, M. (1998). Hiroshima and paper cranes: A technique to deal with death and grief. *Journal of School Health, 68* (9), 384—386.

de Kloet, E. R., Joels, M., & Holsboer, F. (2005). Stress and the brain: From adaptation to disease. *Nature Review Neuroscience, 6* (6), 463—475.

de Kloet, E. R., Oitzl, M. S., & Joëls, M. (1999). Stress and cognition: Are corticosteroids good or bad guys? *Trends in Neurosciences, 22* (10), 422—426.

de Quervain, D. J., Roozendaal, B., & McGaugh, J. L. (1998). Stress and glucocorticoids impair retrieval of long-term spatial memory. *Nature, 394* (6695), 787—790.

de Rosnay, M., Cooper, P. J., Tsigaras, N., et al. (2006). Transmission of social anxiety from mother to infant: An experimental study using a social referencing paradigm. *Behaviour Research and Therapy, 44* (8), 1165—1175.

Dedovic, K., Renwick, R., Mahani, N. K., et al. (2005). The montreal imaging stress task: Using functional imaging to investigate the effects of perceiving and processing psychosocial stress in the human brain. *Journal of Psychiatry & Neuroscience, 30* (5), 319—325.

DeLongis, A., Folkman, S., & Lazarus, R. S. (1988). The impact of daily stress on health and mood: Psychological and social resources as mediators. *Journal of Personality and Social Psychology, 54* (3), 486—495.

Detillion, C. E., Craft, T. K., Glasper, E. R., et al. (2004). Social facilitation of wound healing. *Psychoneuroendocrinology, 29* (8), 1004—1011.

Dias-Ferreira, E., Sousa, J. C., Melo, I., et al. (2009). Chronic stress causes frontostriatal reorganization and affects decision-making. *Science, 325* (5940), 621—625.

Dickerson, S. S., & Kemeny, M. E. (2004). Acute stressors and cortisol responses: A theoretical integration and synthesis of laboratory research. *Psychological Bulletin, 130* (3), 355—391.

Diener, E., & Diener, M. (1995). Cross-cultural correlates of life satisfaction and self-esteem. *Journal of Personality and Social Psychology, 68* (4), 653—663.

Dinan, T. G., & Cryan, J. F. (2013). Melancholic microbes: A link between gut microbiota and depression? *Neurogastroenterology & Motility, 25* (9), 713—719.

Dorn, L. D., Hitt, S. F., & Rotenstein, D. (1999). Biopsychological and cognitive differences in children with premature vs. on-time adrenarche. *Archives of Pediatrics*

参考文献

and Adolescent Medicine, 153 (2), 137—146.

Doss, B. D., Rhoades, G. K., Stanley, S. M., et al. (2009). The effect of the transition to parenthood on relationship quality: An 8-year prospective study. Journal of Personality and Social Psychology, 96 (3), 601—619.

Duxbury, L., & Higgins, C. (2012). Caring for and about those who serve: Work-life conflict and employee well being within canada's police departments (pp. 1—115). https://sprott.carleton.ca/wp-content/files/Duxbury-Higgins-Police2012_fullreport.pdf.

Eagly, A. H., Wood, W., & Diekman, A. B. (2000). Social role theory of sex differences and similarities: A current appraisal. In Eckes, T. & Trautner, H. M. (Eds.), The developmental social psychology of gender. Lawrence Erlbaum Associates Publishers.

Eisenberger, N. I., Taylor, S. E., Gable, S. L., et al. (2007). Neural pathways link social support to attenuated neuroendocrine stress responses. Neuroimage, 35 (4), 1601—1612.

Elkind, D. (1967). Egocentrism in adolescence. Child Development, 38 (4), 1025—1034.

Evans, J. S., & Stanovich, K. E. (2013). Dual-process theories of higher cognition: Advancing the debate. Perspectives on Psychological Science, 8 (3), 223—241.

Evrensel, A., & Ceylan, M. E. (2015). The gut-brain axis: The missing link in depression. Clinical Psychopharmacology and Neuroscience, 13 (3), 239—244.

Fairburn, C. G., Shafran, R., & Cooper, Z. (1999). A cognitive behavioural theory of anorexia nervosa. Behaviour Research and Therapy, 37 (1), 1—13.

Field, T., Estroff, D. B., Yando, R., et al. (1996). "Depressed" mothers' perceptions of infant vulnerability are related to later development. Child Psychiatry & Human Development, 27 (1), 43—53.

Fink, G. (2016). Stress: Concepts, cognition, emotion, and behavior: Handbook of stress. Academic Press.

Fisher, A. J., Medaglia, J. D., & Jeronimus, B. F. (2018). Lack of group-to-individual generalizability is a threat to human subjects research. Proceedings of the National Academy of Sciences of the United States of America, 115 (27), E6106—E6115.

Fisher, H. E., Brown, L. L., Aron, A., et al. (2010). Reward, addiction, and emotion regulation systems associated with rejection in love. Journal of Neurophysiology, 104 (1), 51—60.

Fiske, S. T., Cuddy, A. J., Glick, P., et al. (2002). A model of (often mixed) stereotype content: Competence and warmth respectively follow from perceived status and competition. Journal of Personality and Social Psychology, 82 (6), 878—902.

Fletcher, A. C., Steinberg, L., & Williams-Wheeler, M. (2004). Parental influences on adolescent problem behavior: Revisiting stattin and kerr. *Child development, 75* (3), 781—796.

Foa, E. B., McNally, R., & Murdock, T. B. (1989). Anxious mood and memory. *Behaviour Research and Therapy, 27* (2), 141—147.

Folkman, S., Lazarus, R. S., Dunkel-Schetter, C., et al. (1986). Dynamics of a stressful encounter: Cognitive appraisal, coping, and encounter outcomes. *Journal of personality and social psychology, 50* (5), 992—1003.

Friedman, H. S., & Booth-Kewley, S. (1987). Personality, type a behavior, and coronary heart disease: The role of emotional expression. *Journal of Personality and Social Psychology, 53* (4), 783—792.

Frisch, J. U., Hausser, J. A., & Mojzisch, A. (2015). The trier social stress test as a paradigm to study how people respond to threat in social interactions. *Frontiers in Psychology, 6*, 14.

Gangestad, S. W., Caldwell Hooper, A. E., & Eaton, M. A. (2012). On the function of placental corticotropin-releasing hormone: A role in maternal-fetal conflicts over blood glucose concentrations. *Biological reviews of the Cambridge Philosophical Society, 87* (4), 856—873.

Gauthier, Y. (2003). Infant mental health as we enter the third millennium: Can we prevent aggression? *Infant Mental Health Journal, 24* (3), 296—308.

Gershon, R. R., Lin, S., & Li, X. (2002). Work stress in aging police officers. *Journal of Occupational and Environmental Medicine, 44* (2), 160—167.

Gilbert, K. R. (1995). We've had the same loss, why don't we have the same grief. *Death Studies, 20*, 269—283.

Gilligan, C. (1982). New maps of development: New visions of maturity. *American Journal of Orthopsychiatry, 52* (2), 199—212.

Gitau, R., Cameron, A., Fisk, N. M., et al. (1998). Fetal exposure to maternal cortisol. *Lancet, 352* (9129), 707—708.

Glick, P., & Fiske, S. T. (1996). The ambivalent sexism inventory: Differentiating hostile and benevolent sexism. *Journal of Personality and Social Psychology, 70* (3), 491—512.

Glynn, L., Sandman, C. S., Baram, T., et al. (2016). *Maternal prenatal mood entropy predicts infant negative affectivity and maternal and child report of internalizing symptoms*. Paper presented at the Psychosomatic Medicine.

Greenberg, J., Pyszczynski, T., & Solomon, S. (1986). The causes and consequences of a need for self-esteem: A terror management theory. In R. F. Baumeister (Ed.), *Public Self and Private Self* (pp.189—212). New York, NY: Springer.

Greene, J. D., Sommerville, R. B., Nystrom, L. E., et al. (2001). An fMRI investigation of

emotional engagement in moral judgment. *Science, 293* (5537), 2105—2108.
Greenwood, T. A. (2017). Positive traits in the bipolar spectrum: The space between madness and genius. *Molecular Neuropsychiatry, 2* (4), 198—212.
Gross, J. J. (1998). Antecedent- and response-focused emotion regulation: Divergent consequences for experience, expression, and physiology. *Journal of Personality and Social Psychology, 74*, 224—237.
Grossmann, T., Striano, T., & Friederici, A. D. (2007). Developmental changes in infants' processing of happy and angry facial expressions: A neurobehavioral study. *Brain and Cognition, 64* (1), 30—41.
Güth, W., Schmittberger, R., & Schwarze, B. (1982). An experimental analysis of ultimatum bargaining. *Journal of Economic Behavior and Organization, 3,* 367—388.
Hall, M. J., Norwood, A. E., Fullerton, C. S., et al. (2002). Preparing for bioterrorism at the state level: Report of an informal survey. *American Journal of Orthopsychiatry, 72* (4), 486—491.
Hammen, C. (1991). Generation of stress in the course of unipolar depression. *The Journal of Abnormal Psychology, 100* (4), 555—561.
Harlow, H. F., & Zimmermann, R. R. (1958). The development of affective responsiveness in infant monkeys. *Proceedings of the American Philosophical Society, 102,* 501—509.
Harrison, P. J., Geddes, J. R., & Tunbridge, E. M. (2018). The emerging neurobiology of bipolar disorder. *Trends in Neurosciences, 41* (1), 18—30.
Heidt, T., Sager, H. B., Courties, G., et al. (2014). Chronic variable stress activates hematopoietic stem cells. *Nature Medicine, 20* (7), 754—758.
Hermans, E. J., van Marle, H. J., Ossewaarde, L., et al. (2011). Stress-related noradrenergic activity prompts large-scale neural network reconfiguration. *Science, 334* (6059), 1151—1153.
Herten, N., Otto, T., & Wolf, O. T. (2017). The role of eye fixation in memory enhancement under stress—an eye tracking study. *Neurobiology of Learning and Memory, 140,* 134—144.
Het, S. (2009). *Psychosozialer stress, die endokrine stressreaktion und ihr einfluss auf arbeitsgedächtnisprozesse.* (Grades eines Doktors der Naturwissenschaften), Ruhr-Universität Bochum.
Heyman, R. E., & Slep, A. M. S. (2004). Do child abuse and interparental violence lead to adulthood family violence? *Journal of Marriage and Family, 64* (4), 864—870.
Hipson, W. E., & Séguin, D. G. (2017). Goodness of fit model. In V. Zeigler-Hill & T. K. Shackelford (Eds.), *Encyclopedia of personality and individual differences.* Springer, Cham.
Holm, J. E., & Holroyd, K. A. (1992). The daily hassles scale (revised): Does it measure

stress or symptoms? *Behavioral Assessment, 14* (3—4), 465—482.

Holmes, T. H., & Rahe, R. H. (1967). The social readjustment rating scale. *The Journal of Psychosomatic Research, 11* (2), 213—218.

Hornik, R., & Gunnar, M. R. (1988). A descriptive analysis of infant social referencing. *Child development, 59* (3), 626—634.

Huizink, A. C., Bartels, M., Rose, R. J., et al. (2008). Chernobyl exposure as stressor during pregnancy and hormone levels in adolescent offspring. *Journal of Epidemiology and Community Health, 62* (4), e5.

Huizink, A. C., Mulder, E. J., & Buitelaar, J. K. (2004). Prenatal stress and risk for psychopathology: Specific effects or induction of general susceptibility? *Psychological Bulletin, 130* (1), 115—142.

Huizink, A. C., Mulder, E. J., Robles de Medina, P. G., et al. (2004). Is pregnancy anxiety a distinctive syndrome? *Early Human Development, 79* (2), 81—91.

Hyde, J. S. (2005). The gender similarities hypothesis. *American Psychologist, 60* (6), 581—592.

Jackson, R., & Watkin, C. (2004). The resilience inventory: Seven essential skills for overcoming life's obstacles and determining happiness. *Selection & Development Review, 20* (6), 13—17.

Johnson, J. G., & Busemeyer, J. R. (2010). Decision making under risk and uncertainty. *Wiley Interdisciplinary Reviews. Cognitive Science, 1* (5), 736—749.

Johnson, S. L., Murray, G., Fredrickson, B., et al. (2012). Creativity and bipolar disorder: Touched by fire or burning with questions? *Clinical Psychology Review, 32* (1), 1—12.

Joiner, T. E., Jr., Brown, J. S., & Wingate, L. R. (2005). The psychology and neurobiology of suicidal behavior. *Annual Review of Psychology, 56*, 287—314.

Jönsson, P., Wallergard, M., Osterberg, K., et al. (2010). Cardiovascular and cortisol reactivity and habituation to a virtual reality version of the trier social stress test: A pilot study. *Psychoneuroendocrinology, 35* (9), 1397—1403.

Judge, T. (1997). The dispositional causes of job satisfaction : A core evaluations approach. *Research in Organizational Behavior, 19*, 151—188.

Neville, K., & Cole, D. A. (2013). The relationships among health promotion behaviors, compassion fatigue, burnout, and compassion satisfaction in nurses practicing in a community medical center. *The Journal of nursing administration, 43* (6), 348—354.

Kagan, J. (1967). Biological aspects of inhibition systems. *American Journal of Diseases of Children, 114* (5), 507—512.

Kagan, J. (2013). Temperamental contributions to inhibited and uninhibited profiles. In P. D. Zelazo (Ed.), *The Oxford handbook of developmental psychology, Vol. 2: Self and other*. Online Publication.

Kahana-Kalman, R., & Walker-Andrews, A. S. (2001). The role of person familiarity in young infants' perception of emotional expressions. *Child development, 72* (2), 352—369.

Kanner, A. D., Coyne, J. C., Schaefer, C., et al. (1981). Comparison of two modes of stress measurement: Daily hassles and uplifts versus major life events. *Journal of Behavioral Medicine, 4* (1), 1—39.

Karney, B. R., & Bradbury, T. N. (1995). The longitudinal course of marital quality and stability: A review of theory, method, and research. *Psychological Bulletin, 118* (1), 3—34.

Keller, A., Ford, L. H., & Meacham, J. A. (1978). Dimensions of self-concept in preschool children. *Developmental Psychology, 14* (5), 483—489.

Kelly, O., Matheson, K., Martinez, A., et al. (2007). Psychosocial stress evoked by a virtual audience: Relation to neuroendocrine activity. *Cyber Psychology & Behavior, 10* (5), 655—662.

Kemeny, M. E. (2003). The psychobiology of stress. *Current Directions in Psychological Science, 12* (4), 124—129.

Kerner, B. (2014). Genetics of bipolar disorder. *The Application of Clinical Genetics, 7*, 33—42.

Kiel, E. J., & Buss, K. A. (2014). Dysregulated fear in toddlerhood predicts kindergarten social withdrawal through protective parenting. *Infant and child development, 23* (3), 304—313.

Kim, J. J., & Baxter, M. G. (2001). Multiple brainmemory systems: The whole does not equal the sum of its parts. *Trends in Neurosciences, 24*, 324—330.

Kim, J. J., Lee, H. J., Han, J.-S., et al. (2001). Amygdala is critical for stress-induced modulation of hippocampal long-term potentiation and learning. *The Journal of Neuroscience, 21* (14), 5222—5228.

Kirschbaum, C., Pirke, K. M., & Hellhammer, D. H. (1993). The "trier social stress test"— a tool for investigating psychobiological stress responses in a laboratory setting. *Neuropsychobiology, 28* (1—2), 76—81.

Kirschbaum, C., Wolf, O. T., May, M., et al. (1996). Stress- and treatment-induced elevations of cortisol levels associated with impaired declarative memory in healthy adults. *Life Sciences, 58* (17), 1475—1483.

Klonsky, E. D., & May, A. M. (2015). The Three-Step Theory (3ST): A new theory of suicide rooted in the "ideation-to-action" framework. *International Journal of Cognitive Therapy, 8* (2), 114—129.

Kobasa, S. C. (1979). Stressful life events, personality, and health: An inquiry into hardiness. *Journal of Personality and Social Psychology, 37* (1), 1—11.

Kobayashi, C., Glover, G. H., & Temple, E. (2007a). Children's and adults' neural bases of verbal and nonverbal "theory of mind". *Neuropsychologia, 45* (7), 1522—1532.

Kobayashi, C., Glover, G. H., & Temple, E. (2007b). Cultural and linguistic effects on neural bases of "theory of mind" in American and Japanese children. *Brain Research, 1164*, 95—107.

Kochanska, G. (1998). Mother-child relationship, child fearfulness, and emerging attachment: A short-term longitudinal study. *Developmental Psychology, 34* (3), 480—490.

Kofman, O. (2002). The role of prenatal stress in the etiology of developmental behavioural disorders. *Neuroscience & Biobehavioral Reviews, 26* (4), 457—470.

Kohlberg, L. (1958). *The development of modes of thinking and choices in years 10 to 16*. (Ph. D.), University of Chicago.

Krishnan, V., & Nestler, E. J. (2008). The molecular neurobiology of depression. *Nature, 455* (7215), 894—902.

Kross, E., Berman, M. G., Mischel, W., et al. (2011). Social rejection shares somatosensory representations with physical pain. *Proceedings of the National Academy of Sciences of the United States of America, 108* (15), 6270—6275.

Kuhlmann, S., Kirschbaum, C., & Wolf, O. T. (2005). Effects of oral cortisol treatment in healthy young women on memory retrieval of negative and neutral words. *Neurobiology of Learning and Memory, 83* (2), 158—162.

Kuhlmann, S., Piel, M., & Wolf, O. T. (2005). Impaired memory retrieval after psychosocial stress in healthy young men. *Journal of Neuroscience, 25* (11), 2977—2982.

Kuhlmann, S., & Wolf, O. T. (2006). A non-arousing test situation abolishes the impairing effects of cortisol on delayed memory retrieval in healthy women. *Neuroscience Letters, 399* (3), 268—272.

Kupfer, D. J., Frank, E., & Phillips, M. L. (2012). Major depressive disorder: New clinical, neurobiological, and treatment perspectives. *The Lancet, 379* (9820), 1045—1055.

Kwak, J. Y., Kim, J. Y., & Yoon, Y. W. (2018). Effect of parental neglect on smartphone addiction in adolescents in South Korea. *Child Abuse and Neglect, 77*, 75—84.

Lang, P. J. (1979). Presidential address, 1978. A bio-informational theory of emotional imagery. *Psychophysiology, 16* (6), 495—512.

Lapsley, D. K. (1990). Continuity and discontinuity in adolescent social cognitive development. In R. Montemayor, G. R. Adams & T. P. Gullota (Eds.), *From childhood to adolescence: A transitional period?* Sage Publication.

Lazarus, R. S. (1991). Progress on a cognitive-motivational-relational theory of emotion. *The American psychologist, 46* (8), 819—834.

Lazarus, R. S., DeLongis, A., Folkman, S., et al. (1985). Stress and adaptational outcomes. The problem of confounded measures. *American Psychologist, 40* (7), 770—785.

Leggett, A. N., Zarit, S. H., Kim, K., et al. (2015). Depressive mood, anger, and daily

参考文献

cortisol of caregivers on high- and low-stress days. *The Journals of Gerontology. Series B, Psychological Sciences and Social Sciences, 70* (6), 820—829.

Lenroot, R. K., & Giedd, J. N. (2006). Brain development in children and adolescents: Insights from anatomical magnetic resonance imaging. *Neuroscience & Biobehavioral Reviews, 30* (6), 718—729.

Lerner, M. J., & Miller, D. T. (1978). Just world research and the attribution process: Looking back and ahead. *Psychological Bulletin, 85* (5), 1030—1051.

Leslie, A. M., Friedman, O., & German, T. P. (2004). Core mechanisms in "theory of mind". *Trends in Cognitive Sciences, 8* (12), 528—533.

Lester, B. M., Tronick, E. Z., & Brazelton, T. B. (2004). The neonatal intensive care unit network neurobehavioral scale procedures. *Pediatrics, 113* (3 Pt 2), 641—667.

Li, S. (2014). *Effect of acute psychosocial stress on emotional face recognition: Gene, brain and behavior interaction.* [Doctor rerum naturalium (Dr. rer. nat.)], Carl von Ossietzky Universität Oldenburg.

Li, S., Weerda, R., Guenzel, F., et al. (2013). Adra2b genotype modulates effects of acute psychosocial stress on emotional memory retrieval in healthy young men. *Neurobiology of Learning and Memory, 103*, 11—18.

Li, S., Weerda, R., Milde, C., et al. (2014). Effects of acute psychosocial stress on neural activity to emotional and neutral faces in a face recognition memory paradigm. *Brain Imaging and Behavior, 8* (4), 598—610.

Liang, S., Wu, X., Hu, X., et al. (2018). Recognizing depression from the microbiota(-)gut(-)brain axis. *International Journal of Molecular Sciences, 19* (6), 1592.

Librenza-Garcia, D., Kotzian, B. J., Yang, J., et al. (2017). The impact of machine learning techniques in the study of bipolar disorder: A systematic review. *Neuroscience & Biobehavioral Reviews, 80*, 538—554.

Lighthall, N. R., Mather, M., & Gorlick, M. A. (2009). Acute stress increases sex differences in risk seeking in the balloon analogue risk task. *PLoS One, 4* (7), e6002.

Lighthall, N. R., Sakaki, M., Vasunilashorn, S., et al. (2012). Gender differences in reward-related decision processing under stress. *Social Cognitive and Affective Neuroscience, 7* (4), 476—484.

Liu, Y., Almeida, D. M., Rovine, M. J., et al. (2018). Modeling cortisol daily rhythms of family caregivers of individuals with dementia: Daily stressors and adult day services use. *The Journals of Gerontology. Series B, Psychological Sciences and Social Sciences, 73* (3), 457—467.

Lovallo, W. R., Robinson, J. L., Glahn, D. C., et al. (2010). Acute effects of hydrocortisone on the human brain: An fmri study. *Psychoneuroendocrinology, 35* (1), 15—20.

Ma, H. K. (1992). The moral judgment development of the chinese people: A theoretical model. *Philosophica, 49*, 55—82.

Ma, H. M., Chen, S. K., Chen, R. M., et al. (2011). Pubertal development timing in urban chinese boys. *International Journal of Andrology, 34* (5 Pt 2), e435—445.

Ma, H. M., Du, M. L., Luo, X. P., et al. (2009). Onset of breast and pubic hair development and menses in urban chinese girls. *Pediatrics, 124* (2), e269—277.

Mahy, C. E., Moses, L. J., & Pfeifer, J. H. (2014). How and where: Theory-of-mind in the brain. *Developmental Cognitive Neuroscience, 9*, 68—81.

Majzoub, J. A., & Karalis, K. P. (1999). Placental corticotropin-releasing hormone: Function and regulation. *American Journal of Obstetrics and Gynecology, 180* (1 Pt 3), S242—246.

Maltby, J. (2010). An interest in fame: Confirming the measurement and empirical conceptualization of fame interest. *British Journal of Psychology, 101* (Pt 3), 411—432.

Maltby, J., & Day, L. (2011). Celebrity worship and incidence of elective cosmetic surgery: Evidence of a link among young adults. *The Journal of Adolescent Health, 49* (5), 483—489.

Maltby, J., Houran, J., & McCutcheon, L. E. (2003). A clinical interpretation of attitudes and behaviors associated with celebrity worship. *The Journal of Nervous and Mental Disease, 191* (1), 25—29.

Marcia, J. E. (1980). Identity in adolescence. In J. Adelson (Ed.), *Handbook of adolescent psychology*. New York, NY: Wiley.

Marshall, E. K. (2006). Cumulative career traumatic stress (ccts): A pilot study of traumatic stress in law enforcement. *Journal of Police and Criminal psychology, 21*, 62—71.

Martin, C. L., & Halverson, C. F. (1981). A schematic processing model of sex typing and stereotyping in children. *Child Development, 52* (4), 1119—1134.

Maslach, C., & Goldberg, J. (1998). Prevention of burnout: New perspectives. *Applied and Preventive Psychology, 7* (1), 63—74.

Masten, A. S. (2001). Ordinary magic. Resilience processes in development. *The American psychologist, 56* (3), 227—238.

Mather, M., & Lighthall, N. R. (2012). Both risk and reward are processed differently in decisions made under stress. *Current Directions in Psychological Science, 21* (2), 36—41.

Maybery, D. J., Jones-Ellis, J., Neale, J., et al. (2006). The positive event scale: Measuring uplift frequency and intensity in an adult sample. *Social Indicators Research, 78*, 61—83.

Mayford, M., Siegelbaum, S. A., & Kandel, E. R. (2012). Synapses and memory storage. *Cold Spring Harbor Perspectives in Biology, 4* (6).

McEwen, B. S. (2000). The neurobiology of stress: From serendipity to clinical relevance.

参考文献

Brain Research, 886 (1—2), 172—189.

McEwen, B. S., Weiss, J. M., & Schwartz, L. S. (1968). Selective retention of corticosterone by limbic structures in rat brain. *Nature, 220* (5170), 911—912.

McGaugh, J. L. (2000). Memory—a century of consolidation. *Science, 287* (5451), 248—251.

Menon, V. (2011). Large-scale brain networks and psychopathology: A unifying triple network model. *Trends in Cognitive Sciences, 15* (10), 483—506.

Miao, H., Li, Z., Yang, Y., et al. (2018). Social comparison orientation and social adaptation among young chinese adolescents: The mediating role of academic self-concept. *Frontiers in Psychology, 9*, 1067.

Mobbs, D., Petrovic, P., Marchant, J. L., et al. (2007). When fear is near: Threat imminence elicits prefrontal–periaqueductal gray shifts in humans. *Science, 317* (5841), 1079—1083.

Molenberghs, P., Cunnington, R., & Mattingley, J. B. (2009). Is the mirror neuron system involved in imitation? A short review and meta-analysis. *Neuroscience & Biobehavioral Reviews, 33* (7), 975—980.

Mosconi, M. W., Cody-Hazlett, H., Poe, M. D., et al. (2009). Longitudinal study of amygdala volume and joint attention in 2- to 4-year-old children with autism. *Archives Of General Psychiatry, 66* (5), 509—516.

Mulder, E. J., Robles de Medina, P. G., Huizink, A. C., et al. (2002). Prenatal maternal stress: Effects on pregnancy and the (unborn) child. *Early Human Development, 70* (1—2), 3—14.

Murray, J. (2005). *Understanding loss and grief.* Brisbane: The University of Queensland.

Myruski, S., Gulyayeva, O., Birk, S., et al. (2018). Digital disruption? Maternal mobile device use and child social-emotional functioning. *Developmental Science, 21* (4), e12610.

Neisser, U., & Gibson, E. J. (2006). *The perceived self: Ecological and interpersonal sources of self knowledge.* University of Arkansas Press.

Ng, M., Fleming, T., Robinson, M., et al. (2014). Global, regional, and national prevalence of overweight and obesity in children and adults during 1980—2013: A systematic analysis for the global burden of disease study 2013. *Lancet, 384* (9945), 766—781.

Nottelmann, E. D., Susman, E. J., Dorn, L. D., et al. (1987). Developmental processes in early adolescence. Relations among chronologic age, pubertal stage, height, weight, and serum levels of gonadotropins, sex steroids, and adrenal androgens. *The Journal of Adolescent Health Care, 8* (3), 246—260.

O'Donnell, K. J., Bugge Jensen, A., Freeman, L., et al. (2012). Maternal prenatal anxiety and downregulation of placental 11beta-hsd2. *Psychoneuroendocrinology, 37* (6),

818—826.

Oliver, G., Wardle, J., & Gibson, E. L. (2000). Stress and food choice: A laboratory study. *Psychosomatic Medicine, 62* (6), 853—865.

Osterhaus, C., Koerber, S., & Sodian, B. (2016). Scaling of advanced theory-of-mind tasks. *Child development, 87* (6), 1971—1991.

Pabst, S., Brand, M., & Wolf, O. T. (2013). Stress effects on framed decisions: There are differences for gains and losses. *Front Behaviroal Neuroscience, 7*, 142.

Parkes, C. M. (2002). Grief: Lessons from the past, visions for the future. *Death Studies, 26* (5), 367—385.

Payne, J. D., Jackson, E. D., Ryan, L., et al. (2006). The impact of stress on neutral and emotional aspects of episodic memory. *Memory, 14* (1), 1—16.

Perry, I. H. (1947). Vincent van Gogh's illness: A case record. *Bulletin of the history of medicine, 21* (2), 146—172.

Perry, W. G., Jr. (1970). *Forms of intellectual and ethical development in the college years: A scheme.* New York: Holt, Rinehart, and Winston.

Pfefferbaum, A., Mathalon, D. H., Sullivan, E. V., et al. (1994). A quantitative magnetic resonance imaging study of changes in brain morphology from infancy to late adulthood. *Archives of Neurology, 51* (9), 874—887.

Pham, M. T. (2004). The logic of feeling. *Journal of Consumer Psychology, 14* (4), 360—369.

Piaget, J. (1952). *The origins of intelligence in children.* New York: International Universities Press.

Pleck, J. H. (1975). Masculinity-femininity: Current and alternative paradigms. *Sex Roles, 1*, 161—178.

Popoli, M., Yan, Z., McEwen, B. S., et al. (2011). The stressed synapse: The impact of stress and glucocorticoids on glutamate transmission. *Nature Review Neuroscience, 13* (1), 22—37.

Porcelli, A. J., & Delgado, M. R. (2009). Acute stress modulates risk taking in financial decision making. *Psychological Science, 20* (3), 278—283.

Porcelli, A. J., Lewis, A. H., & Delgado, M. R. (2012). Acute stress influences neural circuits of reward processing. *Frontiers in Neuroscience, 6,* 157.

Pratt, M. W., Golding, G., & Hunter, W. J. (1984). Does morality have a gender? Sex, sex role, and moral judgment relationships across the adult lifespan. *Merrill-Palmer Quarterly, 30* (4), 321—340

Pruessner, J. C., Champagne, F., Meaney, M. J., et al. (2004). Dopamine release in response to a psychological stress in humans and its relationship to early life maternal care: A positron emission tomography study using [11c]raclopride. *Journal of Neuroscience, 24* (11), 2825—2831.

参考文献

Putman, P., Antypa, N., Crysovergi, P., et al. (2010). Exogenous cortisol acutely influences motivated decision making in healthy young men. *Psychopharmacology (Berl), 208* (2), 257—263.

Qin, S., Hermans, E. J., van Marle, H. J., et al. (2009). Acute psychological stress reduces working memory-related activity in the dorsolateral prefrontal cortex. *Biological Psychiatry, 66* (1), 25—32.

Radtke, T., Khattab, K., Eser, P., et al. (2012). Puberty and microvascular function in healthy children and adolescents. *The Journal of Pediatrics, 161* (5), 887—891.

Ramsden, E., & Adams, J. (2008). Escaping the laboratory: The rodent experiments of John B. Calhoun & their cultural influence. *Journal of Social History, 42* (3), 761—792.

Raposa, E. B., Laws, H. B., & Ansell, E. B. (2016). Prosocial behavior mitigates the negative effects of stress in everyday life. *Clinical Psychological Science, 4* (4), 691—698.

Rest, J. R. (1980). Development in moral judgment research. *Developmental Psychology, 16* (4), 251—256.

Rizzolatti, G. (1992). Multiple body representations in the motor cortex of primates. *Acta Biomed Ateneo Parmense, 63* (1—2), 27—29.

Robak, B., & Griffin, R. (2012). Dealing with romantic break-up and rejection: Understanding the nature of relationships and romantic break-up. *Stress and Health, 25,* 11—19.

Robins, R. W., Trzesniewski, K. H., Tracy, J. L., et al. (2002). Global self-esteem across the life span. *Psychology and Aging, 17* (3), 423—434.

Rochat, P., & Zahavi, D. (2011). The uncanny mirror: A re-framing of mirror self-experience. *Consciousness and Cognition, 20* (2), 204—213.

Roelofs, J., Papageorgiou, C., Gerber, R. D., et al. (2007). On the links between self-discrepancies, rumination, metacognitions, and symptoms of depression in undergraduates. *Behaviour Research and Therapy, 45* (6), 1295—1305.

Roelofs, K., Bakvis, P., Hermans, E. J., et al. (2007). The effects of social stress and cortisol responses on the preconscious selective attention to social threat. *Biological Psychology, 75* (1), 1—7.

Rogers, K., Dziobek, I., Hassenstab, J., et al. (2007). Who cares? Revisiting empathy in asperger syndrome. *The Journal of Autism and Developmental Disorders, 37* (4), 709—715.

Roozendaal, B., McEwen, B. S., & Chattarji, S. (2009). Stress, memory and the amygdala. *Nature Review Neuroscience, 10* (6), 423—433.

Roozendaal, B., Okuda, S., Van der Zee, E. A., et al. (2006). Glucocorticoid enhancement of memory requires arousal-induced noradrenergic activation in the basolateral amygdala. *Proceedings of the National Academy of Sciences of the United States of America, 103* (17), 6741—6746.

Rothbart, M. K., & Bates, J. E. (2006). Temperament in children's development. In W. Damon, R. Lerner & N. Eisenberg (Eds.), *Handbook of child psychology (6 ed., Vol. 3)*. New York: Wiley.

Rothenberg, A. (2001). Bipolar illness, creativity, and treatment. *Psychiatric Quarterly, 72* (2), 131—147.

Rotter, J. B. (1966). Generalized expectancies for internal versus external control of reinforcement. *Psychological Monographs: General and Applied, 80* (1), 1—28.

Ruble, D. N., Boggiano, A. K., Feldman, N. S., et al. (1980). Developmental analysis of the role of social comparison in self-evaluation. *Developmental Psychology, 16* (2), 105—115.

Salamone, J. D., Correa, M., Farrar, A., et al. (2007). Effort-related functions of nucleus accumbens dopamine and associated forebrain circuits. *Psychopharmacology (Berl), 191* (3), 461—482.

Sandman, C. A., Davis, E. P., Buss, C., et al. (2011). Prenatal programming of human neurological function. *International Journal of Peptides, 2011,* Article ID 837596.

Sandman, C. A., Davis, E. P., Buss, C., et al. (2012). Exposure to prenatal psychobiological stress exerts programming influences on the mother and her fetus. *Neuroendocrinology, 95* (1), 7—21.

Sandman, C. A., Davis, E. P., & Glynn, L. M. (2012). Prescient human fetuses thrive. *Psychological Science, 23* (1), 93—100.

Sanfey, A. G. (2007). Social decision-making: Insights from game theory and neuroscience. *Science, 318* (5850), 598—602.

Sansone, R. A., & Sansone, L. A. (2014). "I'm your number one fan" —a clinical look at celebrity worship. *Innovations in Clinical Neuroscience, 11* (1—2), 39—43.

Saxe, R. R., Whitfield-Gabrieli, S., Scholz, J., et al. (2009). Brain regions for perceiving and reasoning about other people in school-aged children. *Child development, 80* (4), 1197—1209.

Schaffer, H. R., & Emerson, P. E. (1964). The development of social attachments in infancy. *Monographs of the Society for Research in Child Development, 29,* 1—77.

Schwabe, L., Bohbot, V. D., & Wolf, O. T. (2012). Prenatal stress changes learning strategies in adulthood. *Hippocampus, 22* (11), 2136—2143.

Schwabe, L., Haddad, L., & Schachinger, H. (2008). Hpa axis activation by a socially evaluated cold-pressor test. *Psychoneuroendocrinology, 33* (6), 890—895.

Schwabe, L., Oitzl, M. S., Philippsen, C., et al. (2007). Stress modulates the use of spatial versus stimulus-response learning strategies in humans. *Learning & Memory, 14* (1), 109—116.

参考文献

Schwabe, L., & Wolf, O. T. (2009). Stress prompts habit behavior in humans. *Journal of Neuroscience, 29* (22), 7191—7198.

Schwabe, L., & Wolf, O. T. (2013). Stress and multiple memory systems: From "thinking" to "doing". *Trends in Cognitive Sciences, 17* (2), 60—68.

Schwabe, L., Wolf, O. T., & Oitzl, M. S. (2010). Memory formation under stress: Quantity and quality. *Neuroscience & Biobehavioral Reviews, 34* (4), 584—591.

Selman, R. (1971). Taking another's perspective: Role-taking development in early childhood. *Child Development, 42* (6), 1721—1734.

Selye, H. (1998). A syndrome produced by diverse nocuous agents. 1936. *The Journal of Neuropsychiatry and Clinical Neurosciences, 10* (2), 230—231.

Shapiro, A. F., Gottman, J. M., & Carrere, S. (2000). The baby and the marriage: Identifying factors that buffer against decline in marital satisfaction after the first baby arrives. *Journal of Family Psychology, 14* (1), 59—70.

Sherin, J. E., & Nemeroff, C. B. (2011). Post-traumatic stress disorder: The neurobiological impact of psychological trauma. *Dialogues in Clinical Neuroscience, 13* (3), 263—278.

Shiban, Y., Diemer, J., Brandl, S., et al. (2016). Trier social stress test in vivo and in virtual reality: Dissociation of response domains. *The International Journal of Psychophysiology, 110*, 47—55.

Shields, G. S., Sazma, M. A., McCullough, A. M., et al. (2017). The effects of acute stress on episodic memory: A meta-analysis and integrative review. *Psychological Bulletin, 143* (6), 636—675.

Shields, G. S., & Slavich, G. M. (2017). Lifetime stress exposure and health: A review of contemporary assessment methods and biological mechanisms. *Social and Personality Psychology Compass, 11* (8), e12335.

Simons-Morton, B., & Chen, R. (2009). Peer and parent influences on school engagement among early adolescents. *Youth & Society, 41* (1), 3—25.

Simons-Morton, B., Haynie, D. L., Crump, A. D., et al. (2001). Peer and parent influences on smoking and drinking among early adolescents. *Health Education & Behavior, 28* (1), 95—107.

Slavich, G. M., Way, B. M., Eisenberger, N. I., et al. (2010). Neural sensitivity to social rejection is associated with inflammatory responses to social stress. *Proceedings of the National Academy of Sciences of the United States of America, 107* (33), 14817—14822.

Slotter, E. B., Gardner, W. L., & Finkel, E. J. (2010). Who am I without you? The influence of romantic breakup on the self-concept. *Personality and Social Psychology Bulletin, 36* (2), 147—160.

Smeets, T., Cornelisse, S., Quaedflieg, C. W., et al. (2012). Introducing the maastricht acute stress test (mast): A quick and non-invasive approach to elicit robust autonomic and glucocorticoid stress responses. *Psychoneuroendocrinology, 37* (12), 1998—2008.

Snaith, R. P., Hamilton, M., Morley, S., et al. (1995). A scale for the assessment of hedonic tone the snaith-hamilton pleasure scale. *The British Journal of Psychiatry, 167* (1), 99—103.

Soken, N. H., & Pick, A. D. (1999). Infants' perception of dynamic affective expressions: Do infants distinguish specific expressions? *Child development, 70* (6), 1275—1282.

Spencer-Rodgers, J., Peng, K., Wang, L., et al. (2004). Dialectical self-esteem and east-west differences in psychological well-being. *Personality and Social Psychology Bulletin, 30* (11), 1416—1432.

Stake, J. E. (2000). When situations call for instrumentality and expressiveness: Resource appraisal, coping strategy choice, and adjustment. *Sex Roles, 42*, 865—885

Starcke, K., & Brand, M. (2012). Decision making under stress: A selective review. *Neuroscience & Biobehavioral Reviews, 36* (4), 1228—1248.

Starcke, K., Polzer, C., Wolf, O. T., et al. (2011). Does stress alter everyday moral decision-making? *Psychoneuroendocrinology, 36* (2), 210—219.

Steinberg, L. (2004). Risk taking in adolescence: What changes, and why? *Annals of the New York Academy of Sciences, 1021*, 51—58.

Steinberg, L. (2008). A social neuroscience perspective on adolescent risk-taking. *Developmental Review, 28* (1), 78—106.

Steinberg, L., Cauffman, E., Woolard, J., et al. (2009). Are adolescents less mature than adults? Minors' access to abortion, the juvenile death penalty, and the alleged apa "flip-flop". *The American psychologist, 64* (7), 583—594.

Stiles, J., & Jernigan, T. L. (2010). The basics of brain development. *Neuropsychology Review, 20* (4), 327—348.

Stone, A. A., & Neale, J. M. (1984). Effects of severe daily events on mood. *Journal of Personality and Social Psychology, 46* (1), 137—144.

Sudo, N., Chida, Y., Aiba, Y., et al. (2004). Postnatal microbial colonization programs the hypothalamic-pituitary-adrenal system for stress response in mice. *The Journal of Physiology, 558* (Pt 1), 263—275.

Sun, J., Liu, Q., & Yu, S. (2019). Child neglect, psychological abuse and smartphone addiction among chinese adolescents: The roles of emotional intelligence and coping style. *Computers in Human Behavior, 90*, 74—83.

Swami, V., Taylor, R., & Carvalho, C. (2009). Acceptance of cosmetic surgery and celebrity worship: Evidence of associations among female undergraduates. *Personality and Individual Differences, 47* (8), 869—872.

Swim, J. K., Aikin, K. J., Hall, W. S., et al. (1995). Sexism and racism: Old-fashioned and

参考文献

modern prejudices. *Journal of Personality and Social Psychology, 68* (2), 199—214

Swope, K. J., Cadigan, J., Schmitt, P. M., et al. (2008). Personality preferences in laboratory economics experiments. *The Journal of Socio-Economics, 37* (3), 998—1009.

Takahashi, T., Ikeda, K., & Hasegawa, T. (2007). Social evaluation-induced amylase elevation and economic decision-making in the dictator game in humans. *Neuro Enocrinology Letters, 28* (5), 662—665.

Taylor, S. E. (2006). Tend and befriend: Biobehavioral bases of affiliation under stress. *Current Directions in Psychological Science, 15* (6), 273—277.

Taylor, S. E., Klein, L. C., Lewis, B. P., et al. (2000). Biobehavioral responses to stress in females: Tend-and-befriend, not fight-or-flight. *Psychological Review, 107* (3), 411—429.

Thomas, A., & Chess, S. (1977). *Temperament and Development.* New York: Brunner/Mazel.

Tian, L., Liu, L., & Shan, N. (2018). Parent-child relationships and resilience among chinese adolescents: The mediating role of self-esteem. *Frontiers in Psychology, 9*, 1030.

Timmermans, S., Souffriau, J., & Libert, C. (2019). A general introduction to glucocorticoid biology. *Frontiers in Immunology, 10*, 1545.

Tirosh, A., Shai, I., Afek, A., et al. (2011). Adolescent BMI trajectory and risk of diabetes versus coronary disease. *The New England Journal of Medicine, 364* (14), 1315—1325.

Treadway, M. T., Bossaller, N. A., Shelton, R. C., et al. (2012). Effort-based decision-making in major depressive disorder: A translational model of motivational anhedonia. *The Journal of Abnormal Psychology, 121* (3), 553—558.

Treadway, M. T., & Zald, D. H. (2011). Reconsidering anhedonia in depression: Lessons from translational neuroscience. *Neuroscience & Biobehavioral Reviews, 35* (3), 537—555.

Tversky, A., & Kahneman, D. (1981). The framing of decisions and the psychology of choice. *Science, 211* (4481), 453—458.

Uematsu, A., Matsui, M., Tanaka, C., et al. (2012). Developmental trajectories of amygdala and hippocampus from infancy to early adulthood in healthy individuals. *PLoS One, 7* (10), e46970.

van den Bos, R., & Flik, G. (2015). Editorial: Decision-making under stress: The importance of cortico-limbic circuits. *Front Behaviroal Neuroscience, 9*, 203.

van der Vijgh, B., Beun, R. J., van Rood, M., et al. (2014). Gasica: Generic automated stress induction and control application design of an application for controlling the stress state. *Frontiers in Neuroscience, 8*, 400.

Van Ijzendoorn, M. H., & Kroonenberg, P. M. (1988). Cross-cultural patterns of attachment: A meta-analysis of the strange situation. *Child Development, 59*, 147—156.

van Oort, J., Tendolkar, I., Hermans, E. J., et al. (2017). How the brain connects in response to acute stress: A review at the human brain systems level. *Neuroscience & Biobehavioral Reviews, 83*, 281—297.

Veneziano, R. A. (2003). The importance of paternal warmth. *Cross-Cultural Research, 37* (3), 265—281.

Vinkers, C. H., Zorn, J. V., Cornelisse, S., et al. (2013). Time-dependent changes in altruistic punishment following stress. *Psychoneuroendocrinology, 38* (9), 1467—1475.

Violanti, J. M., Charles, L. E., McCanlies, E., et al. (2017). Police stressors and health: A state-of-the-art review. *Policing, 40* (4), 642—656.

Violanti, J. M., Fekedulegn, D., Charles, L. E., et al. (2008). Suicide in police work: Exploring potential contributing influences. *American Journal of Criminal Justice, 34*, 41—53.

Voermans, N. C., Petersson, K. M., Daudey, L., et al. (2004). Interaction between the human hippocampus and the caudate nucleus during route recognition. *Neuron, 43* (3), 427—435.

Vogel, E., Rose, J. P., Roberts, L., et al. (2015). Social comparison, social media, and self-esteem. *Psychology of Popular Media Culture, 3* (4), 206—222.

von Dawans, B., Fischbacher, U., Kirschbaum, C., et al. (2012). The social dimension of stress reactivity: Acute stress increases prosocial behavior in humans. *Psychological Science, 23* (6), 651—660.

von Dawans, B., Kirschbaum, C., & Heinrichs, M. (2011). The trier social stress test for groups (tsst-g): A new research tool for controlled simultaneous social stress exposure in a group format. *Psychoneuroendocrinology, 36* (4), 514—522.

Vors, O., Marqueste, T., & Mascret, N. (2018). The trier social stress test and the trier social stress test for groups: Qualitative investigations. *PLoS One, 13* (4), e0195722.

Vyas, A., Mitra, R., Shankaranarayana Rao, B. S., et al. (2002). Chronic stress induces contrasting patterns of dendritic remodeling in hippocampal and amygdaloid neurons. *Journal of Neuroscience, 22* (15), 6810—6818.

Wachs, T. D., & Desai, S. (1993). Parent-report measures of toddler temperament and attachment: Their relation to each other and to the social microenvironment. *Infant Behavior and Development, 16* (3), 391—396.

Walker, L. J., Vries, B. D., & Trevethan, S. D. (1987). Moral stages and moral orientations in real-life and hypothetical dilemmas. *Child Development, 58* (3), 842—858.

Walker, L. S., Garber, J., Smith, C. A., et al. (2001). The relation of daily stressors to somatic and emotional symptoms in children with and without recurrent abdominal pain. *Journal of Consulting and Clinical Psychology, 69* (1), 85—91.

Wallston, B. S., Wallston, K. A., Kaplan, G., et al. (1976). Development and validation of the health locus of control (hlc) scale. *Journal of Consulting and Clinical Psychology, 44* (4), 580—585.

Walter, M., Matthia, C., Wiebking, C., et al. (2009). Preceding attention and the dorsomedial prefrontal cortex: Process specificity versus domain dependence. *Human Brain Mapping, 30* (1), 312—326.

Walters, E. E., & Kendler, K. S. (1995). Anorexia nervosa and anorexic-like syndromes in a population-based female twin sample. *The American Journal of Psychiatry, 152* (1), 64—71.

Weiner, B. (1974). *Achievement motivation and attribution theory.* Morristown, N.J.: General Learning Press.

Wellman, H. M., Fang, F., Liu, D., et al. (2006). Scaling of theory-of-mind understandings in chinese children. *Psychological Science, 17* (12), 1075—1081.

Wellman, H. M., & Liu, D. (2004). Scaling of theory-of-mind tasks. *Child development, 75* (2), 523—541.

Whalen, P. J., Raila, H., Bennett, R., et al. (2013). Neuroscience and facial expressions of emotion: The role of amygdala-prefrontal interactions. *Emotion Review, 5* (1), 78—83.

Wiemers, U. S., Sauvage, M. M., Schoofs, D., et al. (2013). What we remember from a stressful episode. *Psychoneuroendocrinology, 38* (10), 2268—2277.

Wiemers, U. S., Sauvage, M. M., & Wolf, O. T. (2014). Odors as effective retrieval cues for stressful episodes. *Neurobiology of Learning and Memory, 112*, 230—236.

Wiemers, U. S., Schoofs, D., & Wolf, O. T. (2013). A friendly version of the trier social stress test does not activate the HPA axis in healthy men and women. *Stress, 16* (2), 254—260.

Williams, J. E., & Best, D. L. (1982). *Measuring sex stereotypes: A thirty-nation study.* SAGE Publications.

Williams, J. E., Satterwhite, R. C., & Best, D. L. (1999). Pancultural gender stereotypes revisited: The five factor model. *Sex Roles, 40*, 513—525.

Wolf, O. T. (2009). Stress and memory in humans: Twelve years of progress? *Brain Research, 1293*, 142—154.

Wolf, O. T. (2019). Memories of and influenced by the trier social stress test. *Psychoneuroendocrinology, 105*, 98—104.

Wolke, D., Bilgin, A., & Samara, M. (2017). Systematic review and meta-analysis: Fussing and crying durations and prevalence of colic in infants. *The Journal of Pediatrics, 185*, 55—61.

Yamagishi, T., Horita, Y., Takagishi, H., et al. (2009). The private rejection of unfair offers and emotional commitment. *Proceedings of the National Academy of Sciences of the United States of America, 106* (28), 11520—11523.

Yamasue, H., Yee, J. R., Hurlemann, R., et al. (2012). Integrative approaches utilizing oxytocin to enhance prosocial behavior: From animal and human social behavior to autistic social dysfunction. *Journal of Neuroscience, 32* (41), 14109—14117.

Yao, B. C., Meng, L. B., Hao, M. L., et al. (2019). Chronic stress: A critical risk factor for atherosclerosis. *Journal of International Medical Research, 47* (4), 1429—1440.

Yonelinas, A. P., & Ritchey, M. (2015). The slow forgetting of emotional episodic memories: An emotional binding account. *Trends in Cognitive Sciences, 19* (5), 259—267.

Young, L., Camprodon, J. A., Hauser, M., et al. (2010). Disruption of the right temporoparietal junction with transcranial magnetic stimulation reduces the role of beliefs in moral judgments. *Proceedings of the National Academy of Sciences of the United States of America, 107* (15), 6753—6758.

Youssef, F. F., Bachew, R., Bissessar, S., et al. (2018). Sex differences in the effects of acute stress on behavior in the ultimatum game. *Psychoneuroendocrinology, 96*, 126—131.

Youssef, F. F., Dookeeram, K., Basdeo, V., et al. (2012). Stress alters personal moral decision making. *Psychoneuroendocrinology, 37* (4), 491—498.

Yu, R. (2016). Stress potentiates decision biases: A stress induced deliberation-to-intuition (sidi) model. *Neurobiology of Stress, 3*, 83—95.

Zellner, D. A., Loaiza, S., Gonzalez, Z., et al. (2006). Food selection changes under stress. *Physiology & Behavior, 87* (4), 789—793.

Zhang, B., Li, S., Zhuo, C., et al. (2017). Altered task-specific deactivation in the default mode network depends on valence in patients with major depressive disorder. *The Journal of Affective Disorders, 207*, 377—383.

Zhang, J., & Lester, D. (2008). Psychological tensions found in suicide notes: A test for the strain theory of suicide. *Archives Of Suicide Research, 12* (1), 67—73.

Zhang, X., Zhang, M., Zhao, Z., et al. (2020). Geographic variation in prevalence of adult obesity in china: Results from the 2013—2014 national chronic disease and risk factor surveillance. *Annals of internal medicine, 172* (4), 291—293.

Zhang, X. L., Shi, J., Zhao, L. Y., et al. (2011). Effects of stress on decision-making deficits in formerly heroin-dependent patients after different durations of abstinence. *The American Journal of Psychiatry, 168* (6), 610—616.

Zhou, Q. Y., & Palmiter, R. D. (1995). Dopamine-deficient mice are severely hypoactive, adipsic, and aphagic. *Cell, 83* (7), 1197—1209.

Zimmer-Gembeck, M. J., & Skiner, E. A. (2016). *The development of coping: Implications*

参考文献

for psychopathology and resilience. John Wiley & Sons, Inc.

Zimmer, P., Buttlar, B., Halbeisen, G., et al. (2019). Virtually stressed? A refined virtual reality adaptation of the trier social stress test (tsst) induces robust endocrine responses. *Psychoneuroendocrinology, 101*, 186—192.

蔡华俭. (2011). 泛文化的自尊需要: 基于中国人的研究证据. *心理科学进展, 19* (1), 1—8.

方若蛟, 曹成琦, 李根, 等 (2019). 汶川地震 5 年半后幸存者的创伤后应激障碍症状. *心理与行为研究, 17* (1), 107—113.

菲利普·津巴多, 罗伯特·约翰逊, 薇薇安·麦卡恩. (2016). *津巴多普通心理学(第七版)*. 钱静, 黄珏苹, 译. 北京: 中国人民大学出版社.

李世佳. (2020). 哀恸、创伤和自责: 创伤压力触发的心灵之痛. 华东师范大学心理与认知科学学院本书编写组 (Ed.), *重启生活: 疫后心理重建指导*. 上海: 上海教育出版社.

李振兴, 李玉姣, 王欢, 等 (2013). 学业自我概念发展中的大鱼小池效应. *心理科学进展, 21* (5), 867—878.

沙晶莹, 张向葵. (2016). 中国大学生自尊变迁的横断历史研究: 1993~2013. *心理科学进展, 24* (11), 1712—1722.

余思雨, 严龙伟, 余菊, 等 (2020). 应对突发卫生事件中的医护人员压力: 压力源、心理健康的风险和保护因素、干预建议. *心理学进展, 10* (7), 1023—1032.

约翰·桑特洛克. (2013). *青少年心理学 (第 11 版)*. 寇彧, 等, 译. 北京: 人民邮电出版社.

术语中英文对照

5-羟色胺 /serotonin
A 型人格 /type A personality
B 型人格 /type B personality
STAIR 叙事疗法 /STAIR narrative therapy
X 射线计算机断层成像 /computed tomographyscan，CT scan
α-淀粉酶 /alpha amylase
γ-氨基丁酸 /γ-aminobutyric acid，GABA
阿尼玛 /Anima
阿尼姆斯 /Animus
阿片类物质 /opioid
阿片类物质系统 /opioid system
爱荷华赌博任务 /Iowa gambling task，IGT
安慰剂版特里尔社会压力测试 TSST/ placebo-TSST

白介素 /interleukins
暴食—导泻循环 /binge-purge cycle
悲恸 /grief
背侧流 /dorsal stream
背侧前扣带皮层 /dorsal anterior cingulate cortex，dACC
背侧纹状体 /dorsal striatum
背缝 /dorsal raphe，DR
背内侧前额叶 /dorsomedial prefrontal cortex，dmPFC
背外侧前额叶 /dorsolateral prefrontal cortex，dlPFC
被羞辱的损失 /humiliation as loss
鼻前扣带回皮质 /adjacent rostral anterior cingulate cortex, rACC

闭合 /closure
边缘系统 /limbic system
编码 /encoding
辩证行为疗法 /dialectical behavior therapy
表达性 /expressiveness
表观遗传学 /epigenetic
并发症 /comorbid conditions
剥夺压力 /deprivation strain
播客 /podcasts
伯克利压力与应对项目 /Berkeley Stress and Coping Project
不可控性 /uncontrollability
布罗德曼区域 8/Brodmann area 8
部分互惠 /partial reciprocity
部署注意力 /attention deployment

策略使用的功能失常 /dysfunctional strategy use
策略推理 /strategic reasoning
产后抑郁 /postpartum depression
肠道菌群 /gut microbiota
肠脑 /gut brain
肠神经系统 /enteric nervous system
长期记忆 /long-term memory
长期接触治疗 /prolonged exposure therapy
长时程增强 /long-term potentiation，LTP
超脱关注 /detached concern
超越性别角色 /gender-role transcendence
陈述性记忆 /declarative memory
成人日间服务 /adult day service
诚实—谦逊 /honesty-humility

术语中英文对照

承诺 /commitment
程序性记忆 /procedure memory
持久的脆弱性 /enduring vulnerabilities
冲动控制能力 /impulse control
仇外心理 /xenophobia
初级评估 /primary appraisal
初级躯体—感觉皮层 /primary somatosensory cortex
创伤后的早期干预 /early intervention after trauma
创伤后应激障碍 /posttraumatic stress disorder, PTSD
创伤后应激障碍的认知治疗 /cognitive therapy for PTSD
创伤后应激障碍教练 /PTSD coach
创伤记忆 /trauma memories
创伤记忆的本质信息 /information about the nature of trauma memories
创伤记忆的更新 /updating trauma memories
创伤聚焦的认知行为疗法 /trauma-focused cognitive behaviour therapy
创伤提示物 /traumatic reminders
创伤相关记忆抑制 /trauma associated memory suppression
创伤相关障碍的眼动脱敏和后处理治疗法 /EMDR therapy for trauma related disorders
创伤性事件 /traumatic events
创伤应激障碍 /traumatic stress disorder
创造性思维 /creative thinking
词干补全启动范式 /word stem completion priming paradigm
慈悲 /compassion
雌二醇 /oestradiol
雌性激素 /estrogen
次级评估 /secondary appraisal
次级前扣带回皮层 /subgenual ACC, sgACC
刺激—反应记忆 /stimulus-reaction memory, S-R 记忆
从经历中获利 /benefiting from the experience
从事维护行为和认知策略 /work on maintaining behaviors and cognitive strategies
促阿片-黑素细胞皮质素原 /pro-opiomelanocortin, POMC
促阿片-黑素细胞皮质素原激素 /proopiomelanocortin prohormone
促黄体生成激素 /luteinizing hormone, LH
促卵泡激素 /follicle-stimulating hormone, FSH
促肾上腺皮质激素 /adrenocorticotropic hormone, ACTH
促肾上腺皮质激素释放激素 /corticotropin-releasing hormone, CRH
促性腺激素 /gonadotropin, GTH
促性腺激素释放激素 /gonadotropin releasing hormone, GnRH
催产素 /oxytocin
催乳激素 /prolactin
脆弱性—压力—适应模型 /vulnerability-stress-adaptation model, VSA 模型
存储/巩固 /storage/consolidation

大规模脑网络 /large scale brain network
大脑皮层 /cortex
大脑失控的压力反应 /brain's runaway stress response
大数据 /big data
大鱼小池效应 /big-fish-little-pond effect, BFLPE
袋鼠看护法 /kangaroo care, KC
蛋白质受体 /receptor
导水管周围灰质 /periaqueductal gray,

压力心理学：从大脑、个人成长到心理健康

PAG
道德困境 /moral dilemma
抵抗阶段 /resistance phase
第二性征 /secondary sexual characteristics
第一性征 /primary sexual characteristics
电压门控钙通道 /voltage-gated calcium channels, VGCCs
电压门控钙通道 α1C 亚基 /calcium voltage-gated channel subunit alpha1 C, CACNA1C
顶下皮层 /inferior-parietal cortex, IPC
顶下小叶 /inferior parietal lobule, IPL
顶叶 /parietal cortex
顶叶岛盖 /parietal opercular
顶叶内侧后皮质 /medial posterior parietal cortices, MPPC
动机性快感缺失 /motivational anhedonia
动脉粥样硬化 /atherosclerosis, AS
独裁者游戏 /dictator game, DG
独立性 /independence
读心术 /mind reading
短期记忆 /short-term memory
对不公平的厌恶 /inequity aversion
对关键资源的投资 /loss of an investment in a vital resource
对规范的需要 /need for norms
对权威的服从和尊重 /authority and social-order maintaining orientation
对违反社会规范的认知 /recognizing transgressions of social norms
多巴胺 /dopamine
多样化的信念 /diverse beliefs
多样化的欲望 /diverse desires
多元化 /multiplicity
多重依恋阶段 /multiple attachments

额顶控制网络 /frontoparietal control

额下回 /inferior frontal gyrus, IFG
额叶眼动区 /frontal eye fields, FEF
恶性循环 /vicious cycle
恶性压力 /distress
儿茶酚胺 /catecholamines
儿童特里尔社会压力测试 /TSST for children
二分法 /dichotomous
二元表征理论 /dual representation theory
二元化 /dualism
发散思维 /divergent thinking
发现冰山 /decting icebergs
发展精神病理学 /developmental psychopathology
反社会行为 /antisocial behaviors
反射效应 /reflection effect
反思 /reflective
反应时 /reaction time
反应性 /reactivity
泛文化的性别刻板印象 /panculture gender stereotypes
泛性别 /pangender
非常规性别 /gender nonconforming
非陈述性记忆 /nondeclarative memory
非基因组 /non-genomic
非价值判断 /non-valuative judgement
非联想学习 /nonassociative learning
非选择性依恋阶段 /indiscriminate attachment
非言语编码 /nonverbal encoding
肺气肿—慢性支气管炎 /emphysema, chronic bronchitis
分离焦虑 /separation anxiety
分手—自我概念改变—情绪困扰 / romantic breakup-self-concept change-emotional distress
疯狂但神圣的灵感 /insanely but divinely

术语中英文对照

inspired
否定正面思考 /discounting the positive
伏隔核 /nucleus accumbens
服务和回应 /serve and return
辅助运动皮层 /supplementary motor cortex
副交感神经系统 /parasympathetic system
赋权 /empowerment
富有挑战性的信念 /challenging beliefs
腹侧被盖区 /ventral tegmental area, VTA
腹侧流 /ventral stream
腹侧纹状体 /ventral striatum
腹内侧前额叶 /ventromedial prefrontal cortex, vmPFC
腹外侧前额叶 /ventralateral prefrontal cortex, vlPFC

感觉记忆 /sensory memory
感觉元素 /sensory elements
感知觉表示系统 /perceptual representation system
感知觉记忆表征 /sensory-perceptual representation
感知运动阶段 /sensorimotor stage
高度警觉 /hypervigilance
睾酮 /testosterone
个人困扰 /personal distress
个人主义的 /individualistic
更高级的错误信念理解 /higher-order false-belief understanding
工具性 /instrumentality
工具学习 /instrumental learning
工作—个人搭配不当 /job-person mismatches
工作—个人适度 /job-person fit
工作记忆 /working memory
工作能力 /job competence
工作投入 /job engagement

工作效率低下和失败感 /ineffectiveness and failure
公正世界理论 /just world theory
功利性选择 /utilitarian choice
功能连接 /functional connectivity
功能性磁共振成像 /functional magnetic resonance imaging, fMRI
共情 /empathy
共享地段 /shared real estate
孤啡肽 FG/orphanin FG
谷氨酸 /glutamate
关系聚焦的应对 /relationship-focused coping
关心他人 /empathic concern
观点采择 /perspective taking
冠心病 /coronary heart disease, CHD
广义的自我效能感 /generalized self-efficacy
归纳推理 /inductive rasoning
归因理论 /attribution theory
过早关闭 /premature closure

海马旁回 /parahippocampal cortex/ parahippocampal gyrus
海马体 /hippocampus, HP
海因茨困境 /Heinz dilemma
合作 /cooperation
荷尔蒙 /hormone
核心假设 /core assumptions
核心自我评估 /core self-evaluations, CSE
赫布理论 /Hebbian theory
黑素皮质素 /melanocortin
黑质 /substantia nigra, SN
横断面回顾性分析 /cross-sectional, retrospective analysis
后侧顶叶 /posterior parietal cortex, PPC
后侧扣带回皮层 /posterior cingulate cortex, PCC

压力心理学：从大脑、个人成长到心理健康

后扣带回 /posterior cingulate
后习俗（原则性）道德水平 /post-conventional stage
后形式思维 /postformal thought
呼吸 /resoiration
忽视 /neglect
互动同步 /interactional synchrony
互惠 /reciprocity
环 AMP 反应元件结合蛋白 /cyclic-AMP-response-element-binding protein
环性心境障碍 /cyclothymic disorder
缓冲 /buffer
灰质 /grey matter
回避 /avoidance
回收生活任务 /reclaiming your life assignments
获得性能力 /acquired capability

饥饿素 /ghrelin
机器学习方法 /machine-learning methods
肌张力 /activity
积极的价值观 /positive values
积极的循环 /delicious cycle
积极的自我认同 /positive identity
积极心理学 /positive psychology
积累、表现和维持 /precipitation, manifestation, and maintenance
积累 /precipitation
基础代谢率 /basal metabolism rate, BMR
基因组 /genomic
基于大脑网络的创伤后应激障碍神经生物学模型 /network-based neurobiological model of PTSD
基于努力的决策 /effort-based decision-making
激动剂 /agonist
激励显著性假说 /incentive salience hypothesis

急性压力 /acute stress
急性应激的三重网络模型 /triple network model of acute stress
急性应激障碍 /acute stress disorder, ASD
集体主义的 /collectivistic
嫉妒 /envy
记忆编码模式 /memory formation mode
记忆痕迹 /memory trace
记忆障碍 /disorder of memory
季节性情感障碍 /seasonal affective disorder, SAD
继发性创伤压力 /secondary traumatic stress
继发性伤害 /secondary victimization
继发性幸存者 /secondary survivor
加压素 /vasopressin, AVP
甲状腺 /thyroid
价值观压力 /value strain
坚毅人格 /hardy personality
坚毅性 /hardiness
减少重新经历的记忆工作 /memory work to reduce reexperiencing
简短电心理疗法 /brief electric psychotherapy
建设性的时间利用 /constructive use of time
剑桥赌博任务 /Cambridge gambling task, CGT
交感神经系统 /sympathetic nervous system
角回 /angular gyrus
接触舒适 /contact comfort
进食障碍 /eating disorder
近感觉表征 /sensation-near representations, S-reps
经典条件记忆 /classical conditioning
经颅磁刺激 /transcranial magnetic

术语中英文对照

stimulation, tms
经前期烦躁障碍 /premenstrual dysphoric disorder, PMDD
经前期综合征 /premenstrual syndrome, PMS
精神分裂症 /schizophrenia
精神分析理论 /psychoanalytical theory
警报阶段 /alarm phase
警觉性 /vigilant
竞争 /competition
静息态磁共振波谱技术 /magnetic resonance spectroscopy
镜像神经元网络 /mirror-neuron networks
镜子实验 /mirror test/mirror self-recognition test, MSR
具体运算阶段 /concrete operational stage
聚合思维 /convergent thinking
决策性快感缺失 /decisional anhedonia
菌—脑—肠轴 /microbiome-gut-brain-axis

慷慨行为 /generosity
抗氧化剂 /antioxidant
可的松 /cortisone
可觉察的厌恶 /aversiveness
可塑性 /plasticity
渴望 /craving
刻板印象内容模型 /stereotype content model
空间记忆 /spatial memory
空间通路 /where pathway
恐惧管理理论 /terror management theory
恐惧条件理论 /fear conditioning theories
恐惧网络 /fear-networks
控制点 /locus of control
控制组 /vehicle
跨期决策 /intertemporal choice
跨性别 /transgender
快感缺失 /anhedonia

快速能力 /fast skills
框架效应 /framing effects
眶额皮层 /orbitofrontal cortex, OFC

蓝斑 /locus coeruleus, LC
酪氨酸受体激酶 B/Tropomyosin receptor kinase B
乐观现实能力 /realistic optimism
冷静和专注 /calming and focusing
离子通道病 /ion channelopathy
理想主义 /idealism
理性情绪行为疗法 /rational emotive behavior therapy, REBT
力量之源 /sources of strength
利己型自杀 /egoistic suicide
利己选择 /egoistic choice
利他型自杀 /altruistic suicide
利他选择 /altruistic choice
怜悯 /pity
联想学习 /associative learning
良性压力 /eustress
临床情绪影像学实验室 /clinical affective neuroimaging laboratory, CANLAB
留守儿童 /left-behind children
乱贴标签 /labeling and mislabeling
伦理原则取向 /universal ethical principles

马斯特里赫特急性压力实验 /Maastricht acute stress test, MAST
脉搏（心率）/pulse
慢性生活方式压力 /chronicle lifestyle conditions
慢性压力 /chronic stress
矛盾的性别歧视理论 /ambivalent sexism theory
蒙特利尔图像压力实验 /Montreal imaging stress task, MIST
迷走神经 /vagus nerve

压力心理学：从大脑、个人成长到心理健康

面部表情 /grimace
名人崇拜 /celebrity worship
明确的错误信念 /explicit false belief
冥想 /meditation
模块化理论 /modularity theories
陌生人焦虑 /stranger anxiety
莫里斯水迷宫 /Morris water maze
墨菲定律 /Murphy's law
默认网络 /default mode network, DMN
母爱剥夺 /maternal deprivation
目标—表情问题 /target-look question
目标—定向学习系统 /goal-directed learning system
目标—感受问题 /target-feel question
目标问题 /target question

男性化 /masculine
脑—肠轴 /gut-brain axis
脑啡肽 /enkephalin
脑干 /brainstem
脑溢血 /cerebral hemorrhage
脑源性神经营养因子 /brain-derived neurotrophic factor, BDNF
内部化理想 /thin ideal internalization
内侧颞叶 /medial temporal lobe, MTL
内侧前额叶皮层 /medial prefrontal cortex, mPFC
内啡肽 /endorphin
内化 /internalizing
内控型 /internal locus of control
内容错误信念 /contents false belief
内容通路 /what pathway
内稳态 /homeostasis
内向 /intraversion
内隐记忆 /implicit memory
内源性阿片类物质 /endogenous opioids
内源性大麻素 /endocannabinoid
内在连接网络 /intrinsic connectivity networks, ICNs
能力 /competence
拟合优度模型 /goodness of fit model
逆境—信念—后果 /adversity-beliefs-consequences, ABC
尿皮质激素 /urocortins
颞顶叶联合区 /temporoparietal junction
颞极 /temporal poles, TP
颞上沟 /superior temporal sulcus, STS
颞叶 /temporal cortex
颞中/上回 /middle/superior temporal gyrus, MTG/STG
努力控制 /effortful control
虐待 /abuse
女性化 /feminine

欧米伽-3脂肪酸 /Omega-3 fatty acids

批判性思维 /critical thinking
皮层中线结构 /cortical midline structures
皮质醇 /cortisol
皮质醇钝化 /blunted cortisol pattern
皮质醇缺乏症 /hypocortisolism
皮质类固醇 /corticosteroids
皮质酮 /corticosterone
疲惫阶段 /exhaustion
偏好转移效应 /preference shift effect
偏见 /prejudice
平衡 /equilibration
平衡理论 /balance theory
评价 /appraisals
朴素辩证法 /naive dialecticism
普萘洛尔 /Propranolol

歧义推理 /reasoning about ambiguity
祈愿式想法 /wishful thinking
脐静脉 /umbilical vein
启动子 /promotor

术语中英文对照

启发法 /heuristics
气球模拟风险任务 /balloon analogue risk task，BART
前/中扣带皮层 /anterior/middle cingulate cortex, ACC/MCC
前额岛盖 /fronto-insular operculum
前额叶皮层 /prefrontal cortex，PFC
前列腺素 /prostaglandin，PG
前脑岛 /anterior insula，AI
前习俗道德水平 /pre-conventional stage
前依恋阶段 /pre-attachment stage
前运动皮层 /premotor cortex
前运算阶段 /preoperational stage
强啡肽 /dynorphins
强迫性思考 /obsessive thought
鞘 /sheath
侵入性画面 /intrusive imagery
亲和 /affiliation
亲密友谊 /close friendship
亲社会行为 /prosocial behavior
青少年的自我中心主义 /adolescent egocentrism
轻度 /mild
轻躁狂阶段 /hypomanic episodes
情感共情 /affective empathy/emotional empathy
情感和人际调节技能培训 /skills training in affective and interpersonal regulation
情景记忆 /episodic memory
情景可访问记忆 /situationally accessible memory，SAM
情境确定程度 /degree of uncertainty
情绪绑定模型 /emotional binding model
情绪传染 /emotional contagion
情绪共情 /emotional empathy
情绪管理能力 /emotion regulation
情绪化进食 /emotional eating
情绪化推理 /emotional reasoning

情绪加工理论 /emotional processing theory
情绪沮丧 /distressing emotions
情绪聚焦的应对方式 /emotion-focused coping
情绪控制问题 /emotion-control question
情绪疲倦 /emotional exhaustion
情绪期待范式 /expectancy and emotion task
情绪认知 /emotion recognition
情绪调节 /emotion regulation
情绪意象的生物信息学理论 /bio-informational theory of emotional imagery
情绪元素 /emotional elements
情绪重评 /emotional reappraisal
丘脑 /thalamus
躯体标记假说 /somatic marker hypothesis
去极化阻滞 /depolarization blockade
去甲肾上腺素 /norepinephrine/ noradrenaline
去人格化 /depersonalization
全或无思想 /all-or-nothing thinking
全面能力 /thorough skills
全社会规范 /societywide scope
人际关系效力 /interpersonal effectiveness
人际和谐与一致性 /interpersonal accord and conformity
人际疗法 /interpersonal therapies
人际信任 /interpersonal trust
仁和普世伦理原则 /jen and universal ethical principle
认知 /cognitive
认知发展阶段理论 /theory of cognitive development
认知共情 /cognitive empathy
认知行为学疗法 /cognitive behavioral

therapy
认知加工治疗 /cognitive processing therapy
认知理论与创伤叙事中的"热点" / cognitive theory and "hotspots" in trauma narratives
认知扭曲 /cognitive distortion
认知评估 /cognitive appraisals
认知失调 /cognitive dissonance
认知厌倦 /cognitive weariness
认知元素 /cognitive elements
认知重组 /cognitive restructuring
日常道德决策 /everyday moral decision-making
日常烦心事 /daily hassles
冗思 /rumination
入侵 /Intrusion

三重网络模型 /triple network model
闪回 /flashbacks
上级 /superordinate
上下文 /context
上下文表征 /contextualized representations, C-reps
社会比较 /social comparison
社会奖励 /social reward
社会角色理论 /social role theory
社会接纳 /social competence
社会理解 /social understanding
社会联系和依恋行为 /social bonding and attachment
社会评估冷压试验 /socially evaluated cold pressor test, SECPT
社会契约导向 /social contract orientation
社会强化学习 /social reinforcement learning
社会认知记忆 /social recognition memory
社会融合 /social integration

社会推理 /social reasoning
社会性参照 /social referencing
社会性微笑 /social smile
社会自我 /social self
社交能力 /social competences
社交疏离 /social disconnectedness
身体外貌 /physical appearance
身体依赖性 /physical dependence
身体意向 /body image
身体质量指数 /body mass index, BMI
神经递质 /neurotransmitters
神经发生 /neurogenesis
神经胶质细胞 /glia cells
神经经济学 /neuroeconomics
神经性贪食症 /bulimia nervosa
神经性厌食症 /anorexia nervosa
神经营养因子 /neurotrophins
神经元 /neuron
神经质 /neuroticism
肾上腺皮质机能初现 /adrenarche
肾上腺皮质机能提前成熟 /premature-adrenarche
肾上腺素 /epinephrine/adrenaline
肾上腺髓质系统 /adrenomedullar system
肾上腺雄性激素包括脱氢表雄酮 / dehydroepiandrosterone, DHEA
生活变化单元 /life change unit, LCU
生理元素 /physiological elements
生态瞬时测量 /ecological momentary assessment
生物压力源 /biogenic stressors
生长激素 /growth hormone, GH
圣徒利他主义 /sainted altruism
时间性 /temporality
实时复原力 /real-time resilience
实用主义 /pragmatism
使用催产素增强亲社会行为的整合和转化模型 /an integrative and translational

术语中英文对照

model using oxytocin to enhance prosocial behavior
视觉处理流 /visual processing streams
视觉皮层 /occipital cortex
视觉双流假说 /visual streams hypothesis
适应性过程 /adaptive processes
适应障碍 /adjustment disorder
守门人 /gatekeeper
瘦素 /leptin
树突 /dendrites
数字表型 /digital phenotyping
双侧颞顶叶联合区 /temporal parietal junction, TPJ
双控型 /bi-locals
双流假说 /two-streams hypothesis
双通道理论 /dual process theory
双系统理论 /dual-system theory
双相II型障碍 /bipolar II disorder
双相I型障碍 /bipolar I disorder
双相障碍 /bipolar disorder
双相障碍伴发其他疾病 /bipolar disorder associated with another medical condition
双性化 /androgynous
双性人 /bigender
顺性人 /cis
顺应 /accommodation
私人有罪不罚任务 /private impunity game
思维陷阱 /thinking traps
髓磷脂 /Myelin
髓鞘形成 /myelination
损失厌恶 /loss aversion

胎盘脱氢酶 /placental dehydrogenase enzyme
糖皮质激素 /glucocorticoids
糖皮质激素受体 /glucocorticoid receptors, GRs

糖皮质激素阴性反应元件 /negative glucocorticoid responsive elements, nGREs
特里尔社会压力测试 /Trier social stress test, TSST
提取 /retrieval
体质 /constitutional
替代性创伤 /vicarious traumatization
天花板效应 /ceiling effect
挑战性压力 /challenge stress
通用自动压力诱导和控制应用 /generic automated stress induction and control application, GASICA
同伴的存在 /the presence of peers
同化 /assimilation
同情 /sympathy
同情倦怠 /compassion fatigue
同情满足 /compassion satisfaction
同一性对同一性混乱 /identity versus identity confusion
同一性获得 /identity achievement
同一性弥散 /identity diffusion
同一性延缓 /identity moratorium
同一性早闭 /identity foreclosure
统一的分类应用程序 /uniform, categorical application
痛苦承受能力 /distress tolerance
骰子任务游戏 /game of dice task, GDT
突触 /synapse
团体特里尔社会压力测试 /TSST for groups
脱氢表雄酮硫酸盐 /dehydroepiandrosterone sulphate, DHEAS
脱序型自杀 /anomic suicide
拓展能力 /reaching out

外部提示 /external reminders

压力心理学：从大脑、个人成长到心理健康

外化 /externalizing
外控型 /external locus of control
外貌／肤色 /appearance
外群体贬抑 /outgroup derogation
外围 /peripheral
外显记忆 /explicit memory
外向 /extraversion
玩世不恭 /cynicism
网络掷球任务 /cyberball game
妄下结论 /jumping to conclusions
为损失赋予意义 /making sense of los
维持行为和认知策略 /maintaining behaviors and cognitive strategies
维护规范阶段 /maintaining norms
未分化 /undifferentiated
未分类双相障碍 /bipolar disorder not elsewhere classified
温情 /warmth
纹状体 /striatum
稳态负荷 /allostatic load
问题聚焦的应对方式 /problem-focused coping
无性别 /agender
物理压力源 /physical stressors

膝前扣带回 /pregenual anterior cingulate, pgACC
膝下扣带回 /subgenual cingulate cortex, Cg25）
习得性乐观 /learned optimism
习惯 /habit
习惯学习系统 /habit learning system
习俗道德水平 /conventional stage
喜欢 /liking
细胞体 /soma
细胞因子水平 /cytokine levels
下丘脑 /hypothalamus
下丘脑—垂体—肾上腺轴 /hypothalamic pituitary adrenal axis, HPA 轴
下丘脑—垂体—性腺轴 /hypothalamic-pituitary-gonadal axis, HPG 轴
下丘脑室旁核 /hypothalamic paraventricular nucleus, PVN
下线 /off-line
先兆 /precursor
先知错误 /fortune telling
显著网络 /salience network, SN
现实问题 /reality question
现实主义 /realism
线粒体功能 /mitochondrial function
相对性 /relativism
享乐 /hedonic
想要 /wanting
向心性肥胖 /concentric obesity
项目 /item
消费性快感缺失 /consummatory anhedonia
消极认知三角 /negative cognitive triad
消退 /extinction
楔前叶 /precuneus, PCU
协同 /synergism
心肌梗死 /myocardial infarction
心境恶劣 /dysthymia
心境障碍 /mood disorder
心理草图板 /mental sketch pad
心理复原力 /resilience
心理过滤 /mental filter
心理理论 /theory of mind
心理韧性 /mental toughness
心理社会困扰 /psychosocial distress
心理社会压力 /psychosocial stress
心理社会延缓期 /psychosocial moratorium
心理网络 /mentalizing network
心理依赖性 /psychological dependence
心智游移 /mind wondering

术语中英文对照

新纹状体 /neostriatum
新物体识别测试 /object recognition test
信念—情绪 /belief-emotion
信息整合 /integration
行为沉沦 /behavior sink
行为激活系统 /behavioral approach system, BAS
行为举止 /behavioral conduct
行为探索 /exploration
行为限制与期望 /boundaries and expectations
行为抑制系统 /behavioral inhibition system, BIS
形式运算阶段 /formal operational stage
兴奋毒性 /excitotoxicity
兴奋性 /excitability/arousal
杏仁核 /amygdala/amygdaloid nucleus, Amy
幸存者偏差 /survivor bias
幸灾乐祸 /gloating, schadenfreude
性别分歧效应 /gender-divergence effect
性别刻板印象 /gender stereotypes
性别歧视 /sexism
性别图式理论 /gender schema theory
性别相关图式 /gender-related schemas
性腺 /gonadal
性腺机能初现 /gonadarche
雄烯二酮 /androstenedione
雄性激素 /androgen
宿命型自杀 /fatalistic suicide
虚拟现实 /virtual reality, VR
叙述性暴露疗法 /narrative exposure therapy, NET
选择性依恋阶段 /discriminate attachment
学龄前儿童的多维治疗寄养服务 / multidimensional treatment foster care for preschoolers, MTFC-P
学习意愿 /commitment to learning
学业能力 /scholastic competence
学业自我概念 /academic self concept, ASC
血管升压素 /vasopressin

压倒性疲倦 /exhaustion
压力 /stress
压力波动 /stress fluctuation
压力产生假说 /stress generation hypothesis
压力触发额外的奖励显著性 /stress triggers additional reward salience, STARS
压力生活事件 /stressful life events
压力事件 /stressful events
压力下的亲和反应模型 /model of affiliative responses to stress
压力引发的审慎到直觉模型 /stress induced deliberation-to-intuition model
压力应对的多层次概念 /multilevel conceptualization of coping
压力源 /stressor
延长哀伤障碍 /prolonged grief disorder, PGD
严重 /severe
严重事件压力 /critical incident stress
炎症 /inflammation
盐皮质激素 /mineralocorticoid
盐皮质激素受体 /mineralocorticoid receptors, MRs
眼动脱敏和后处理 /eye movement desensitization and reprocessing, EMDR
演绎推理 /deductive reasoning
厌食症 /anorexia nervosa
氧化应激标志物 /markers of oxidative stress
氧自由基 /oxygen free radicals, OFR

压力心理学：从大脑、个人成长到心理健康

药物引起的双相障碍 /substance-induced bipolar disorder
耶基斯—多德森定律 /Yerkes-Dodson law
一般适应性综合征 /general adaptation syndrome，GAS
伊斯特布鲁克的线索—利用假说 /Easterbrook's cue-utilization hypothesis
依恋 /attachment
依恋理论 /attachment theory
胰岛素 /insulin
遗精 /spermarche
遗漏的错误 /errors of omission
遗忘 /extinction
遗忘症 /amnesia
以规避惩罚为目的的服从 /obedience and punishment orientation
以偏概全 /over generalization
异性吸引力 /romantic appeal
抑郁阶段 /depression episodes
抑郁症的统一模型 /a unified model of depression
抑制 /Inhibition/suppression
抑制剂 / 阻断剂 /antagonist
抑制选择过程 /inhibitory selection process
易感性 /predisposition/susceptibility
意象法 /imagery
因果分析能力 /casual analysis
引导式发现 /guided discovery
隐藏的情绪 /hidden emotion
婴儿的生态自我 /the Infant's ecological self
婴幼儿的依恋和生物行为补救干预 /attachment and biobehavioral catch-up (ABC) for infants and young children intervention
"应该"式陈述 /making "must" or "should" statements

应对压力 /coping strain
应激响应 /stress response
应急响应 / emergency response
硬化斑块 /atherosclerotic plaques
优化程序 /utility system
优化选择 /optimal choice
友好的特里尔社会压力测试 /friendly TSST
有轨电车问题 /trolley problem
有罪不罚任务 /impunity game
右下侧前额叶 /right inferior PFC，rIPFC
语言可访问记忆 /verbally accessible memory system，VAM
语义记忆 /semantic memory
育亨宾 /yohimbine
欲望压力 /aspiration strain
元认知 /metacognition
缘上回 /supramarginal gyrus
约束—注意控制 /constraint-attentional control
月经初潮 /menarche
运动辅助区 /supplementary motor area
运动能力 /athletic competence
运动维度 /action category

在体分级暴露程序 /graded in vivo exposure programme
躁狂阶段 /manic episodes
躁郁症 /manic depression
战或逃反应 /fight-or-flight response
张弛振荡器框架 /relaxation oscillator frameworks
照料和结盟 /tend-and-befriend
照料者的压力过程模型 /stress process model of care-givers
真实—表面情绪 /real-apparent emotion
整合 /intergration
正电子发射断层扫描 /positron emission tomography，PET

术语中英文对照

正念 /mindfulness
证实偏差 /confirmation bias
症状正常化 /normalization of symptoms
知道如何做 /knowing how
知道是什么 /knowing what
知识的获取 /knowledge access
执行的错误 /errors of commission
直觉 /intuitive
职业倦怠 /burnout
职业倦怠的多维理论 /multidimensional theory of burnout
职责导向 /duty orientation
质性研究 /qualitative investigations
治疗学的神经序列模型 /neurosequential model of therapeutics, NMT
秩序 /order
中等 /moderate
中风 /stroke
中脑 /midbrain
中脑边缘多巴胺回路 /mesolimbic dopamine circuit
中心 /central
中央前回 /precentral gyrus
中央执行网络 /central executive network, CEN
种族歧视 /racial bias
种族主义 /ethnocentrism
重新经历 /re-experiencing
重性抑郁障碍 /major depressive disorder, MDD
周围神经皮层 /perirhinal cortex
轴突 /axon
轴突纤维 /axonal fibres
昼夜节律 /circadian rhythm
滋养层 /trophoblast
自爱 /self-love
自闭症 /autism
自传体记忆 /autobiographical memory
自传体式记忆表征 /autobiographical representation
自动化反应 /automatized reactions
自动思维 /automatic thoughts
自动响应调整不足 /insufficient adjustment from automatic response
自利性偏差 /self-serving bias
自杀的三步骤理论 /the three steps theory
自杀的压力—素质模型 /stress-diathesis models of suicide
自杀人际理论 /the interpersonal theory of suicide
自杀应变理论 /the strain theory of suicide
自上而下的调控 /top-down regulation
自我 /self
自我服务偏差 /self-serving bias
自我概念 /self-concept
自我感知 /self-perception
自我觉知 /self-awareness
自我利益导向 /self-interest orientation
自我能力 /self-competence
自我认同 /self-acceptance
自我施加的限制 /self-imposed limitations
自我调节 /self-regulation
自我效能感应 /self-efficacy
自我信念问题 /own-belief question
自我愿望问题 /own-desire question
自我悦纳 /self-liking
自性 /own-sex
自主功能 /autonomic functions
自主唤醒的内脏觉感觉 /visceral sensations of autonomic arousal
自主神经系统 /autonomic nervous system, ANS
自主支持 /autonomy support
自尊 /self-esteem
总体自我价值 /global self-worth
阻碍性压力 /hindrance stress

组织压力 /organizational stress
最大可识别面部运动编码系统 /maximally discriminative facial movement coding system, MAX
最后通牒任务 /ultimatum game, UG
最近发展区 /zone of proximal development, ZPD
罪责归己 /personalization and blaming
尊重—理解—赋能 /respect-understanding-enablement
左侧前额下叶 /inferior frontal gyrus, IFG

结语

这本书完稿于 2020 年初,但由于种种原因,直到 2021 年上半年才得以出版。在等待出版的这段时间,我经历了人生中最痛苦的 5 个月。即使研究了十多年压力,对于压力有充分的知识和应对资源,在面对终极无解的压力时,我才真正意识到自己对压力其实一无所知。

我一直认为父亲是一个伟大的人,即使我们总是有太多人生观和价值观的分歧。但如果不是他当年在维修高压电线路的工作之余努力自学,在恢复高考后第一时间考进大学,从一个曾经的放牛娃成长为城市公务员,我也不可能拥有现在的人生。孩子的起点就是父母脚下所站的地方,我的父母也许不知道这个朴素的道理,但他们从来没有终止过个人的成长,所以我也能够在追随着他们奋斗的脚步的同时,找到属于自己的道路。

这条拼搏的道路毫无疑问是艰辛的。在他们的成长和工作经历中,并没有学过任何调节压力和管理压力的方法。父亲当然知道健康是很重要的,但没有人教会他如何保护自己的健康。于是,在高强度的工作压力和不健康的生活习惯下，父亲病倒了。就在我刚刚开始在德国的留学生涯时，他被诊断出左肺小细胞肺癌。听母亲说，拿到诊断书的时候，医生只冷冷地说了一句话："最多还有一个半月。"

我无法想象这句话对父母的打击，但他们最终坚强地挺了下来。我们是幸运的，也许是发现得比较早，化疗和放疗很有效，病灶被妥善控制。我的留学生涯才得以继续，而我也养成了每天中午跟父母语音通话的习惯，一直到回国都如此。

一转眼10年过去了，我们都以为从此可以安心了，但每半年的CT复查显示，父亲右肺有一个磨玻璃结节在缓慢长大。最终，在2020年11月中旬，父亲做了肺穿刺，证实他患了肺腺癌。穿刺引发感染，父亲从此高烧不止，整整四个半月中，他几乎每天大半时间都在发烧。基因检测并没有带来好消息，没有有效的新药，而PET-CT结果显示，已经发生骨转移。不明原因的连续高烧加上骨转移的彻骨之痛折磨着他，再加上所有人都始料不及的肺功能急剧丧失，让父亲连临终遗言都来不及说，就在昏迷中永远离开了我们。

一切转变都来得太快了。疫情刚出现的时候我们还约好，如果2021年疫情结束，我要带父母去日本泡温泉，看樱花。2020年8月底，多年没有回老家的我专门飞回去为父亲庆祝生日，全家还一起去秦岭深处度假。生活一如既往的平凡，然后就急转直下。

结语

一个月过去了，我和母亲还在努力应对丧失至亲之痛。对我来说，压力最大的时候是父亲还在世时，我拼尽全力帮他联系医生，查阅与疾病相关的知识，努力想用自己的心理学知识帮助他——我一门心思用聚焦问题的应对方式，因为只有这么做，才能克服我内心的恐惧。那段时间，恐惧如影随形，且具有实体：我恐惧夜晚的降临，因为天快黑的时候父亲经常会开始发烧和骨痛；我恐惧明天的到来，因为不知道第二天父亲的病情会如何恶化；我恐惧打开微信，我害怕某一天父亲从此不会再给我发任何消息。这些恐惧让我睡不着，经常凌晨惊醒，也让我常常感到胸口像有块大石头压着一样呼吸困难。我唯有努力想办法，让这些恐惧不要成为现实。

当聚焦问题的压力应对越来越无法奏效时，我求助于聚焦情绪的压力应对。这段时间我看了很多心理咨询的书，从存在主义心理治疗一直看到癌症病人的姑息治疗。我努力区别自己的理性情绪和非理性情绪，我努力对自己的极端想法进行认知重评。我努力在一望无际的恐惧之海中沉浮，不放过任何一丝喘息的机会。在父亲不发烧的时候，我也尝试帮助他缓解情绪。但随着他的病情不断恶化，他也变得越来越紧闭心扉。我每天都在想办法，最终还是没来得及帮上忙。

在这段时间里，社会支持才是帮助我渡过难关的最有效力量。朋友们无时无刻不在关心我，从提供有形的帮助（帮我喂猫，不断给我投食、投物）到不间断地嘘寒问暖，再到默默陪着我发泄压力。同事们也一直在关心我，帮助我联系和询问医生。我的可爱的学生们在听说我因为父亲病重不得不将课延期时，给了我温暖的拥抱，还在路上偷偷塞给我一盒西瓜糖。我的实验室（SANLAB）的学生们都在用努力学习和工作来给我慰藉。没有身边这些温暖而高尚的人，我很可能要经历更严重的创伤打击。

存在主义心理治疗的创始人欧文·亚隆提到过四种终极关怀：死亡、自由、孤独和无意义。个体与这些生命真相的正面交锋，构成了存在主义动力性冲突的内容。

我曾经尝试去理解父亲面对死亡时内心的恐惧和孤独。父亲是一个勇敢的人，他在意识清醒的时候冷静地向我交代过后事，讨论过他的心愿和想法，我也很庆幸自己有机会帮助他实现这些心愿。但我们最终没有太多时间去交流内心，我也没能有机会帮助他克服内心的恐惧。

在生命的最后一个星期，父亲从突然发作的失语和意识混乱中短暂清醒过来，用生硬得仿佛孩童一般的话对我说："你的话总是有神奇的力量，但是你说的神奇的东西会到来吗？"听到这些话的我既感到欣慰又感到内疚。欣慰的是他一直相信我对他的鼓励，内疚的是我用期待奇迹来鼓励他振奋精神，积极地活下去，这种对奇迹的渴望也许是他一次又一次强忍高烧和骨痛折磨的动力，但这种忍耐真的能够换来奇迹吗？我不知道。我的信心也在逐渐被残酷的现实吞噬。

结语

与其说是我在帮助父亲，不如说是父亲在用生命给我上最后一课。死亡，也许是所有父母教给子女的最后一条人生哲理。从此以后，死亡对我来说终于有了最直观的模样。这一个月里，我一直在回忆死亡的模样：

死亡是父亲在 2020 年 10 月底打电话说，他终于下定决心要穿刺，要开始治疗癌症；

死亡是父亲说，他带着无限希望来到上海，然后眼睁睁地看着希望一个一个破灭；

死亡是父亲在上海住院的时候，不断喃喃地说，身体垮了；

死亡是父亲在大年初一缓缓从卧室走到客厅，然后说余生只要有这一方天地就足够了——然而这个愿望最终也没有实现；

死亡是父亲在家乡重新住院的第一天晚上，因为骨痛翻箱倒柜找止痛药，却发现原来的药已经无法再止痛；

死亡是父亲在生病期间，对前来探望和慰问的朋友、同事说，我们的祖国正在越变越好，但是我已经看不到了；

死亡是父亲在 41 度的高烧威胁下昏迷不醒数个小时，刚恢复过来就扶着床沿在病房里艰难踱步，活动身体；

死亡是父亲在生命的倒数第 6 天，刚刚在生死线上获得一丝喘息机会，大喊着"我要活着"，喊了十几次；

死亡是父亲在生命的最后一天，拼尽全力配合我的呼喊用力咬牙，努力适应呼吸机的节奏；

死亡是父亲一整天随着呼吸机的节奏大口喘气，凌晨五点多还能够听到我的呼喊，用力睁眼，用力回握我的手，一整天都能够保有意识，但到了晚上六点就再也没有任何回应，整个人陷入昏迷中；

死亡是父亲永远没能说出的遗言，和凝在眼睫毛上的眼泪；

死亡是父亲取下呼吸机之后，平稳呼吸的那三个多小时；

死亡是父亲在晚上 10 点 40 分的最后一口呼吸。

我这才意识到，父亲留给我的对死亡的印象里，没有恐惧和退缩，只有顽强的求生渴望和绝不向命运妥协的决心。他确实是一个悲观主义者，所以他很少作出积极的行为，说出积极的话语，他总是倾向把事情预料得最糟。但是他从未向命运低过头，即使被高烧和病痛折磨得痛不欲生，他也不曾想过放弃自己生存的权利。正是他自始至终的勇敢和坚强，让我在面对永远失去他这个痛苦的现实时，不会被内疚和悔恨这些非理性情绪淹没。

即使如此，从我开始写这篇后记起，我的眼泪就没有停止过。一个如此热爱生命的人消失了，他的喜怒哀乐，他没有完成的心愿和没有说完的话，就这样永远凝结在时间里。从此以后，他再也吃不到喜欢吃的酸菜面，再也听不了他喜欢听的凤凰卫视新闻，再也看不了他喜欢看的抗日片。

一个人的生命戛然而止，留给家人永远难以愈合的伤痛，而活着的人还要继续先前的生活和工作，假装这件事并没有带给自己太

结语

大的影响。或者，更努力地去寻找生命的意义。这是应对终极压力的唯一办法。只是，对于逝者，一切都毫无意义了。

虽然毫无意义，我还是想要继续为父亲做些什么，其实，从结果来说，这更多是对我自己的心理安慰。父亲生前曾经很期待看到这本书的出版，可惜天不遂人愿，他最终还是没能等来这一天。这篇后记也是写给我自己的，提醒我生命的短暂、时间的珍贵。我们永远无法预料我们珍爱的人何时会离我们远去，我们甚至无法预测自己的明天。我们能做的，就是珍惜眼下的每一天，让我们所爱的人早日看到我们希望他们看到的自己的模样。

李世佳

2021 年 5 月

图书在版编目(CIP)数据

压力心理学：从大脑、个人成长到心理健康/李世佳著.
— 上海：上海教育出版社，2021.5（2023.1重印）
（俊秀青年书系/郝宁主编）
ISBN 978-7-5720-0315-8

Ⅰ.①压… Ⅱ.①李… Ⅲ.①压抑(心理学)-研究
Ⅳ.①B842.6

中国版本图书馆CIP数据核字(2021)第092315号

责任编辑　金亚静
书籍设计　陆　弦

俊秀青年书系
郝　宁　主编
压力心理学：从大脑、个人成长到心理健康
Yali Xinlixue: Cong Danao、Geren Chengzhang Dao Xinli Jiankang
李世佳　著

出版发行	上海教育出版社有限公司
官　　网	www.seph.com.cn
地　　址	上海市闵行区号景路159弄C座
邮　　编	201101
印　　刷	上海叶大印务发展有限公司
开　　本	890×1240　1/32　印张 15.75
字　　数	340千字
版　　次	2021年6月第1版
印　　次	2023年1月第2次印刷
书　　号	ISBN 978-7-5720-0315-8/B·0009
定　　价	58.00元

如发现质量问题，读者可向本社调换　电话：021-64373213